U0920772

中国国家标准汇编

2008 年修订-23

中国标准出版社　编

中国标准出版社

北京

图书在版编目（CIP）数据

中国国家标准汇编：2008年修订．23/中国标准出版社编．—北京：中国标准出版社，2009
ISBN 978-7-5066-5540-8

Ⅰ．中…　Ⅱ．中…　Ⅲ．国家标准-汇编-中国-2008
Ⅳ．T-652.1

中国版本图书馆CIP数据核字（2009）第190938号

中国标准出版社出版发行
北京复兴门外三里河北街16号
邮政编码：100045

网址 www.spc.net.cn
电话：68523946　68517548
中国标准出版社秦皇岛印刷厂印刷
各地新华书店经销

*

开本 880×1230　1/16　印张 38.75　字数 1 144 千字
2009年11月第一版　2009年11月第一次印刷

*

定价 200.00 元

ISBN 978-7-5066-5540-8

出 版 说 明

1.《中国国家标准汇编》是一部大型综合性国家标准全集。自1983年起,按国家标准顺序号以精装本、平装本两种装帧形式陆续分册汇编出版。它在一定程度上反映了我国建国以来标准化事业发展的基本情况和主要成就,是各级标准化管理机构,工矿企事业单位,农林牧副渔系统,科研、设计、教学等部门必不可少的工具书。

2.《中国国家标准汇编》收入我国每年正式发布的全部国家标准,分为"制定"卷和"修订"卷两种编辑版本。

"制定"卷收入上年度我国发布的、新制定的国家标准,顺延前年度标准编号分成若干分册,封面和书脊上注明"20××年制定"字样及分册号,分册号一直连续。各分册中的标准是按照标准编号顺序连续排列的,如有标准顺序号缺号的,除特殊情况注明外,暂为空号。

"修订"卷收入上年度我国发布的、被修订的国家标准,视篇幅分设若干分册,但与"制定"卷分册号无关联,仅在封面和书脊上注明"20××年修订-1,-2,-3,……"字样。"修订"卷各分册中的标准,仍按标准编号顺序排列(但不连续);如有遗漏的,均在当年最后一分册中补齐。需提请读者注意的是,个别非顺延前年度标准编号的新制定的国家标准没有收入在"制定"卷中,而是收入在"修订"卷中。

读者配套购买《中国国家标准汇编》"制定"卷和"修订"卷则可收齐上一年度我国制定和修订的全部国家标准。

3. 由于读者需求的变化,自1996年起,《中国国家标准汇编》仅出版精装本。

4. 2008年制修订国家标准共5946项。本分册为"2008年修订-23",收入新制修订的国家标准39项。

中国标准出版社

2009年10月

出版说明

[illegible]

中国标准出版社

[illegible]

目　　录

ICS 97.100.10
Y 63

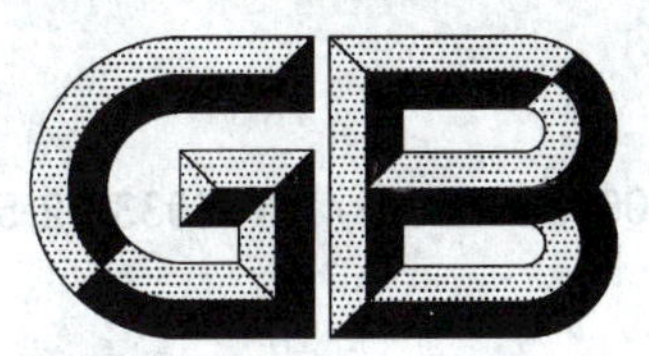

中华人民共和国国家标准

GB 4706.31—2008/IEC 60335-2-53:2007(Ed 3.1)
代替 GB 4706.31—2003

家用和类似用途电器的安全 桑那浴加热器具的特殊要求

Household and similar electrical appliances—Safety—Particular requirements for sauna heating appliances

(IEC 60335-2-53:2007(Ed 3.1),IDT)

2008-12-15 发布　　　　2010-01-01 实施

中华人民共和国国家质量监督检验检疫总局
中国国家标准化管理委员会　发布

前　言

本部分的全部技术内容为强制性。

GB 4706《家用和类似用途电器的安全》由若干部分组成，第1部分为通用要求，其他部分为特殊要求。

本部分应与GB 4706.1—2005《家用和类似用途电器的安全　第1部分：通用要求》配合使用。

本部分等同采用IEC 60335-2-53:2007《家用和类似用途电器的安全　第2-53部分：桑那浴加热器具的特殊要求》。

为便于使用，本部分对IEC 60335-2-53作了下列编辑性修改：

a）“第1部分”一词改为“GB 4706.1”；

b）用小数点“.”代替用做小数点的“，”。

本部分代替GB 4706.31—2003《家用和类似用途电器的安全　桑那浴加热器具的特殊要求》。

本部分与GB 4706.31—2003的主要差异如下：

——第1章增加了不考虑身体、感知、智力能力缺乏，或经验和常识缺乏的人员在没有监督或指导的情况下使用器具的情况；

——第1章注4增加了不适用范围；

——增加了5.3条款；

——7.12中增加了遥控系统的相关内容；

——7.14增加了注释；

——11.2修改了通常放置在地面上使用的器具的放置位置；

——增加了19.3条款；

——增加了22.2、22.7、22.33、22.105～22.108条款；

——增加了29.2条款。

本部分的附录AA为规范性附录。

本部分由中国轻工业联合会提出。

本部分由全国家用电器标准化技术委员会(SAC/TC 46)归口。

本部分主要起草单位：中国家用电器研究院、佛山市质量计量监督检测中心、上海出入境检验检疫局、中国电器科学研究院、中国质量认证中心。

本部分主要起草人：鲁建国、宋力强、朱焰、黄慧珍、傅培刚、陈兰娟、闵静。

本部分的历次版本发布情况为：

——GB 4706.31—1995、GB 4706.31—2003。

IEC 前言

1) 国际电工委员会（IEC）是由所有的国家电工委员会(IEC NC)组成的国际范围的标准化组织。其宗旨是促进在电气和电子领域有关标准化问题上的国际间合作。为此,IEC 开展相关活动,并出版国际标准、技术规范、技术报告、公共可用规范(PAS)、指南(以后统称为 IEC 出版物)。这些标准的制定委托各技术委员会完成。任何对该技术问题感兴趣的 IEC 国家委员会均可参加制定工作。与 IEC 有联系的国际、政府及非政府组织也可以参加标准的制定工作。IEC 与国际标准化组织(ISO)在两个组织协议的基础上密切合作。

2) IEC 在技术方面的正式决议或协议,是由对其感兴趣的所有国家委员会参加的技术委员会制定的。因此,这些决议或协议都尽可能表述了相关问题在国际上的一致意见。

3) IEC 标准以推荐性的方式供国际使用,并在此意义上被各国家委员会接受。在为了确保 IEC 出版物技术内容的准确性而做出任何合理的努力时,IEC 对其标准被使用的方式以及任何最终用户的误解不负有任何责任。

4) 为了促进国际上的统一,各国家委员会要保证在其国家或区域标准中最大限度地采用国际标准。IEC 标准与相应的国家或区域标准之间的任何差异必须清楚地在后者中表明。

5) IEC 规定了表示其认可的无标志程序,但并不表示对某一设备声称符合某一标准承担责任。

6) 所有的使用者应确保他们拥有本部分的最新版本。

7) IEC 或其管理者、雇员、后勤人员或代理(包括独立专家和技术委员会的成员)和 IEC 国家委员会不应对使用或依靠本 IEC 出版物或其他 IEC 出版物造成的任何个人伤害、财产损失或其他任何属性的直接或间接损失,或源于本出版物之外的成本(包括法律费用)和支出承担责任。

8) 应注意在本部分中罗列的引用标准(规范性引用文件)。对于正确使用本部分来讲,使用引用标准(规范性引用文件)是不可缺少的。

9) 应注意本国际标准的某些条款可能涉及专利权的内容,IEC 将不承担确认专利权的责任。

国际标准 IEC 60335 的本部分由 IEC 第 61 技术委员会"家用和类似用途电器的安全"制定.

经过整理的 IEC 60335-2-53 的本版本是基于第三版(2002)[文件 61/2234/FDIS 和 61/2308/RVD]和它的第 1 增补件(2007)[文件 61/3194/FDIS 和 61/3234/RVD]形成的。

本部分的版本号为 3.1。

页边空白处的竖线表示在该处基本出版物已经被第 1 增补件修改。

本部分的法文版未进行投票表决。

本部分与 IEC 60335-1 及其修正件的最新版本配合使用。本部分是根据 IEC 60335-1 的第 4 版(2001)制定的。

注 1：本部分中提的到"第 1 部分"是指 IEC 60335-1。

本部分对 IEC 60335-1 的相应条款进行了补充或修改,将其转化成 IEC 标准:桑那浴加热器具的安全要求。

凡第一部分中的条款没有在本部分中特别提及的,只要合理,即应采用。本部分写明"增加"、"修改"或"替代"时,第一部分中的有关内容须作相应修改。

注 2：采用下列编号：

——对 IEC 60335-1 增加的条款、表格和图从 101 开始编号；

——除非注在新条款中或包含在第 1 部分的注中,否则他们应从 101 开始编号,包括代替的章节或条款；

——增加的附录使用字母 AA,BB 等。

注 3：采用下列字体：

——要求:印刷字体;

——试验技术规范:斜体字;

——注释:小印刷字体。

正文中用黑体印刷的词在第3章中给出定义。当GB 4706.1—2005中的一个定义涉及一个形容词时,则该形容词和相关的名词也是黑体。

下面指出的国家存在下述差异:

——6.1: 允许0I类器具(日本)。

——11.2: 不测量桑那加热器前面的温升(美国)。

——11.8: 温升限值不同(美国)。

——13.2: 只有带电源软线的桑那浴加热器才要求泄漏电流试验(美国)。

——16.2: 只有带电源软线的桑那浴加热器才要求泄漏电流试验(美国)。

——19.1: 桑那房的体积不同(美国)。

——19.5: 在打算永久连接到固定线路的器具上也要进行该试验(挪威)。

——19.102: 本试验不适用(美国)。

——22.101: 石块的质量不同(美国)。

——22.103: 本要求不适用(美国)。

——24.1.4: 125 ℃的限值不适用(美国)。

——25.7: 采用不同的电源软线(美国)。

——附录AA: 桑那房不同(美国)。

委员会决定,在IEC网站"http://webstore.iec.ch"指定的保持结果日期之前,基本出版物和其增补件的相关内容中与特殊出版物有关的数据保持不变。在此日期,出版物将:

- 重新确认;
- 撤消;
- 被一个修订版标准取代;
- 被修正。

家用和类似用途电器的安全
桑那浴加热器具的特殊要求

1 范围

GB 4706.1—2005 中的该章用下述内容代替:

本部分涉及额定输入功率不超过 20 kW,单相器具额定电压不超过 250 V,其他器具额定电压不超过 480 V 的电桑那浴加热器具的安全。

本部分也包括打算用于家庭和公寓楼、酒店以及类似场所的公共桑那浴室的器具。

注 1:桑那浴加热器具可以是贮热式的。

本部分也涉及带有加湿单元的电桑那浴加热器具的安全。单相器具额定电压不超过 250 V,其他器具额定电压不超过 480 V。室内空气可以通过蒸发或雾化水来加湿。

注 2:加湿器可以是桑那浴加热器具的一部分或安装在桑那加热器内。桑那浴加热器具或桑那加热器可以带有或不带加湿器运行。

就实际而言,本部分涉及到在住宅内和住宅周围所有人员遇到的而由器具所表现出来的共同危险。然而,一般本部分没有考虑:

——以下人的因素防止在没有监督或指导的情况下使用器具:

身体、感知、智力能力缺乏,或

经验和常识缺乏

——幼儿玩耍器具的情况。

注 3:注意下列情况:

——对于打算用于车辆、船舶或航空器上的器具,可能需要附加要求。

——在许多国家中,全国性的卫生保健部门、全国性劳动保护部门以及类似的部门都对器具规定了附加要求。

注 4:本部分不适用于:

——打算使用在经常产生腐蚀性或爆炸性气体(如灰尘、蒸气或瓦斯气体)特殊环境场所的器具。

——打算仅引起人体的一部分出汗的器具。

——使用者的头部保持在加热区外的发汗浴器。

——帐篷及其他可折叠式桑那浴器。

——房间加热器(GB 4706.23)。

——打算用于加热、通风或空气调节系统的加湿器(IEC 60335-2-88)。

——加湿器(GB 4706.48)。

——医用电气设备(GB 9706.1)。

2 规范性引用文件

GB 4706.1—2005 中的该章适用。

3 定义

GB 4706.1—2005 中的该章除下述内容外,均适用。

3.1.9 代替：

正常工作 normal operation

指器具在下述条件下的工作：

将桑那浴加热器具和桑那加热器按使用说明书的要求安装在附录AA所规定的桑那房中。桑那房的体积是说明书规定的最小值。

按使用说明书要求填装石块容器。如果石块容器的容量是可调的，则容器要装上最不利数量的石块。如果石块容器有盖子，则要按使用说明书的要求放置盖子。

预制式桑那房按安装说明书的要求安装。

3.101

桑那加热器 sauna heater

装有加热元件并带有一个装有适当石块的容器的器具。

3.102

桑那浴加热器具 sauna heating appliance

是指由桑那加热器、控制器、保护装置和控制板组成的器具。

3.103

预制式桑那房 prefabricated sauna

是指由桑那房和桑那浴加热器具构成的一个总体。

4 一般要求

GB 4706.1—2005中的该章适用。

5 试验的一般条件

GB 4706.1—2005中的该章除下述内容外，均适用。

5.2 增加：

如果器具包含不止一个桑那加热器，则它们一起进行试验。

5.3 增加：

对于同时有桑那功能和加湿功能的器具，优先进行桑那功能的试验，然后立即进行加湿功能的试验。如有温控器和湿度控制器，初始时应调至它们的最大设置。

注：如果加热元件的通风扇可以独立运行，试验要在风扇运行或不运行两者中较不利的条件下进行。

6 分类

GB 4706.1—2005中的该章除下述内容外，均适用。

6.1 修改：

器具应是Ⅰ类、Ⅱ类或Ⅲ类。

6.2 增加：

打算安装在桑那房内的器具、控制器、保护装置和控制板应至少为IPX4。

预制式桑那房的电气元件应至少为IPX4。

7 标志和说明

GB 4706.1—2005中的该章除下述内容外，均适用。

7.1 增加：

桑那加热器应标有下述内容：

附加的重要资料见说明书。

此外，桑那加热器还要标有如下内容：

——加热器顶部与桑那房天花板之间的最短距离；

——加热器底部与桑那房地板之间的最短距离，此距离由加热器的结构来确定的除外；

——加热器与桑那房的所有易燃材料包括保护栅栏之间的最短水平距离，此距离由加热器的结构来确定的除外；

——打算安装在凹槽中的桑那加热器，应标出凹槽的最大深度和最小宽度。

桑那加热器应在框架内标出如下警告：

警告——覆盖会引起着火危险。

预制式桑那器的内壁靠近加热器处的框架内应标有如下警告：

警告——覆盖加热器会引起着火危险。

桑那加热器应在框架内标出如下警告：

警告——容器内石块不足，会引起着火危险。

注：如果桑那加热器容器不装石块也符合第 11 章要求，则不需要这条警告。

7.7 增加：

控制面板上应有固定接线图，该接线图应提供控制器和保护装置的电气连接的详细资料。

注 101：接线图除了给出所要求的电气连接资料外，只要不会引起混淆，还可以给出附加的资料。

注 102：如果带有多于一块控制面板，则可将接线图分成几部分，使得每个控制面板均有各自的接线图，并标明与其他控制面板的关系。

7.12 增加：

桑那加热器的使用说明书应指明填装石块容器的方法。

不带定时器的公共桑那器具的使用说明书，应指出该器具使用时要有人不间断地照管。其他桑那加热器具的使用说明书应指出重新启动定时器或通过单独的遥控系统打开器具前要检查桑那房。

除非公共桑那间的桑那加热器符合 19.101 的试验，否则对于公共桑那间的桑那加热器和桑那浴加热器具，如果它们能通过单独的谣控系统打开，其使用说明书应指出在将器具设定为待机模式前要检查桑那间是否会延迟启动。

7.12.1 增加：

预制式桑那房的安装说明书应详细指出怎样组装器具。

其他器具的安装说明书应包含有关如下内容的详细说明：

——打算安装桑那加热器的桑那房的最小体积和最大体积(m^3)；

——桑那房的最小高度；

——桑那房的四壁和天花板所用的材料；

——单独的保护栅栏的布置(如适用)；

——桑那房的通风措施；

——邻近桑那加热器的安装，或者说明桑那加热器必须单独使用；

——桑那房内控制器的连接和定位；

——控制面板的安装，包括该控制面板必须安装于桑那房外的说明；

——桑那加热器电源线的型号。

不带定时器的公共桑那器具的安装说明书应指出，在监控室内要安装一个指示灯，显示加热器在工作中。

除非公共桑那间用的桑那加热器符合19.101试验，否则除家用的外，那些带有用于远程操作的待机模式设置的桑那加热器的安装说明书应指出，桑那间的门应安装联锁装置，使得即使用于远程操作的待机模式已设定，如果桑那间的门开启，该设置也不能启用。

7.14 增加：

与桑那房易燃材料距离的标志，在不取下盖子的情况下从桑那加热器的外部应清晰易辨。

关于着火危险的警告标志，应在桑那加热器安装之后能清晰易辨，并且字的高度应至少：

——标题为5 mm；

——其他文字为3 mm。

注：这些警告标志可以置于桑那加热器的下部凹处。

8 对触及带电部件的防护

GB 4706.1—2005中的该章适用。

9 电动器具的启动

GB 4706.1—2005中的该章不适用。

10 输入功率和电流

GB 4706.1—2005中的该章适用。

11 发热

GB 4706.1—2005中的该章除下述内容外，均适用。

11.2 增加：

试验还要在容器不装石块的情况下进行，除非桑那加热器标注了关于容器内石块不足的警告。

修改：

通常放置在地面上使用的器具，放置在地面上，参照使用说明书，尽可能地靠近边壁。

11.3 增加：

桑那加热器的正面温升，在垂直竖在地板上的活动木棒上测量。木棒尺寸约为20 mm×20 mm，并且有足够的长度，超出石块最高点400 mm。木棒与加热器之间的距离是加热器上标出的最小水平距离。

注：如果指出最小水平距离随地板高度变化而变化，则要进行相应的测量。

11.7 代替：

器具工作到稳定状态。

11.8 修改：

桑那房或预制式桑那器的木棒、四壁、天花板和地板的温升不应超过115 K。

在桑那房内，仅短时握持的手柄、圆形把手、抓手及类似部件的温升增加20 K。

注：环境温度是指桑那房外的空气温度。

增加：

对于带有加湿器的器具，当加湿功能运行时，通过调整温控器使桑那房的温度逐步降低。位于桑那间内天花板中心下方300 mm处的温度值和相对湿度值应不超过图101的允许范围。

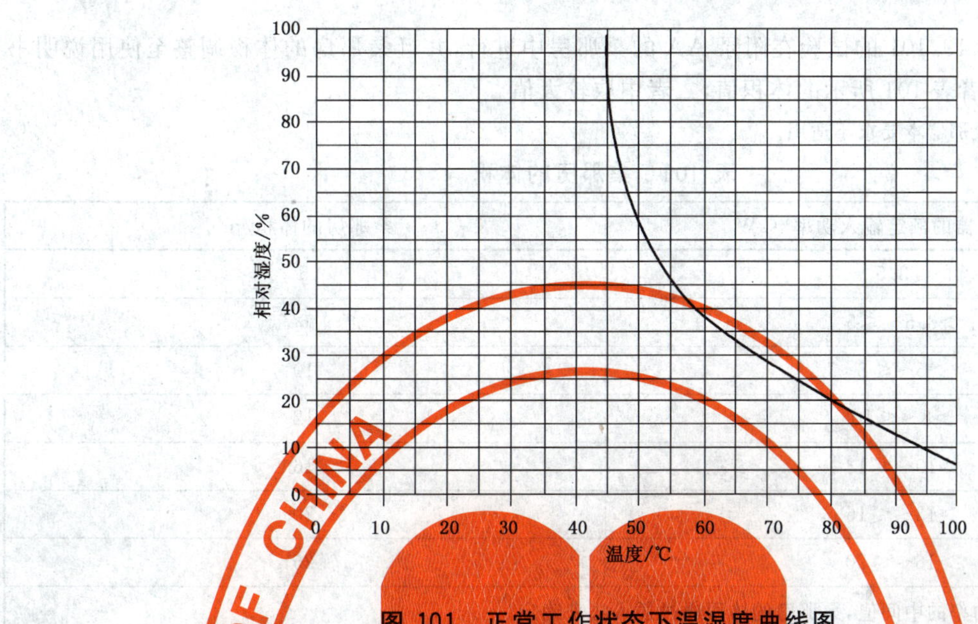

图 101 正常工作状态下温湿度曲线图

12 空章

13 工作温度下的泄漏电流和电气强度

GB 4706.1—2005 中的该章除下述内容外，均适用。

13.1 增加：

对于贮热式桑那加热器，要在贮热周期结束时进行试验。

14 瞬态过电压

GB 4706.1—2005 中的该章适用。

15 防潮湿

GB 4706.1—2005 中的该章适用。

16 泄漏电流和电气强度

GB 4706.1—2005 中的该章适用。

17 变压器和相关电路的过载保护

GB 4706.1—2005 中的该章适用。

18 耐久性

GB 4706.1—2005 中的该章不适用。

19 非正常工作

GB 4706.1—2005 中的该章除下述内容外，均适用。

19.1 增加：

19.2～19.4 和 19.101 的试验在附录 AA 的桑那房中进行，并且桑那房的体积调整至使用说明书中规定的最大值或者表 101 所示的体积值，二者中取较大值。

注：对于预制式桑那器本要求不适用。

表 101 桑那房的体积

桑那加热器的额定输入功率[a]/kW	桑那房的体积/m^3
≤3.5	5
>3.5～≤5	6
>5～≤8	10
>8～≤10	12
>10～≤13	16
>13～≤16	20
>16～≤20	25
[a] 对于额定输入功率的中间值，桑那房的体积通过插入法来确定。	

打算用于公共桑那房的桑那加热器应进行 19.101 的试验，除非它们是符合 22.108 的桑那浴加热器具或预置式桑那器的一部分，或者它们提供了关于公共桑那间用的桑那加热器可以通过一个单独的远程控制系统开启的说明。

19.2 增加：

如果石块容器是可拆卸的，或者单独提供的，试验在无容器条件下进行。

试验时所有盖子均置于最不利的位置。

对于带有加湿器的器具，当加湿器运行时，每小时进入试验桑那房的空气量减少到房间体积的三倍。如有温控器和湿度控制器，初始时应调到它们的最大设置。桑那房的温度通过调整温度控制器逐步降低。位于桑那房内天花板中心下方 300 mm 处的温度值和相对湿度值应不超过图 102 的允许范围。

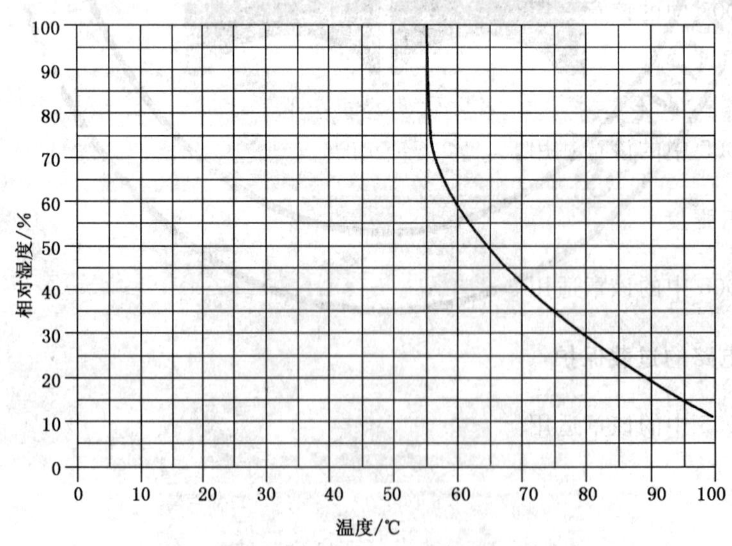

图 102 非正常工作状态下温湿度曲线图

在湿度控制器不起作用的条件下重复试验。

19.3 增加：

器具按照第 11 章的规定但在 19.101 的条件下运行，输入功率为 1.24 倍额定输入功率。

19.13 修改：

桑那房的四壁、天花板和地板表面的温升以及木棒的表面温升不应超过 140 K。

增加：

进行 19.101 试验时，在毯子下方的桑那加热器的表面温升不应超过 180 K。

19.101 羊毛毯子的密度为大约 470 g/m² 并且宽度与桑那加热器相同，按下述方法放置，从墙壁盖住加热元件的上表面，沿着前表面放下。

注：允许放置在墙壁和加热器之间的毯子盖住加热器后面。注意确保毯子没有从加热器前面掉下。

测量位于毯子下方的桑那加热器的表面温升。

19.102 桑那加热器不应发出对桑那房的可燃材料造成损害的热辐射。

通过下述试验检查是否合格：

桑那加热器按正常工作条件的规定进行安装，但桑那房的体积调整至安装说明书所规定的最大值。在给容器装石块前，将一定数量的沙子撒在石块容器上，尽可能覆盖热反射表层。按 11.3 的规定，将木棒置于加热器的前面。

加热器在 1.24 倍额定输入功率下工作。打开桑那房的门，以确保位于天花板中心下方 300 mm 处的温度正好高于 90 ℃。试验持续到稳定状态。

桑那房的四壁、天花板和地板的温度以及木棒的温度不应超过 140 ℃。

注 1：不要使用风扇为桑那房散热。

注 2：试验过程中，如果发热元件断裂，则更换发热元件。

20 稳定性和机械危险

GB 4706.1—2005 中的该章适用。

21 机械强度

GB 4706.1—2005 中的该章适用。

22 结构

GB 4706.1—2005 中的该章除下述内容外，均适用。

22.2 增加：

桑那浴加热器具应装有符合 24.3 要求的可全极断开的开关。

22.7 增加：

如果蒸汽是通过蒸汽发生器产生的，电气绝缘不应受到影响并且不应将使用者暴露于危险之中。

22.17 增加：

热防护板应固定可靠，不借助工具应无法将它们拆卸。

22.33 增加：

器具的结构应防止直接接触到蒸汽或热水出口。

22.101 墙壁安装的桑那加热器，其结构应保证它们能可靠地固定到墙上，不受任何水源连接的影响。固定装置应有足够的机械强度。

注：只有锁眼槽、小钩和类似装置，而无其他防止加热器从其支架上意外松脱的装置，则不认为是足以将加热器可靠固定的适当装置。

通过视检和下述试验检查是否合格。

照安装说明书将桑那加热器安装到墙上，石块容器装上规定的最大数量的石块。

将质量为 100 kg 或两倍加热器质量(包括装有石块的容器)的重物，二者中取较大值，置于加热器顶部 30 min。

加热器应保持可靠地固定在墙上，固定装置不应有明显的变形。

22.102　桑那加热器的电源接线盒，应有一个直径至少为 5 mm 或最小尺寸至少为 3 mm，截面积至少为 20 mm^2 的排水孔。

通过视检和测量确定其是否合格。

22.103　除安装在公共桑那浴室的器具外，器具应有一个定时器。对用于公寓楼、酒店及类似场所的器具，桑那加热器的工作时间应限制在 12 h 内，并且在自动复位前至少有 6 h 的休息时间。对于其他器具，定时器的工作时间应限制在 6 h 内，且不允许自动复位。

通过视检确定其是否合格。

22.104　应给器具提供足够的石块填装容器。

通过视检确定其是否合格。

注：如果器具不装石块也符合第 11 章中的要求，则本要求不适用。

22.105　如果桑那浴加热器具包含不止一个桑那加热器，其结构应使得加热器能够互相邻近安装并且能通过公共控制器和保护装置控制。

通过视检确定其是否合格。

22.106　预制式桑那房内的灯具应能通过控制桑那浴加热器具的电源开关单独控制。

通过视检确定其是否合格。

22.107　温控器和热断路器的触点和感应元件应能互相独立地运行，并且不应控制同一个接触器。

通过视检确定其是否合格。

22.108　对于装有用于远程操作的待机模式设置的预置式桑那器，除家用的外，门应安装联锁装置，使得即使用于远程操作的待机模式已设定，如果桑那房的门开启，该设置也不能启用。

装有用于远程操作的待机模式设置的桑那浴加热器具，除家用的外，应装有联锁装置，使得即使用于远程操作的待机模式已设定，如果桑那间的门开启，该设置也不能启用。

器具上的控制器应可手动调节至远程操作的待机模式。

如果桑那加热器符合 19.101 的要求，以上内容不适用。

通过视检确定其是否合格。

23　内部布线

GB 4706.1—2005 中的该章适用。

24　元件

GB 4706.1—2005 中的该章除下述内容外，均适用。

24.101　热断路器应为非自复位式的，并且应能断开桑那加热器的所有发热元件。

通过视检确定其是否合格。

24.102　安装在桑那房内部的控制器和保护装置，以及预制式桑那房的灯具，应适合在第 11 章试验中测得的最高温度或 125 ℃两者较高温度下使用。

通过视检确定其是否合格。

25　电源连接和外部软线

GB 4706.1—2005 中的该章除下述内容外，均适用。

25.1　修改：

本要求仅适用于预制式桑那器。

不应装有器具插座。

25.7 修改：

电源线应为氯丁橡胶护套软线，并且不得轻于重型氯丁橡胶护套软线（GB 5013.4 中的 YCW 型线）。

26 外部导线用接线端子

GB 4706.1—2005 中的该章适用。

27 接地措施

GB 4706.1—2005 中的该章适用。

28 螺钉和连接

GB 4706.1—2005 中的该章适用。

29 电气间隙、爬电距离和固体绝缘

GB 4706.1—2005 中的该章除下述内容外，均适用。

29.2 增加：

对于装有加湿器的器具，微观环境污染等级为 3，除非绝缘被封装或位于器具正常使用时不能暴露到污染的地方。

30 耐热和耐燃

GB 4706.1—2005 中的该章除下述内容外，均适用。

30.2.2 不适用。

31 防锈

GB 4706.1—2005 中的该章适用。

32 辐射、毒性和类似危险

GB 4706.1—2005 中的该章适用。

附　录

GB 4706.1—2005 中的附录除下述内容外，均适用。

附　录　AA
（规范性附录）
测试桑那浴加热器具用的桑那房

桑那房如图 AA.1 所示，其尺寸是可调的。天花板高度可调整为 1 900 mm、2 100 mm 或 2 300 mm，取决于桑那加热器上标出的最小垂直距离。宽度为 2 500 mm，长度可通过移动一块壁板来调整。如果需要更小的桑那房，可以安装一块长度为 1 200 mm 的分隔板。

单位为毫米

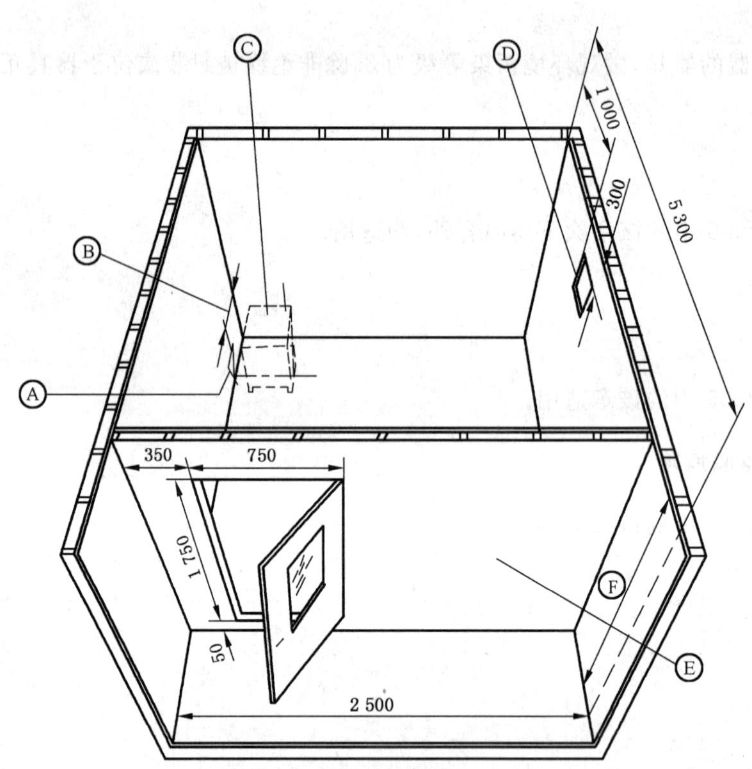

关键词

A——进气口；

B——可调距离；

C——桑那加热器；

D——出气口；

E——可移动壁板；

F——1 900 mm、2 100 mm 或 2 300 mm。

图 AA.1　桑那房

桑那房的壁板、天花板和地板均采用厚度为 20 mm 的胶合板制成。壁板和天花板采用热阻为 1.875 m^2K/W 至 2.5 m^2K/W 的隔热装置进行隔热。地板安装在支架表面上方 30 mm 处。

通过固定墙壁上的进气口与温度为 20 ℃±5 ℃的大气相通，使桑那房通风。进气口与地板平齐，尺寸为 150 mm×150 mm。进气口的位置可以在水平方向上移动，保证进气口对称地位于桑那加热器的后面。在对面的壁上，装有与进气口的截面积大致相同的出气口，并且，该出气口的位置应使天花板与孔的最高点之间距离为 300 mm，与固定墙壁的距离至少为 1 000 mm。利用强制通风为桑那房提供每小时六次的通风。

参 考 文 献

GB 4706.1—2005 中的参考文献除下述内容外，均适用。

增加：

GB 4706.23 家用和类似用途电器的安全 室内加热器的特殊要求(IEC 60335-2-30,IDT)

GB 4706.48 家用和类似用途电器的安全 加湿器的特殊要求(idt IEC 60335-2-98)

IEC 60335-2-88 家用和类似用途电器的安全 用于加热、通风或空气调节系统的加湿器的特殊要求

ISO 13732-1 热环境的人类工学效应 评估人类与表面接触反应的方法 第1部分：热表面

ICS 13.120
Y 68

中华人民共和国国家标准

GB 4706.33—2008/IEC 60335-2-37:2002
代替 GB 4706.33—2003

家用和类似用途电器的安全 商用电深油炸锅的特殊要求

Household and similar electrical appliances—Safety—Particular requirements for commercial electric deep fat fryers

(IEC 60335-2-37:2002,IDT)

2008-12-30 发布　　　　2010-04-01 实施

中华人民共和国国家质量监督检验检疫总局
中国国家标准化管理委员会　发布

前　言

本部分的全部技术内容为强制性。

GB 4706《家用和类似用途电器的安全》由若干部分组成，第 1 部分为通用要求，其他部分为特殊要求。

本部分应与 GB 4706.1—2005《家用和类似用途电器的安全　第 1 部分：通用要求》配合使用。

本部分等同采用 IEC 60335-2-37:2002《家用和类似用途电器的安全　第 2 部分：商用电深油炸锅的特殊要求》及其修改件第 1 号(Ed5.0 2008-02)。

为便于使用，本部分对 IEC 60335-2-37 做了下列编辑性修改：

a) "第 1 部分"一词改为"GB 4706.1—2005"；

b) 用小数点"."代替用做小数点的","。

本部分代替 GB 4706.33—2003《家用和类似用途电器的安全　商用电深油炸锅的特殊要求》。

本部分与 GB 4706.33—2003 的主要差异如下：

——第 1 章注 103 不适用范围取消了压力器具；

——增加了 3.104；

——取消了 6.2 中的注 101，增加了"在桌面上使用的器具至少为 IPX3，其他器具至少为 IPX4"的要求；

——取消了 6.101；

——增加了 7.12.4、7.15；

——修改了 16.2 中泄漏电流的限值；

——增加了 19.3；

——增加了 22.7；

——修改了 22.101 的相关内容；

——增加了 22.115～22.120；

——增加了 29.2；

——取消了 30.3；

——修改了 30.101 中燃烧试验的相关内容。

本部分的附录 N 为规范性附录。

本部分由中国轻工业联合会提出。

本部分由全国家用电器标准化技术委员会(SAC/TC 46)归口。

本部分主要起草单位：北京市服务机械研究所、广州市花都区新粤海西厨设备厂、裕富宝厨具设备(深圳)有限公司。

本部分主要起草人：刘旭、刘洪伟、郭辉、李英杰、李继萍、王玉波、颜华。

本部分的历次版本发布情况为：

——GB 4706.33—1996、GB 4706.33—2003。

IEC 前言

1) IEC(国际电工委员会)是由所有国家的电工委员会(IEC 国家委员会)组成的世界范围内的标准化组织。IEC 的宗旨就是促进各国在电气和电子标准化领域的全面合作。鉴于以上的目的并考虑到其他活动的需要,IEC 还出版国际标准、技术规范、技术报告、公共可用规范(PAS)、导则(以下统称为 IEC 出版物)。整个制定工作由技术委员会来完成。任何对此技术问题感兴趣的 IEC 国家委员会都可以参加制定工作。与国际电工委员会有联系的国际、政府及非政府组织也可以参加这项工作。IEC 根据其与 ISO 达成的协议,与 ISO 在工作上紧密合作。
2) 因为每个技术委员会都有来自于各个对有关技术问题感兴趣的 IEC 国家委员会的代表,所以 IEC 对有关技术问题的正式决议或协议都尽可能的表达了国际性的一致意见。
3) IEC 出版物以推荐性的方式供国际上使用,并在此意义上被各国家委员会接受。在为了确保 IEC 出版物技术内容的准确性而做出任何合理的努力时,IEC 对其出版物被使用的方式以及任何最终用户(读者)的误解不负有任何责任。
4) 为了促进国际上的统一,IEC 希望各国委员会在本国情况允许的范围内采用 IEC 出版物的内容作为他们国家或地区的出版物。IEC 出版物与相应的国家或地区的出版物有差异的,应尽可能在后者中明确地指出。
5) IEC 规定了表示其认可的无标志程序,但并不表示对某一设备声称符合某一 IEC 出版物承担责任。
6) 所有的使用者应确保持有该出版物的最新版本。
7) IEC 或其管理者、雇员、服务人员或代理(包括独立专家、IEC 技术委员会和 IEC 国家委员会的成员)不应对使用或依靠本 IEC 出版物或其他 IEC 出版物造成的任何直接的或间接的人身伤害、财产损失或其他任何性质的伤害,以及源于本出版物之外的成本(包括法律费用)和支出承担责任。
8) 应注意在本出版物中列出的规范性引用文件。对于正确使用本出版物来讲,使用规范性引用文件是不可缺少的。
9) 本 IEC 出版物中的某些内容有可能涉及一些专利权问题,对此应引起注意。IEC 组织不负责识别任一或所有该类专利权问题。

IEC 60335 系列标准的本部分是由 IEC 第 61“家用和类似用途电器的安全”技术委员会所属第 61E“商用电气饮食加工服务设备的安全”分委员会制定。

本部分的第五版对 2000 年的第四版进行了删除和替代的技术修订。

该双语版本(2005 年 6 月)替代英文版本。

IEC 60335 系列标准的本部分内容以下述文件为依据:

FDIS	表决报告
61E/399/FDIS	61E/411/RVD

本增补件以下述文件为依据:

FDIS	表决报告
61E/595/FDIS	61E/610/RVD

关于表决批准本部分的详细情况,可在上表中指出的表决报告中查明。

本部分的法文版本未经表决。

本部分与 IEC 60335-1 及其修改件的最新版本配合使用。本部分是根据 IEC 60335-1 的第 4 版(2001)制定的。

注 1：本部分中提到的“第 1 部分”是指 IEC 60335-1。

本部分对 IEC 60335-1 的相应条款进行了补充或修改，将其转化成 IEC 标准：商用电深油炸锅的安全要求。

如第 1 部分的个别条款在本部分未提到时，如果合理，该条款仍然适用。在本部分中说明“增加”、“修改”或“代替”时，第 1 部分中有关正文应作相应修改。

注 2：采用下述编号系统：

——对第 1 部分增加的条款、注释和图表应自 101 起开始编号。

——除新条款的注释或第 1 部分中涉及的注释外，包括代替条款或分条款在内的所有注释均应自 101 起开始编号。

——增加的附录用 AA、BB 等字母标明。

注 3：在本部分中采用下列印刷体：

——正文要求：印刷体；

——试验规范：*斜体*；

——注释内容：小写印刷体。

正文中的黑体字在第 3 章中定义。当对一个形容词进行定义时，该形容词与有关名词也应使用黑体。

一些国家存在下述差异：

——6.1：0I 类器具被承认(日本)；

——6.2：打算安装在厨房中的器具，根据其安装高度，要求具有阻挡有害进水的适当防护等级(法国)；

——13.2：泄漏电流的限值是不同的(日本)；

——16.2：泄漏电流的限值是不同的(日本)；

——第 21 章：对于打算安装在厨房中的器具，根据冲击点的高度，采用不同的冲击能量值(法国)。

委员会决定，在 IEC 网站“http://webstore.iec.ch”指定的保持结果日期之前，基本出版物和其增补件的相关内容中与特殊出版物有关的数据保持不变。在此日期，出版物将：

- 重新确认；
- 废止；
- 由修订版替代，或者
- 增补。

引　言

在起草本部分时已假定，由取得适当资格并富有经验的人来执行本部分的各项条款。

本部分所认可的是家用和类似用途电器在注意到制造商使用说明的条件下按正常使用时，对器具的电气、机械、热、火灾以及辐射等危险防护的一个国际可接受水平，它也包括了使用中预计可能出现的非正常情况，并且考虑电磁干扰对于器具安全运行的影响方式。

在制定本部分时已经尽可能地考虑了 GB 16895 中规定的要求，以使得器具在连接到电网时与电气布线规则的要求协调一致。

如果一台器具的多项功能涉及到 GB 4706 特殊要求部分中不同的特殊要求，则只要是在合理的情况下，相关的特殊要求标准要分别应用于每一功能。如果适用，应考虑到一种功能对其他功能的影响。

当特殊要求不包括第 1 部分中有关危险的附加要求时，第 1 部分适用。

注 1：意思是特殊要求的技术委员会已经决定通用要求没有必要在特殊要求中重新规定。

本部分是一个涉及器具安全的产品族标准，并在覆盖相同主题的同一水平与同一类别的标准中处于优先地位。

注 2：当应用关于通用要求和特殊要求的 GB 4706 系列标准时，覆盖危险的同水平和同类别标准不适用于已经在通用要求中已经考虑的部分。例如，就关于很多器具表面温度的要求来说，同类标准，如 ISO 13732-1 关于热表面的要求，不适用于除第 1 部分或特殊要求以外的标准。

一个符合本部分文本的器具，当进行检查和试验时，发现该器具的其他特性会损害本部分要求所涉及的安全水平时，则将未必判定其符合本部分中的各项安全准则。

产品使用了本部分要求中规定以外的各种材料或各种结构形式时，则该产品可以按照本部分中这些要求的意图进行检查和试验。如果查明其基本等效，则可以判定其符合本部分要求。

家用和类似用途电器的安全
商用电深油炸锅的特殊要求

1 范围

GB 4706.1—2005 中的该章用下述内容代替：

GB 4706 的本部分涉及非专供家庭使用的商用深油炸锅的安全。对于连接一条相线和中线的单相器具，其额定电压不超过 250 V，其他器具不超过 480 V。

注 101：这些器具用于如餐馆、食品店、医院和诸如面包房、肉食店之类的商业企业。

利用其他能源形式的器具，其电气部分也在本部分范围之内。

本部分涉及这类器具所引起的常见危险。

注 102：以下情况应予注意：

——对于打算在车辆、船舶或航空器上使用的器具，允许有必要的附加要求；

——在许多国家中，全国性的国家卫生、劳动保护、供水和其他类似权力机构所规定的附加要求；

——在许多国家中，对压力器具规定了附加要求。

注 103：本部分不适用于：

——专为工业用途而设计的器具；

——在有腐蚀性或爆炸性空气(粉尘、蒸气或可燃气)等特殊状态的场所使用的器具；

——供大量生产食品用连续作业的器具。

2 规范性引用文件

GB 4706.1—2005 中的该章内容均适用。

3 定义

下列术语和定义适用于本部分。

GB 4706.1—2005 中的该章除下述内容外，均适用。

3.1.4 该条增加下述内容：

注 101：额定输入功率是器具内可以同时工作的所有单个元件输入功率的总和；可能存在几种这样的组合时，用最大输入功率组合来确定额定输入功率。

3.1.9 该条用下述内容代替：

正常工作 normal operation

器具在下列条件下工作：

器具加油到最低标示液位。

将温控器调到最高设定值。如有盖子，将其打开或取下，除非制造厂使用说明指明该器具是按照闭合盖子工作而设计的。

安装在器具里的电动机，考虑到制造厂使用说明，在正常使用时可能出现的最恶劣条件下，按预期的方式运行。

3.101

深油炸锅 deep fat fryer

配备一个或多个容器的器具，将食物浸在容器中的炸油内烹制。容器可固定、拆下、升降、倾斜等。

容器内压力可以超过大气压力。

3.102

标示液位 indicated level

为正确操作而在器具上标明的最低或最高液位标记。

3.103

安装墙 installation wall

一种包含供应设施的专用固定式构筑物,供应设施用于与构筑物连同安装的器具。

3.104

额定压力 rated pressure

由制造商为器具压力部件规定的最大工作压力。

4 一般要求

GB 4706.1—2005 中的该章内容均适用。

5 试验的一般条件

GB 4706.1—2005 中的该章除下述内容外,均适用。

5.5 该条增加下述内容:

试验是在容器能够供正常炸制使用时进行的。

5.10 该条增加下述内容:

应将打算安装在一组其他器具内的器具,或打算固定在安装墙上的器具围起,以获得防备电击或阻挡有害进水的保护,与随同器具提供的说明书进行安装所获得的保护相当。

注 101:可能需要适当的围栏或附加器具供试验之用。

5.101 器具即使装有电动机也仍然作为电热器具进行试验。

5.102 与其他器具联合组装或装有其他器具的器具,按照本部分的要求进行试验。其他器具则按有关标准的要求同时工作。

5.103 器具最初用新植物油注满进行有关试验,必要时再添加新油,以保持稳定的液位。

6 分类

GB 4706.1—2005 中的该章除下述内容外,均适用。

6.1 该条用下述内容代替:

关于电击防护类别,器具应属Ⅰ类。

通过视检和有关试验来确定是否合格。

6.2 该条增加下述内容:

在桌面上使用的器具至少为 IPX3,其他器具至少为 IPX4。

7 标志和说明

GB 4706.1—2005 中的该章除下述内容外,均适用。

7.1 该条增加下述内容:

此外,器具应标明:

——打算同水源连接的器具,其水压或压力范围用 kPa 表示,但已在使用说明中注明者除外;

——器具压力部件的额定压力,用 kPa 表示。

7.6 该条增加下述内容:

 GB/T 5465.2(idt IEC 60417-1)-5021 等电位

7.10 该条增加下述内容：

带有可倾斜部件的器具，其控制倾斜过程的器件应清楚标示运动方向。

7.12 该条增加下述内容：

说明书应告诫：如果油位低于最低标示液位就有着火危险。

说明书应包括以 kg 表示的食物最大一次加载量。

说明书应包括有关使用旧油的危险警告，强调指出这样做会降低闪点并更易于造成过度沸腾。

说明书还应包括下述警告内容：

警告：在压力减少到接近大气压力之前，不要打开排放开关或其他排空装置。

还应注意过湿食物及加载过量对过度沸腾产生的影响。

如果器具上标注了 GB/T 5465.2(idt IEC 60417-1)规定的符号 5021，应说明其含义。

对于身体、感官或智力上有缺陷，或经验和知识有欠缺的人(包括儿童)，此说明书不适用。

7.12.1 该条用下述内容代替：

器具应附有说明书，详细说明安装时必需的专门预防措施。对于打算与其他器具组合安装或固定在安装墙上的器具，应提供详细的防护措施和要求，以防备电击和有害进水。如将一台以上器具的控制装置组合在一处单独的外壳内，应提供详细的安装说明。用户维护保养，如清洗等，也应提供说明。说明书中应说明器具不得使用喷射水流清洗。

备有器具输入插口并打算浸在水中清洗的器具，应随机提供说明书，说明器具清洗前必须取下连接器，并在再次使用前，应将该输入插口加以干燥。

非驻立式的器具及带有可拆卸电气部件的器具如不打算部分或全部浸入水中清洗，其说明书应说明该器具或部件不得浸水。

对于与固定布线永久连接且其泄漏电流可能超过 10 mA 的器具，尤其是长期处于断开状态或停用，或初次安装时，说明书应提供关于打算安装的保护装置(如接地漏电保护继电器)额定值的建议。

通过视检来确定是否合格。

7.12.4 该条增加下述内容：

具有供若干台器具使用的独立控制盘的嵌装式器具，其使用说明书应说明：该控制盘只可同指定的器具相连接，以避免可能的危险。

7.15 该条增加下述内容：

如果不能设置固定式器具的标志使安装完毕后可以看到，则相应的信息也应写进使用说明书内或外加的标签上，该标签能固定在安装完毕的器具附近。

注 101：嵌装式器具是这种固定式器具的一个例子。

7.101 等电位联结端子应用 GB/T 5465.2(idt IEC 60417-1)规定的符号 5021 标明。

这些标志不应放在螺钉、可拆下的垫圈或进行导线连接时可能被拆下的其他部件上。

通过视检来确定是否合格。

7.102 清洗时打算部分浸在水中的器具或可拆卸电气部件，应标出浸水线，清楚表明浸水的最大深度，并连同以下警告要点：

浸水勿超过此线。

如果有任何接缝或接口致使器具或部件不能经受 15.102 规定的处理，则当器具或部件处于清洗位置时，浸水线应在此类接缝或接口以下至少 50 mm。

通过视检和测量来确定是否合格。

7.103 器具上应标明最低和最高油液位。

通过视检来确定是否合格。

8 对触及带电部件的防护

GB 4706.1—2005 中的该章内容均适用。

9 电动器具的启动

GB 4706.1—2005 中的该章除下述内容外，均适用。

9.101 为符合第 11 章要求用于降温的风扇电动机，应能在实际使用中可能出现的所有电压条件下启动。

是否合格，通过在 0.85 倍额定电压下启动电动机三次来检查。试验开始时电动机处于室温状态。

每次启动都在电动机准备开始正常工作的条件下进行，对于自动器具，则在正常的工作周期开始的条件下进行，在连续两次启动之间，使电动机能达到静止状态。配备的电动机装的不是离心启动开关时，在 1.06 倍额定电压下重复进行上述试验。

在上述所有情况下，电动机都应能启动，并应以不影响安全的方式运行，其过载保护装置不应动作。

注：在试验期间，电源电压降不应超过 1%。

10 输入功率和电流

GB 4706.1—2005 中的该章除下述内容外，均适用。

10.1 该条增加下述内容：

注 101：对于具有一个以上电热元件的器具，其总输入功率可通过分别测量各电热元件的输入功率来确定（见 3.1.4）。

11 发热

GB 4706.1—2005 中的该章除下述内容外，均适用。

11.2 该条增加下述内容：

固定在地板上的器具和质量大于 40 kg 而未装配滚轮、脚轮或类似装置的器具，按照制造厂的说明进行安装。若未提供说明，则认为这些器具通常是放置在地面上使用的。

11.3 油温在容器中心油面以下 25 mm 处测量。

11.4 该条用下述内容代替：

器具在正常工作条件下运行，使其总输入功率为额定输入功率的 1.15 倍。如果不可能同时接通所有加热元件，则在开关配置允许的条件下对每一组合进行试验，并使线路中存在与每一个开关配置一致的可能达到的最高负载。

如果器具带有限制总输入功率的控制器，则试验以此控制器可以选择的能施加最严酷条件的任何一种电热元件组合来进行。

如果电动机、变压器或电子电路的温升超过限值，则器具在 1.06 倍额定电压下重复进行试验。在此情况下，只测量电动机、变压器或电子电路的温升。

注 101：见 11.7。

11.7 该条用下述内容代替：

使器具连续工作直至建立稳定状态。

注 101：该试验持续时间应包括一个以上的工作周期。

器具达到稳定状态后，立即启动倾斜电动机，运行整整一个工作周期（一个周期是从最高位置到最低位置，再回到最高位置）。

升降电动机进行类似操作，但运行三个周期。

11.8 该条增加下述内容：

最高油温不应超过 200 ℃，试验过程中，压力释放装置不应动作。

12 空章

13 工作温度下的泄漏电流和电气强度

GB 4706.1—2005 中的该章除下述内容外，均适用。

13.2 该条内容做下述修改：

用下述内容代替Ⅰ类驻立式器具泄漏电流的允许值：

——对软线和插头连接的器具：按器具额定输入功率 1 mA/kW，最大限值 10 mA；

——对其他器具：按器具额定输入功率 1 mA/kW，无最大限值。

14 瞬态过电压

GB 4706.1—2005 中的该章内容均适用。

15 耐潮湿

GB 4706.1—2005 中的该章除下述内容外，均适用。

15.1 该条增加下述内容：

打算部分或全部浸入水中清洗的器具或任何可拆卸电气部件，也要经受 15.102 的试验。

注 101：非驻立式器具或任何可拆卸电气部件未标示最大浸水深度线，或者在使用说明中并无防止其部分或全部浸水的警告者，均视为是打算全部浸入水中清洗的器具。

15.1.1 该条增加下述内容：

此外，IPX0、IPX1、IPX2、IPX3 和 IPX4 器具均应经受下述溅水试验 5 min。

采用图 101 所示的装置。试验期间，水压应调整到使水从碗底溅起 150 mm。对通常在地面上使用的器具，碗放在地面上。对所有其他器具，碗放在一个低于器具最低边 50 mm 的水平支承面上，使碗围绕器具移动，以便使水能从各个方向溅到器具上。应注意水流不得直接向器具喷射。

15.1.2 该条内容做下述修改：

通常在桌面上使用的器具，要放在一个支承面上，该支承面每边尺寸比器具在支承面上的正投影尺寸大 15 cm±5 cm。

15.2 该条内容做下述修改：

该条用下述内容代替要求段：

器具的结构应使其在正常使用中液体的溢出不会影响其电气绝缘。

15.3 该条增加下述内容：

注 101：如果不可能将整台器具放进潮湿箱内，则包含有电气元件的部件分别进行试验，但要重视器具内出现的情况。

15.101 为注水或清洗之用而配备了水开关的器具，在结构上应保证从水开关流出的水不能接触带电部件。

通过以下试验来确定是否合格：

将器具连接到具有制造厂规定的最大供水压力的水源上，进水开关全部打开 1 min。可倾斜和可移动部件，包括盖子，都斜置或放置在最不利位置上。将水开关可旋转出水管的位置调到使水流向会产生最不利结果的那些部件上。器具经此处理后应立即经受 16.3 规定的电气强度试验。

15.102 打算部分或全部浸入水中清洗的器具或可拆卸电气部件，应有防备浸水影响的充分保护。

通过以下试验来确定是否合格：

样品在正常工作条件下运行，电源电压是使器具的输入功率为额定输入功率的 1.15 倍，直至建立稳定状态。

然后将器具连接器脱开或用其他方法切断电源，并立即将样品倒空后完全浸入温度为 10 ℃～25 ℃ 的水中；如果标有浸水最大深度线，就将样品浸到标示的深度。

浸水 1 h 后，从水中取出样品并加以干燥，注意确保将全部水分从器具输入插口插脚附近绝缘上除去。然后按 16.2 所述方法，在装配好的器具上测量泄漏电流。

泄漏电流不应超过 16.2 规定的数值。

经上述处理和测量泄漏电流之后，样品应经受 16.3 规定的电气强度试验，但试验电压应降至 1 000 V。

然后使样品如上工作 10 d(240 h)。在此期间，使样品按规定的时间间隔冷却到接近室温 5 次。

此后，将器具连接器脱开或用其他方法切断电源，立即将样品倒空并再次浸入水中 1 h 如上。随后将样品干燥，并再次按 16.2 所述方法测量泄漏电流。

泄漏电流不应超过 16.2 规定的数值。

然后样品应经受如前规定的电气强度试验，并通过视检证明没有水进入器具达到任何值得重视的程度。

注：在视检器具是否进水时，应特别注意器具内装有电气元件的部位。

16 泄漏电流和电气强度

GB 4706.1—2005 中的该章除下述内容外，均适用。

16.2 该条内容做下述修改：

用下述内容代替Ⅰ类驻立式器具泄漏电流的允许值：

——对软线和插头连接的器具：按器具额定输入功率 1 mA/kW，最大限值 10 mA；

——对其他器具：按器具额定输入功率 1 mA/kW，无最大限值。

增加下述内容：

注 101：对于打算使用器具连接器并打算部分或全部浸入水中清洗的器具，在施加试验电压前，其输入插口允许用例如吸水纸之类进行干燥，否则器具可能经受不住此项试验。

17 变压器和相关电路的过载保护

GB 4706.1—2005 中的该章内容均适用。

18 耐久性

GB 4706.1—2005 中的该章内容均不适用。

19 非正常工作

GB 4706.1—2005 中的该章除下述内容外，均适用。

19.1 该条增加下述内容：

任何一个控制器或开关装置，其不同的设置与器具同一部分的不同功能相对应，而这些功能又涉及不同标准时，可以不考虑制造厂的说明书，将其调整到最不利位置。

装有在第 11 章试验期间限制压力的控制器的器具也要经受 19.4 的试验。

注 101：压力释放装置的连续放气本身可忽略不计。

19.2 该条增加下述内容：

试验分下述两部分进行：

a) 用少于最低油量的油使之达到最高油温，试验从冷态开始，温控器调到最高工作温度，盖子打开、取下或关闭，取其最不利条件，除非器具的结构是不关闭盖子就不能工作。

b) 使器具恢复到室温，并再注满油，然后把油用 1 h 慢慢排出但不排干。开始试验时将温度控制器调到最高工作温度，盖子是打开、取下或关闭，取其最不利条件，除非器具的结构是不关闭盖子就不能工作。在此试验期间，除电热元件上的油外，不应使油引燃，也不应有火焰蔓延到器具的其他部件。

19.3 该条增加下述内容：

将器具内为正确工作而预置在正常位置但不锁定的所有可调温度控制器或压力控制器调整到最不利位置。

19.4 该条增加下述内容：

注 101：正常使用时，用来接通或断开电热元件的接触器主触头锁定在“通(ON)”的位置。如果两个接触器彼此独立工作，或者一个接触器控制两组独立的主触头，则这些触头轮流锁定在“通(ON)”的位置。

19.13 该条增加下述内容：

在进行 19.2 和 19.3 试验期间，在距任何表面不小于 5 mm 的任意一点上测得的油温应不超过 230 ℃。

在 19.4 试验期间，按照 11.3 方法测得的油温应不超过 230 ℃。

20 稳定性和机械危险

GB 4706.1—2005 中的该章除下述内容外，均适用。

20.1 该条增加下述内容：

可拆卸部件和不固定部件，如篮子及盖子，都放在最不利位置。

20.2 该条内容做下述修改：

该条在第一要求段后增加下述内容：

本条也适用实现倾斜操作所需的部件，如手柄或轮子。

21 机械强度

GB 4706.1—2005 中的该章内容均适用。

22 结构

GB 4706.1—2005 中的该章除下述内容外，均适用。

22.7 该条用下述内容代替：

工作压力高于大气压力(过压)的器具，应装有适当的压力释放装置以防超压。

使器具在额定输入功率下工作，同时使压力控制器不起作用，来确定是否合格。

在此试验期间，压力释放装置应工作以防止器具内压力超过额定压力 20%。

22.101 对于三相器具，用于保护带有电热元件的电路和保护意外启动会引起危险的电动机电路的热断路器，应为非自动复位、自动脱扣类型，并应能从电源全极断开。

对于单相器具和连接在一条相线和中线或相线和相线之间的单相电热元件和/或电动机，用于保护带有电热元件的电路和保护意外启动会引起危险的电动机电路的热断路器，应为非自动复位、自动脱扣类型，并应至少断开一极。

如果非自复位热断路器只有在借助工具拆除部件后触及，则不要求自动脱扣类型。

注 1：自动脱扣类型的热断路器具有自动动作，带有一个复位机构，其结构使自动动作不受复位机构的动作或位置所支配。

在第 19 章试验期间动作的球头型和毛细管型热断路器，应当是毛细管的断裂不得影响器具符合 19.13 的要求。

通过视检、手动试验和折断毛细管来确定是否合格。

注 2：注意确保折断时不使毛细管封闭。

22.102　指示危险、报警或类似情况的信号灯、开关或按钮只应是红色的。

通过视检来确定是否合格。

22.103　器具的结构应能充分预防热油溢出或飞溅到在正常使用中温度超过 300 ℃的部件上。

在进行 15.2 试验后，通过视检来确定是否合格。

22.104　如果器具加上注油达到最高标示液位的容器，其总质量超过 10 kg，或者油量超过 5 L，则应配备一种装置，可不使器具倾斜而将油从带有固定容器的器具排空。

对于带有可以拆卸容器的器具，如果注油达到最高标示液位时容器总质量超过 10 kg，或者油量超过 5 L，也应配备这种装置。

注：排空油的手段有旋塞、排放阀、倾斜装置等。

如果制造厂提供了集油槽，则该槽应适合使用，且具有一次操作就可将器具中油全部排出的容量。

准备运油的容器应提供相应的装卸工具。

通过视检和测量来确定是否合格。

22.105　准备用机械方法使盛油容器倾斜来排空的器具，其结构应不致产生例如热油溢出或飞溅等危险。

通过视检来确定是否合格。

22.106　带有可倾斜容器的器具应配备能防止从任何位置意外倾斜的机构。

如果容器依靠电动机倾斜，则应只有在控制按钮或开关上保持压力才能使该电动机运转。该按钮或开关的安装位置和防护应使之不能被意外启动。

如果容器用手动倾斜，则除了用故意的手段外，应不可能有害地影响倾斜动作。

通过视检和在容器任意一点上施加 340 N 的力来确定是否合格。

22.107　装有升降装置的器具，其结构应使器具达到最高和最低位置时驱动装置能自动脱开或停止。

通过视检来确定是否合格。

22.108　器具的结构在下述情况时，应使电热元件从电源断开：

——电热元件从器具中取出；

——如果电热元件是旋摆式的，则在其已到达正常工作位置与停驻位置之间距离的 80%时。

通过视检来确定是否合格。

22.109　器具在最高标示液位以上应留出适当的涌油余量，使用来收集涌油的任何容器的涌油总容积(单位 L)与推荐的一次加载量(单位 kg，见 7.12)之比值应不小于 4。

通过测量来确定是否合格。

22.110　热液体的排放开关和其他排放装置在结构上应使其不能被意外打开。而且应使意外地拔掉排放塞成为不可能。

通过视检和手动试验来确定是否合格。

注：例如，阀门手柄放开时能自动回复到关闭位置，或者阀门手柄为轮型，或装在凹进处，就满足了此项要求。

22.111　油炸篮及旋摆式、倾斜式或升降式电热元件在结构上应能使其安全地处在升高位置。

通过视检及手动试验来确定是否合格。

22.112　用于从器具排放液体的装置应以不影响电气绝缘的方式排放液体。

通过视检和手动试验来确定是否合格。

22.113　应保护铰链连接的盖以防意外跌落。

通过视检和手动试验来确定是否合格。

22.114　便携式器具的底面不应有允许小物体穿透并触及带电部件的孔。

通过视检和经过孔测得的支撑面与带电部件之间的距离来确定是否合格。该距离至少为 6 mm；然而，对装有支脚并打算放在桌面上使用的器具，此距离加长到 10 mm；对打算放在地面上使用的器具，则加长到 20 mm。

22.115 器具压力部件的工作压力不应超过额定压力。

通过在第11章试验期间的检查来确定是否合格。

22.116 压力释放装置应安装或构造成使其动作不能引起对人的伤害或对环境的破坏。其结构应不能使其不起作用。

通过视检来确定是否合格。

22.117 在压力减少到接近大气压力之前，压力器具的盖应不可能打开。

通过视检及手动试验来确定是否合格。

22.118 压力器具应装有真空释放阀以防形成局部真空，除非器具打算用作真空工作。

通过视检来确定是否合格。

22.119 压力器具应能够承受额定压力。

通过使受压部件经受等于额定压力1.5倍的静水压30 min来确定是否合格。将所有出口密封，并使所有压力释放装置都不起作用。可以用水以外的方法产生静压。

试验期间受压部件不应出现泄漏迹象或永久变形，也不应爆裂。

22.120 装有轮子或类似装置的器具应在停留时配备有效的锁定装置。

通过视检和下述试验确定是否合格。

将按照制造厂的说明满载的器具放在一个与水平成10°角的倾斜平面上，锁住锁定装置。器具不应移动超过100 mm。

23 内部布线

GB 4706.1—2005中的该章除下述内容外，均适用。

23.3 该条增加下述内容：

温控器的毛细管在正常使用中有弯曲倾向时，下述内容适用：

——毛细管作为内部布线的部件装配时，GB 4706.1适用；

——单独的毛细管应以每分钟不超过30次的速率弯曲1 000次。

注101：在上述任何一种情况下，如果由于部件的质量等原因，不可能按照给定的速率移动器具的活动部件，则弯曲速率可以降低。

试验之后，毛细管不应有本部分含义内的损伤痕迹和影响其进一步使用的损坏。

但是，如果毛细管的一处损坏就使器具不能工作(失效保护)，则单独的毛细管就不再进行试验，而作为内部布线的部件安装的毛细管，也不进行是否符合要求的检查。

通过折断毛细管来检查是否合格。

注102：注意确保折断时不使毛细管封闭。

24 元件

GB 4706.1—2005中的该章除下述内容外，均适用。

24.101 装在器具上的器具连接器不应装有温控器。

通过视检来确定是否合格。

25 电源连接和外部软线

GB 4706.1—2005中的该章除下述内容外，均适用。

25.3 该条增加下述内容：

固定式器具和质量大于40 kg且未装配滚轮、脚轮或类似装置的器具，其结构应允许器具按照制造厂的说明书安装后，再连接电源软线。

用于电缆与固定布线永久连接的接线端子，也可以适用于电源软线的X型连接，在此情况下，器具应装有符合25.16要求的软线固定装置。

如果器具装有可连接软线的一组接线端子，则这些接线端子应适用于软线的X型连接。

在上述两种情况下，说明书应提供电源软线的详尽资料。

嵌装式器具可以在被安装前进行电源线连接。

通过视检来确定是否合格。

25.7 该条内容做下述修改：

用下述内容代替规定的电源软线类型：

电源软线应为耐油柔性护套电缆，不轻于普通氯丁橡胶或其他等效的合成橡胶护套软线[指定牌号GB/T 5013.1(IEC 60245,IDT)的57号线]。

26 外部导线用接线端子

GB 4706.1—2005中的该章内容均适用。

27 接地措施

GB 4706.1—2005中的该章除下述内容外，均适用。

27.2 该条增加下述内容：

驻立式器具应装配一接线端子以便连接外部等电位导体。该接线端子应与器具所有固定的外露金属部件保持有效的电气接触，并且应能与标称横截面积高达10 mm^2 的导线连接。接线端子应设置在器具安装后便于与结合导体连接的位置。

注101：小型固定的外露金属部件，例如铭牌等，无需与接线端子形成电气接触。

28 螺钉和连接

GB 4706.1—2005中的该章内容均适用。

29 电气间隙、爬电距离和固体绝缘

GB 4706.1—2005中的该章除下述内容外，均适用。

29.2 该条增加下述内容：

微观环境为3级污染，相对漏电起痕指数(CTI)应不低于250，除非绝缘被封闭或者其放置位置能保证在器具正常使用过程中绝缘不可能受到污染。

30 耐热和耐燃

GB 4706.1—2005中的该章除下述内容外，均适用。

30.2.1 该条内容做下述修改：

灼热丝试验在650 ℃的温度下进行。

30.2.2 该条不适用。

30.101 如果有非金属材料制作的用于吸附油脂的过滤器，应经受ISO 9772对HBF类材料规定的燃烧试验，或根据GB/T 5169.16 (idt IEC 60695-11-10)，材料类别至少为HB 40，只是试样厚度应与器具内过滤器厚度相同。

注：可能需要将试样支承起来。

31 防锈

GB 4706.1—2005中的该章内容均适用。

32 辐射、毒性和类似危险

GB 4706.1—2005 中的该章内容均适用。

单位为毫米

图 101 溅水装置

附　录

GB 4706.1—2005 中的附录除下述内容外，均适用。

附　录　N
（规范性附录）
耐漏电起痕试验

6.3　该条增加下述内容：

规定电压列表中增加 250 V。

参 考 文 献

GB 4706.1—2005 中的参考文献除下述内容外，均适用。

参考文献增加：

ISO 13732-1 热环境的人类工效学与表面接触时人的反应的评定方法 第1部分：热表面

ICS 13.120
Y 68

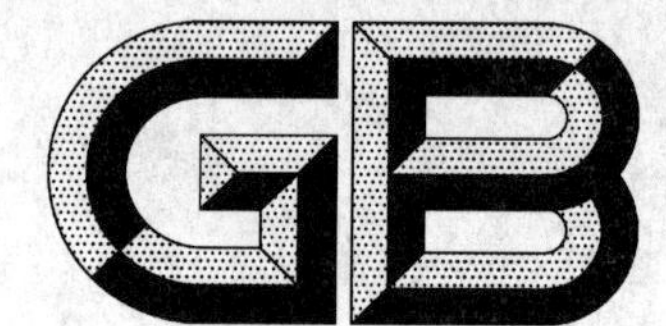

中华人民共和国国家标准

GB 4706.34—2008/IEC 60335-2-42:2002
代替 GB 4706.34—2003

家用和类似用途电器的安全 商用电强制对流烤炉、蒸汽炊具和蒸汽对流炉的特殊要求

Household and similar electrical appliances—Safety—Particular requirements for commercial electric forced convection ovens, steam cookers and steam-convection ovens

(IEC 60335-2-42:2002,IDT)

2008-12-30 发布　　2010-04-01 实施

中华人民共和国国家质量监督检验检疫总局
中国国家标准化管理委员会　发布

前　言

本部分的全部技术内容为强制性。

GB 4706《家用和类似用途电器的安全》由若干部分组成，第1部分为通用要求，其他部分为特殊要求。

本部分应与GB 4706.1—2005《家用和类似用途电器的安全　第1部分：通用要求》配合使用。

本部分等同采用IEC 60335-2-42:2002《家用和类似用途电器的安全　第2部分：商用电强制对流烤炉、蒸汽炊具和蒸汽对流炉的特殊要求》。

为便于使用，本部分对IEC 60335-2-42做了下列编辑性修改：

a）"第1部分"一词改为"GB 4706.1—2005"；

b）用小数点"."代替用做小数点的","。

本部分代替GB 4706.34—2003《家用和类似用途电器的安全　商用电强制对流烤炉、蒸汽炊具和蒸汽对流炉的特殊要求》。

本部分与GB 4706.34—2003的主要差异如下：

——第1章注103不适用范围取消了"专为工业用途而设计的器具"和"带有电极加热器的器具"；

——增加了3.109；

——取消了6.2和6.101；

——增加了7.12.4和7.15；

——修改了16.2中泄漏电流的限值；

——第18章不适用改为适用；

——增加了22.116；

——增加了29.2；

——取消了30.3；

——修改了30.101中燃烧试验的相关内容。

本部分的附录N为规范性附录。

本部分由中国轻工业联合会提出。

本部分由全国家用电器标准化技术委员会(SAC/TC 46)归口。

本部分主要起草单位：北京市服务机械研究所、裕富宝厨具设备(深圳)有限公司、广州市花都区新粤海西厨设备厂、山东华杰厨业有限公司。

本部分主要起草人：刘洪伟、王玉波、李英杰、郭辉、王月华、刘旭、李继萍。

本部分的历次版本发布情况为：

——GB 4706.34—1996、GB 4706.34—2003。

IEC 前言

1) IEC(国际电工委员会)是由所有国家的电工委员会(IEC 国家委员会)组成的世界范围内的标准化组织。IEC 的宗旨就是促进各国在电气和电子标准化领域的全面合作。鉴于以上的目的并考虑到其他活动的需要,IEC 还出版国际标准、技术规范、技术报告、公开可用规范(PAS)、导则(以下统称为 IEC 出版物)。整个制定工作由技术委员会来完成。任何对此技术问题感兴趣的 IEC 国家委员会都可以参加制定工作。与国际电工委员会有联系的国际、政府及非政府组织也可以参加这项工作。IEC 根据其与 ISO 达成的协议,与 ISO 在工作上紧密合作。
2) 因为每个技术委员会都有来自于各个对有关技术问题感兴趣的 IEC 国家委员会的代表,所以 IEC 对有关技术问题的正式决议或协议都尽可能的表达了国际性的一致意见。
3) IEC 出版物以推荐性的方式供国际上使用,并在此意义上被各国家委员会接受。在为了确保 IEC 出版物技术内容的准确性而做出任何合理的努力时,IEC 对其出版物被使用的方式以及任何最终用户(读者)的误解不负有任何责任。
4) 为了促进国际上的统一,IEC 希望各国委员会在本国情况允许的范围内采用 IEC 出版物的内容作为他们国家或地区的出版物。IEC 出版物与相应的国家或地区的出版物有差异的,应尽可能在后者中明确地指出。
5) IEC 规定了表示其认可的无标志程序,但并不表示对某一设备声称符合某一 IEC 出版物承担责任。
6) 所有的使用者应确保持有该出版物的最新版本。
7) IEC 或其管理者、雇员、服务人员或代理(包括独立专家、IEC 技术委员会和 IEC 国家委员会的成员)不应对使用或依靠本 IEC 出版物或其他 IEC 出版物造成的任何直接的或间接的人身伤害、财产损失或其他任何性质的伤害,以及源于本出版物之外的成本(包括法律费用)和支出承担责任。
8) 应注意在本出版物中列出的规范性引用文件。对于正确使用本出版物来讲,使用规范性引用文件是不可缺少的。
9) 本 IEC 出版物中的某些内容有可能涉及一些专利权问题,对此应引起注意。IEC 组织不负责识别任一或所有该类专利权问题。

IEC 60335 系列标准的本部分是由 IEC 第 61“家用和类似用途电器的安全”技术委员会所属第 61E“商用电气饮食加工服务设备的安全”分委员会制定。

本部分的第五版对 2000 年的第四版进行了删除和替代的技术修订。

该双语版本(2005 年 4 月)替代英文版本。

IEC 60335 系列标准的本部分内容以下述文件为依据:

FDIS	表决报告
61E/402/FDIS	61E/414/RVD

关于表决批准本部分的详细情况,可在上表中指出的表决报告中查明。

本部分的法文版本未经表决。

本部分与 IEC 60335-1 及其修正件的最新版本配合使用。本部分是根据 IEC 60335-1 的第 4 版(2001)制定的。

注 1:本部分中提到的“第 1 部分”是指 IEC 60335-1。

本部分对 IEC 60335-1 的相应条款进行了补充或修改，将其转化成 IEC 标准：商用电强制对流烤炉、蒸汽炊具和蒸汽对流炉的安全要求。

如第 1 部分的个别条款在本部分未提到时，如果合理，该条款仍然适用。在本部分中说明“增加”、“修改”或“代替”时，第 1 部分中有关正文应作相应修改。

注 2：采用下述编号系统：

——对第 1 部分增加的条款、注释和图表应自 101 起开始编号。

——除新条款的注释或第 1 部分中涉及的注释外，包括代替条款或分条款在内的所有注释均应自 101 起开始编号。

——增加的附录用 AA、BB 等字母标明。

注 3：在本部分中采用下列印刷体：

——正文要求：印刷体；

——试验规范：斜体；

——注释内容：小写印刷体。

正文中的黑体字在第 3 章中定义。当对一个形容词进行定义时，该形容词与有关名词也应使用黑体。

一些国家存在如下的差异：

——6.1：0I 类器具被承认（日本）；

——6.2：打算安装在厨房中的器具，根据其安装高度，要求具有阻挡有害进水的适当防护等级（法国）；

——13.2：泄漏电流的限值是不同的（日本）；

——16.2：泄漏电流的限值是不同的（日本）；

——21 章：对于打算安装在厨房中的器具，根据冲击点的高度，采用不同的冲击能量值（法国）。

委员会决定，在 IEC 网站“http://webstore.iec.ch”指定的保持结果日期之前，基本出版物和其增补件的相关内容中与特殊出版物有关的数据保持不变。在此日期，出版物将：

- 重新确认；
- 废止；
- 由修订版替代，或者
- 增补。

引　言

在起草本部分时已假定，由取得适当资格并富有经验的人来执行本部分的各项条款。

本部分所认可的是家用和类似用途电器在注意到制造商使用说明的条件下按正常使用时，对器具的电气、机械、热、火灾以及辐射等危险防护的一个国际可接受水平，它也包括了使用中预计可能出现的非正常情况。

在制定本部分时已经尽可能地考虑了 GB 16895 中规定的要求，以使得器具在连接到电网时与电气布线规则的要求协调一致。

如果一台器具的多项功能涉及到 GB 4706 特殊要求部分中不同的特殊要求，则只要是在合理的情况下，相关的特殊要求标准要分别应用于每一功能。如果适用，应考虑到一种功能对其他功能的影响。

本部分是一个涉及器具安全的产品族标准，并在覆盖相同主题的同一水平和同一类别的标准中处于优先地位。

一个符合本部分文本的器具，当进行检查和试验时，发现该器具的其他特性会损害本部分要求所涉及的安全水平时，则将未必判定其符合本部分中的各项安全准则。

产品使用了本部分要求中规定以外的各种材料或各种结构形式时，则该产品可以按照本部分中这些要求的意图进行检查和试验。如果查明其基本等效，则可以判定其符合本部分要求。

家用和类似用途电器的安全 商用电强制对流烤炉、蒸汽炊具和蒸汽对流炉的特殊要求

1 范围

GB 4706.1—2005 中的该章用下述内容代替：

GB 4706 的本部分涉及不作家庭使用的商用电强制对流烤炉、蒸汽炊具和蒸汽对流炉的安全。对于连接一条相线和中性线的单相器具，其额定电压不超过 250 V，其他器具不超过 480 V。

注 101：这类器具用于例如餐馆、食品店、医院的厨房和诸如面包房、肉食店之类的商业企业。

利用其他能源形式的器具，其电气部分也在本部分范围之内。

本部分处理这类器具所引起的常见危险。

注 102：以下情况应予注意：

——对于打算在车辆、船舶或航空器上使用的器具，允许有必要的附加要求；

——在许多国家中，全国性的国家卫生、劳动保护、供水和其他类似权力机构所规定的附加要求；

——在许多国家中，对压力器具规定了附加要求。

注 103：本部分不适用于：

——烹饪过程不仅直接使用蒸汽接触而且也可以将食物部分或全部浸入液体的器具；

——在有腐蚀性或爆炸性空气（粉尘、蒸气或可燃气）等特殊状态的场所使用的器具；

——供大量生产食品用连续作业的器具；

——微波炉（GB 4706.90）。

2 规范性引用文件

GB 4706.1—2005 中的该章内容均适用。

3 定义

下列术语和定义适用于本部分。

GB 4706.1—2005 中的该章除下述内容外，均适用。

3.1.4 该条增加下述内容：

注 101：额定输入功率是器具内可以同时工作的所有单独元件输入功率的总和。可能存在几种这样的组合时，用输入功率最大的组合来确定额定输入功率。

3.1.9 该条用下述内容代替：

正常工作 normal operation

器具在下列条件下工作：

- 干热方式

器具在所有托架或托架小车放在与制造厂使用说明相应位置的情况下不加负载工作。将周期控制器调到使炉内每个使用空间几何中心的平均温度保持在 220 ℃±4 ℃，分级控制器的这一温度调到 220 ℃±15 ℃。

如果炉温达不到 220 ℃，则将控制器调到最大限值。

如果炉温能超过 270 ℃，则将控制器调到使平均温度比可能达到的最高温度低 50 ℃±4 ℃。

- 单独汽蒸方式

使器具按制造厂使用说明在将所有由用户操作的控制器调到最大限值的情况下运行，直达到工作温度。然后，如果可能，将它们再调整到保持该温度的最低整定值。

装了打算用手加水或手操作开关注水的蒸汽发生器的器具，将其注水至蒸汽发生器上标明的标示液位。

如果属于自动注水，则将其连接到制造厂指定压力的水源上。制造厂规定了压力范围时，则将压力调到最不利状态。

进水温度应保持在：

——打算同冷水水源连接的器具，水温为 15 ℃±5 ℃；

——打算只同热水水源连接的器具，水温为 60 ℃±5 ℃或说明书标明的温度，两者中取较高者。

注 101：如果器具既可同冷水水源又可同热水水源连接，则取产生最不利结果的一种水温。

盖、门及罩放在正常位置并关闭。

器具烹饪隔间装有水负载，水的初始温度为 15 ℃±5 ℃，负载量按制造厂标明的最大食品装载量 0.5 L/kg。所装的水负载均匀分布在各托架或托盘内。

注 102：由于托盘可以带孔以便蒸汽流通，可将水装在合适的容器内，再将容器均匀分装在各托架或托盘内。

● 组合方式

器具按单独汽蒸方式工作，但同时开动用于加热烹饪隔间的各强制对流风机和组件，并将温度控制器按干热方式调整。

在上述所有情况下，装在器具内的电动机，考虑到制造厂的说明，在正常使用时可能出现的最严酷条件下，按预期的方式运行。

3.101

强制对流烤炉 forced convection oven

一种打算用于在烹饪隔间内由通过机械方法循环流动的热空气来烹制食品的器具。烹饪隔间内的压力与大气压力没有显著差别。

3.102

蒸汽炊具 steam cooker

一种打算用于只通过直接蒸汽接触方法来烹制食品的器具。烹饪隔间内的压力能超过大气压力。

3.103

常压蒸汽炊具 atmospheric steam cooker

一种其烹饪隔间内的压力与大气压力没有显著差别的器具。

3.104

蒸汽对流炉 steam-convection oven

一种既可以用直接蒸汽接触方式也可以在烹饪隔间内通过机械方法循环流动热空气方式或两种方式的组合来烹制食品的器具。烹饪隔间内压力与大气压力没有显著差别。

3.105

额定压力 rated pressure

制造厂对器具受压部件规定的蒸汽炊具和蒸汽发生器的最大工作压力。

3.106

蒸汽发生器 steam generator

明确用于产生全部供烹饪隔间使用的蒸汽的器具部件。

注：蒸汽发生器可以组合在烹饪隔间内，可以远离烹饪隔间组合在同一个箱体内，或作为一个独立的单元，为一个或多个烹饪隔间提供蒸汽。

3.107

烹饪隔间 cooking compartment

器具内进行烹饪或食品热加工的部分。

3.108

标示液位 indicated level

为正确操作而标示在器具或蒸汽发生器上的最高液位线。

3.109

安装墙 installation wall

一种包含供应设施的专用固定式构筑物,供应设施用于与构筑物连同安装的器具。

4 一般要求

GB 4706.1—2005 中的该章内容均适用。

5 试验的一般条件

GB 4706.1—2005 中的该章除下述内容外,均适用。

5.10 该条增加下述内容:

应将打算安装在一组其他器具内的器具,或打算固定在安装墙上的器具围起,以获得防备电击或阻挡有害进水的保护,与随同器具提供的说明书进行安装所获得的保护相当。

注 101:可能需要适当的围栏或附加器具供试验之用。

5.101 器具即使装有电动机也仍然作为电热器具进行试验。

5.102 与其他器具联合组装或装有其他器具的器具,应按本部分的要求进行试验。其他器具则按照有关标准的要求同时工作。

6 分类

GB 4706.1—2005 中的该章除下述内容外,均适用。

6.1 该条用下述内容代替:

关于电击防护类别,器具应属Ⅰ类。

通过视检和有关试验来确定是否合格。

7 标志和说明

GB 4706.1—2005 中的该章除下述内容外,均适用。

7.1 该条增加下述内容:

另外,器具上应标明:

——打算与水源连接的器具或蒸汽发生器,其水压或压力范围用 kPa 表示,但已在说明书内注明者除外;

——器具压力部件的额定压力,用 kPa 表示。

7.6 该条增加下述内容:

增加下列符号:

 GB/T 5465.2(idt IEC 60417-1)—5021 等电位

7.12 该条增加下述内容:

在蒸汽炊具和蒸汽对流炉的说明书中还应包括用 kg 表示的最大食品装载量。

在蒸汽炊具的说明书中应包括如下警告:

警告:在压力减少到接近大气压力之前,不要打开排放开关或其他排空装置。

如果器具上标注了 GB/T 5465.2(idt IEC60417-1)规定的符号 5021,应该说明其含义。

7.12.1 该条用下述内容代替:

器具应附有说明书，详细说明安装时必需的专门预防措施。当器具与其他器具组合安装或固定在安装墙上时，均应提供如何保证得到防备电击和阻挡有害进水充分保护的详细说明。如将一台以上器具的控制装置组合在一处单独的外壳内，应提供详细的安装说明。用户维护保养，如清洗等，也应提供说明。说明书中应说明器具不得使用喷射水流清洗。

对于与固定布线永久连接且其泄漏电流可能超过 10 mA 的器具，尤其是长期处于断开状态或停用，或初次安装时，说明书应提供关于打算安装的保护装置(如接地漏电保护继电器)额定值的建议。

通过视检来确定是否合格。

7.12.4　该条增加下述内容：

具有供若干台器具使用的独立控制盘的嵌装式器具，其使用说明书应说明：该控制盘只可同指定的器具相连接，以避免可能的危险。

7.15　该条增加下述内容：

如果不能设置固定式器具的标志使安装完毕后可以看到，则相应的信息也应写进使用说明书内或外加的标签上，该标签能固定在安装完毕的器具附近。

注 101：嵌装式器具是这种固定式器具的一个例子。

7.101　用手或人工操作开关注水的器具和蒸汽发生器上应标明标示液位。

通过视检来确定是否合格。

7.102　等电位联结端子应用 GB/T 5465.2(idt IEC 60417-1)规定的符号 5021 标明。

这些标志不应放在螺钉、可拆下的垫圈或进行导线连接时可能被拆下的其他部件上。

通过视检来确定是否合格。

8　对触及带电部件的防护

GB 4706.1—2005 中的该章内容均适用。

9　电动器具的启动

GB 4706.1—2005 中的该章除下述内容外，均适用。

9.101　为符合第 11 章要求用于降温的风扇电动机，应能在实际使用中可能出现的所有电压条件下启动。

是否合格通过在 0.85 倍额定电压下启动电动机三次来检查。试验开始时电动机处于室温状态。

每次启动都在电动机准备开始正常工作的条件下进行，对于自动器具，则在正常的工作周期开始的条件下进行，在连续两次启动之间，使电动机能达到静止状态。配备的电动机装的不是离心启动开关时，在 1.06 倍额定电压下重复进行上述试验。

在上述所有情况下，电动机都应能启动，并应以不影响安全的方式运行，其过载保护装置不应动作。

注 1：在试验期间，电源电压降不应超过 1%。

注 2：仅用于对流风机的电动机不认为是用于降温的。

10　输入功率和电流

GB 4706.1—2005 中的该章除下述内容外，均适用。

10.1　该条增加下述内容：

注 101：对于具有一个以上电热元件的器具，其总输入功率可通过分别测量各电热元件的输入功率来确定(见 3.1.4)。

11　发热

GB 4706.1—2005 中的该章除下述内容外，均适用。

11.2 该条增加下述内容：

打算固定在地板上的器具和质量大于40 kg而未装配滚轮、脚轮或类似装置的器具，按照制造厂的说明书进行安装。如未提供说明书，则认为这些器具通常是放置在地面上使用的。

单独的烹饪隔间和蒸汽发生器按制造厂的说明书装配，并以会在相互间和对环境有最不利影响的方式定位于测试角内。

11.4 该条用下述内容代替：

器具在正常工作条件下运行，使其总输入功率为额定输入功率的1.15倍。如果不可能同时接通所有加热元件，则在开关配置允许的条件下对每一组合进行试验，并使线路中存在与每一个开关配置一致的可能达到的最高负载。

如果器具带有限制总输入功率的控制器，则试验以此控制器可以选择的能施加最严酷条件的任何一种电热元件组合来进行。

如果电动机、变压器或电子电路的温升超过限值，则器具在1.06倍额定电压下重复进行试验。在此情况下，只测量电动机、变压器或电子电路的温升。

11.7 该条用下述内容代替：

使器具按下述条件工作：

在烹饪隔间内装有蒸汽发生器的器具按连续周期运行，直至建立稳定状态。每个周期包括一个工作阶段，接着一个时间绝对足够但不超过5 min的静止阶段，以更换水负载；打算人工注水的蒸汽发生器内的水位，如必要，按制造厂的说明恢复到标示液位。

工作阶段等于制造厂说明的最长烹饪时间，如果没有说明，则等于器具达到最高温度状态所需时间。

接通带有单独蒸汽发生器器具的电源，使它运行，直到蒸汽发生器建立稳定状态。此后，器具再按上述条件运行。

使其他器具工作直至建立稳定状态。

注101：该试验持续时间应包括一个以上的工作周期。

11.8 该条增加下述内容：

试验期间压力释放装置不应工作。

12 空章

13 工作温度下的泄漏电流和电气强度

GB 4706.1—2005中的该章除下述内容外，均适用。

13.2 该条内容作下述修改：

用下述内容代替Ⅰ类驻立式器具泄漏电流的允许值：

——对软线和插头连接的器具：按器具额定输入功率1 mA/kW，最大限值10 mA；

——对其他器具：按器具额定输入功率1 mA/kW，无最大限值。

14 瞬态过电压

GB 4706.1—2005中的该章内容均适用。

15 耐潮湿

GB 4706.1—2005中的该章除下述内容外，均适用。

15.1.1 该条增加下述内容：

此外，IPX0、IPX1、IPX2、IPX3和IPX4器具均应经受下述溅水试验5 min。

采用图 101 所示的装置。试验期间水压应调整到使水从碗底溅起 150 mm。对通常在地面上使用的器具,碗放在地面上;而对所有其他器具,碗放在一个低于器具最低边 50 mm 的水平支承面上,然后使碗围绕器具移动,以便使水从各个方向溅到器具上。应注意水流不得直接向器具喷射。

15.1.2 该条内容作下述修改:

通常在桌面上使用的器具,要放在支承面上,该支承面每边尺寸比器具在支承面上的正投影尺寸大 15 cm±5 cm。

15.2 该条用下述内容代替:

器具的结构应使其在正常使用中液体的溢出不会影响其电气绝缘。

通过以下试验来确定是否合格:

X 型连接的器具,除装有专门制备软线者外,都应装有允许的最轻型软缆,或 26.6 规定的最小横截面积的软线,其他器具按交货状态进行试验。

取下可拆卸部件。

将 1 L 约含 1% NaCl 的冷盐水,用 1 min 时间,均匀倾倒在烹饪隔间的底面上。

用手注水器具的水容器,全部用水注满,再将等于其容量 15% 的增加量,用 1 min 时间,均匀注入容器。

将打算由手动开关注水或自动注水器具的水容器连接到具有制造厂规定的最大供水压力的水源上。控制进水的装置保持全部打开,在一出现溢流现象后继续注水 1 min,或直到保护装置启动,停止进水为止。

此外,带有自动注水器或喷水系统并打算与总水管永久连接的强制对流烤炉,在限制进水的诸如水位控制器、流量控制器等方法变得不起作用的最不利条件下运行 5 min。如果风机电动机可以单独运行,在加热元件接通或断开情况下运行,取最严酷条件。

试验时,器具连接到具有制造厂规定的最大供水压力的水源(无盐)上。

如果装有多个控制器,则试验在每个控制器依次变得不起作用的情况下重复进行。

然后器具应经受 16.3 的电气强度试验,并且视检应表明在绝缘上没有能够导致电气间隙和爬电距离减少到低于第 29 章规定值的微量水迹。

15.3 该条增加下述内容:

注 101:如果不可能将整台器具放进潮湿箱内,则包含有电气元件的部件分别进行试验,但要重视器具内出现的情况。

15.101 为注水或清洗而配备水开关的器具,在结构上应使从水开关流出的水不能接触带电部件。

通过以下试验来确定是否合格。

将器具连接到具有制造厂规定的最大供水压力的水源上,进水开关全部打开 1 min。可倾斜和可移动部件,包括盖子,都斜置或放置在最不利的位置上。将水开关的可旋转出水管如此定位:使水流向会产生最不利结果的那些部件。器具经上述处置后应立即经受 16.3 规定的电气强度试验。

16 泄漏电流和电气强度

GB 4706.1—2005 中的该章除下述内容外,均适用。

16.2 该条内容作下述修改:

用下述内容代替 I 类驻立式器具泄漏电流的允许值:

——对软线和插头连接的器具:按器具额定输入功率 1 mA/kW,最大限值 10 mA;

——对其他器具:按器具额定输入功率 1 mA/kW,无最大限值。

17 变压器和相关电路的过载保护

GB 4706.1—2005 中的该章内容均适用。

18 耐久性

GB 4706.1—2005 中的该章内容均适用。

19 非正常工作

GB 4706.1—2005 中的该章除下述内容外，均适用。

19.1 该条增加下述内容：

任何一个控制器或开关装置，打算用于器具同一部分的不同功能对应的不同调整位置，而这些功能又涉及不同标准时，可以不考虑制造厂提供的说明，将其调整到最不利位置。

装有在第 11 章试验期间限制压力的控制器的器具也要经受 19.4 的试验。

注 101：压力释放装置的连续放气本身可忽略不计。

19.2 该条内容作下述修改：

用下述内容代替第一句：

干热方式：

器具按第 11 章规定的条件进行试验，但使风机电动机不起作用。

注 101：如果有多个风机电动机，则依次使其不起作用。

单独汽蒸方式和组合方式：

器具按第 11 章规定的条件但不装水负载并且关闭所有门或盖进行试验。用手加水的蒸汽发生器无水工作。用手操作开关或自动注水的蒸汽发生器，将水源关闭，在蒸汽发生器水干的情况下工作。

19.3 该条增加下述内容：

将器具内为正确工作而预置在正常位置但不锁定的所有可调温度控制器或压力控制器调整到最不利位置。

19.4 该条增加下述内容：

注 101：正常使用时，用来接通或断开电热元件的接触器主触头锁定在“通(ON)”的位置。如果两个接触器彼此独立工作，或者一个接触器控制两组独立的主触头，则这些触头轮流锁定在“通(ON)”的位置。

19.7 该条内容作下述修改：

用下述内容代替表格前面的正文：

将电动机的运动部件和风机组件锁住，使器具从冷态启动并在额定电压或额定电压范围上限下正常工作，直至建立稳定状态，或者，如果有定时器，则持续到定时器允许的最长时间。

注 101：如果器具有一个以上电动机，则试验在每台电动机上分别进行。

注 102：对保护式电动机单元的替代试验在附录 D 中给出。

带有电动机，并在其辅助绕组电路中有电容器的器具，使其在转子堵转、并在每次断开其中一个电容器的条件下工作。除非这些电容器符合 GB 3667，否则器具在每次短路其中一个电容器的条件下重复进行试验。

注 103：锁住转子进行试验，是因为某些带电容器的电动机可能启动或可能不启动，而导致获得不定的结果。

试验期间，绕组的温度不应超过表 8 中所示的值。

19.8 该条增加下述内容：

器具按 19.7 进行试验来确定是否合格。

20 稳定性和机械危险

GB 4706.1—2005 中的该章除下述内容外，均适用。

20.1 该条增加下述内容：

罩、盖和附件应放在最不利位置。

托架小车应经受下述附加试验：

小车按制造厂的说明加载并放在对水平面倾斜10°的平面上。使用制动机构，小车移动不应超过100 mm。

注101：液体的溅出可以忽略。

20.2 该条增加下述内容：

在第一要求段后增加下述内容：

本条也适用于操作部件，如手柄或轮子。

该条增加下述内容：

烹饪隔间的门打开时风机电动机也能工作的器具，其电动机和风机组件的运动部件应加以调整或围护，为正常使用，包括清洗，提供防备伤害的充分保护。

应不可能触及风机的运动部件。

通过使用GB/T 16842(IEC 61032,IDT)中41号试验探棒施加10 N的力来确定是否合格。

20.101 除了打算固定在地面上使用的器具以外，其他器具在将门打开加载时，应具有足够的稳定性。

通过下述试验来确定是否合格：

将底边装有水平铰链的门打开，在门的表面上缓慢加载一重物，使其重心垂直落在门的几何中心上，并使重物的接触区不可能造成门的损坏。

重物的质量如下：

——通常在地面上使用的器具：

- 烹饪隔间的门：23 kg或按制造厂烹饪说明能放入烹饪隔间内的更大质量；
- 其他的门：7 kg。

——通常在桌面或类似支承面上使用的器具，其门底边用水平铰链连接，从铰链到门开启边的水平投影距离至少为225 mm：

- 7 kg或按制造厂烹饪说明能放入烹饪隔间内的更大质量。

在其烹饪隔间底面不高于正常工作面位置的带有垂直铰链的门，都打开90°，然后在门的顶部离铰链最远处，缓慢施加一140 N向下的力。

将门尽量开大，但不超过180°，重复进行本试验。

试验过程中器具不应倾斜。

注：可用砂袋作为重物。

对于装有一扇以上门的器具，对每扇门分别进行试验。

对于非矩形的门，将力作用在正常使用时可能施加这种力的离铰链最远的位置。

门和铰链的变形或损坏均忽略不计。

20.102 为了满足20.2的要求，装在电动机和风机组件处的防护装置不应是可拆卸部件，除非有以下情况：

——装有适当的连锁装置，能防止在除去防护装置的情况下电动机或风机运转；

——防护装置构成炉内胆的组成部分。

通过视检或手动试验来确定是否合格。

21 机械强度

GB 4706.1—2005中的该章除下述内容外，均适用。

21.101 托盘的设计应使其无论在烹饪隔间内或深度的50%伸出在外时，都不会从支承架上脱落。当其50%伸出在外时，托盘不应倾斜。

通过下述试验来确定是否合格。

在相当于托盘面积75%的饼状盒或类似容器里，装进均匀分布的重物，其总质量按饼状盒面积

40 kg/m² 计算。饼状盒居中放在托盘上，再将托盘插进烹饪隔间的支承架上。托盘尽可能移到支承架左边，停留 1 min 后取出。再将托盘插入支承架并移到极右端，停留 1 min 后再取出。

试验期间，托盘不应从支承架上脱落。

然后，将托盘深度的 50%伸出在外，重复此项试验。在托盘外露的前部边缘中间，垂直向下施加一 10 N 的附加力。试验期间，托盘不应倾斜。

注：允许有小角度的偏斜。

22 结构

GB 4706.1—2005 中的该章除下述内容外，均适用。

22.7 该条用下述内容代替：

工作压力高于大气压力（过压）的蒸汽炊具和蒸汽发生器，应装有适当的压力释放装置以防超压。

使器具在额定输入功率下工作，同时使压力控制器不起作用，来确定是否合格。

在此试验期间，压力释放装置应工作以防止器具内压力超过额定压力 20%。

22.101 用于保护带有电热元件电路和保护意外启动会引起危险的电动机电路的热断路器，应为非自复位、自由脱扣类型，并应能从电源全极断开。如果非自复位热断路器只有在借助工具拆除部件后才能触及，则不要求自动脱扣类型。

注 1：自动脱扣类型的热断路器具有自动动作，带有一个复位机构，其结构使自动动作不受复位机构的动作或位置所支配。

在第 19 章试验期间动作的球头型和毛细管型热断路器，应使毛细管的断裂不影响对 19.13 要求的符合。

通过视检、手动试验和折断毛细管来确定是否合格。

注 2：注意确保折断时不使毛细管封闭。

22.102 指示危险、报警或类似情况的信号灯、开关或按钮只应是红色的。

通过视检来确定是否合格。

22.103 蒸汽炊具和蒸汽发生器的工作压力不应超过额定压力。

通过第 11 章试验来确定是否合格。

22.104 在其内部压力未降低到接近大气压力以前，应不能打开压力器具烹饪隔间的门。

通过视检或手动试验来确定是否合格。

22.105 常压工作的器具，其蒸汽出口应通过设计、定位或其他方法防备堵塞。

通过视检来确定是否合格。

22.106 为蒸汽发生器和烹饪隔间提供的排水装置，排水时不应影响电气绝缘。

通过视检或手动试验来确定是否合格。

22.107 人工注水容器必须达到的水位标志，应位于注水时容易看到的位置。

通过视检来确定是否合格。

22.108 器具应配备一种装置，使废气在排放到排水管之前自动冷凝。

通过视检来确定是否合格。

22.109 压力器具应装有真空释放阀以防形成局部真空，除非器具打算用作真空工作。

通过视检来确定是否合格。

22.110 压力器具应能够承受额定压力。

通过使受压部件经受等于额定压力 1.5 倍的静水压 30 min 来确定是否合格。将所有出口密封，并使所有压力释放装置都不起作用。可以用水以外的方法产生静压。

试验期间受压部件不应出现泄漏迹象或永久变形，也不应爆裂。

22.111 为满足 20.2 和 20.101 的要求而安装在烹饪隔间门和防护罩上的连锁装置应安排如下：

——在烹饪隔间的门被打开缝隙不超过 50 mm 时，风机电动机从电源断开；

——不能使用 GB/T 16842(IEC 61032,IDT)中 B 型试验探棒使任何连锁装置失效。

通过视检、测量和在烹饪隔间的门打开的情况下，在任何位置使用标准试验指来确定是否合格。

22.112 便携式器具的底面不应有允许小物体穿透并触及带电部件的孔。

通过视检和经过孔测得的支撑面与带电部件之间的距离来确定是否合格。该距离至少为 6 mm；然而，对装有支脚并打算放在桌面上使用的器具，此距离加长到 10 mm；对打算放在地面上使用的器具，则加长到 20 mm。

22.113 压力释放装置应安装或构造成使其动作不能引起对人的伤害或对环境的破坏。其结构还应不借助专用工具不能使其不起作用或将其调整到更高的释放压力。

通过视检来确定是否合格。

22.114 热液体的排放开关和其他排放装置在结构上应使其不能被意外打开。而且应使意外地拔掉排放塞成为不可能。

通过视检和手动试验来确定是否合格。

注：例如，阀门手柄放开时能自动回复到关闭位置，或者阀门手柄为轮型，或装在凹进处，就满足了此项要求。

22.115 如果烹饪隔间的尺寸超过 700 mm×1 500 mm×700 mm，应能用不超过 70 N 力从里面打开烹饪隔间的门。

通过视检和测量来确定是否合格。

22.116 具有冷凝物自动排放措施的器具，其结构应使得排放不会导致危险。

通过视检来确定是否合格。

23 内部布线

GB 4706.1—2005 中的该章除下述内容外，均适用。

23.3 该条增加下述内容：

温控器的毛细管在正常使用中有弯曲倾向时，下述内容适用：

——毛细管作为内部布线的部件装配时，GB 4706.1—2005 适用；

——单独的毛细管应以不超过 30 次/min 的速率弯曲 1 000 次。

注 101：在上述任何一种情况下，如果由于部件的质量等原因，不可能按照给定的速率移动器具的活动部件，则弯曲速率可以降低。

在弯曲试验之后，毛细管不应有本部分含义内的损伤痕迹和影响其进一步使用的损坏。

但是，如果毛细管的一处损坏就使器具不能工作(失效保护)，则单独的毛细管就不再进行试验，而作为内部布线的部件安装的毛细管，也不进行是否符合要求的检查。

通过折断毛细管来检查是否合格。

注 102：注意确保折断时不使毛细管封闭。

24 元件

GB 4706.1—2005 中的该章内容均适用。

25 电源连接和外部软线

GB 4706.1—2005 中的该章除下述内容外，均适用。

25.1 该条内容作下述修改：

器具不应装有器具输入插口。

25.3 该条增加下述内容：

固定式器具和质量大于 40 kg 而未装配滚轮、脚轮或类似装置的器具，其结构应允许器具按照制造厂的说明书安装后，再连接电源软线。

用于电缆与固定布线永久连接的接线端子，也可能适用于电源软线的 X 型连接。在此情况下，器具应装有符合 25.16 要求的软线固定装置。

如果器具装有可连接软线的一组接线端子，则这些接线端子应适用于软线的 X 型连接。

在上述两种情况下，说明书应提供电源软线的详尽资料。

嵌装式器具的电源线的连接，可以在器具安装之前完成。

通过视检来确定是否合格。

25.7 该条内容作下述修改：

用下述内容代替规定的电源软线类型：

电源软线应为耐油柔性护套电缆，不轻于普通氯丁橡胶或其他等效的合成橡胶的护套软线[指定牌号 GB/T 5013.1(IEC 60245,IDT)的 57 号线]。

26 外部导线用接线端子

GB 4706.1—2005 中的该章内容均适用。

27 接地措施

GB 4706.1—2005 中的该章除下述内容外，均适用。

27.2 该条增加下述内容：

驻立式器具应装配一接线端子以便连接外部等电位导体。该接线端子应与器具所有固定的外露金属部件保持有效的电气接触，并且应能与标称横截面高达 10 mm^2 的导线连接。接线端子应设置在器具安装后便于与结合导体连接的位置。

注 101：固定的小型外露金属件，例如铭牌等，无需与接线端子形成电气接触。

28 螺钉和连接

GB 4706.1—2005 中的该章内容均适用。

29 电气间隙、爬电距离和固体绝缘

GB 4706.1—2005 中的该章除下述内容外，均适用。

29.2 该条增加下述内容：

微观环境为 3 级污染，相对漏电起痕指数(CTI)应不低于 250，除非绝缘被封闭或者其放置位置能保证在器具正常使用过程中绝缘不可能受到污染。

30 耐热和耐燃

GB 4706.1—2005 中的该章除下述内容外，均适用。

30.2.1 该条内容做下述修改：

灼热丝试验在 650 ℃的温度下进行。

30.2.2 该条内容不适用。

30.101 如果有非金属材料制作的用于吸附油脂的过滤器，应经受 ISO 9772 对 HBF 类材料规定的燃烧试验，或根据 GB/T 5169.16(idt IEC 60695-11-10)，材料类别至少为 HB40，只是试样厚度应与器具内过滤器厚度相同。

注：可能需要将试样支承起来。

31 防锈

GB 4706.1—2005 中的该章内容均适用。

32 辐射、毒性和类似危险

GB 4706.1—2005 中的该章内容均适用。

单位为毫米

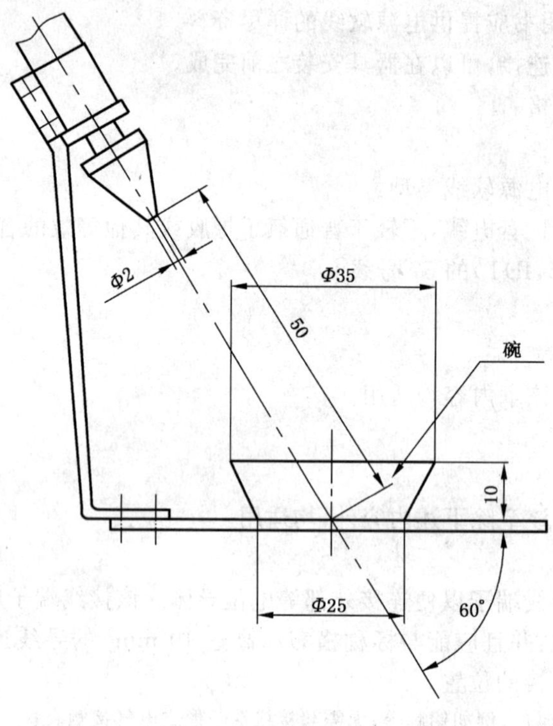

图 101 溅水装置

附 录

GB 4706.1—2005 中的附录除下述内容外，均适用。

附 录 N
（规范性附录）
耐漏电起痕试验

6.3 该条增加下述内容：

规定电压列表中增加 250 V。

参 考 文 献

GB 4706.1—2005 的参考文献除下述内容外，均适用。

参考文献增加：

GB 4706.90 家用和类似用途电器的安全 商用微波炉的特殊要求

ICS 13.120
Y 68

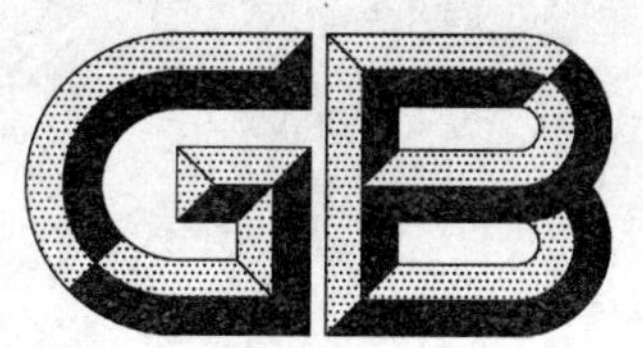

中华人民共和国国家标准

GB 4706.35—2008/IEC 60335-2-47:2002
代替 GB 4706.35—2003

家用和类似用途电器的安全 商用电煮锅的特殊要求

Household and similar electrical appliances—Safety—Particular requirements for commercial electric boiling pans

(IEC 60335-2-47:2002,IDT)

2008-12-30 发布　　2010-04-01 实施

中华人民共和国国家质量监督检验检疫总局
中国国家标准化管理委员会　发布

前　言

本部分的全部技术内容为强制性。

GB 4706《家用和类似用途电器的安全》由若干部分组成，第1部分为通用要求，其他部分为特殊要求。

本部分应与GB 4706.1—2005《家用和类似用途电器的安全　第1部分：通用要求》配合使用。

本部分等同采用IEC 60335-2-47:2002《家用和类似用途电器的安全　第2部分：商用电煮锅的特殊要求》及其修改件第1号(Ed4.0 2008-05)。

为便于使用，本部分对IEC 60335-2-47做了下列编辑性修改：

a)“第1部分”一词改为“GB 4706.1—2005”；

b) 用小数点“.”代替用做小数点的“,”。

本部分代替GB 4706.35—2003《家用和类似用途电器的安全　商用电煮锅的特殊要求》。

本部分与GB 4706.35—2003的主要差异如下：

——取消了6.2中的注101，增加了“在桌面上使用的器具至少为IPX3，其他器具至少为IPX4”的要求；

——取消了6.101；

——增加了7.12；

——11.7中增加了注101；

——16.2修改了泄漏电流的限值；

——第18章不适用改为均适用；

——修改了20.101的相关内容；

——修改了22.101的相关内容；

——增加了29.2；

——取消了30.3。

本部分的附录N为规范性附录。

本部分由中国轻工业联合会提出。

本部分由全国家用电器标准化技术委员会(SAC/TC 46)归口。

本部分主要起草单位：北京市服务机械研究所、裕富宝厨具设备(深圳)有限公司、商业科技质量中心。

本部分主要起草人：张春生、李继萍、黄嘉文、刘旭、刘洪伟、王玉波、尚卫东、周红卫。

本部分的历次版本发布情况为：

——GB 4706.35—1996、GB 4706.35—2003。

IEC 前言

1) IEC(国际电工委员会)是由所有国家的电工委员会(IEC 国家委员会)组成的世界范围内的标准化组织。IEC 的宗旨就是促进各国在电气和电子标准化领域的全面合作。鉴于以上的目的并考虑到其他活动的需要,IEC 还出版国际标准。整个制定工作由技术委员会来完成。任何对此技术问题感兴趣的 IEC 国家委员会都可以参加制定工作。与国际电工委员会有联系的国际、政府及非政府组织也可参加这项工作。根据 IEC 和 ISO 两组织达成的协议,它们在工作上有着密切的协作关系。
2) IEC 有关技术问题的决议或协议是由所有对此问题感兴趣的 IEC 国家委员会参加的技术委员会制定的,并尽可能表述对所涉及的问题在国际上的一致意见。
3) 这些决议或协议以标准、技术报告或规则的形式供国际上使用,并在此意义上为各国委员会所承认。
4) 为了促进国际上的统一,IEC 希望各国委员会在本国情况允许的范围内采用 IEC 标准的内容作为他们国家的标准。IEC 与相应的国家标准或地区标准有差异的,应尽可能在本国标准中明确地指出。
5) IEC 规定了表示其认可的无标志程序,但并不表示对某一设备声称符合某一标准承担责任。
6) 本国际标准中的某些内容有可能涉及一些专利权问题,对此应引起注意。IEC 组织不负责识别任一或所有该类专利权问题。

IEC 60335 系列标准的本部分是由 IEC 第 61“家用和类似用途电器的安全”技术委员会所属第 61E“商用电气饮食加工服务设备的安全”分委员会制定。

本部分的第四版对 2000 年的第三版进行了删除和替代的技术修订。

IEC 60335 系列标准的本部分内容以下述文件为依据:

FDIS	表决报告
61E/403/FDIS	61E/415/RVD

本增补件以下述文件为依据:

FDIS	表决报告
61E/586/FDIS	61E/590/RVD

关于表决批准本部分的详细情况,可在上表中指出的表决报告中查明。

本部分与 IEC 60335-1 及其修正件的最新版本配合使用。本部分是根据 IEC 60335-1 的第 4 版(2001)制定的。

注 1:本部分中提到的“第 1 部分”是指 IEC 60335-1。

本部分对 IEC 60335-1 的相应条款进行了补充或修改,将其转化成 IEC 标准:商用电煮锅的安全要求。

如第 1 部分的个别条款在本部分未提到时,如果合理,该条款仍然适用。在本部分中说明“增加”、“修改”或“代替”时,第 1 部分中有关正文应作相应修改。

注 2:采用下述编号系统:

——对第 1 部分增加的条款、注释和图表应自 101 起开始编号。

——除新条款的注释或第 1 部分中涉及的注释外,包括代替条款或分条款在内的所有注释均应自 101 起开始编号。

——增加的附录用AA、BB等字母标明。

注3：在本部分中采用下列印刷体：

——正文要求：印刷体；

——试验规范：斜体；

——注释内容：小写印刷体。

正文中的黑体字在第3章中定义。当对一个形容词进行定义时，该形容词与有关名词也应使用黑体。

委员会决定，在IEC网站“http://webstore.iec.ch”指定的保持结果日期之前，基本出版物和其增补件的相关内容中与特殊出版物有关的数据保持不变。在此日期，出版物将：

- 重新确认；
- 废止；
- 由修订版替代；或者
- 增补。

一些国家存在下述差异：

——6.1:0I类器具被承认(日本)；

——6.2:打算安装在厨房中的器具，根据其安装高度，要求具有阻挡有害进水的适当防护等级(法国)；

——13.2:泄漏电流的限值是不同的(日本)；

——16.2:泄漏电流的限值是不同的(日本)；

——第21章：对于打算安装在厨房中的器具，根据冲击点的高度，采用不同的冲击能量值(法国)。

本部分的双语版本可能在以后发行。

引　言

在起草本部分时已假定,由取得适当资格并富有经验的人来执行本部分的各项条款。

本部分所认可的是家用和类似用途电器在注意到制造商使用说明的条件下按正常使用时,对器具的电气、机械、热、火灾以及辐射等危险防护的一个国际可接受水平,它也包括了使用中预计可能出现的非正常情况。

在制定本部分时已经尽可能地考虑了 GB 16895 中规定的要求,以使得器具在连接到电网时与电气布线规则的要求协调一致。

如果一台器具的多项功能涉及到 GB 4706 特殊要求部分中不同的特殊要求,则只要是在合理的情况下,相关的特殊要求标准要分别应用于每一功能。如果适用,应考虑到一种功能对其他功能的影响。

本部分是一个涉及器具安全的产品族标准,并在覆盖相同主题的同一水平和同一类别的标准中处于优先地位。

一个符合本部分文本的器具,当进行检查和试验时,发现该器具的其他特性会损害本部分要求所涉及的安全水平时,则将未必判定其符合本部分中的各项安全准则。

产品使用了本部分要求中规定以外的各种材料或各种结构形式时,则该产品可以按照本部分中这些要求的意图进行检查和试验。如果查明其基本等效,则可以判定其符合本部分要求。

家用和类似用途电器的安全
商用电煮锅的特殊要求

1 范围

GB 4706.1—2005 中的该章用下述内容代替：

GB 4706 的本部分涉及非专供家庭使用的商用电煮锅的安全。对于连接一条相线和中线的单相器具，其额定电压不超过 250 V，其他器具不超过 480 V。

注 101：这些器具用于如餐馆、食品店、医院和诸如面包房、肉食店之类的商业企业。

利用其他能源形式的器具，其电气部分也在本部分范围之内。

本部分涉及这类器具所引起的常见危险。

注 102：以下情况应予注意：

——对于打算专供在车辆、船舶或航空器上使用的器具，允许有必需的附加要求；

——在许多国家还应考虑国家卫生、劳动保护、供水和其他类似权力机构所规定的附加要求；

——对于压力器具，应考虑许多国家所规定的附加要求。

注 103：本部分不适用于：

——专为工业用途而设计的器具；

——在有腐蚀性或爆炸性空气（粉尘、蒸气或可燃气）等特殊状态的场所使用的器具；

——供大量生产食品用连续作业的器具。

2 规范性引用文件

GB 4706.1—2005 中的该章内容均适用。

3 定义

下列术语和定义适用于本部分。

GB 4706.1—2005 中的该章除下述内容外，均适用。

3.1.4 该条增加下述内容：

注 101：额定输入功率是器具内可以同时工作的所有单个元件输入功率的总和；可能存在几种这样的组合时，用最大输入功率组合来确定额定输入功率。

3.1.9 该条用下述内容代替：

正常工作 normal operation

器具在下列条件下工作：

将 15 ℃±5 ℃的水注入器具至标示液位。

当器具有多种工作程序时，使其处于最严酷的工作程序。此外，供用户操作的任何控制器要调到最大限值，直到水煮沸或达到工作温度，然后将控制器调到保持水沸或工作温度的最低设定值。盖和罩都在正常位置并关闭。

安装在器具内的电动机，考虑到制造厂的说明，在正常使用时可能出现的最严酷条件下，按预期的方式运行。

3.101

煮锅 boiling pan

将其内部装在容器中的液体加热到沸点作为烹饪过程一部分的一种器具。容器内压力能超过大气压力。容器可以固定或可倾斜。

3.102

常压煮锅 atmospheric boiling pan

容器内压力与周围大气压力没有明显差异的一种煮锅。

3.103

夹层煮锅 jacketed boiling pan

具有双壁容器的器具，在内壁与外壁之间装有一种由加热元件加热的传热介质。

3.104

两用煮锅 dual purpose boiling pan

装有两个容器的器具，内层的一个可以取下。使用这种器具可以带或不带内层容器。

3.105

非夹层煮锅 unjacketed boiling pan

借助传热夹层以外的其他方法来加热容器内容物的器具。

3.106

额定压力 rated pressure

制造厂对器具受压部件规定的最大工作压力。

3.107

标示液位 indicated level

为正确操作而在器具上标明的最高液位标记。

3.108

安装墙 installation wall

一种包含供应设施的专用固定式构筑物，供应设施用于与构筑物连同安装的器具。

4 一般要求

GB 4706.1—2005 中的该章内容均适用。

5 试验的一般条件

GB 4706.1—2005 中的该章除下述内容外，均适用。

5.5 该条增加下述内容：

试验应使用处于正常蒸煮状态的容器进行。

5.10 该条增加下述内容：

当器具与其他器具组合安装或固定在安装墙上时，应采取围护措施以防电击或有害进水，并达到使用说明书上所标明的防护要求。

注 101：可能需要适当的围栏或附加器具供试验之用。

5.101 器具即使装有电动机也仍然作为电热器具进行试验。

5.102 与其他器具联合组装或装有其他器具的器具，按照本部分的要求进行试验。其他器具则按有关标准的要求同时工作。

5.103 两用煮锅的试验可以带或不带内层容器进行，参考制造厂的说明书，取其较严酷条件。

6 分类

GB 4706.1—2005 中的该章除下述内容外，均适用。

6.1 该条用下述内容代替：

关于电击防护类别，器具应属Ⅰ类。

通过视检和有关试验来确定是否合格。

6.2 该条增加下述内容：

在桌面上使用的器具至少为 IPX3，其他器具至少为 IPX4。

7 标志和说明

GB 4706.1—2005 中的该章除下述内容外，均适用。

7.1 该条增加下述内容：

此外，器具应标明：

——打算与水源连接的器具，其水压或压力范围用 kPa 表示，但已在说明书内注明者除外。

——器具受压部件上的额定压力(kPa)。

7.6 该条增加下述内容：

 GB/T 5465.2(idt IEC 60417-1)-5021 等电位

7.10 该条增加下述内容：

控制倾斜部件倾斜动作过程的装置应清楚标明运动方向。

7.12 该条增加下述内容：

除常压煮锅以外的煮锅说明书还应包括下述警告内容：

警告：在压力减少到接近大气压力之前，不要打开排放开关或其他排空装置。

如果器具上标注了 GB/T 5465.2(idt IEC 60417-1)规定的符号 5021，应说明其含义。

7.12.1 该条用下述内容代替：

器具应附有说明书，详细说明安装时必需的专门预防措施。对于打算与其他器具组合安装或固定在安装墙上的器具，应提供详细的防护措施和要求，以防备电击和有害进水。如将一台以上器具的控制装置组合在一处单独的外壳内，应提供详细的安装说明。用户维护保养，如清洗等，也应提供说明。说明书中应说明器具不得使用喷射水流清洗。

对于与固定布线永久连接且其泄漏电流可能超过 10 mA 的器具，尤其是长期处于断开状态或停用，或初次安装时，说明书应提供关于打算安装的保护装置(如接地漏电保护继电器)额定值的建议。

通过视检来确定是否合格。

7.12.4 该条增加下述内容：

具有供若干台器具使用的独立控制盘的嵌装式器具，其使用说明书应说明：该控制盘只可同指定的器具相连接，以避免可能的危险。

7.15 该条增加下述内容：

如果不能设置固定式器具的标志安装完毕后可以看到，则相应的信息也应写进使用说明书内或外加的标签上，该标签能固定在安装完毕的器具附近。

注 101：嵌装式器具是这种固定式器具的一个例子。

7.101 等电位联结端子应用 GB/T 5465.2(idt IEC 60417)规定的符号 5021 标明。

这些标志不应放在螺钉、可拆下的垫圈或进行导线连接时可能被拆下的其他部件上。

通过视检来确定是否合格。

7.102 容器上应标明标示液位。

通过视检来确定是否合格。

8 对触及带电部件的防护

GB 4706.1—2005 中的该章内容均适用。

9 电动器具的启动

GB 4706.1—2005 中的该章除下述内容外，均适用。

9.101 为符合第 11 章要求用于降温的风扇电动机，应能在实际使用中可能出现的所有电压条件下启动。

是否合格通过在 0.85 倍额定电压下启动电动机三次来检查。试验开始时电动机处于室温状态。

每次启动都在电动机准备开始正常工作的条件下进行，对于自动器具，则在正常的工作周期开始的条件下进行，在连续两次启动之间，使电动机能达到静止状态。配备的电动机装的不是离心启动开关时，在 1.06 倍额定电压下重复进行上述试验。

在上述所有情况下，电动机都应能启动并应以不影响安全的方式运行，其过载保护装置不应动作。

注：在试验期间，电源电压降不应超过 1%。

10 输入功率和电流

GB 4706.1—2005 中的该章除下述内容外，均适用。

10.1 该条增加下述内容：

注 101：对于具有一个以上电热元件的器具，其总输入功率可通过分别测量各电热元件的输入功率来确定(见 3.1.4)。

11 发热

GB 4706.1—2005 中的该章除下述内容外，均适用。

11.2 该条增加下述内容：

固定在地面上的器具和质量大于 40 kg 而未装配滚轮、脚轮或类似装置的器具，按照制造厂的说明书进行安装。如未提供说明书，则认为这些器具通常是放置在地面上使用的。

11.4 本条用下述内容代替：

器具在正常工作条件下运行，使其总输入功率为额定输入功率的 1.15 倍。如果不可能同时接通所有加热元件，在开关配置允许的条件下对每一组合进行试验，试验时，线路中应接以每一开关配置中可能达到的最高负载。

如果器具上带有限制总输入功率的控制器，则借助此控制器可能选择的能施加最严酷条件的任何一种加热元件组合来进行试验。

如果电动机、变压器或电子电路的温升超过限值，则器具在 1.06 倍额定电压下重复进行试验。此时只测量电动机、变压器或电子电路的温升。

注 101：见 11.7。

11.7 该条用下述内容代替：

使器具连续工作直至建立稳定状态。

注 101：该试验持续时间应包括一个以上的工作周期。

搅拌器的电动机连续工作，如果装有定时器，则工作至定时器允许的最长时间，或工作至建立稳定状态，两者中取时间较短者。

器具达到稳定状态以后，立即启动倾斜电动机，运行整整一个工作周期(一个周期是从最高位置到最低位置，再回到最高位置)。

升降电动机进行类似操作，但运行三个工作周期。

11.8 该条增加下述内容：

试验期间压力释放装置不应工作。

12 空章

13 工作温度下的泄漏电流和电气强度

GB 4706.1—2005 中的该章除下述内容外，均适用。

13.2 该条内容做下述修改：

用下述内容代替Ⅰ类驻立式器具泄漏电流的允许值：

——对软线和插头连接的器具：按器具额定输入功率 1 mA/kW，最大限值 10 mA；

——对其他器具：按器具额定输入功率 1 mA/kW，无最大限值。

14 瞬态过电压

GB 4706.1—2005 中的该章内容均适用。

15 耐潮湿

GB 4706.1—2005 中的该章除下述内容外，均适用。

15.1.1 该条增加下述内容：

此外，IPX0、IPX1、IPX2、IPX3 和 IPX4 器具均应经受下述溅水试验 5 min。

采用图 101 所示的装置。试验期间，水压应调整到使水从碗底溅起 150 mm。对通常在地面上使用的器具，碗放在地面上。对所有其他器具，碗放在一个低于器具最低边 50 mm 的水平支承面上，然后使碗围绕器具移动，以便使水能从各个方向溅到器具上。应注意水流不得直接向器具喷射。

15.1.2 该条内容做下述修改：

通常在桌面上使用的器具，要放在一个支承面上，该支承面每边尺寸比器具在支承面上的正投影尺寸大 15 cm±5 cm。

15.2 该条用下述内容代替：

器具的结构应使其在正常使用中液体的溢出不会影响其电气绝缘。

通过以下试验来确定是否合格：

X 型连接的器具，除装有专门制备的软线者以外，都应装上容许的最轻型软电缆，或 26.6 规定的最小横截面积的软线，其他器具按交货状态进行试验。

取下可拆卸部件。

将手工注水的器具容器用约含 1%氯化钠(NaCl)的水完全注满，再将等于容器容量 15%但不多于 10 L 的增加量，用 1 min 的时间，均匀注入。

将使用人工操作开关或自动操作阀门注水的器具连接到具有制造厂需要的最大供水压力的水源上。控制进水的装置保持全部打开，在一出现溢水现象后再继续注水 1 min，或直到另外的保护装置动作使进水停止为止。

此外，夹层煮锅应经受下述试验：

关闭传热介质的注入孔，并将 2 L 约含 1%氯化钠(NaCl)的水，用 1 min 时间，均匀浇在注入孔上。

然后器具应立即经受 16.3 的电气强度试验，并且视检应证明绝缘上没有能够导致爬电距离和电气间隙减少到低于第 29 章规定值的水迹。

15.3 该条增加下述内容：

注 101：如果不可能将整台器具放进潮湿箱内，则含有电气元件的部分进行单独试验，但要注意器具内出现的情况。

15.101 为注水或清洗之用而配备了水开关的器具，在结构上应保证从水开关流出的水不能接触带电部件。

通过以下试验来确定是否合格：

将器具连接到具有制造厂需要的最大供水压力的水源上，控制进水的装置全部打开 1 min。可倾斜和可移动部件，包括盖子，都斜置或放置在最不利位置。将水开关的可旋转出水管如此定位：使水流到会产生最不利结果的那些部件上。紧接着器具应经受 16.3 规定的电气强度试验。

16 泄漏电流和电气强度

GB 4706.1—2005 中的该章除下述内容外，均适用。

16.2 该条内容做下述修改：

用下述内容代替Ⅰ类驻立式器具泄漏电流的允许值：

——对软线和插头连接的器具：按器具额定输入功率 1 mA/kW，最大限值 10 mA；

——对其他器具：按器具额定输入功率 1 mA/kW，无最大限值。

17 变压器和相关电路的过载保护

GB 4706.1—2005 中的该章内容均适用。

18 耐久性

GB 4706.1—2005 中的该章内容均适用。

19 非正常工作

GB 4706.1—2005 中的该章除下述内容外，均适用。

19.1 该条增加下述内容：

任何一个控制器或开关装置，其不同的设置与器具同一部分的不同功能相对应，而这些功能又涉及不同标准时，可以不考虑制造厂的说明书，将其调整到最不利位置。

带有在第 11 章试验期间限制压力的控制器的器具，在控制器失效情况下也要经受 19.4 的试验。

注 101：压力释放装置的连续放气本身可忽略不计。

19.2 该条增加下述内容：

器具在容器内无水和控制器调到最大限值的情况下运行。

装有压力释放装置的夹层煮锅持续工作直到其夹层内的压力稳定为止。

19.3 该条增加下述内容：

器具内为正确工作而预先设定但不锁定的所有可调温度或压力控制器，试验时均应调到最不利位置。

夹层煮锅的传热介质如有可能泄漏或蒸发散失或排干，要在容器注水到标示液位，使夹层内为空的情况下进行试验。

19.4 该条增加下述内容：

注 101：正常使用时，用来接通或断开电热元件的接触器主触头锁定在“通(ON)”的位置。如果两个接触器彼此独立工作，或者一个接触器控制两组独立的主触头，则这些触头轮流锁定在“通(ON)”的位置。

20 稳定性和机械危险

GB 4706.1—2005 中的该章除下述内容外，均适用。

20.1 该条增加下述内容：

罩、盖和附件均置于最不利的位置。

注 101：任何液体的溢出可以忽略。

20.2 该条内容做下述修改：

该条第一段后增加下述内容：

本条也适用于实现倾斜操作所需的部件，如手柄或轮子。

20.101 带有用于混合、搅拌等且动能超过 200 J 的运动部件的煮锅，应设置当盖或防护装置被打开超过 50 mm 时使运动部件停止的连锁装置。

应不可能用 GB/T 16842(IEC 61032,IDT)规定的 B 型试验探棒来脱开此连锁装置。

或者，若搅拌装置的圆周速率不超过 1 m/s，器具可配置一个使用者不用手就可容易驱动的连锁装置或类似装置，该控制装置应是非自复位的，且从电源全极断开。

通过视检和启动安全装置来确定是否合格。

21 机械强度

GB 4706.1—2005 中的该章内容均适用。

22 结构

GB 4706.1—2005 中的该章除下述内容外，均适用。

22.7 该条用下述内容代替：

煮锅和夹层煮锅，当其容器或夹层中的工作压力高于大气压力(过压)时，应安装一个合适的压力释放装置以防超压。

使器具在额定输入功率下工作，同时使压力控制器不起作用来确定是否合格。

试验期间压力释放装置应工作，以防止内部压力超过额定压力 20%。

22.13 该条增加下述内容：

盖及其柄在结构上应确保当打开或关闭时避免被蒸气烫伤现象。

通过视检来确定是否合格。

22.101 对于三相器具，用于保护带有电热元件的电路和保护意外启动会引起危险的电动机电路的热断路器，应为非自动复位、自动脱扣类型，并应能从电源全极断开。

对于单相器具和连接在一条相线和中线或相线和相线之间的单相电热元件和/或电动机，用于保护带有电热元件的电路和保护意外启动会引起危险的电动机电路的热断路器，应为非自动复位、自动脱扣类型，并应至少断开一极。

如果非自复位热断路器只有在借助工具拆除部件后触及，则不要求自动脱扣类型。

注 1：自动脱扣类型的热断路器具有自动动作，带有一个复位机构，其结构使自动动作不受复位机构的动作或位置所支配。

在第 19 章试验期间动作的球头型和毛细管型热断路器，应当是毛细管的断裂不得影响器具符合 19.13 的要求。

通过视检、手动试验和折断毛细管来确定是否合格。

注 2：注意确保折断时不使毛细管封闭。

22.102 指示危险、报警或类似情况的信号灯、开关或按钮只应是红色的。

通过视检来确定是否合格。

22.103 器具受压部件的工作压力不应超过额定压力。

在进行第 11 章试验期间确定是否合格。

22.104 压力释放装置应安装或构造成使其动作不能引起人员伤害或环境破坏。其结构应不借助专用工具不能使其不起作用或将其调到更高的释放压力。

通过视检来确定是否合格。

22.105 在器具内压力已经降低到接近大气压力以前，应不可能打开压力器具的盖或门。

通过视检或手动试验来确定是否合格。

22.106 器具应配备一个使废汽在排放前自动冷凝的装置。

通过视检来确定是否合格。

22.107 压力器具应安装一真空释放阀以防器具内形成局部真空，除非器具是指定用于真空工作的。

通过视检来确定是否合格。

22.108 夹层煮锅应安装一真空释放阀以防夹层内形成局部真空，除非器具是指定用于真空工作的。

通过视检来确定是否合格。

22.109 应防止用铰链连接的盖意外跌落。

通过视检或手动试验来确定是否合格。

22.110 带有可倾斜容器的器具应配备防止从任何位置意外倾斜的机械装置。

如果容器用电动机倾斜或提升，则只有在控制按钮或开关上保持压力时，电动机才可能运行。该按钮或开关的安装位置和保护方式，应使之不能被意外启动。

如果容器手动倾斜，除了用故意的手段外，不能对倾斜操作有不利的意外影响。

通过视检和在锅的任意一点上施加 340 N 的力来确定是否合格。

22.111 装有升降装置的器具，其结构应使器具达到最高或最低位置时驱动装置能自动脱开或停止。

通过视检来确定是否合格。

22.112 倾斜式煮锅的缘口，在结构上应使液体均匀连续地流出。

通过手动试验来确定是否合格。

22.113 热流体的排放开关和其他排空装置，在结构上应不能被意外打开。而且，排放塞不能被意外拔出。

通过视检或手动试验来确定是否合格。

注：例如，阀门手柄在松开时能自动返回到关闭位置，或手柄是轮形或装在低凹处，这样就满足了要求。

22.114 器具的受压部件应能承受额定压力。

通过对受压部件施以等于额定压力 1.5 倍的静液压 30 min 来检查是否合格。将所有出口密封，并使所有压力释放装置都不起作用。可以使用水以外的方法产生静压力。

试验期间受压部件不能有任何泄漏或永久变形，也不能爆裂。

22.115 规定的器具液体排放的方法应以不影响电气绝缘的方式排放液体。

通过视检或手动试验来确定是否合格。

22.116 便携式器具的底面不应有允许小物体穿透并触及带电部件的孔。

通过视检和经过孔测得的支撑面与带电部件之间的距离来确定是否合格。该距离至少为 6 mm；然而，对装有支脚并打算放在桌面上使用的器具，此距离加长到 10 mm；对打算放在地面上使用的器具，则加长到 20 mm。

22.117 人工注水容器必须达到的水位标志，应放在注水时容易看到的位置。

通过视检来确定是否合格。

23 内部布线

GB 4706.1—2005 中的该章除下述内容外，均适用。

23.3 该条增加下述内容：

温控器的毛细管在正常使用中有弯曲倾向时，下述内容适用：

——毛细管作为内部布线的部件装配时，GB 4706.1 适用；

——单独的毛细管应以不超过 30 次/min 的速率弯曲 1 000 次。

注 101：在上述任何一种情况下，如果由于部件的质量等原因，不可能按照给定的速率移动器具的活动部件，则弯曲速率可以降低。

试验之后，毛细管不应有本部分含义内的损伤痕迹和影响其进一步使用的损坏。

但是，如果毛细管的一处损坏就使器具不能工作(失效保护)，则单独的毛细管就不再进行试验，而作为内部布线的部件安装的毛细管，也不进行是否符合要求的检查。

通过折断毛细管来检验是否合格。

注 102：注意确保折断时不使毛细管封闭。

24 元件

GB 4706.1—2005 中的该章内容均适用。

25 电源连接和外部软线

GB 4706.1—2005 中的该章除下述内容外，均适用。

25.1 该条内容做下述修改：

器具不应装有器具输入插口。

25.3 该条增加下述内容：

固定式器具和质量大于 40 kg 且未装配滚轮、脚轮或类似装置的器具，其结构应允许器具按照制造厂的说明书安装后，再连接电源软线。

用于电缆与固定布线永久连接的接线端子，也可以适用于电源软线的 X 型连接，在此情况下，器具应装有符合 25.16 要求的软线固定装置。

如果器具装有可连接软线的一组接线端子，则这些接线端子应适用于软线的 X 型连接。

在上述两种情况下，说明书应提供电源软线的详尽资料。

嵌装式器具可以在被安装前进行电源线连接。

通过视检来确定是否合格。

25.7 该条内容做下述修改：

用下述内容代替规定的电源软线类型：

电源软线应为耐油柔性护套电缆，不轻于普通氯丁橡胶或其他等效的合成橡胶护套软线[指定牌号 GB/T 5013.1(IEC 60245,IDT)的 57 号线]。

26 外部导线用接线端子

GB 4706.1—2005 中的该章内容均适用。

27 接地措施

GB 4706.1—2005 中的该章除下述内容外，均适用。

27.2 该条增加下述内容：

驻立式器具应装配一接线端子以便连接外部等电位导体。该接线端子应与器具所有固定的外露金属部件保持有效的电气接触，并且应能与标称横截面积高达 10 mm^2 的导线连接。接线端子应设置在器具安装后便于与结合导体连接的位置。

注 101：小型固定的外露金属部件，例如铭牌等，无需与接线端子形成电气接触。

28 螺钉和连接

GB 4706.1—2005 中的该章内容均适用。

29 电气间隙、爬电距离和固体绝缘

GB 4706.1—2005 中的该章除下述内容外，均适用。

29.2 该条增加下述内容：

微观环境为 3 级污染，相对漏电起痕指数(CTI)应不低于 250，除非绝缘被封闭或者其放置位置能保证在器具正常使用过程中绝缘不可能受到污染。

30 耐热和耐燃

GB 4706.1—2005 中的该章除下述内容外，均适用。

30.2.1 该条内容做下述修改：

灼热丝试验在 650 ℃的温度下进行。

30.2.2 该条不适用。

31 防锈

GB 4706.1—2005 中的该章内容均适用。

32 辐射、毒性和类似危险

GB 4706.1—2005 中的该章内容均适用。

单位为毫米

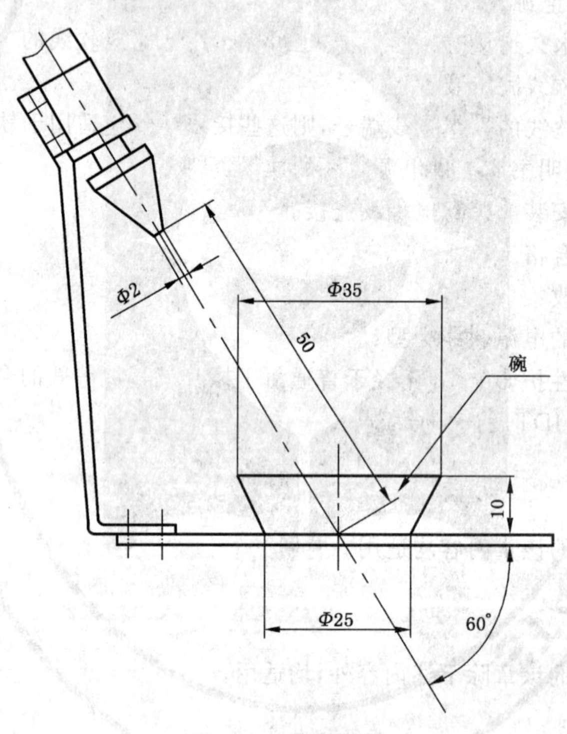

图 101 溅水装置

附 录

GB 4706.1—2005 中的附录除下述内容外，均适用。

附 录 N
（规范性附录）
耐漏电起痕试验

6.3 该条增加下述内容：

规定电压列表中增加 250 V。

参 考 文 献

GB 4706.1—2005 的参考文献适用。

ICS 13.120
Y 63

中华人民共和国国家标准

GB 4706.37—2008/IEC 60335-2-38:2002
代替 GB 4706.37—2003

家用和类似用途电器的安全 商用单双面电热铛的特殊要求

**Household and similar electrical appliances—Safety—
Particular requirements for commercial electric griddles and griddle grills**

(IEC 60335-2-38:2002,IDT)

2008-12-30 发布　　　　2010-04-01 实施

中华人民共和国国家质量监督检验检疫总局
中国国家标准化管理委员会　发布

前　言

本部分的全部技术内容为强制性。

GB 4706《家用和类似用途电器的安全》由若干部分组成，第1部分为通用要求，其他部分为特殊要求。

本部分应与GB 4706.1—2005《家用和类似用途电器的安全　第1部分：通用要求》配合使用。

本部分等同采用IEC 60335-2-38:2002《家用和类似用途电器的安全　第2部分：商用单双面电热铛的特殊要求》及其修改件1(Ed5.0,2008-02)。

为便于使用，本部分对IEC 60335-2-38做了下列编辑性修改：

a) “第一部分”一词改为“GB 4706.1—2005”；

b) 用小数点“.”代替用作小数点的“,”。

本部分代替GB 4706.37—2003《家用和类似用途电器的安全　商用单双面电热铛的特殊要求》

本部分与GB 4706.37—2003的主要差异如下：

——增加了3.104；

——取消了6.2中的注101，增加了“在桌面上使用的器具至少为IPX3，其他器具至少为IPX4”的要求；

——取消了6.101；

——增加了7.12.4、7.15；

——13.2中增加了对于装有玻璃陶瓷或类似材料的表面的加热元件的相关内容；

——增加了13.3；

——增加了16.1；

——修改了16.2中泄漏电流的限值，增加了对玻璃陶瓷或类似材料测量泄漏电流的相关要求；

——增加了16.3；

——修改了22.101的相关内容；

——增加了29.2；

——取消了30.3；

——修改了30.101中燃烧试验的相关内容。

本部分的附录N为规范性附录。

本部分由中国轻工业联合会提出。

本部分由全国家用电器标准化技术委员会(SAC/TC 46)归口。

本部分主要起草单位：北京市服务机械研究所、裕富宝厨具设备(深圳)有限公司、北京市华美炊事机械有限责任公司、广州市花都区新粤海西厨设备厂、北京银谷机电有限公司、上海海克酒店设备制造有限公司、北京新同达工贸有限公司、佛山市禅城区康威电器厂。

本部分主要起草人：李继萍、刘旭、李英杰、梁永强、郭辉、陶惠山、陈永春、韩军、吴伟文。

本部分的历次版本发布情况为：

——GB 4706.37—1997、GB 4706.37—2003。

IEC 前言

1) IEC(国际电工委员会)是由所有国家的电工委员会(IEC 国家委员会)组成的世界范围内的标准化组织。IEC 的宗旨就是促进各国在电气和电子标准化领域的全面合作。鉴于以上的目的并考虑到其他活动的需要,IEC 还出版国际标准、技术规范、技术报告、公共可用规范(PAS)、导则(以下统称为 IEC 出版物)。整个制定工作由技术委员会来完成。任何对此技术问题感兴趣的 IEC 国家委员会都可以参加制定工作。与国际电工委员会有联系的国际、政府及非政府组织也可以参加这项工作。IEC 根据其与 ISO 达成的协议,与 ISO 在工作上紧密合作。
2) 因为每个技术委员会都有来自于各个对有关技术问题感兴趣的 IEC 国家委员会的代表,所以 IEC 对有关技术问题的正式决议或协议都尽可能地表达了国际性的一致意见。
3) IEC 出版物以推荐性的方式供国际上使用,并在此意义上被各国家委员会接受。在为了确保 IEC 出版物技术内容的准确性而做出任何合理的努力时,IEC 对其出版物被使用的方式以及任何最终用户(读者)的误解不负有任何责任。
4) 为了促进国际上的统一,IEC 希望各国委员会在本国情况允许的范围内采用 IEC 出版物的内容作为他们国家或地区的出版物。IEC 出版物与相应的国家或地区的出版物有差异的,应尽可能在后者中明确地指出。
5) IEC 规定了表示其认可的无标志程序,但并不表示对某一设备声称符合某一 IEC 出版物承担责任。
6) 所有的使用者应确保持有该出版物的最新版本。
7) IEC 或其管理者、雇员、服务人员或代理(包括独立专家、IEC 技术委员会和 IEC 国家委员会的成员)不应对使用或依靠本 IEC 出版物或其他 IEC 出版物造成的任何直接的或间接的人身伤害、财产损失或其他任何性质的伤害,以及源于本出版物之外的成本(包括法律费用)和支出承担责任。
8) 应注意在本出版物中列出的规范性引用文件。对于正确使用本出版物来讲,使用规范性引用文件是不可缺少的。
9) 本 IEC 出版物中的某些内容有可能涉及一些专利权问题,对此应引起注意。IEC 组织不负责识别任一或所有该类专利权问题。

IEC 60335 系列标准的本部分是由 IEC 第 61 技术委员会“家用和类似用途电器的安全”所属第 61E“商用电气饮食加工服务设备的安全”分委员会制定。

本部分的第五版对 2000 年的第四版进行了删除和替代的技术修订。

该双语版本(2005 年 1 月)替代英文版本。

IEC 60335 系列标准的本部分内容以下述文件为依据:

FDIS	表决报告
61E/400/FDIS	61E/412/RVD

本增补件以下述文件为依据:

FDIS	表决报告
61E/596/FDIS	61E/611/RVD

关于表决批准本部分的详细情况,可在上表中指出的表决报告中查明。

本部分的法文版本未经表决。

本部分与 IEC 60335-1 及其修正件的最新版本配合使用。本部分是根据 IEC 60335-1 的第 4 版(2001)制定的。

注 1:本部分中提到的"第 1 部分"是指 IEC 60335-1。

本部分补充或修改 IEC 60335-1 的对应条款,以便转化为 IEC 标准:商用单双面电热铛的安全要求。

如第 1 部分的个别条款在本部分未提到时,如果合理,该条款仍然适用。在本部分中说明"增加"、"修改"或"代替"时,第 1 部分中有关正文应做相应修改。

注 2:采用下述编号系统:

——对第 1 部分增加的条款、注释和图表应自 101 起开始编号。

——除新条款的注释或第 1 部分中涉及的注释外,包括代替条款或分条款在内的所有注释均应自 101 起开始编号。

——增加的附录用 AA、BB 等字母标明。

注 3:在本部分中采用下列印刷体:

——正文要求:印刷体;

——试验规范:斜体;

——注释内容:小写印刷体。

正文中的黑体字在第 3 章中定义。当对一个形容词进行定义时,该形容词与有关名词也应使用黑体。

一些国家存在下述差异:

——6.1:0I 类器具被承认(日本);

——6.2:打算安装在厨房中的器具,根据其安装高度,要求具有阻挡有害进水的适当防护等级(法国);

——13.2:泄漏电流的限值是不同的(日本);

——16.2:泄漏电流的限值是不同的(日本);

——第 21 章:对于打算安装在厨房中的器具,根据冲击点的高度,采用不同的冲击能量值(法国)。

委员会决定,在 IEC 网站"http://webstore.iec.ch"指定的保持结果日期之前,基本出版物和其增补件的相关内容中与特殊出版物有关的数据保持不变。在此日期,出版物将:

- 重新确认;
- 废止;
- 由修订版替代;或者
- 增补。

引　言

在起草本部分时已假定，由取得适当资格并富有经验的人来执行本部分的各项条款。

本部分所认可的是家用和类似用途电器在注意到制造商使用说明的条件下按正常使用时，对器具的电气、机械、热、火灾以及辐射等危险防护的一个国际可接受水平，它也包括了使用中预计可能出现的非正常情况，并且考虑电磁干扰对于器具安全运行的影响方式。

在制定本部分时已经尽可能地考虑了 GB 16895 中规定的要求，以使得器具在连接到电网时与电气布线规则的要求协调一致。

如果一台器具的多项功能涉及 GB 4706 特殊要求部分中不同的特殊要求，则只要是在合理的情况下，相关的特殊要求标准要分别应用于每一功能。如果适用，应考虑到一种功能对其他功能的影响。

当特殊要求不包括第 1 部分中有关危险的附加要求时，第 1 部分适用。

注 1：意思是特殊要求的技术委员会已经决定通用要求没有必要在特殊要求中重新规定。

本部分是一个涉及器具安全的产品族标准，并在覆盖相同主题的同一水平与同一类别的标准中处于优先地位。

注 2：当应用关于通用要求和特殊要求的 GB 4706 系列标准时，覆盖危险的同水平和同类别标准不适用于已经在通用要求中已经考虑的部分。例如，就关于很多器具表面温度的要求来说，同类标准，如 ISO 13732-1 关于热表面的要求，不适用于除第 1 部分或特殊要求以外的标准。

一个符合本部分文本的器具，当进行检查和试验时，发现该器具的其他特性会损害本部分要求所涉及的安全水平时，则将未必判定其符合本部分中的各项安全准则。

产品使用了本部分要求中规定以外的各种材料或各种结构形式时，则该产品可以按照本部分中这些要求的意图进行检查和试验。如果查明其基本等效，则可以判定其符合本部分要求。

家用和类似用途电器的安全
商用单双面电热铛的特殊要求

1 范围

GB 4706.1—2005 中的该章用下述内容代替：

GB 4706 的本部分涉及非专供家庭使用的商用单双面电热铛的安全。对于连接一条相线和中线的单相器具，其额定电压不超过 250 V，其他器具不超过 480 V。

注 101：这些器具用于如餐馆、食品店、医院和诸如面包房、肉食店之类的商业企业。

利用其他能源形式的器具，其电气部分也在本部分范围之内。

本部分涉及这类器具所引起的常见危险。

注 102：以下情况应予注意：

——对于打算在车辆、船舶或航空器上使用的器具，允许有必要的附加要求；

——在许多国家中，全国性的国家卫生、劳动保护、供水和其他类似权力机构所规定的附加要求。

注 103：本部分不适用于：

——专为工业用途而设计的器具；

——在有腐蚀性或爆炸性空气（粉尘、蒸气或可燃气）等特殊状态的场所使用的器具；

——供大量生产食品用连续作业的器具；

——电烤炉和烤面包炉(GB 4706.39)；

——装有感应加热源的器具。

2 规范性引用文件

GB 4706.1—2005 中的该章内容均适用。

3 定义

下列术语和定义适用于本部分。

GB 4706.1—2005 中的该章除下述内容外，均适用。

3.1.4 该条增加下述内容：

注 101：额定输入功率是器具内可以同时工作的所有单个元件输入功率的总和；可能存在几种这样的组合时，用最大输入功率组合来确定额定输入功率。

3.1.9 该条用下述内容代替：

正常工作 normal operation

器具在下列条件下工作：

器具按照制造厂的说明书不加负载工作，同时将控制器调整到下面给定的温度，温度在每个受控铛面的最热点上测量。

分级控制器调到第一位置，使温度大于或等于 275 ℃。周期控制器应调到使整个周期内的温度平均值为 275 ℃±5 ℃。如不能达到此温度，则将控制器调到最高值。

双面电热铛工作时打开或关闭，取其中较为不利者。在关闭的位置时，用一块耐热、低导热性的隔离板将两铛面隔开，隔离板厚 10 mm，面积等于两个铛面中烘烤面积较小的一个。

对于两个铛面不是分别控制的双面电热铛，将控制器调到使在直接控制的铛面上达到上述设定条件。两个铛面是分别控制时，设定条件对两铛面都适用。

安装在器具内的电动机，考虑到制造厂使用说明，在正常使用时可能出现的最严酷条件下，按预期的方式工作。

3.101

单面电热铛 griddle

一种打算通过食品的一面与一个加热面直接接触来进行烘烤的器具。

3.102

双面电热铛 griddle grill

一种打算通过食品的两面与两个加热面直接同时接触来进行烘烤的器具。

3.103

安装墙 installation wall

一种包含供应设施的专用固定式构筑物，供应设施用于与构筑物连同安装的器具。

3.104

加热元件 heating unit

器具中起独立的烹饪或加热作用的任何部件。

4 一般要求

GB 4706.1—2005 中的该章内容均适用。

5 试验的一般条件

GB 4706.1—2005 中的该章除下述内容外，均适用。

5.10 该条增加下述内容：

当器具与其他器具组合安装或固定在安装墙上时，应采取围护措施以防电击或有害进水，并达到使用说明书上所标明的防护要求。

注 101：可能需要适当的围栏或附加器具供试验之用。

5.101 器具即使装有电动机也仍然作为电热器具进行试验。

5.102 与其他器具联合组装或装有其他器具的器具，按照本部分的要求进行试验。其他器具则按有关标准的要求同时工作。

5.103 除非另有规定，试验的条件和要求同时适用于双面电热铛的两个铛面。

6 分类

GB 4706.1—2005 中的该章除下述内容外，均适用。

6.1 该条用下述内容代替：

关于电击防护类别，器具应属Ⅰ类。

通过视检和有关试验来确定是否合格。

6.2 该条增加下述内容：

在桌面上使用的器具至少为 IPX3，其他器具至少为 IPX4。

7 标志和说明

GB 4706.1—2005 中的该章除下述内容外，均适用。

7.1 该条增加下述内容：

此外，器具应标明：打算同水源连接的器具，其水压或压力范围用 kPa 表示，但已在使用说明中注明者除外。

7.6 该条增加下述内容：

 GB/T 5465.2(idt IEC 60417-1)-5021 等电位

7.12 该条增加下述内容：

如果器具装有为带电部件提供防护的玻璃陶瓷或类似材料的表面，其说明书应包括下述警告要点：

警告：如果该表面破裂，应立即切断器具或有关部件的电源！

具有玻璃陶瓷或类似材料铛面的器具，说明书应说明不得将铝箔或塑料容器放在铛面上，还应说明铛面上不可堆放物品。

装有卤素灯的器具，其说明书应警告用户避免直视亮着的灯。

如果器具上标注了 GB/T 5465.2(idt IEC 60417-1)规定的符号 5021，应说明其含义。

对于身体、感官或智力上有缺陷，或经验和知识有欠缺的人(包括儿童)，此说明书不适用。

7.12.1 该条用下述内容代替：

器具应附有说明书，详细说明安装时必需的专门预防措施。对于打算与其他器具组合安装或固定在安装墙上的器具，应提供详细的防护措施和要求，以防备电击和有害进水。如将一台以上器具的控制装置组合在一处单独的外壳内，应提供详细的安装说明。用户维护保养，如清洗等，也应提供说明。说明书中应说明器具不得使用喷射水流清洗。

备有器具输入插口并打算浸在水中清洗的器具，应随机提供说明书，说明器具清洗前必须取下连接器，并在再次使用前，应将该输入插口加以干燥。

非驻立式的器具及带有可拆卸电气部件的器具如不打算部分或全部浸入水中清洗，其说明书应说明该器具或部件不得浸水。

对于与固定布线永久连接且其泄漏电流可能超过 10 mA 的器具，尤其是长期处于断开状态或停用，或初次安装时，说明书应提供关于打算安装的保护装置(如接地漏电保护继电器)额定值的建议。

通过视检来确定是否合格。

7.12.4 该条增加下述内容：

具有供若干台器具使用的独立控制盘的嵌装式器具，其使用说明书应说明：该控制盘只可同指定的器具相连接，以避免可能的危险。

7.15 该条增加下述内容：

如果不能设置固定式器具的标志使安装完毕后可以看到，则相应的信息也应写进使用说明书内或外加的标签上，该标签能固定在安装完毕的器具附近。

注 101：嵌装式器具是这种固定式器具的一个例子。

7.101 在进行第 11 章试验时，如果在铛面以上的测试角侧壁和后壁的温升超过 65 K，以及/或者在进行第 19 章试验时，铛面以上或以下边壁、底板或顶板的温升超过 125 K，制造厂提供的安装说明应包括下述要点，此项要点也应包含在附于器具上的例如捆扎型的临时标签上：

如器具置于紧靠墙壁、隔板、厨房设备、装饰板等位置，建议这些设备和设施用不可燃材料制作，否则应以适当的不可燃绝热材料加以覆盖，并且密切注意防火规章。

通过视检来确定是否合格。

7.102 等电位联结端子应用 GB/T 5465.2(idt IEC 60417-1)规定的符号 5021 标明。

这些标志不应放在螺钉、可拆下的垫圈或进行导线连接时可能被拆下的其他部件上。

通过视检来确定是否合格。

7.103 清洗时打算部分浸入水中的器具或可拆卸电气部件，应标出浸水线，清楚标明浸水的最大深度，并连同下述警告要点：

浸水勿超过此线。

如果有任何接缝或接口，致使器具或部件不能经受 15.102 规定的处理，则当器具或部件处于清洗

位置时，浸水线应在此类接缝或接口以下至少 50 mm。

通过视检和测量来确定是否合格。

8 对触及带电部件的防护

GB 4706.1—2005 中的该章内容均适用。

9 电动器具的启动

GB 4706.1—2005 中的该章除下述内容外，均适用。

9.101 为符合第 11 章要求用于降温的风扇电动机，应能在实际使用中可能出现的所有电压条件下启动。

是否合格通过在 0.85 倍额定电压下启动电动机三次来检查。试验开始时电动机处于室温状态。

每次启动都在电动机准备开始正常工作的条件下进行，对于自动器具，则在正常的工作周期开始的条件下进行，在连续两次启动之间，使电动机能达到静止状态。配备的电动机装的不是离心启动开关时，在 1.06 倍额定电压下重复进行上述试验。

在上述所有情况下，电动机都应能启动，并应以不影响安全的方式运行，其过载保护装置不应动作。

注：在试验期间，电源电压降不应超过 1%。

10 输入功率和电流

GB 4706.1—2005 中的该章除下述内容外，均适用。

10.1 该条增加下述内容：

注 101：对于具有一个以上电热元件的器具，其总输入功率可通过分别测量各电热元件的输入功率来确定(见 3.1.4)。

11 发热

GB 4706.1—2005 中的该章除下述内容外，均适用。

11.2 该条增加下述内容：

固定在地板上的器具和质量大于 40 kg 而未装配滚轮、脚轮或类似装置的器具，按照制造厂的说明进行安装。若未提供说明，则认为这些器具通常是放置在地面上使用的。

11.4 该条用下述内容代替：

器具在正常工作条件下运行，使其总输入功率为额定输入功率的 1.15 倍。如果不可能同时接通所有加热元件，则在开关配置允许的条件下对每一组合进行试验，并使线路中存在与每一个开关配置一致的可能达到的最高负载。

如果器具带有限制总输入功率的控制器，则试验以此控制器可以选择的能施加最严酷条件的任何一种电热元件组合来进行。

如果电动机、变压器或电子电路的温升超过限值，则器具在 1.06 倍额定电压下重复进行试验。在此情况下，只测量电动机、变压器或电子电路的温升。

11.7 该条用下述内容代替：

使器具连续工作直至建立稳定状态。

注 101：该试验持续时间应包括一个以上的工作周期。

11.8 该条增加下述内容：

对于测试角后壁和侧壁，包括突出在器具前面的部分，65 K 温升的限值只适用于铛面高度以下。如在此高度以上超过温升限值，则 7.101 的要求适用。

12 空章

13 工作温度下的泄漏电流和电气强度

GB 4706.1—2005 中的该章除下述内容外，均适用。

13.2 该条内容做下述修改：

用下述内容代替Ⅰ类驻立式器具泄漏电流的允许值：

——对软线和插头连接的器具：按器具额定输入功率 1 mA/kW，最大限值 10 mA；

——对其他器具：按器具额定输入功率 1 mA/kW，无最大限值。

对于装有玻璃陶瓷或类似材料的表面的加热元件，用一块 200 mm×100 mm 厚 2 mm 的金属平板代替金属箔，该平板的最大凹度不超过 0.1 mm。

金属平板放置在加热元件表面上 1 min 后进行测量。

13.3 该条增加下述内容：

如果带电部件和玻璃陶瓷或类似材料的表面之间有接地金属，则将金属平板与接地金属连接。

然后在带电部件和金属板之间施加 1 000 V 的试验电压。

如果带电部件和玻璃陶瓷或类似材料的表面之间没有接地金属，则金属平板不与接地金属连接。

然后在带电部件和金属板之间施加 3 000 V 的试验电压。

注 101：务必确保施加的电压不使其他绝缘承受过载。

14 瞬态过电压

GB 4706.1—2005 中的该章内容均适用。

15 耐潮湿

GB 4706.1—2005 中的该章除下述内容外，均适用。

15.1 该条增加下述内容：

打算部分或全部浸入水中清洗的器具或任何可拆卸电气部件，也要经受 15.102 的试验。

注 101：非驻立式器具或任何可拆卸电气部件未标示最大浸水深度线，或者在使用说明中并无防止其部分或全部浸水的警告者，均视为是打算全部浸入水中清洗的器具。

15.1.1 该条增加下述内容：

此外，IPX0、IPX1、IPX2、IPX3 和 IPX4 器具均应经受下述溅水试验 5 min。

采用图 101 所示的装置。试验期间，水压应调整到使水从碗底溅起 150 mm。对通常在地面上使用的器具，碗放在地面上。对所有其他器具，碗放在一个低于器具最低边 50 mm 的水平支承面上，使碗围绕器具移动，以便使水能从各个方向溅到器具上。应注意水流不得直接向器具喷射。

15.1.2 该条内容做下述修改：

通常在桌面上使用的器具，要放在一个支承面上，该支承面每边尺寸比器具在支承面上的正投影尺寸大 15 cm±5 cm。

15.2 该条内容做下述修改：

该条用下述内容代替要求：

器具的结构应使其在正常使用中液体的溢出不会影响其电气绝缘。

用下述内容代替有关液体容器的试验规范段：

将 1 L 含约 1% 氯化钠（NaCl）的冷水，用 1 min 的时间，均匀倾倒在电热铛铛面中心。

15.3 该条增加下述内容：

注 101：如果不可能将整台器具放进潮湿箱内，则含有电气元件的部分进行单独试验，但要注意器具内出现的情况。

15.101 为注水或清洗之用而配备了水开关的器具，在结构上应保证从水开关流出的水不能接触带电部件。

通过以下试验来确定是否合格：

将器具连接到制造厂规定的最大供水压力的水源上，进水开关全部打开 1 min。可倾斜和可移动部件，包括盖子，都斜置或放置在最不利位置上。将水开关可旋转出水管的位置调到使水流向会产生最不利结果的那些部件上。器具经此处理后应立即经受 16.3 规定的电气强度试验。

15.102 打算部分或全部浸入水中清洗的器具或可拆卸电气部件，应有足够的保护以防浸水所带来的影响。

通过以下试验来确定是否合格：

样品在正常工作条件下运行，除了将周期控制器（如果有）调到最高设定值外，电源电压应使器具的输入功率为额定输入功率的 1.15 倍。

当已建立稳定工作状态或周期控制器首次启动时，脱开器具连接器或切断电源，并立即将样品全部浸入温度为 10 ℃～25 ℃之间的水中；如标有浸水最大深度线，则将样品浸到标示的深度。

浸水 1 h 后，将样品从水中取出并加以干燥。注意除去器具输入插口插脚附近绝缘上的所有水分。随后，按 16.2 所述方法，在组装好的器具上测量泄漏电流。

泄漏电流不应超过 16.2 规定的值。

在完成上述处理和测量泄漏电流后，样品应经受 16.3 规定的电气强度试验，但试验电压应降至 1 000 V。

随后样品在正常工作条件下，在使器具输入功率为额定输入功率 1.15 倍的电源电压下工作 10 d（240 h）。在此期间，将样品按有规律的时间间隔冷却到接近室温 5 次。

经过这一阶段后，将样品的连接器脱开或切断电源，如上所述立即将样品再次浸入水中 1 h。随后干燥样品，并再次按 16.2 所述方法测量泄漏电流。

泄漏电流不应超过 16.2 规定的值。

接着样品应经受前面规定的电气强度试验，并通过视检应证明没有水进入器具达到任何值得重视的程度。

注：在视检器具是否进水时，应特别注意器具中电气元件所在的部位。

16 泄漏电流和电气强度

GB 4706.1—2005 中的该章除下述内容外，均适用。

16.1 该条增加下述内容：

对于装有玻璃陶瓷或类似材料的表面的加热元件，用 13.2 所述的一个金属平板进行 16.2 和 16.3 的试验。

16.2 该条内容做下述修改：

用下述内容代替 Ⅰ 类驻立式器具泄漏电流的允许值：

——对软线和插头连接的器具：按器具额定输入功率 1 mA/kW，最大限值 10 mA；

——对其他器具：按器具额定输入功率 1 mA/kW，无最大限值。

增加下述内容：

如果在带电部件和玻璃陶瓷或类似材料的表面之间有接地金属，则依次测量各加热元件泄漏电流时，只将有关的金属平板与接地金属连接。

泄漏电流值按被测加热部件的输入功率不应超过 1 mA/kW。

如果在带电部件与玻璃陶瓷或类似材料的表面之间无接地金属，则泄漏电流在带电部件与每一加热元件的金属平板之间依次进行测量。有关的金属平板不与接地金属连接。

每次测得的泄漏电流值不应超过 0.25 mA。

注 101：对打算使用器具连接器及打算部分或全部浸入水中清洗的器具，在施加试验电压之前，其输入插口允许用例如吸水纸之类进行干燥，否则器具可能经受不住此项试验。

16.3 该条增加下述内容：

如果在带电部件和玻璃陶瓷或类似材料的表面之间有接地金属，则将金属平板与接地金属连接。然后在带电部件和金属板之间施加 1 250 V 的试验电压。

如果带电部件和玻璃陶瓷或类似材料的表面之间没有接地金属，则金属平板不与接地金属连接。然后在带电部件和金属板之间施加 3 000 V 的试验电压。

17 变压器和相关电路的过载保护

GB 4706.1—2005 中的该章内容均适用。

18 耐久性

GB 4706.1—2005 中的该章除下述内容外，均适用。

18.101 装有玻璃陶瓷或类似材料表面的器具应经得住正常使用中可能出现的热应力。

通过下述试验来确定是否合格：

器具以玻璃陶瓷或类似材料下面的所有加热源同时通电的方式工作。双面电热铛在打开位置工作。

将控制器调到最高值，使器具在 1.1 倍的额定电压下工作 500 个周期，每个周期包括 10 min 通和 20 min 断。试验过程中，不管温控器或限温器是否工作。

最后一个通电周期结束后，立即对铛面进行浇水试验。试验时，将 $1^{+0.1}_{0}$ L、温度为 10 ℃～15 ℃的冷水，用 1 min 时间，均匀倾倒在铛面上。

15 min 后清除铛面上的全部余水。

经本试验后，铛面不应开裂或破碎，器具应经受住 16.3 的试验。

19 非正常工作

GB 4706.1—2005 中的该章除下述内容外，均适用。

19.1 该条增加下述内容：

任何一个控制器或开关装置，其不同的设置与器具同一部分的不同功能相对应，而这些功能又涉及不同标准时，可以不考虑制造厂的说明书，将其调整到最不利位置。

19.2 该条增加下述内容：

控制器调到最大限值。

19.4 该条增加下述内容：

注 101：正常使用时，用来接通或断开电热元件的接触器主触头锁定在“通(ON)”的位置。如果两个接触器彼此独立工作，或者一个接触器控制两组独立的主触头，则这些触头轮流锁定在“通(ON)”的位置。

19.13 该条增加下述内容：

如果铛面高度以上及以下边壁、底板或顶板的温升超过 125 K，则 7.101 的要求适用。

20 稳定性和机械危险

GB 4706.1—2005 中的该章内容均适用。

21 机械强度

GB 4706.1—2005 中的该章除下述内容外，均适用。

21.101 玻璃陶瓷或类似材料的铛面应经得住在正常使用中可能产生的各种应力。

通过下述试验来确定是否合格：

在玻璃陶瓷或类似材料铛面下的加热源按照第 11 章的条件工作，直至建立稳定状态。切断电源后，立即对铛面进行下述试验：

一个具有铜质或铝质底部的容器，其底部在直径 220 mm±10 mm 范围内是平的，其周边倒成半径至少为 10 mm 的圆弧。容器内均匀地充填砂粒或小钢珠，使总质量达到 4 kg。使该容器从 150 mm 高度平落到铛面上。

试验在铛面上任何部分进行 10 次，但不在离控制钮 20 mm 以内进行。

然后加热源按照第 11 章的条件再次工作，直至建立稳定状态。

切断电源后，立即将 $1^{+0.1}_{0}$ L、温度为 15 ℃±5 ℃的冷水，用 1 min 时间，均匀地倾倒在铛面上；15 min后清除所有余水。然后使器具冷却至室温，再将 $1^{+0.1}_{0}$ L 冷水增加量，用 1 min 时间，均匀倾倒在铛面上。

15 min 后清除所有余水并将铛面擦干。

经过此试验后，铛面不应开裂或破碎，器具应经得住 16.3 的试验。

22 结构

GB 4706.1—2005 中的该章除下述内容外，均适用。

22.101 对于三相器具，用于保护带有电热元件的电路和保护意外启动会引起危险的电动机电路的热断路器，应为非自动复位、自动脱扣类型，并应能从电源全极断开。

对于单相器具和连接在一条相线和中线或相线和相线之间的单相电热元件和/或电动机，用于保护带有电热元件的电路和保护意外启动会引起危险的电动机电路的热断路器，应为非自动复位、自动脱扣类型，并应至少断开一极。

如果非自复位热断路器只有在借助工具拆除部件后才能触及，则不要求自动脱扣类型。

注 1：自动脱扣类型的热断路器具有自动动作，带有一个复位机构，其结构使自动动作不受复位机构的动作或位置所支配。

在第 19 章试验期间动作的球头型和毛细管型热断路器，应当是毛细管的断裂不得影响器具符合 19.13 的要求。

通过视检、手动试验和折断毛细管来确定是否合格。

注 2：注意确保折断时不使毛细管封闭。

22.102 指示危险、报警或类似情况的信号灯、开关或按钮只应是红色的。

通过视检来确定是否合格。

22.103 便携式器具的底面不应有允许小物体穿透并触及带电部件的孔。

通过视检和经过孔测得的支撑面与带电部件之间的距离来确定是否合格。该距离至少为 6 mm；然而，对装有支脚并打算放在桌面上使用的器具，此距离加长到 10 mm；对打算放在地面上使用的器具，则加长到 20 mm。

22.104 用铰链连接的双面电热铛铛面应防止意外跌落。

通过从最不利的位置和方向，对翻起的铛面施加一个 20 N 的力来确定是否合格。此铛面不应掉落回其工作位置。

注：即使靠墙放置也能打开至少 100°角的铰链连接的铛面，不经受此项试验。

23 内部布线

GB 4706.1—2005 中的该章除下述内容外，均适用。

23.3 该条增加下述内容：

温控器的毛细管在正常使用中有弯曲倾向时，下述内容适用：

——毛细管作为内部布线的部件装配时，GB 4706.1 适用；

——单独的毛细管应以不超过 30 次/min 的速率弯曲 1 000 次。

注 101：在上述任何一种情况下，如果由于部件的质量等原因，不可能按照给定的速率移动器具的活动部件，则弯曲速率可以降低。

试验之后，毛细管不应有本部分含义内的损伤痕迹和影响其进一步使用的损坏。

但是，如果毛细管的一处损坏就使器具不能工作(失效保护)，则单独的毛细管就不再进行试验，而作为内部布线的部件安装的毛细管，也不进行是否符合要求的检查。

通过折断毛细管来检验是否合格。

注 102：注意确保折断时不使毛细管封闭。

24 元件

GB 4706.1—2005 中的该章除下述内容外，均适用。

24.101 装在器具上的器具连接器不应装有温控器。

通过视检来确定是否合格。

25 电源连接和外部软线

GB 4706.1—2005 中的该章除下述内容外，均适用。

25.3 该条增加下述内容：

固定式器具和质量大于 40 kg 且未装配滚轮、脚轮或类似装置的器具，其结构应允许器具按照制造厂的说明书安装后，再连接电源软线。

用于电缆与固定布线永久连接的接线端子，也可以适用于电源软线的 X 型连接，在此情况下，器具应装有符合 25.16 要求的软线固定装置。

如果器具装有可连接软线的一组接线端子，则这些接线端子应适用于软线的 X 型连接。

在上述两种情况下，说明书应提供电源软线的详尽资料。

嵌装式器具可以在被安装前进行电源线连接。

通过视检来确定是否合格。

25.7 该条内容做下述修改：

用下述内容代替规定的电源软线类型：

电源软线应为耐油柔性护套电缆，不轻于普通氯丁橡胶或其他等效的合成橡胶护套软线[指定牌号 GB/T 5013.1(IEC 60245,IDT)的 57 号线]。

26 外部导线用接线端子

GB 4706.1—2005 中的该章内容均适用。

27 接地措施

GB 4706.1—2005 中的该章除下述内容外，均适用。

27.2 该条增加下述内容：

驻立式器具应装配一接线端子以便连接外部等电位导体。该接线端子应与器具所有固定的外露金属部件保持有效的电气接触，并且应能与标称横截面积高达 10 mm^2 的导线连接。接线端子应设置在器具安装后便于与结合导体连接的位置。

注 101：小型固定的外露金属部件，例如铭牌等，无需与接线端子形成电气接触。

28 螺钉和连接

GB 4706.1—2005 中的该章内容均适用。

29 电气间隙、爬电距离和固体绝缘

GB 4706.1—2005 中的该章除下述内容外，均适用。

29.2 该条增加下述内容：

微观环境为 3 级污染，相对漏电起痕指数(CTI)应不低于 250，除非绝缘被封闭或者其放置位置能保证在器具正常使用过程中绝缘不可能受到污染。

30 耐热和耐燃

GB 4706.1—2005 中的该章除下述内容外，均适用。

30.2.1 该条内容做下述修改：

灼热丝试验在 650 ℃的温度下进行。

30.2.2 该条不适用。

30.101 如果有非金属材料制作的用于吸附油脂的过滤器，应经受 ISO 9772 对 HBF 类材料规定的燃烧试验，或根据 GB/T 5169.16(idt IEC 60695-11-10)，材料类别至少为 HB40，只是试样厚度应与器具内过滤器厚度相同。

注：可能需要将试样支承起来。

31 防锈

GB 4706.1—2005 中的该章内容均适用。

32 辐射、毒性和类似危险

GB 4706.1—2005 中的该章内容均适用。

单位为毫米

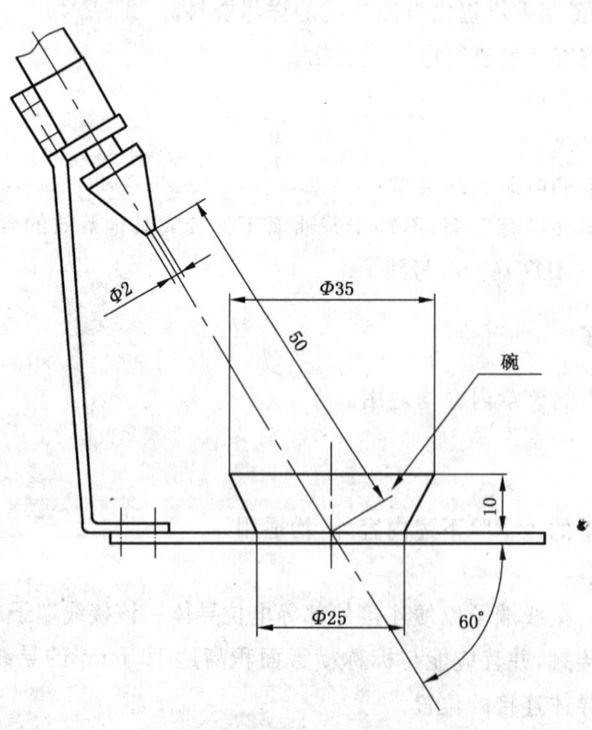

图 101 溅水装置

附 录

GB 4706.1—2005 中的附录除下述内容外，均适用。

附 录 N
（规范性附录）
耐漏电起痕试验

6.3 该条增加下述内容：

规定电压列表中增加 250 V。

参 考 文 献

GB 4706.1—2005 的参考文献除下述内容外，均适用。

增加参考文献：

GB 4706.39　家用和类似用途电器的安全　商用电烤炉和烤面包炉的特殊要求(GB 4706.39—2008,IEC 60335-2-48:2002,IDT)

ISO 13732-1　热环境的人类工效学与表面接触时人的反应的评定方法　第1部分:热表面

ICS 13.120
Y 68

中华人民共和国国家标准

GB 4706.38—2008/IEC 60335-2-64:2002
代替 GB 4706.38—2003

家用和类似用途电器的安全 商用电动饮食加工机械的特殊要求

Household and similar electrical appliances—Safety—Particular requirements for commercial electric kitchen machines

(IEC 60335-2-64:2002,IDT)

2008-12-30 发布　　　　2010-04-01 实施

中华人民共和国国家质量监督检验检疫总局
中国国家标准化管理委员会　发布

前　言

本部分的全部技术内容为强制性。

GB 4706《家用和类似用途电器的安全》由若干部分组成，第 1 部分为通用要求，其他部分为特殊要求。

本部分应与 GB 4706.1—2005《家用和类似用途电器的安全　第 1 部分：通用要求》配合使用。

本部分等同采用 IEC 60335-2-64:2002《家用和类似用途电器的安全　第 2 部分：商用电动饮食加工机械的特殊要求》及其修改件 1(Ed3.0 2007-12)。

为便于使用，本部分对 IEC 60335-2-64 做了下列编辑性修改：

a)　“第一部分”一词改为“GB 4706.1—2005”；

b)　用小数点“.”代替用做小数点的“,”。

本部分代替 GB 4706.38—2003《家用和类似用途电器的安全　商用电动饮食加工机械的特殊要求》。

本部分与 GB 4706.38—2003 的主要差异如下：

——第 1 章注 102 中增加了梁式混合机；

——第 1 章注 103 中取消了热带国家对该类器具的有关要求；

——修改了 16.2 中泄漏电流的限值；

——第 18 章不适用改为适用；

——取消 19.7；

——修改了 22.101 的相关内容；

——增加了 29.2；

——取消了 30.3。

本部分的附录 N 为规范性附录。

本部分由中国轻工业联合会提出。

本部分由全国家用电器标准化技术委员会(SAC/TC 46)归口。

本部分主要起草单位：北京市服务机械研究所、广州市赛思达机械设备有限公司、广州市荣麦烘焙食品机械制造有限公司、浙江工商大学。

本部分主要起草人：李继萍、刘旭、唐树松、黎锡荣、王玉波、傅玉颖、刘洪伟。

本部分所代替标准的历次版本发布情况为：

——GB 4706.38—1997、GB 4706.38—2003。

IEC 前言

1) IEC(国际电工委员会)是由所有国家的电工委员会(IEC 国家委员会)组成的世界范围内的标准化组织。IEC 的宗旨就是促进各国在电气和电子标准化领域的全面合作。鉴于以上的目的并考虑到其他活动的需要,IEC 还出版国际标准。整个制定工作由技术委员会来完成。任何对此技术问题感兴趣的 IEC 国家委员会都可以参加制定工作。与国际电工委员会有联系的国际、政府及非政府组织也可参加这项工作。根据 IEC 和 ISO 两组织达成的协议,它们在工作上有着密切的协作关系。
2) IEC 有关技术问题的决议或协议是由所有对此问题感兴趣的 IEC 国家委员会参加的技术委员会制定的,并尽可能表述对所涉及的问题在国际上的一致意见。
3) 这些决议或协议以标准、技术报告或规则的形式供国际上使用,并在此意义上为各国委员会所承认。
4) 为了促进国际上的统一,IEC 希望各国委员会在本国情况允许的范围内采用 IEC 标准的内容作为他们国家的标准。IEC 与相应的国家标准或地区标准有差异的,应尽可能在本国标准中明确地指出。
5) IEC 规定了表示其认可的无标志程序,但并不表示对某一设备声称符合某一标准承担责任。
6) 本国际标准中的某些内容有可能涉及一些专利权问题,对此应引起注意。IEC 组织不负责识别任一或所有该类专利权问题。

IEC 60335 系列标准的本部分是由 IEC 第 61“家用和类似用途电器的安全”技术委员会所属第 61E“商用电气饮食加工服务设备的安全”分委员会制定。

本部分的第三版对 1997 年颁布的第二版和它的增补件 1(2000)进行了删除和替代的技术修订。

本部分的文本以下述文件为依据:

FDIS	表决报告
61E/408/FDIS	61E/420/RVD

本增补件以下述文件为依据:

FDIS	表决报告
61E/587/FDIS	61E/592/RVD

关于表决批准本部分的详细情况,可在上表中指出的表决报告中查明。

本部分与 IEC 60335-1 及其修正件的最新版本配合使用。本部分是根据 IEC 60335-1 的第 4 版(2001)制定的。

注 1:本部分中提到的“第 1 部分”是指 IEC 60335-1。

本部分对 IEC 60335-1 的相应条款进行了补充或修改,将其转化成 IEC 标准:商用电动饮食加工机械的安全要求。

如第 1 部分的个别条款在本第 2 部分未提到时,如果合理,该条款仍然适用。在本部分中说明“增加”、“修改”或“代替”时,第 1 部分中有关正文应作相应修改。

注 2:采用下述编号系统:

——对第 1 部分增加的条款、注释和图表应自 101 起开始编号;

——除新条款的注释或第 1 部分中涉及的注释外,包括代替条款或分条款在内的所有注释均应自 101 起开始编号;

——增加的附录用 AA、BB 等字母标明。

注 3：在本部分中采用下列印刷体：

——正文要求：印刷体；

——试验规范：斜体；

——注释内容：小写印刷体。

正文中的黑体字在第 3 章中定义。当对一个形容词进行定义时，该形容词与有关名词也应使用黑体。

委员会决定，在 IEC 网站“http://webstore.iec.ch”指定的保持结果日期之前，基本出版物和其增补件的相关内容中与特殊出版物有关的数据保持不变。在此日期，出版物将：

- 重新确认；
- 废止；
- 由修订版替代，或者
- 增补。

在某些国家中存在下列差异：

——6.1：如果器具额定电压不超过 150 V，0I 类器具是允许的（日本）；

——6.2：对于打算安装在厨房中的器具，应根据其安装高度，要求具有阻挡有害进水的适当防护等级（法国）；

——13.2：泄漏电流的限值不同（日本）；

——16.2：泄漏电流的限值不同（日本）；

——第 21 章：对于打算安装在厨房中的器具，按照冲击点的高度，采用不同的冲击能量值是合适的（法国）。

引　言

在起草本部分时已假定，由取得适当资格并富有经验的人来执行本部分的各项条款。

本部分所认可的是家用和类似用途电器在注意到制造商使用说明的条件下按正常使用时，对器具的电气、机械、热、火灾以及辐射等危险防护的一个国际可接受水平，它也包括了使用中预计可能出现的非正常情况。

在制定本部分时已经尽可能地考虑了 GB 16895 中规定的要求，以使得器具在连接到电网时与电气布线规则的要求协调一致。

如果一台器具的多项功能涉及到 GB 4706 特殊要求部分中不同的特殊要求，则只要是在合理的情况下，相关的特殊要求标准要分别应用于每一功能。如果适用，应考虑到一种功能对其他功能的影响。

本部分是一个涉及器具安全的产品族标准，并在覆盖相同主题的同一水平和同一类别的标准中处于优先地位。

一个符合本部分文本的器具，当进行检查和试验时，发现该器具的其他特性会损害本部分要求所涉及的安全水平时，则将未必判定其符合本部分中的各项安全准则。

产品使用了本部分要求中规定以外的各种材料或各种结构形式时，则该产品可以按照本部分中这些要求的意图进行检查和试验。如果查明其基本等效，则可以判定其符合本部分要求。

家用和类似用途电器的安全
商用电动饮食加工机械的特殊要求

1 范围

GB 4706.1—2005 中的该章用下述内容代替：

GB 4706 的本部分涉及非专供家用的商用电动饮食加工机械的安全。对于连接一条相线和中线的单相器具，其额定电压不超过 250 V，其他器具不超过 480 V。

注 101：这类器具用于例如餐馆、食品店、医院的厨房和诸如面包房、肉食店之类的商业企业等。

注 102：饮食加工机械举例：

——混合机；

——液体或食物搅拌器；

——推板式混合机；

——和面机；

——打蛋机；

——切碎机；

——食物擦碎机；

——绞肉机；

——切片机；

——去皮机；

——开罐头机；

——磨咖啡机；

——食物清洗和/或干燥机；

——定量分配机；

——油酥面团辊压机；

——切面条机；

——食物加工机；

——梁式混合机。

本部分也适用于为了方便运输而分成几个部分（组合件）供货的器具。这些器具在安装地点组装时，无需任何额外部件就能组成整机。

利用其他能源形式的器具，其电气部分也在本部分范围之内。

本部分涉及这类器具所引起的常见危险。

注 103：以下情况应予注意：

——对于打算专供在车辆、船舶或航空器上使用的器具，允许有必需的附加要求；

——在许多国家还应考虑由国家卫生、劳动保护、供水和其他类似权力机构所规定的附加要求。

注 104：本部分不适用于：

——专为工业用途而设计的器具；

——打算供经常出现特殊状态，如存在腐蚀性或爆炸性空气（粉尘、蒸气或可燃气）等场所使用的器具；

——供大量生产食品用的流水作业器具；

——单独的输送设备，如：食物分配带式输送机。

2 规范性引用文件

GB 4706.1—2005 中的该章内容均适用。

3 定义

下列术语和定义适用于本部分。

GB 4706.1—2005 中的该章除下述内容外，均适用。

3.1.4 该条增加下述内容：

注 101：额定输入功率是器具内可以同时工作的所有单个元件输入功率的总和；可能存在几种这样的组合时，用最大输入功率组合来确定额定输入功率。

3.1.9 该条用下述内容代替：

正常工作 normal operation

器具在下列条件下工作：

器具在额定电压下不加负载工作，同时将打算由用户调整的控制器设定在最大值，直达到稳定状态。然后将器具按适当步骤，逐次加载，电源电压保持在原有值。每次加载前必须达到稳定状态。重复进行此项操作，直到过载保护装置刚要动作，或达到最高温度的稳定状态时为止。

注 101：负载可采用电气的或机械的制动装置获得。

在有效地采用电气或机械的制动装置成为不可能或不现实的场合，器具的负载是在额定电压和正常工作温度下空载运行时，并在打算由用户调整的控制器设定在最大值的情况下测得输入功率的 115%。

注 102：这种器具的例子有：

——液体搅拌机；

——切片机；

——去皮机；

——磨咖啡机；

——食物清洗和/或干燥机；

——定量分配机。

3.101

标示液位 indicated level

为正确操作而在器具上标明的最高液位标记。

3.102

安装墙 installation wall

一种包含有供应设施的专用固定式构筑物，供应设施用于与构筑物连同安装的各种器具。

3.103

防护板 guard plate

类似于切片厚度调节板的金属板，装配在自动送料方式的机器上。

3.104

产品托架 product holder

用于支撑产品切片，产品托架可装有推料器或进料滑板和/或夹紧机构。

3.105

滑动送料台 sliding feed table

支撑产品托架的装置，并使之能前、后移动。

3.106

进料滑板 feed carriage

在上面安放产品，并在产品托架上滑动，以便将产品向刀片方向移动的装置。

3.107

推料器 pusher

用来使产品沿产品托架、向厚度调节板移动的装置。

3.108

尾料装置 last slice device

将产品的最后部分送入切割刀片的一种金属件。

注：此金属件可装在推料器、夹紧装置或进料滑板上。

4 一般要求

GB 4706.1—2005 中的该章内容均适用。

5 试验的一般条件

GB 4706.1—2005 中的该章除下述内容外，均适用。

5.6 该条增加下述内容：

速度控制器根据使用说明书设定。

5.10 该条增加下述内容：

应将安装在一组其他器具内的器具或固定在安装墙上的器具围护起来，以获得防备电击或阻挡有害进水的保护，与随同器具提供的使用说明进行安装所获得的保护相当。

注 101：可能需要适当的围栏或附加器具供试验之用。

5.101 器具即使装有电热元件也仍然作为电动器具进行试验。

5.102 与其他器具联合组装或装有其他器具的器具，按照本部分的要求进行试验。其他器具则按有关标准的要求同时工作。

6 分类

GB 4706.1—2005 中的该章除下述内容外，均适用。

6.1 该条用下述内容代替：

关于电击防护类别，手持式器具应属Ⅱ类或Ⅲ类；其他器具应属Ⅰ类、Ⅱ类或Ⅲ类。

通过视检和有关试验来确定是否合格。

6.2 该条进行如下修改：

用下述内容代替要求段：

关于对有害进水的防护等级，器具至少应为 IPX1。

7 标志和说明

GB 4706.1—2005 中的该章除下述内容外，均适用。

7.1 该条增加下述内容：

如果器具标明了额定“接通(on)”和“断开(off)”周期，则标志应与正常使用状态相符。“接通”标志应在“断开”标志之前，两者用斜线分隔(通/断)。

此外，打算同水源连接的器具应标明，其水源压力或压力范围，用 kPa 表示，但已在使用说明中注明者除外。

如果电动机反转可能导致危险，而其旋转方向又取决于电源连接方式时，应在电动机上清楚明显地标明旋转方向。

7.6 该条增加下述内容：

增加下列符号：

 GB/T 5465.2(idt IEC 60417-1)-5021 等电位

7.12 该条增加下述内容：

使用说明应包括附件的工作时间和速度设定，但已在器具上标明者除外。

使用说明应提出对错误使用器具的警告，并应指出在清洗期间装卸切割刀片需加小心。

使用说明应包括对在正常使用期间接触食品的所有表面进行清理工作的某些指示。

操作指南中包含的操作指示应清楚说明如何使用随同器具提供的特殊或专用的防护装置，应使用户注意到一些仍然存在的危险，并对用户安全使用器具所要采取的防护措施给出有关资料。

注 101：仍然存在危险的器具的例子是：不经受 20.2 中试验指试验的那些器具。

还应给出随器具提供的附件的正确安装和安全使用的有关资料，必要时，还应给出使用非随器具提供的附件时会产生的潜在危险的有关知识。使用说明应警告用户要采用适配的带有可接装附件（如打蛋机和筛选机）的桶体，并应指出附件不得突出于桶体的顶部。

手持式搅拌机和搅打（蛋、乳酪）机的使用说明应包括一项防止在不与产品接触的情况下使用这些器具的警告。

食物加工机的使用说明应规定在装卸切割刀片，尤其是从桶体拆下刀片，倒空桶体时，以及清理过程中，需要小心谨慎。

出料口处所需安全措施完全依赖随器具提供孔板的绞肉机，其使用说明应包含一项警告，防止使用椭圆形孔或较大直径孔的孔板。

切片机的使用说明应给出安装和拆卸刀片的细节，并应要求，在进行刀片清理时，只要刀片仍然装在器具内，就应将切片厚度调节板或防护板设定在零位。

使用说明应确认器具适用的不同磨刀器件，并规定应只使用这种器件。

注 102：为了识别，可以使用代号或类似办法。

如果器具上标注了 GB/T 5465.2(idt IEC 60417-1)规定的符号 5021，应该说明其含义。

7.12.1 该条用下述内容代替：

器具应附有说明书，详细说明安装必需的所有专门预防措施。对于打算安装在一组其他器具内的器具，以及固定在安装墙上的器具，均应提供如何保证得到防备电击和阻挡有害进水充分保护的详细说明。如将一台以上器具的控制装置组合在一处单独的外壳内，应提供详细的安装说明。用户维护保养，如清洗等，也应提供说明。说明应该包括禁止用喷射水流对器具进行清洗的说明。

对于与固定布线永久连接且其泄漏电流可能超过 10 mA 的器具，特别是长时期处于断开状态或停用，或初次安装时，说明书应提供关于打算安装的保护装置（如接地漏电保护继电器）额定值的建议。

通过视检来确定是否合格。

7.101 等电位联结端子应用 GB/T 5465.2(idt IEC 60417-1)规定的符号 5021 标明。

这些标志不应标在螺钉、可拆下的垫圈或进行导线连接时可能被拆下的其他零件上。

通过视检来确定是否合格。

7.102 用手或人工操作开关注水的器具应标明标示液位。

通过视检来确定是否合格。

8 对触及带电部件的防护

GB 4706.1—2005 中的该章内容均适用。

9 电动器具的启动

GB 4706.1—2005 中的该章除下述内容外，均适用。

9.101 装在器具内的电动机如果启动时间延长会导致危险，应在 3 s 内启动完毕。

为符合第 11 章要求用于降温的风扇电动机，应能在实际使用中可能出现的所有电压条件下启动。

是否合格，通过在 0.85 倍额定电压下启动电动机三次来检查。试验开始时，电动机处于室温状态。

每次启动都应在电动机准备开始正常工作的条件下进行，对于自动器具，则应在正常的工作周期开始的条件下进行。在连续的两次启动之间，使电动机能达到静止状态。配备的电动机装的不是离心启动开关时，器具应在 1.06 倍额定电压下重复进行上述试验。

在上述所有情况下，电动机都应能启动，并应以不影响安全的方式运行，其过载保护装置不应动作。

注：试验期间，电源电压降不应超过 1%。

10 输入功率和电流

GB 4706.1—2005 中的该章除下述内容外，均适用。

10.1 该条增加下述内容：

注 101：对于具有一个以上电热元件的器具，其总输入功率可通过分别测量各个电热元件的输入功率来确定（见 3.1.4）。

11 发热

GB 4706.1—2005 中的该章除下述内容外，均适用。

11.2 该条增加下述内容：

固定在地板上的器具和质量大于 40 kg 而未装配滚轮、脚轮或类似装置的器具，按照制造厂说明书进行安装。如未提供说明书，则认为这些器具通常是放置在地面上使用的。

11.7 该条用下述内容代替：

使器具连续工作直至建立稳定状态。

注 101：试验持续时间可能包括一个以上工作周期。如果器具标有额定“接通(on)”和“断开(off)”周期，应予考虑。

12 空章

13 工作温度下的泄漏电流和电气强度

GB 4706.1—2005 中的该章除下述内容外，均适用。

13.2 该条内容作下述修改：

用下述内容代替Ⅰ类驻立式器具泄漏电流的允许值：

——对无电热元件的器具：3.5 mA；

——对软线和插头连接的有电热元件的器具：按器具额定输入功率 1 mA/kW，最大限值 10 mA；

——对有电热元件的其他器具：按器具额定输入功率 1 mA/kW，无最大限值。

14 瞬态过电压

GB 4706.1—2005 中的该章内容均适用。

15 耐潮湿

GB 4706.1—2005 中的该章除下述内容外，均适用。

15.1.1 该条增加下述内容：

此外，IPX1、IPX2、IPX3 和 IPX4 器具都要经受下述溅水试验 5 min。

采用图 101 所示装置进行试验。试验期间，水压应调整到使水从碗底溅起 150 mm。对于通常在地面上使用的器具，碗放在地面上；而对所有其他器具，碗放在低于器具最低边 50 mm 的水平支承面上，然后使碗环绕器具移动，以便使水能从各个方向溅到器具上。应注意水不得直接向器具喷射。

15.1.2 该条内容做下述修改：

对于通常放在桌面上使用的器具，要放在一个支承面上，该支承面每边尺寸比器具在支承面上的正投影尺寸大 15 cm±5 cm。

15.2 该条用下述内容代替：

器具的结构应使其在正常使用中液体的溢出不会影响其电气绝缘。

通过下述试验来确定是否合格：

X 型连接的器具，除装有专门制备的软线者外，均应装上允许的最轻型软电缆，或 26.6 规定的最小截面积的软线。其他器具按交货状态进行试验。

可拆卸部件拆除或保留在原位，两者中取更为不利的方式。

如果有排水口,应堵上。

将人工注水器具的容器,用含约 1%氯化钠(NaCl)的水注满,再将等于容器容量 15%但不多于 10 L 的增加量,用 1 min 时间均匀注入。

将打算由手动开关或自动操作阀门注水的器具连接到具有制造厂需要的最大供水压力的水源上,控制进水的装置保持全开状态,在一出现溢水现象后,继续注水 1 min,或直到保护装置动作使进水停止为止。

容器注满水后,器具在额定电压下运行 15 s。所有的盖或罩留在原位或移开,两者中取更为不利的方式。

然后器具应经受 16.3 的电气强度试验,视检应证明在绝缘上没有足以导致电气间隙和爬电距离减少到低于第 29 章规定值的水迹。

15.3 该条增加下述内容:

注 101:如果不可能将整台器具放入潮湿箱内,则含有电气元件的部件进行单独试验,但要注意器具内出现的情况。

15.101 为注水或清洗之用而配备了水开关的器具,在结构上应使从开关流出的水不可能接触带电部件。

通过下述试验来确定是否合格。

将器具连接到制造厂需要的最大供水压力的水源上,控制进水的装置全部打开 1 min。可倾斜和可移动部件,包括盖子,都斜置或放置在最不利位置。将水开关可旋转出水管的位置调到使水流向可能产生最不利结果的那些部件上。紧接上述处理,器具应经受 16.3 所规定的电气强度试验。

16 泄漏电流和电气强度

GB 4706.1—2005 中的该章除下述内容外,均适用。

16.2 该条内容做下述修改:

用下述内容代替 Ⅰ 类驻立式器具泄漏电流允许值:

——对无电热元件的器具:3.5 mA;

——对软线和插头连接的有电热元件的器具:按器具额定输入功率 1 mA/kW,最大限值 10 mA;

——对有电热元件的其他器具:按器具额定输入功率 1 mA/kW,无最大限值。

17 变压器和相关电路的过载保护

GB 4706.1—2005 中的该章内容均适用。

18 耐久性

GB 4706.1—2005 中的该章内容均适用。

19 非正常工作

GB 4706.1—2005 中的该章除下述内容外,均适用。

19.1 该条增加下述内容:

任何一个控制器或开关装置,其不同设定位置与器具同一部件的不同功能相对应,而这些功能又适用于不同标准时,可以不理会制造厂使用说明,而将其调整到最不利位置。

19.2 该条增加下述内容:

器具带着空的热容器一起工作。

19.4 该条增加下述内容:

注 101:正常使用时用来接通或断开加热元件的接触器主触头锁定在"通(on)"的位置。如果两个接触器彼此独立工作,或者一个接触器控制两组独立的主触头,则这些触头应轮流锁定在"通(on)"的位置。

20 稳定性和机械危险

GB 4706.1—2005 中的该章除下述内容外，均适用。

20.2 该条增加下述内容：

在第二个要求段后增加下述内容：

用来防护器具工作范围内危险区的盖罩等，应只有用其他方法将危险排除后才可拆卸。

注 101：相互间移动距离不超过 4 mm 的部件，不认为是危险的挤压(压碎)和剪切区。

注 102：只有在工作期间无盖罩的可移动部件越过固定和/或运动部件时，才存在牵入区。

在第一个试验说明段后，增加下述内容：

除另有规定外，进料口和出料口的试验采用类似于 GB/T 16842(IEC 61032)规定的 B 型试验探棒，但具有一直径为 56 mm 而非 50 mm 的非圆形止推板的试验探棒进行，而试验探棒尖端与止推板间的距离为 120 mm。将直径 75 mm 的挡板取下。若孔口的最大尺寸小于 150 mm，则试验探棒插入孔口的直线距离(从试验探棒尖端起测量)不超过 850 mm。

注 103：能用试验探棒插入出料口触及的运动部件，只要具有光滑表面，或其结构可使夹持或伤害危险忽略不计，都不认为是会有危险的。

某些器具做不到完全的防护，因而不进行试验探棒试验。例子有：

——手持式器具；

——切片机；

——开罐头机；

——油酥面团辊压机；

——切面条机；

——筛选机；

——去皮机(只有出料口)；

——锯骨机(圆盘型或带型)；

——柠檬、柑橘榨汁机；

——指定为附件用的打蛋机；

——磨刀机。

进行下述修改：

删除注 1。

20.101 开锁可能造成危险的锁扣装置的结构应不能被意外打开。

通过使用 GB/T 16842(IEC 61032)规定的 B 型试验探棒的试验来确定是否合格。应不能用试验探棒打开锁扣装置。

20.102 功能部件，例如可接装附件，其固定装置不得意外松动。对在工作范围以外可能构成危险的传动轴，应予适当保护，以防意外触及。

通过视检和使用 GB/T 16842(IEC 61032，IDT)规定的 B 型试验探棒的试验来确定是否合格。

20.103 在正常使用中需要倾斜的器具或器具的部件，不应引起任何危险。来自任何位置的意外倾斜均应防止，即使在电源中断的情况下。在倾斜部件与器具之间，不应有挤压区域，但部件充分倾斜时，在缓冲器处除外。

通过视检，手动试验，以及在倾斜运动过程中的任何时刻断开器具电源来确定是否合格。

注：用下列方法之一可以满足本要求：

——提供必须用手保持接通的开关；

——限制运动速率(圆周速率)为 50 mm/s；

——用适当的防护装置保护危险区；

——使运动部件牢固保持在正常位置，即使在出现故障的情况下。

如果用人工将器具或部件倾斜，则除了用故意手段外，不应对倾斜动作有不利影响的可能。

通过视检和在可倾斜部位上任意一点施加 340 N 的力来确定是否合格。

20.104 应在运动轧辊牵入区内用安全隔板或非驱动保护轧辊和/或挡梁加以充分保护，除非这些运动轧辊是弹簧承载，其最大压力为 50 kPa，并备有应急事故开关装置，且两轧辊间隔至少 60 mm。

通过视检、测量和手动试验来确定是否合格。

20.105 开关应位于操作人员的手容易达到的范围内。应保护启动开关避免意外动作，如果其动作可导致危险。

通过视检和将一根直径 40 mm 半球型端头的圆杆作用于此开关，器具不应动作，来确定是否合格。

20.106 各种装置，如滑动送料台、产品托架、止动板等，应确保在工作范围内安全运行。

通过视检、测量和手动试验来确定是否合格。

注：用下述方法可以满足本要求，例如：

——一个保护整个工作范围的产品托架，不可拆卸地固定在滑动送料台上，在送料台折返时会自动落下。且产品架离开刀具的距离不能超过 80 mm；

——一个能自动前移到刀具的产品托架，在止动板处装有护挡，并在滑动送料台上装有手指护挡；

——在使用重力驱动方式的场合，滑动送料台上安装一个高度等于刀具直径的后壁。

20.107 应防止同连接可接装附件的传动轴上的部件意外接触，但传动轴只在可接装附件连接后才可能转动者除外。

通过视检和手动试验来确定是否合格。

注：如果部件隐蔽在机壳内，或其结构使触及不会导致危险，则认为可以满足要求。

20.108 圆锯应配备盖罩，工作区只能由工件本身打开，且根据需要，工作周期结束时，自动将该工作区重新罩上。

通过视检和手动试验来确定是否合格。

20.109 手持式搅拌机的搅拌叶片应从上面完全遮蔽，且不可能在旋转时触及一个扁平表面。

通过视检，以及将一根圆杆从垂直与 45°角之间的任何位置，伸向搅拌叶片的上部来确定是否合格。圆杆直径为 8.0 mm±0.1 mm，长度不限。

应不可能用试验杆端部触及叶片。

20.110 用于清洗和干燥食物的器具，其滚筒动能超过 200 J 者，应装有连锁门盖，使门盖打开时器具不能启动。如器具运转时打开门盖，则滚筒应在 2 s 内停止。

通过视检、测量及手动试验来确定是否合格。器具以额定电压供电，不带负载。

20.111 在盖罩打开后易触及的危险运动部件，应在盖罩打开或取下后 2 s 内停止运动。盖罩重新关闭后，应只有在不造成危险的情况下，器具才可能自动重新启动。

通过器具以最高速空载运行来确定是否合格。

20.112 器具的结构应使可拆卸部件在漏装或误装在不正确位置时不会导致危险。

通过视检和手动试验来确定是否合格。

20.113 手持式打蛋机应配备防护罩，以避免手意外滑入工具，防护罩的尺寸应比手柄区的尺寸至少大 30 mm，并应设置在手柄区与工具之间。

通过视检、测量及手动试验来确定是否合格。

20.114 推板式混合机在机头上升至高于支承面 300 mm 时，应自动断开电源，但器具装有必须用手保持电源接通的开关者除外。

通过视检及测量来确定是否合格。

20.115 产品从去皮机卸载不应引起危险。

通过视检及手动试验来确定是否合格。

注：用以下方法可满足要求：

——合适的防护罩，防止触及涉及夹持或伤害危险的转盘，由故意动作造成的触及除外；

——装有切割刀片的转盘，要用一只手保持出料口或出料盖打开，并装一个必须用手保持电源接通的开关以完成产品卸载。

20.116 切片机在使用时应稳定。

注1：本条要求不适用于固定式器具。

通过下述试验来确定是否合格。

切片机按照使用说明放在一块平板玻璃上，玻璃放在一个水平面上。

注2：玻璃面要用一个止动件防止滑动。

将一个50 N的力，在低于滑动送料台运载底板上表面10 mm处，以最不利的方向水平地施加在器具上。

器具不应在玻璃板上移动。

注3：吸盘，如果有，是将器具固定在适当位置并在用毕后松开的一种适宜方法。

20.117 切片机的刀片应予充分防护。

通过视检、测量和手动试验来确定是否合格。

用如下预防措施，可满足要求。

注：产生相同或更大程度保护的可供选择措施，也可满足要求。

20.117.1 应装有环绕圆形刀片的防护罩，其敞开部分不大于使用器具的要求。图102所示敞开部分上部的θ角，不应超过60°。

刀片外圆与刀片防护罩之间的径向距离a不应超过6 mm，防护罩应伸出在刀片平面以外(距离b)至少1 mm。

20.117.2 切片厚度调节板设在零位时，刀片外圆与切片厚度调节板间的距离c应不超过6 mm，而切片厚度调节板应突出在刀片平面之外至少1 mm。在敞开部分的上端与下端，切片厚度调节板与其他任何保护体之间的距离e应不超过5 mm。

注1：如距离e已受到防护，本限制不适用。

如果能切割比15 mm厚的切片，应提供追加防护。

注2：追加防护的例子有：切片厚度调节板上端的延伸，或刀片防护罩的扩大。

器具应不能切割厚度超过40 mm的切片。

如果器具装有切片支承件，该件应突出在刀片平面外至少1 mm。

20.117.3 切片机应装有滑动送料台、拇指护挡及产品托架。拇指护挡应遮蔽防护罩敞开部分的整个高度，并应做成使其他手指保持离开刀片至少30 mm(距离f)。拇指护挡平面与刀片之间的距离d应不超过6 mm，在滑动送料台向前运动的终端处，拇指护挡应突出在刀片外圆以外至少10 mm。

注：对于自动送料的切片机，本要求适用于防护板。

如果产品托架装有夹持食物的装置，就不要求提供拇指护挡。此时：

——滑动送料台的手柄应用一块金属板防护，其尺寸超过手柄至少30 mm，手柄离刀片至少应80 mm。

——夹持装置的手柄应由护挡或尾料装置来防护，其尺寸超过手柄至少50 mm。

——应不可能将进料滑板从产品托架上拆下。

只有在调节切片厚度的金属板设定于零位时，才有可能将产品托架提起或拆下。在产品托架被提起或拆下时，应不可能改变此设定值。

20.117.4 同器具构成整体的磨刀装置，应做成使器具在正常使用期间，在刀片上方，保证有一个与刀片防护罩同样形式的连续罩子。

在磨刀位置内，刀片的外露部分伸出磨刀砂轮的每一边，应不超过6 mm。

分离式磨刀装置装上器具时，应有合适的防护罩覆盖刀片的外露部分。在磨刀砂轮和防护罩之间的任何间隙应不超过6 mm。

整体式的和分离式的磨刀装置，其结构都不应允许在磨刀时刀片与刀片护罩间隙超过6 mm。

20.117.5 切片机的推料器应覆盖刀片的外露切割部分，或具有一个配备了保护板的手柄，保护板离刀片始终在150 mm以上。

只有当推料器与刀片间距离在 60 mm 以上时，推料器才可能留在升高的位置。应不可能将推料器手柄移动或摆动超出在滑动送料台以外。

20.117.6 如适当，手动进料滑板应配备一个符合 20.117.3 或 20.117.5 尺寸要求的手柄。如果为了清理能将手动进料滑板升高，则在松开时应回落到正常工作位置。

20.117.7 切片机带自动送料机构，但未配备设定切片厚度的板，则应装有一块防护板，能遮蔽刀片的外露切割部分，并延伸到产品托架行程前端以外至少 10 mm。应不可能移动防护板远离刀片超过最大切片厚度加 3 mm。用于切片厚度调节板的各项规定，适用于防护板。

20.117.8 具有动力驱动滑动送料台的切片机，其结构应使运动部件与其他零部件之间的间隙不致引起夹持或挤压危险。

注：如间隙小于 6 mm 或大于 25 mm 则认为满足本要求。

20.118 绞肉机的出料口应充分防护。

通过视检和借助 20.2 描述的用于进料口和出料口的试验指进行的试验来确定是否合格。器具是在防护孔板处于正常使用位置的条件下进行试验的，即使该孔板可拆卸。试验指不应触及危险部件。

20.119 磨刀机转速不应超过 200 r/min。

通过测量确定是否合格。

20.120 带型锯骨机的危险运动部件应充分防护。此项部件在盖、门或防护罩打开后易于触及时，20.111 要求适用。

切割高度不超过 250 mm 的器具，应装备一个固定送料台，一块高度至少为 100 mm 的切片厚度调节板，以及一个铰链连接的、防护整个工作范围的、松开时自动回落到其防护位置的推料器。应有可能在不拆除推料器的情况下更换锯片。

切割高度超过 250 mm 带固定送料台的器具，应装备一块高度至少为 100 mm 的切片厚度调节板和一个最低高度为 150 mm 的尾料装置。器具应装一可调锯片护挡，以保护带锯片的未用切割部分。应可将锯片护挡降低到离台至少 105 mm 处。还应有可能在不拆除锯片护挡的情况下更换锯片。

如果器具装备了一个滑动送料台，台的后边缘应有至少 60 mm 的高度，并应装有一个至少高 100 mm、宽 50 mm 的手指护挡。手指护挡应在滑动送料台前进运动终端处突出在锯片以外至少 10 mm。对于切割高度不超过 250 mm 器具的其他要求均可适用。

通过视检、测量和手动试验来确定是否合格。

注：这些要求可以用至少提供同等保护程度的其他手段来达到。

21 机械强度

GB 4706.1—2005 中的该章除下述内容外，均适用。

该章增加下述内容：

此试验也在为防护免遭机械危险所必需的可拆卸部件上进行。

21.101 为防护免遭机械危险所必需的可拆卸和不可拆卸部件，均应具有充分的抗变形能力。

通过在最不利方向施加 50 N 的力于该部件来确定是否合格。此试验重复三次。试验过后，防护罩盖等应显示并无本部分含义内的损坏；尤其是刀片和切刀防护罩之类均不应变形或歪斜，以至削弱对 20.2 及其他有关条文符合的程度。

22 结构

GB 4706.1—2005 中的该章除下述内容外，均适用。

22.101 对于三相器具，用于保护带有电热元件的电路和保护意外启动会引起危险的电动机电路的热断路器，应为非自动复位、自动脱扣类型，并应能从电源全极断开。

对于单相器具和连接在一条相线和中线或相线和相线之间的单相电热元件和/或电动机，用于保护带有电热元件的电路和保护意外启动会引起危险的电动机电路的热断路器，应为非自动复位、自动脱扣类型，并应至少断开一极。

如果非自复位热断路器只有在借助工具拆除部件后触及，则不要求自动脱扣类型。

注 1：自动脱扣类型的热断路器具有自动动作，带有一个复位机构，其结构使自动动作不受复位机构的动作或位置所支配。

在第 19 章试验期间动作的球头型和毛细管型热断路器，应使毛细管的断裂不得影响器具符合 19.13的要求。

通过视检、手动试验和折断毛细管来确定是否合格。

注 2：注意确保折断时不使毛细管封闭。

22.102 指示危险、报警或类似情况的信号灯、开关或按钮，只应是红色的。

通过视检来确定是否合格。

22.103 热液体的排放开关和其他排放装置的结构应使其不能被意外打开，而且应使意外拔掉排放塞成为不可能。

通过视检和手动试验来确定是否合格。

注：例如，当放开阀门手柄时，能自动回复到关闭位置，或者阀门手柄为轮型，或装在凹进处就满足了此项要求。

22.104 为从器具排放液体而设置的装置，在排放液体时不应影响电气绝缘。

通过视检和手动试验来确定是否合格。

22.105 需要电源的附件应从器具得到电源。

通过视检来确定是否合格。

22.106 器具的结构应使润滑剂、研磨剂等不能与食物组分相接触。

通过视检来确定是否合格。

22.107 便携式器具的底面不应有允许小物体穿透并触及带电部件的孔。

通过视检和经过孔测得的支撑面与带电部件之间的距离来确定是否合格。该距离至少为 6 mm；然而，对装有支脚并打算放在桌面上使用的器具，此距离加长到 10 mm；对打算放在地面上使用的器具，则加长到 20 mm。

22.108 人工注水器具必须达到的水位标志应位于注水时容易看到的位置。

通过视检来确定是否合格。

22.109 器具的结构应能防止食物或液体渗入到可能引起电气或机械故障的位置。

通过视检来确定是否合格。

22.110 开关在断开位置时，还应断开电子装置的电路。

通过视检来确定是否合格。

22.111 如果再启动可能导致危险，诸如机械的（运动部件）或热能的（热的部件或液体）危险，则器具在暂时断电后恢复供电时不应自行再启动。

通过下述试验来确定是否合格。

器具按照使用说明书在额定电压下运行。

在运行周期的任何时刻，断开器具电源使所有的运动部件达到停止状态。

再恢复供电。

22.112 器具应装备一个启动开关和一个停止开关。停止开关应易于操作，并应在同时动作时，使启动开关无效。

通过视检和手动试验确定是否合格。

注：易于操作的停止开关的例子是凸起的按钮开关。

22.113 装有轮子或类似装置的器具应在停留时配备有效的锁定装置。

通过视检和下述试验确定是否合格。

将按照制造厂的说明满载的器具放在一个 10°角的倾斜平面上，锁住锁定装置。器具不应移动超过 100 mm。

23 内部布线

GB 4706.1—2005 中的该章除下述内容外，均适用。

23.3 该条增加下述内容：

当温控器的毛细管在正常使用中易受弯曲时，下述内容适用：

——毛细管作为内部布线的一部分安装时，GB 4706.1 适用；

——单独的毛细管应以不超过每分钟 30 次的速率弯曲 1 000 次。

注 101：在上述任何一种情况下，如果由于部件的质量等原因，不可能按照给定的速率移动器具的活动部件，则弯曲速率可以降低。

在弯曲试验之后，毛细管不应有本部分含义内的损伤痕迹和影响其进一步使用的损坏。

但是，如果毛细管的一处损坏就使器具变为不能工作（失效保护），则单独的毛细管就不再进行试验，而作为内部布线的一部分安装的毛细管，也不进行是否符合要求的检查。

通过折断毛细管来确定是否合格。

注 102：注意确保折断时不封闭毛细管。

24 元件

GB 4706.1—2005 中的该章除下述内容外，均适用。

24.1.3 该条内容做下述修改：

在器具的每个运行周期都要操作的开关，需测试 50 000 个工作循环；其他开关测试 10 000 个工作循环。开关以每分钟操作一次的速率进行试验，代替所指定的操作速率。

24.4 该条增加下述内容：

应保护连接附件用的输出插座，以防短路和/或过载。

25 电源连接和外部软线

GB 4706.1—2005 中的该章除下述内容外，均适用。

25.1 该条内容做下述修改：

器具不应装有器具输入插口。

25.3 该条增加下述内容：

固定式器具和质量大于 40 kg 且未装配滚轮、脚轮或类似装置的器具，其结构应允许器具按照制造厂的说明安装后，再连接电源软线。

用于将电缆与固定布线永久连接的接线端子，也可能适用于电源软线的 X 型连接。在此情况下，器具应装有符合 25.16 要求的软线固定装置。

如果器具装有可连接软线的一组接线端子，则这些端子应适合于软线的 X 型连接。

在上述两种情况下，说明书应提供电源软线的详细资料。

通过视检来确定是否合格。

25.7 该条内容做下述修改：

用下述内容代替指定的电源软线类型：

电源软线应为耐油柔性护套电缆，不轻于普通氯丁橡胶或其他等效的合成橡胶护套软线[指定牌号 GB/T 5013.1(IEC 60245,IDT)的 57 号线]。

26 外部导线用接线端子

GB 4706.1—2005 中的该章内容均适用。

27 接地措施

GB 4706.1—2005 中的该章除下述内容外,均适用。

27.2 该条增加下述内容:

驻立式器具应装配一接线端子以便连接外部等电位导体。接线端子应与器具所有固定的外露金属部件保持有效的电气接触,并且应能与标称截面积高达 10 mm^2 的导线连接。接线端子应设置在器具安装后便于与结合导体连接的位置。

注 101:小型固定的外露金属部件,例如铭牌等,不需要与接线端子形成电气接触。

28 螺钉和连接

GB 4706.1—2005 中的该章内容均适用。

29 电气间隙、爬电距离和固体绝缘

GB 4706.1—2005 中的该章除下述内容外,均适用。

29.2 该条增加下述内容:

微观环境为 3 级污染,相对漏电起痕指数(CTI)应不低于 250,除非绝缘被封闭或者其放置位置能保证在器具正常使用过程中绝缘不可能受到污染。

30 耐热和耐燃

GB 4706.1—2005 中的该章除下述内容外,均适用。

30.2.1 该条内容做下述修改:

灼热丝试验在 650 ℃温度下进行。

30.2.2 该条内容不适用。

31 防锈

GB 4706.1—2005 中的该章内容均适用。

32 辐射、毒性和类似危险

GB 4706.1—2005 中的该章内容均适用。

单位为毫米

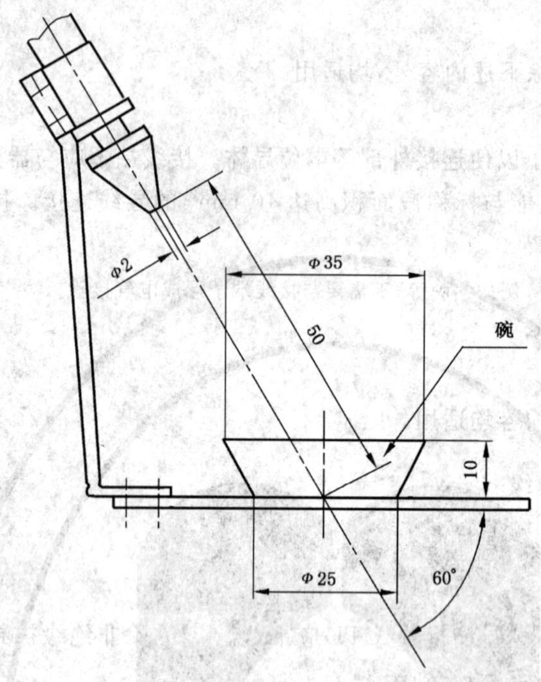

图 101 溅水装置

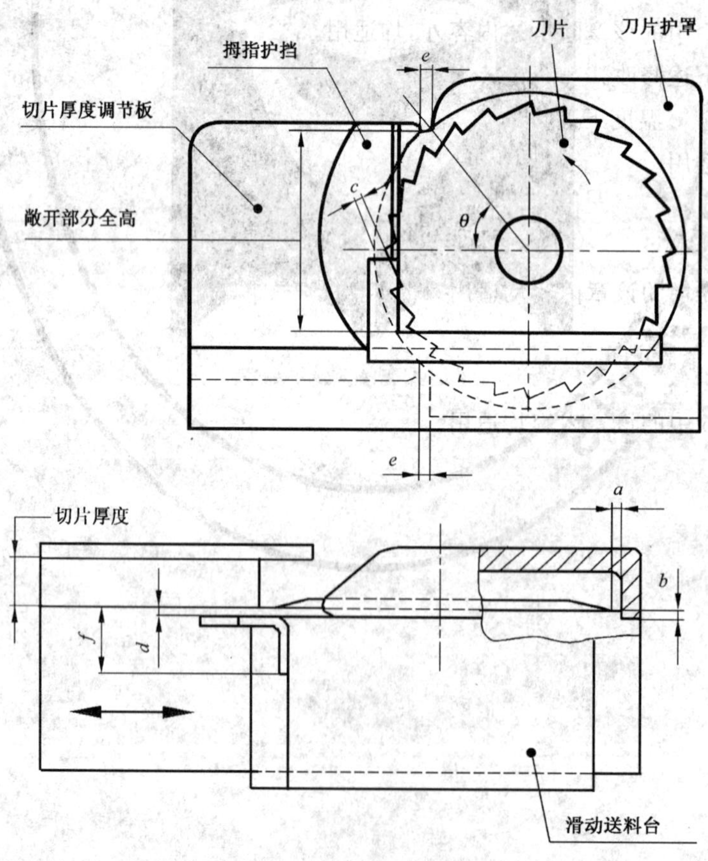

图 102 切片机防护装置

附 录

GB 4706.1—2005 中的附录除下述内容外，均适用。

附 录 N
（规范性附录）
耐漏电起痕试验

6.3 该条增加下述内容：

规定电压列表中增加 250 V。

参 考 文 献

GB 4706.1—2005 的参考文献均适用。

ICS 13.120
Y 68

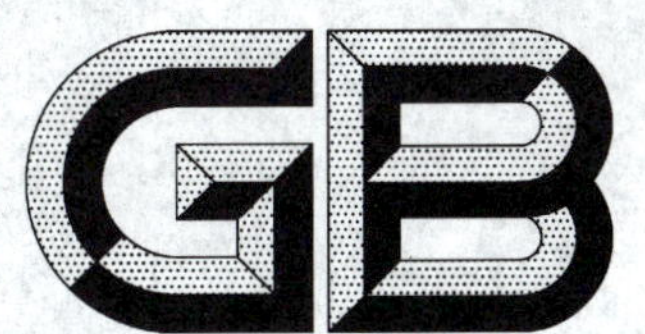

中华人民共和国国家标准

GB 4706.39—2008/IEC 60335-2-48:2002
代替 GB 4706.39—2003

家用和类似用途电器的安全 商用电烤炉和烤面包炉的特殊要求

Household and similar electrical appliances—Safety—Particular requirements for commercial electric grillers and toasters

(IEC 60335-2-48:2002,IDT)

2008-12-30 发布　　2010-04-01 实施

中华人民共和国国家质量监督检验检疫总局
中国国家标准化管理委员会　发布

前　　言

本部分的全部技术内容为强制性。

GB 4706《家用和类似用途电器的安全》由若干部分组成，第1部分为通用要求，其他部分为特殊要求。

本部分是GB 4706的第39部分。本部分应与GB 4706.1—2005《家用和类似用途电器的安全　第1部分：通用要求》配合使用。

本部分等同采用IEC 60335-2-48:2002《家用和类似用途电器的安全　第2部分：商用电烤炉和烤面包炉的特殊要求》及其修改件第1号(Ed4.0，2008-02)。

为便于使用，本部分对IEC60335-2-48做了下列编辑性修改：

a) “第一部分”一词改为“GB 4706.1—2005”；

b) 用小数点“.”代替用作小数点的“，”。

本部分代替GB 4706.39—2003《家用和类似用途电器的安全　商用电烤炉和烤面包炉的特殊要求》

本部分与GB 4706.39—2003的主要差异如下：

——取消了6.2中的注101，增加了“在桌面上使用的器具至少为IPX3，其他器具至少为IPX4”的要求；

——取消了6.101；

——11.7中增加了注101；

——修改了16.2中泄漏电流的限值；

——第18章不适用改为适用；

——第21章中增加了对可见灼热的电热元件的封装管进行冲击试验的相关内容；

——修改了22.101的相关内容；

——增加了29.2；

——取消了30.3；

——修改了30.101中燃烧试验的相关内容。

本部分的附录N为规范性附录。

本部分由中国轻工业联合会提出。

本部分由全国家用电器标准化技术委员会(SAC/TC 46)归口。

本部分主要起草单位：北京市服务机械研究所、裕富宝厨具设备(深圳)有限公司、新麦机械(无锡)有限公司、上海一喜食品机械有限公司、广东伊立浦电器股份有限公司。

本部分主要起草人：李继萍、刘洪伟、颜华、王志峰、丁廷华、张文才、刘旭、丁健。

本部分的历次版本发布情况为：

——GB 4706.39—1997、GB 4706.39—2003。

IEC 前言

1) IEC(国际电工委员会)是由所有国家的电工委员会(IEC 国家委员会)组成的世界范围内的标准化组织。IEC 的宗旨就是促进各国在电气和电子标准化领域的全面合作。鉴于以上的目的并考虑到其他活动的需要,IEC 还出版国际标准、技术规范、技术报告、公共可用规范(PAS)、导则(以下统称为 IEC 出版物)。整个制定工作由技术委员会来完成。任何对此技术问题感兴趣的 IEC 国家委员会都可以参加制定工作。与国际电工委员会有联系的国际、政府及非政府组织也可以参加这项工作。IEC 根据其与 ISO 达成的协议,与 ISO 在工作上紧密合作。

2) 因为每个技术委员会都有来自于各个对有关技术问题感兴趣的 IEC 国家委员会的代表,所以 IEC 对有关技术问题的正式决议或协议都尽可能的表达了国际性的一致意见。

3) IEC 出版物以推荐性的方式供国际上使用,并在此意义上被各国家委员会接受。在为了确保 IEC 出版物技术内容的准确性而做出任何合理的努力时,IEC 对其出版物被使用的方式以及任何最终用户(读者)的误解不负有任何责任。

4) 为了促进国际上的统一,IEC 希望各国委员会在本国情况允许的范围内采用 IEC 出版物的内容作为他们国家或地区的出版物。IEC 出版物与相应的国家或地区的出版物有差异的,应尽可能在后者中明确地指出。

5) IEC 规定了表示其认可的无标志程序,但并不表示对某一设备声称符合某一 IEC 出版物承担责任。

6) 所有的使用者应确保持有该出版物的最新版本。

7) IEC 或其管理者、雇员、服务人员或代理(包括独立专家、IEC 技术委员会和 IEC 国家委员会的成员)不应对使用或依靠本 IEC 出版物或其他 IEC 出版物造成的任何直接的或间接的人身伤害、财产损失或其他任何性质的伤害,以及源于本出版物之外的成本(包括法律费用)和支出承担责任。

8) 应注意在本出版物中列出的规范性引用文件。对于正确使用本出版物来讲,使用规范性引用文件是不可缺少的。

9) 本 IEC 出版物中的某些内容有可能涉及一些专利权问题,对此应引起注意。IEC 组织不负责识别任一或所有该类专利权问题。

IEC 60335 系列标准的本部分是由 IEC 第 61 技术委员会“家用和类似用途电器的安全”所属第 61E“商用电气饮食加工服务设备的安全”分委员会制定。

IEC 60335-2-48 的第四版,对 2000 年出版的第三版进行了删除和替代的技术修改。

该双语版本(2005 年 3 月)替代英文版。

本部分的文本以下列文件为依据:

FDIS	表决报告
61E/409/FDIS	61E/423/RVD

本增补件以下述文件为依据:

FDIS	表决报告
61E/597/FDIS	61E/612/RVD

关于表决批准本部分的详细情况,可在上表中指出的表决报告中查明。

本部分与 IEC 60335-1 及其修正件的最新版本配合使用。本部分是根据 IEC 60335-1 的第 4 版

(2001)制定的。

注 1：本部分中每提及"第 1 部分"，是指 GB 4706.1(IEC 60335-1)。

本部分对 IEC 60335-1 的相应条款进行了补充或修改，将其转化成 IEC 标准：商用电烤炉和烤面包炉的安全要求。

如第 1 部分的个别条款在本部分未提到时，如果合理，该条款仍然适用。在本部分中说明"增加"、"修改"或"代替"时，第 1 部分中有关正文应做相应修改。

注 2：采用如下编号系统：

——"第 1 部分"中增加的条款、注释和图表自 101 开始编号；

——"第 1 部分"中未包括的新的分条款包括注自 101 开始编号，包括这些代替的条款或者分条款；

——增加的附录用 AA、BB 等编号。

注 3：采用下列印刷体：

——正文要求：印刷体；

——试验规范：斜体；

——注释内容：小写印刷体。

正文中的黑体字在第 3 章定义。定义涉及形容词时，形容词和所修饰的名词也要用黑体字。

一些国家存在如下的差异：

——6.1：01 类器具被承认(日本)；

——6.2：打算安装在厨房中的器具，根据其安装高度，要求具有阻挡有害进水的适当防护等级(法国)；

——13.2：泄漏电流的限值是不同的(日本)；

——16.2：泄漏电流的限值是不同的(日本)；

——第 21 章：对于打算安装在厨房中的器具，根据冲击点的高度，可采用不同的冲击能量值(法国)。

委员会决定，在 IEC 网站"http://webstore.iec.ch"指定的保持结果日期之前，基本出版物和其增补件的相关内容中与特殊出版物有关的数据保持不变。在此日期，出版物将：

- 重新确认；
- 废止；
- 由修订版替代；或者
- 增补。

引　言

在起草本部分时已假定，由取得适当资格并富有经验的人来执行本部分的各项条款。

本部分所认可的是家用和类似用途电器在注意到制造商使用说明的条件下按正常使用时，对器具的电气、机械、热、火灾以及辐射等危险防护的一个国际可接受水平，它也包括了使用中预计可能出现的非正常情况，并且考虑电磁干扰对于器具安全运行的影响方式。

在制定本部分时已经尽可能地考虑了 GB 16895 中规定的要求，以使得器具在连接到电网时与电气布线规则的要求协调一致。

如果一台器具的多项功能涉及 GB 4706 特殊要求部分中不同的特殊要求，则只要是在合理的情况下，相关的特殊要求标准要分别应用于每一功能。如果适用，应考虑到一种功能对其他功能的影响。

当特殊要求不包括第 1 部分中有关危险的附加要求时，第 1 部分适用。

注 1：意思是特殊要求的技术委员会已经决定通用要求没有必要在特殊要求中重新规定。

本部分是一个涉及器具安全的产品族标准，并在覆盖相同主题的同一水平与同一类别的标准中处于优先地位。

注 2：当应用关于通用要求和特殊要求的 GB 4706 系列标准时，覆盖危险的同水平和同类别标准不适用于已经在通用要求中已经考虑的部分。例如，就关于很多器具表面温度的要求来说，同类标准，如 ISO 13732-1 关于热表面的要求，不适用于除第 1 部分或特殊要求以外的标准。

一个符合本部分文本的器具，当进行检查和试验时，发现该器具的其他特性会损害本部分要求所涉及的安全水平时，则将未必判定其符合本部分中的各项安全准则。

产品使用了本部分要求中规定以外的各种材料或各种结构形式时，则该产品可以按照本部分中这些要求的意图进行检查和试验。如果查明其基本等效，则可以判定其符合本部分要求。

家用和类似用途电器的安全
商用电烤炉和烤面包炉的特殊要求

1 范围

GB 4706.1—2005 中的该章用下述内容代替：

GB 4706 的本部分涉及不作家庭使用的商用电烤炉和烤面包炉的安全。对于连接一条相线和中性线的单相器具，其额定电压不超过 250 V，其他器具不超过 480 V。

旋转或连续电烤炉和烤面包炉以及采用辐射热烘烤的类似器具，如电热旋转烤肉炉、烤板等，也在本部分范围之内。

注 101：这些器具用于如餐馆、食品店、医院和诸如面包房、肉食店之类的商业企业。

利用其他能源形式的器具，其电气部分也在本部分范围之内。

本部分涉及这类器具所引起的常见危险。

注 102：以下情况应予注意：

——对于打算在车辆、船舶或航空器上使用的器具，允许有必要的附加要求；

——在许多国家中，全国性的国家卫生、劳动保护、供水和其他类似权力机构所规定的附加要求；

——对于专供在户外使用的器具，允许有必需的附加要求。

注 103：本部分不适用于：

——专为工业用途而设计的器具；

——在有腐蚀性或爆炸性空气（粉尘、蒸气或可燃气）等特殊状态的场所使用的器具；

——供大量生产食品用连续作业的器具；

——单、双面电热铛（GB 4706.37）。

2 规范性引用文件

GB 4706.1—2005 中的该章内容均适用。

3 定义

下列术语和定义适用于本部分。

GB 4706.1—2005 中的该章除下述内容外，均适用。

3.1.4 该条增加下述内容：

注 101：**额定输入功率**是器具内可以同时工作的所有单个元件输入功率的总和；可能存在几种这样的组合时，用最大输入功率组合来确定**额定输入功率**。

3.1.9 该条用下述内容代替：

正常工作 normal operation

器具在下列条件下工作：

器具空载运行并把供用户操作的所有控制器调到最大限值。如装有定时器，则使其不起作用。

如装有门、盖、反射板或滴盘，应按制造厂的说明布置，如未提供说明，门要完全打开，滴盘放在最低位置，烤架放在尽可能高的位置。

如果器具没有荷载不能工作，则应注意制造厂的说明。

安装在器具内的电动机，应考虑到制造厂的说明，在正常使用时可能出现的最严酷条件下，按预期方式运行。

3.101

电烤炉 griller

一种在其内部主要靠辐射热烘烤食品的器具。

3.102

烤面包炉 toaster

一种专供将面包或类似产品用辐射热烤成焦黄的器具。

3.103

旋转或连续电烤炉或烤面包炉 rotary or continuous griller or toaster

一种在烘烤时移动产品的器具。

3.104

安装墙 installation wall

一种包含供应设施的专用固定式构筑物，供应设施用于与构筑物连同安装的器具。

4 一般要求

GB 4706.1—2005 中的该章内容均适用。

5 试验的一般条件

GB 4706.1—2005 中的该章除下述内容外，均适用。

5.10 该章增加下述内容：

当器具与其他器具组合安装或固定在安装墙上时，应采取围护措施以防电击或有害进水，并达到使用说明书上所标明的防护要求。

注 101：可能需要适当的围栏或附加器具供试验之用。

5.101 器具即使装有电动机也仍然作为电热器具进行试验。

5.102 与其他器具联合组装或装有其他器具的器具，按照本部分的要求进行试验。其他器具则按有关标准的要求同时工作。

6 分类

GB 4706.1—2005 中的该章除下述内容外，均适用。

6.1 该条用下述内容代替：

关于电击防护类别，器具应属Ⅰ类。

通过视检和有关试验来确定是否合格。

6.2 该条增加下述内容：

在桌面上使用的器具至少为 IPX3，其他器具至少为 IPX4。

7 标志和说明

GB 4706.1—2005 中的该章除下述内容外，均适用。

7.1 该条增加下述内容：

此外，器具应标明：

打算与水源连接的器具，其水压或压力范围用 kPa 表示，但已在说明书内注明者除外。

7.6 该条增加下述内容：

增加下列符号：

 GB/T 5465.2(idt IEC 60417-1)-5021 等电位

7.12　该条增加下述内容：

如果器具上标注了 GB/T 5465.2(idt IEC 60417-1)规定的符号 5021，应该说明其含义。

对于身体、感官或智力上有缺陷，或经验和知识有欠缺的人(包括儿童)，此说明书不适用。

7.12.1　该条用下述内容代替：

器具应附有说明书，详细说明安装时必需的专门预防措施。当器具与其他器具组合安装或固定在安装墙上时，均应提供如何保证得到防备电击和阻挡有害进水充分保护的详细说明。如将一台以上器具的控制装置组合在一处单独的外壳内，应提供详细的安装说明。用户维护保养，如清洗等，也应提供说明。说明书中应说明器具不得使用喷射水流清洗。

对于与固定布线永久连接且其泄漏电流可能超过 10 mA 的器具，尤其是长期处于断开状态或停用，或初次安装时，说明书应提供关于打算安装的保护装置(如接地漏电保护继电器)额定值的建议。

通过视检来确定是否合格。

7.12.4　该条增加下述内容：

具有供若干台器具使用的一个独立控制盘的嵌装式器具，其使用说明书应规定：该控制盘只可同指定的器具相连接，以避免可能的危险。

7.15　该条增加下述内容：

如果不能设置固定式器具的标志以便安装完毕后可以看到，则还应在使用说明中或外加标签上作出相关说明。外加的标签可固定在安装后器具附近。

注 101：嵌装式器具是固定式器具的一例。

7.101　在进行第 11 章的试验时，如果测试角的底板或驻立式器具顶部平面以上的测试角侧壁和后壁的温升超过 65 K，以及(或者)在进行第 19 章试验时，测试角的底板或驻立式器具顶部平面以上和以下边壁的温升超过 125 K，则制造厂提供的说明书应包括下述警告要点，且该警告还应包含在附于器具的永久性标签上：

警告：在安装期间，不要将器具放在某些表面上或墙壁、隔板、厨房设备和类似物附近，除非它们都是不可燃材料制作或表面覆盖了不可燃绝热材料，并注意防火规章。

通过视检来确定是否合格。

7.102　等电位联结端子应用 GB/T 5465.2(idt IEC 60417)规定的符号 5021 标明。

这些标志不应放在螺钉、可拆下的垫圈或进行导线连接时可能被拆下的其他部件上。

通过视检来确定是否合格。

8　对触及带电部件的防护

GB 4706.1—2005 中的该章除下述内容外，均适用。

8.101　应保护正常使用时易被叉子或类似的尖头物体意外触及的各电热元件(槽型烤面包炉除外)，使其带电部件不可能同这类物体相接触。

通过将 GB/T 16842(IEC 61032，IDT)的 12 号试验探棒插在带电部件周围能进入的所有部位来确定是否合格。试验探棒上不施加明显的力。

9　电动器具的启动

GB 4706.1—2005 中的该章除下述内容外，均适用。

9.101　为符合第 11 章要求用于降温的风扇电动机，应能在实际使用中可能出现的所有电压条件下启动。

是否合格通过在 0.85 倍额定电压下启动电动机三次来检查。试验开始时电动机处于室温状态。

每次启动都在电动机准备开始正常工作的条件下进行，对于自动器具，则在正常的工作周期开始的条件下进行，在连续两次启动之间，使电动机能达到静止状态。配备的电动机装的不是离心启动开关时,在1.06倍额定电压下重复进行上述试验。

在上述所有情况下,电动机都应能启动并应以不影响安全的方式运行,其过载保护装置不应动作。

注:在试验期间,电源电压降不应超过1%。

10 输入功率和电流

GB 4706.1—2005中的该章除下述内容外,均适用。

10.1 该条增加下述内容:

注101:对于具有一个以上电热元件的器具,其总输入功率可通过分别测量各电热元件的输入功率来确定(另见3.1.4)。

11 发热

GB 4706.1—2005中的该章除下述内容外,均适用。

11.2 该条增加下述内容:

固定在地板上的器具和质量大于40 kg而未装配滚轮、脚轮或类似装置的器具,按照制造厂的说明进行安装。若未提供说明,则认为这些器具通常是放置在地面上使用的。

11.4 该条用下述内容代替:

器具在正常工作条件下运行,使其总输入功率为额定输入功率的1.15倍。如果不可能同时接通所有加热元件,则在开关配置允许的条件下对每一组合进行试验,并使线路中存在与每一个开关配置一致的可能达到的最高负载。

如果器具带有限制总输入功率的控制器,则试验以此控制器可以选择的能施加最严酷条件的任何一种电热元件组合来进行。

如果电动机、变压器或电子电路的温升超过限值,则器具在1.06倍额定电压下重复进行试验。在此情况下,只测量电动机、变压器或电子电路的温升。

11.7 该条用下述内容代替:

使器具连续工作直至建立稳定状态。

注101:该试验持续时间应包括一个以上的工作周期。

11.8 该条增加下述内容:

对于驻立式器具,测试角的后壁和侧壁,包括突出在器具前面的部分,65 K温升限值仅适用于器具顶部平面以下。如果此平面以上或底板的温升超过此限值,7.101的要求适用。

12 空章

13 工作温度下的泄漏电流和电气强度

GB 4706.1—2005中的该章除下述内容外,均适用。

13.2 该条内容作下述修改:

用下述内容代替Ⅰ类驻立式器具泄漏电流的允许值:

——对软线和插头连接的器具:按器具额定输入功率1 mA/kW,最大限值10 mA;

——对其他器具:按器具额定输入功率1 mA/kW,无最大限值。

14 瞬态过电压

GB 4706.1—2005中的该章内容均适用。

15 耐潮湿

GB 4706.1—2005中的该章除下述内容外,均适用。

15.1.1 该条增加下述内容：

此外，IPX0、IPX1、IPX2、IPX3 和 IPX4 器具均应经受下述溅水试验 5 min。

采用图 101 所示的装置。试验期间，水压应调整到使水从碗底溅起 150 mm。对通常在地面上使用的器具，碗放在地面上；对所有其他器具，碗放在一个低于器具最低边 50 mm 的水平支承面上，使碗围绕器具移动，以便使水能从各个方向溅到器具上。应注意水流不得直接向器具喷射。

15.1.2 该条内容作下述修改：

通常在桌面上使用的器具，要放在一个支承面上，该支承面每边尺寸比器具在支承面上的正投影尺寸大 15 cm±5 cm。

15.3 该条增加下述内容：

注 101：如果不可能将整台器具放进潮湿箱内，则含有电气元件的部分进行单独试验，但要注意器具内出现的情况。

15.101 为注水或清洗之用而配备了水开关的器具，在结构上应保证从水开关流出的水不能接触带电部件。

通过以下试验来确定是否合格：

将器具连接到具有制造厂规定的最大供水压力的水源上，进水开关全部打开 1 min。可倾斜和可移动部件，包括盖子，都斜置或放置在最不利位置上。将水开关可旋转出水管的位置调到使水流向会产生最不利结果的那些部件上。器具经此处理后应立即经受 16.3 规定的电气强度试验。

16 泄漏电流和电气强度

GB 4706.1—2005 中的该章除下述内容外，均适用。

16.2 该条内容作下述修改：

用下述内容代替Ⅰ类驻立式器具泄漏电流的允许值：

——对软线和插头连接的器具：按器具额定输入功率 1 mA/kW，最大限值 10 mA；

——对其他器具：按器具额定输入功率 1 mA/kW，无最大限值。

17 变压器和相关电路的过载保护

GB 4706.1—2005 中的该章内容均适用。

18 耐久性

GB 4706.1—2005 中的该章内容均适用。

19 非正常工作

GB 4706.1—2005 中的该章除下述内容外，均适用。

19.1 该条增加下述内容：

任何一个控制器或开关装置，其不同的设置与器具同一部分的不同功能相对应，而这些功能又涉及不同标准时，可以不考虑制造厂的说明书，将其调整到最不利位置。

19.2 该条增加下述内容：

门或盖打开或关闭，取较为不利者。

可拆卸反射板、滴盘和类似可拆卸部件放在任何位置或移开，取较为不利者。

19.4 该条增加下述内容：

注 101：正常使用时，用来接通或断开电热元件的接触器主触头锁定在“通(ON)”的位置。如果两个接触器彼此独立工作，或者一个接触器控制两组独立的主触头，则这些触头轮流锁定在“通(ON)”的位置。

19.13 该条增加下述内容：

如果测试角的底板或驻立式器具顶部平面以上和以下边壁的温升超过 125 K，则 7.101 的要求适用。

20 稳定性和机械危险

GB 4706.1—2005 中的该章除下述内容外，均适用。

20.1 该条增加下述内容：

罩、盖和附件均置于最不利位置。

能够安装在制造厂提供的机架上的器具应按照制造厂说明书的要求连同机架一起进行试验。

20.101 器具内移动食品的部件应加以保护，避免可能引起危险的意外移动。

通过视检和手动试验来确定是否合格。

21 机械强度

GB 4706.1—2005 中的该章除下述内容外，均适用。

该章增加下述内容：

如果器具有可见灼热的电热元件且封装在玻璃管中，对装在器具上的封装管进行冲击试验，如果封装管在：

——器具的顶部，用 GB/T 16842(IEC 61032,IDT)的 41 号试验探棒能触及到；

——器具的其他部位，用 GB/T 16842(IEC 61032,IDT)的 B 型试验探棒能触及到。

22 结构

GB 4706.1—2005 中的该章除下述内容外，均适用。

22.101 对于三相器具，用于保护带有电热元件的电路和保护意外启动会引起危险的电动机电路的热断路器，应为非自动复位、自动脱扣类型，并应能从电源全极断开。

对于单相器具和连接在一条相线和中线或相线和相线之间的单相电热元件和/或电动机，用于保护带有电热元件的电路和保护意外启动会引起危险的电动机电路的热断路器，应为非自动复位、自动脱扣类型，并应至少断开一极。

如果非自复位热断路器只有在借助工具拆除部件后触及，则不要求自动脱扣类型。

注 1：自动脱扣类型的热断路器具有自动动作，带有一个复位机构，其结构使自动动作不受复位机构的动作或位置所支配。

在第 19 章试验期间动作的球头型和毛细管型热断路器，应当是毛细管的断裂不得影响器具符合 19.13 的要求。

通过视检、手动试验和折断毛细管来确定是否合格。

注 2：注意确保折断时不使毛细管封闭。

22.102 指示危险、报警或类似情况的信号灯、开关或按钮只应是红色的。

通过视检来确定是否合格。

22.103 便携式器具的底面不应有允许小物体穿透并触及带电部件的孔。

通过视检和经过孔测得的支撑面与带电部件之间的距离来确定是否合格。该距离至少为 6 mm；然而，对装有支脚并打算放在桌面上使用的器具，此距离加长到 10 mm；对打算放在地面上使用的器具，则加长到 20 mm。

23 内部布线

GB 4706.1—2005 中的该章除下述内容外，均适用。

23.3 该条增加下述内容：

温控器的毛细管在正常使用中有弯曲倾向时，下述内容适用：

——毛细管作为内部布线的部件装配时，GB 4706.1 适用；

——单独的毛细管应以不超过 30 次/min 的速率弯曲 1 000 次。

注 101：在上述任何一种情况下，如果由于部件的质量等原因，不可能按照给定的速率移动器具的活动部件，则弯曲速率可以降低。

试验之后，毛细管不应有本部分含义内的损伤痕迹和影响其进一步使用的损坏。

但是，如果毛细管的一处损坏就使器具不能工作(失效保护)，则单独的毛细管就不再进行试验，而作为内部布线的部件安装的毛细管，也不进行是否符合要求的检查。

通过折断毛细管来检验是否合格。

注 102：注意确保折断时不使毛细管封闭。

24 元件

GB 4706.1—2005 中的该章除下述内容外，均适用。

24.101 装在器具上的器具连接器不应装有温控器。

通过视检来确定是否合格。

25 电源连接和外部软线

GB 4706.1—2005 中的该章除下述内容外，均适用。

25.3 该条增加下述内容：

固定式器具和质量大于 40 kg 且未装配滚轮、脚轮或类似装置的器具，其结构应允许器具按照制造厂的说明书安装后，再连接电源软线。

用于电缆与固定布线永久连接的接线端子，也可以适用于电源软线的 X 型连接，在此情况下，器具应装有符合 25.16 要求的软线固定装置。

如果器具装有可连接软线的一组接线端子，则这些接线端子应适用于软线的 X 型连接。

在上述两种情况下，说明书应提供电源软线的详尽资料。

嵌装式器具可以在被安装前进行电源线连接。

通过视检来确定是否合格。

25.7 该条内容作下述修改：

用下述内容代替规定的电源软线类型：

电源软线应为耐油柔性护套电缆，不轻于普通氯丁橡胶或其他等效的合成橡胶护套软线[指定牌号 GB/T 5013.1(IEC 60245,IDT)的 57 号线]。

26 外部导线用接线端子

GB 4706.1—2005 中的该章内容均适用。

27 接地措施

GB 4706.1—2005 中的该章除下述内容外，均适用。

27.2 该条增加下述内容：

驻立式器具应装配一接线端子以便连接外部等电位导体。该接线端子应与器具所有固定的外露金属部件保持有效的电气接触，并且应能与标称横截面积高达 10 mm^2 的导线连接。接线端子应设置在器具安装后便于与结合导体连接的位置。

注 101：小型固定的外露金属部件，例如铭牌等，无需与接线端子形成电气接触。

28 螺钉和连接

GB 4706.1—2005 中的该章内容均适用。

29 电气间隙、爬电距离和固体绝缘

GB 4706.1—2005 中的该章除下述内容外，均适用。

29.2 该条增加下述内容：

微观环境为 3 级污染，相对漏电起痕指数(CTI)应不低于 250，除非绝缘被封闭或者其放置位置能保证在器具正常使用过程中绝缘不可能受到污染。

30 耐热和耐燃

GB 4706.1—2005 中的该章除下述内容外，均适用。

30.2.1 该条内容作下述修改：

灼热丝试验的试验温度为 650 ℃。

30.2.2 该条不适用。

30.101 如果有非金属材料制作的用于吸附油脂的过滤器，应经受 ISO 9772 对 HBF 类材料规定的燃烧试验，或根据 GB/T 5169.16(IEC 60695-11-10,IDT)，材料类别至少为 HB40，只是试样厚度应与器具内过滤器厚度相同。

注：可能需要将试样支承起来。

31 防锈

GB 4706.1—2005 中的该章内容均适用。

32 辐射、毒性和类似危险

GB 4706.1—2005 中的该章内容均适用。

单位为毫米

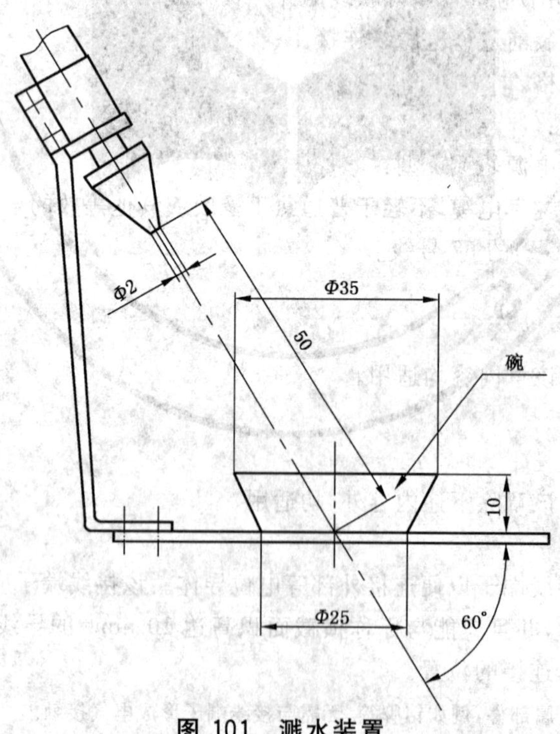

图 101 溅水装置

附　录

GB 4706.1—2005 中的附录除下述内容外，均适用。

附　录　N
（规范性附录）
耐漏电起痕试验

6.3　该条增加下述内容：

规定电压列表中增加 250 V。

参 考 文 献

GB 4706.1—2005 的参考文献除下述内容外，均适用。

参考文献增加：

GB 4706.37　家用和类似用途电器的安全　商用单双面电热铛的特殊要求(GB 4706.37—2008，IEC 60335-2-38:2002,IDT)

ISO 13732-1　热环境的人类工效学与表面接触时人的反应的评定方法　第1部分　热表面

ICS 13.120
Y 68

中华人民共和国国家标准

GB 4706.40—2008/IEC 60335-2-39:2004
代替 GB 4706.40—2003

家用和类似用途电器的安全 商用多用途电平锅的特殊要求

Household and similar electrical appliances—Safety—
Particular requirements for commercial electric multi-purpose cooking pans

(IEC 60335-2-39:2004,IDT)

2008-12-30 发布　　　　2010-04-01 实施

中华人民共和国国家质量监督检验检疫总局
中国国家标准化管理委员会　发布

前　言

本部分的全部技术内容为强制性。

GB 4706《家用和类似用途电器的安全》由若干部分组成,第1部分为通用要求,其他部分为特殊要求。

本部分应与GB 4706.1—2005《家用和类似用途电器的安全　第1部分:通用要求》配合使用。

本部分等同采用IEC 60335-2-39:2004《家用和类似用途电器的安全　第2部分:商用多用途电平锅的特殊要求》及其修改件第2号(Ed5.0 2008-04)。

为便于使用,本部分对IEC 60335-2-39做了下列编辑性修改:

a) "第一部分"一词改为"GB 4706.1—2005";

b) 用小数点"."代替用做小数点的","。

本部分代替GB 4706.40—2003《家用和类似用途电器的安全　商用多用途电平锅的特殊要求》。

本部分与GB 4706.40—2003的主要差异如下:

——取消了6.2中的注101,增加了"在桌面上使用的器具至少为IPX3,其他器具至少为IPX4"的要求;

——取消了6.101;

——增加了7.12.4、7.15;

——修改了16.2中泄漏电流的限值;

——第18章不适用改为适用;

——取消了第21章中的注101;

——修改了22.101的相关内容;

——增加了22.108;

——增加了29.2;

——取消了30.3;

——修改了30.101中燃烧试验的相关内容。

本部分的附录N为规范性附录。

本部分由中国轻工业联合会提出。

本部分由全国家用电器标准化技术委员会(SAC/TC 46)归口。

本部分主要起草单位:北京市服务机械研究所、裕富宝厨具设备(深圳)有限公司。

本部分主要起草人:刘洪伟、王玉波、颜华、李继萍、刘旭、刘红涛、周红卫。

本部分的历次版本发布情况为:

——GB 4706.40—1997、GB 4706.40—2003。

IEC 前言

1） IEC（国际电工委员会）是由所有国家的电工委员会（IEC 国家委员会）组成的世界范围内的标准化组织。IEC 的宗旨就是促进各国在电气和电子标准化领域的全面合作。鉴于以上的目的并考虑到其他活动的需要，IEC 还出版国际标准、技术规范、技术报告、公共可用规范（PAS）、导则（以下统称为 IEC 出版物）。整个制定工作由技术委员会来完成。任何对此技术问题感兴趣的 IEC 国家委员会都可以参加制定工作。与国际电工委员会有联系的国际、政府及非政府组织也可以参加这项工作。IEC 根据其与 ISO 达成的协议，与 ISO 在工作上紧密合作。

2） 因为每个技术委员会都有来自于各个对有关技术问题感兴趣的 IEC 国家委员会的代表，所以 IEC 对有关技术问题的正式决议或协议都尽可能的表达了国际性的一致意见。

3） IEC 出版物以推荐性的方式供国际上使用，并在此意义上被各国家委员会接受。在为了确保 IEC 出版物技术内容的准确性而做出任何合理的努力时，IEC 对其出版物被使用的方式以及任何最终用户（读者）的误解不负有任何责任。

4） 为了促进国际上的统一，IEC 希望各国委员会在本国情况允许的范围内采用 IEC 出版物的内容作为他们国家或地区的出版物。IEC 出版物与相应的国家或地区的出版物有差异的，应尽可能在后者中明确地指出。

5） IEC 规定了表示其认可的无标志程序，但并不表示对某一设备声称符合某一 IEC 出版物承担责任。

6） 所有的使用者应确保持有该出版物的最新版本。

7） IEC 或其管理者、雇员、服务人员或代理（包括独立专家、IEC 技术委员会和 IEC 国家委员会的成员）不应对使用或依靠本 IEC 出版物或其他 IEC 出版物造成的任何直接的或间接的人身伤害、财产损失或其他任何性质的伤害，以及源于本出版物之外的成本（包括法律费用）和支出承担责任。

8） 应注意在本出版物中列出的规范性引用文件。对于正确使用本出版物来讲，使用规范性引用文件是不可缺少的。

9） 本 IEC 出版物中的某些内容有可能涉及一些专利权问题，对此应引起注意。IEC 组织不负责识别任一或所有该类专利权问题。

IEC 60335 系列标准的本部分是由 IEC 第 61“家用和类似用途电器的安全”技术委员会所属第 61E“商用电气饮食加工服务设备的安全”分委员会制定。

IEC 60335-2-39 的合并版由第五版（2002）［文件 61E/401/FDIS 和 61E/413/RVD］和增补件 1（2004）［文件 61E/436/FDIS 和 61E/438/RVD］组成。

技术内容与基础版及其增补件完全相同，便于用户的使用。

它构成 5.1 版。

页边垂线表示该处基础出版物已经由增补件 1 进行修改。

本标准的法文版本未经表决。

本双语版（2005-07）代替英文版。

本部分与 IEC 60335-1 及其修正件的最新版本配合使用。本部分是根据 IEC 60335-1 的第 4 版（2001）制定的。

注 1：本标准中每提及“第 1 部分”，是指 GB 4706.1（IEC 60335-1）。

本部分对 IEC 60335-1 的相应条款进行了补充或修改，将其转化成 IEC 标准：商用电平锅的安全要求。

如第 1 部分的个别条款在本部分未提到时，如果合理，该条款仍然适用。在本标准中说明“增加”、“修改”或“代替”时，第一部分中有关正文应作相应修改。

注 2：采用下述编号系统：

——对第 1 部分增加的条款、注释和图表应自 101 起开始编号。

——除新条款的注释以及涉及第 1 部分的注释外，包括替代条款的注释在内的所有注释自 101 起开始编号。

——增加的附录用 AA、BB 等字母标明。

注 3：在本标准中采用下列印刷体：

——正文要求：印刷体；

——试验规范：*斜体*；

——注释内容：小写印刷体。

正文中的黑体字在第 3 章中定义。当对一个形容词进行定义时，该形容词与有关名词也应使用黑体。

一些国家存在下述差异：

——6.1：0I 类器具被承认（日本）；

——6.2：打算安装在厨房中的器具，根据其安装高度，要求具有阻挡有害进水的适当防护等级（法国）；

——13.2：泄漏电流的限值是不同的（日本）；

——16.2：泄漏电流的限值是不同的（日本）；

——第 21 章：对于打算安装在厨房中的器具，根据冲击点的高度，采用不同的冲击能量值（法国）。

委员会决定，在 IEC 网站“http://webstore.iec.ch”指定的保持结果日期之前，基本出版物和其增补件的相关内容中与特殊出版物有关的数据保持不变。在此日期，出版物将：

- 重新确认；
- 废止；
- 由修订版代替；或者
- 增补。

引　言

在起草本部分时已假定，由取得适当资格并富有经验的人来执行本部分的各项条款。

本部分所认可的是家用和类似用途电器在注意到制造商使用说明的条件下按正常使用时，对器具的电气、机械、热、火灾以及辐射等危险防护的一个国际可接受水平，它也包括了使用中预计可能出现的非正常情况。

在制定本部分时已经尽可能地考虑了 GB 16895 中规定的要求，以使得器具在连接到电网时与电气布线规则的要求协调一致。

如果一台器具的多项功能涉及 GB 4706 特殊要求部分中不同的特殊要求，则只要是在合理的情况下，相关的特殊要求标准要分别应用于每一功能。如果适用，应考虑到一种功能对其他功能的影响。

本部分是一个涉及器具安全的产品族标准，并在覆盖相同主题的同一水平和同一类别的标准中处于优先地位。

一个符合本部分文本的器具，当进行检查和试验时，发现该器具的其他特性会损害本部分要求所涉及的安全水平时，则将未必判定其符合本部分中的各项安全准则。

产品使用了本部分要求中规定以外的各种材料或各种结构形式时，则该产品可以按照本部分中这些要求的意图进行检查和试验。如果查明其基本等效，则可以判定其符合本部分要求。

家用和类似用途电器的安全 商用多用途电平锅的特殊要求

1 范围

GB 4706.1—2005 中的该章用下述内容代替：

GB 4706 的本部分涉及非专供家庭使用的商用多用途电平锅的安全。对于连接一条相线和中线的单相器具，其额定电压不超过 250 V，其他器具不超过 480 V。

注 101：这些器具用于如餐馆、食品店、医院和诸如面包房、肉食店之类的商业企业。

利用其他能源形式的器具，其电气部分也在本标准范围之内。

本部分涉及这类器具所引起的常见危险。

注 102：以下情况应予注意：

——对于专供在车辆、船舶或航空器上使用的器具，允许有必要的附加要求；

——应考虑许多国家的国家卫生、劳动保护、供水和其他类似权力机构所规定的附加要求；

注 103：本部分不适用于：

——专为工业用途而设计的器具；

——在有腐蚀性或爆炸性空气（粉尘、蒸气或可燃气）等特殊状态的场所使用的器具；

——供大量生产食品用连续作业的器具；

——深油炸锅（GB 4706.33）。

2 规范性引用文件

GB 4706.1—2005 中的该章内容均适用。

3 定义

下列术语和定义适用于本部分。

GB 4706.1—2005 中的该章除下述内容外，均适用。

3.1.4 该条增加下述内容：

注 101：额定输入功率是器具内可以同时工作的所有单个元件输入功率的总和；可能存在几种这样的组合时，用最大输入功率组合来确定额定输入功率。

3.1.9 该条用下述内容代替：

正常工作 normal operation

器具在下列条件下工作：

器具按照制造厂的说明空载工作，并将控制器调整到下面所给定的温度，此温度在锅底内表面几何中心测量。

分级控制器调到显示温度大于或等于 275 ℃的第一位置。周期控制器调整到使整个周期内的温度平均值为 275 ℃±5 ℃。如果达不到这个温度，则将控制器调整到最大限值。

安装在器具内的电动机，考虑到制造厂的说明，在正常使用时可能出现的最严酷条件下，按预期的方式运行。

3.101

多用途电平锅 multi-purpose cooking pan

一种装有浅盘的器具，其底面均匀受热，主要用于烹饪或制作肉食、调味汁等。浅盘可固定或倾斜。

注 101：多用途电平锅也称小平底锅。

3.102

安装墙 installation wall

一种包含供应设施的专用固定式构筑物,供应设施用于与构筑物连同安装的器具。

4 一般要求

GB 4706.1—2005 中的该章内容均适用。

5 试验的一般条件

GB 4706.1—2005 中的该章除下述内容外,均适用。

5.5 该条增加下述内容:

试验应使用处于正常烹饪状态的电平锅进行。

5.10 该条增加下述内容:

当器具与其他器具组合安装或固定在安装墙上时,应采取围护措施以防电击或有害进水,并达到使用说明书上所标明的防护要求。

注 101:可能需要适当的围栏或附加器具供试验之用。

5.101 器具即使装有电动机也仍然作为电热器具进行试验。

5.102 与其他器具联合组装或装有其他器具的器具,按照本标准的要求进行试验。其他器具则按有关标准的要求同时工作。

6 分类

GB 4706.1—2005 中的该章除下述内容外,均适用。

6.1 该条用下述内容代替:

关于电击防护类别,器具应属Ⅰ类。

通过视检和有关试验来确定是否合格。

6.2 该条增加下述内容:

在桌面上使用的器具至少为 IPX3,其他器具至少为 IPX4。

7 标志和说明

GB 4706.1—2005 中的该章除下述内容外,均适用。

7.1 该条增加下述内容:

此外,器具应标明:

——打算与水源连接的器具,其水压或压力范围用 kPa 表示,但已在说明书内注明者除外;

——额定容量,用升(L)表示。但已在说明书内或通过其他方法,如用液位标志在器具上标明者除外。

7.6 该条增加下述内容:

 GB/T 5465.2(idt IEC 60417-1)-5021 等电位

7.10 该条增加下述内容:

控制倾斜部件倾斜动作过程的装置应清楚标明运动方向。

7.12 该条增加下述内容:

说明书应警告用户,此器具不得用作深油炸锅,除非该器具有此功能。

如果器具上标注了 GB/T 5465.2(idt IEC 60417-1)规定的符号 5021,应说明其含义。

对于身体、感官或智力上有缺陷,或经验和知识有欠缺的人(包括儿童),此说明书不适用。

7.12.1 该条用下述内容代替：

器具应附有说明书，详细说明安装时必需的专门预防措施。对于打算与其他器具组合安装或固定在安装墙上的器具，应提供详细的防护措施和要求，以防备电击和有害进水。如将一台以上器具的控制装置组合在一处单独的外壳内，应提供详细的安装说明。用户维护保养，如清洗等，也应提供说明。说明书中应说明器具不得使用喷射水流清洗。

备有器具输入插口并打算浸在水中清洗的器具，应随机提供说明书，说明器具清洗前必须取下连接器，并在再次使用前，应将该输入插口加以干燥。

非驻立式的器具及带有可拆卸电气部件的器具如不打算部分或全部浸入水中清洗，其说明书应说明该器具或部件不得浸水。

对于与固定布线永久连接且其泄漏电流可能超过 10 mA 的器具，尤其是长期处于断开状态或停用，或初次安装时，说明书应提供关于打算安装的保护装置（如接地漏电保护继电器）额定值的建议。

通过视检来确定是否合格。

7.12.4 该条增加下述内容：

具有供若干台器具使用的独立控制盘的嵌装式器具，其使用说明书应说明：该控制盘只可同指定的器具相连接，以避免可能的危险。

7.15 该条增加下述内容：

如果不能设置固定式器具的标志安装完毕后可以看到，则相应的信息也应写进使用说明书内或外加的标签上，该标签能固定在安装完毕的器具附近。

注 101：嵌装式器具是这种固定式器具的一个例子。

7.101 等电位联结端子应用 GB/T 5465.2(idt IEC 60417)规定的符号 5021 标明。

这些标志不应放在螺钉、可拆下的垫圈或进行导线连接时可能被拆下的其他部件上。

通过视检来确定是否格合格。

7.102 需要部分浸入水中清洗的器具或可拆卸电气部件，应标有清楚指示浸水最大深度的线，连同下述警告要点：

浸水勿超过此线

如果有任何接缝或接口，致使器具或部件不能经受 15.102 规定的处理，则当器具或部件处于清洗位置时，指示最大浸水深度的线应至少在此类接缝或接口以下 50 mm。

通过视检和测量来确定是否合格。

8 对触及带电部件的防护

GB 4706.1—2005 中的该章内容均适用。

9 电动器具的启动

GB 4706.1—2005 中的该章除下述内容外，均适用。

9.101 为符合第 11 章要求用于降温的风扇电动机，应能在实际使用中可能出现的所有电压条件下启动。

是否合格通过在 0.85 倍额定电压下启动电动机三次来检查。试验开始时电动机处于室温状态。

每次启动都在电动机准备开始正常工作的条件下进行，对于自动器具，则在正常的工作周期开始的条件下进行，在连续两次启动之间，使电动机能达到静止状态。配备的电动机装的不是离心启动开关时，在 1.06 倍额定电压下重复进行上述试验。

在上述所有情况下，电动机都应能启动并应以不影响安全的方式运行，其过载保护装置不应动作。

注：在试验期间，电源电压降不应超过 1%。

10 输入功率和电流

GB 4706.1—2005 中的该章除下述内容外，均适用。

10.1 该条增加下述内容：

注 101：对于具有一个以上电热元件的器具，其总输入功率可通过分别测量各电热元件的输入功率来确定(另见 3.1.4)。

11 发热

GB 4706.1—2005 中的该章除下述内容外，均适用。

11.2 该条增加下述内容：

打算固定在地板上的器具和质量大于 40 kg 而未装配滚轮、脚轮或类似装置的器具，按照制造厂的说明进行安装。若未提供说明，则认为这些器具通常是放置在地面上使用的。

11.4 该条用下述内容代替：

器具在正常工作条件下运行，使其总输入功率为额定输入功率的 1.15 倍。如果不可能同时接通所有加热元件，则在开关配置允许的条件下对每一组合进行试验，并使线路中存在与每一个开关配置一致的可能达到的最高负载。

如果器具带有限制总输入功率的控制器，则试验以此控制器可以选择的能施加最严酷条件的任何一种电热元件组合来进行。

如果电动机、变压器或电子电路的温升超过限值，则器具在 1.06 倍额定电压下重复进行试验。在此情况下，只测量电动机、变压器或电子电路的温升。

注 101：见 11.7。

11.7 该条用下述内容代替：

使器具连续工作直至建立稳定状态。

注 101：该试验持续时间应包括一个以上的工作周期。

搅拌器的电动机连续工作，但装有定时器时，则工作至定时器允许的最长时间，或工作至建立稳定状态，两者中取时间较短者。

器具达到稳定状态以后，立即启动倾斜电动机，运行整整一个工作周期(一个周期是从最高位置到最低位置，再回到最高位置)。

升降电动机进行类似操作，但运行三个周期。

12 空章

13 工作温度下的泄漏电流和电气强度

GB 4706.1—2005 中的该章除下述内容外，均适用。

13.2 该条内容做下述修改：

用下述内容代替Ⅰ类驻立式器具泄漏电流的允许值：

——对软线和插头连接的器具：按器具额定输入功率 1 mA/kW，最大限值 10 mA；

——对其他器具：按器具额定输入功率 1 mA/kW，无最大限值。

14 瞬态过电压

GB 4706.1—2005 中的该章内容均适用。

15 耐潮湿

GB 4706.1—2005 中的该章除下述内容外，均适用。

15.1 该条增加下述内容：

打算部分或全部浸入水中清洗的器具或任何可拆卸电气部件，也要经受15.102的试验。

注101：非驻立式器具或任何可拆卸电气部件未标示最大浸水深度线，或者在使用说明中并无防止其部分或全部浸水的警告者，均视为是打算全部浸入水中清洗的器具。

15.1.1 该条增加下述内容：

此外，IPX0、IPX1、IPX2、IPX3和IPX4器具均应经受下述溅水试验5 min。

采用图101所示的装置。试验期间，水压应调整到使水从碗底溅起150 mm。对通常在地面上使用的器具，碗放在地面上。对所有其他器具，碗放在一个低于器具最低边50 mm的水平支承面上，使碗围绕器具移动，以便使水能从各个方向溅到器具上。应注意水流不得直接向器具喷射。

15.1.2 该条内容作下述修改：

通常在桌面上使用的器具，要放在一个支承面上，该支承面每边尺寸比器具在支承面上的正投影尺寸大15 cm±5 cm。

15.2 该条内容做下述修改：

该条用下述内容代替要求：

器具的结构应使其在正常使用中液体的溢出不会影响其电气绝缘。

增加下述内容：

在这个试验后，带有可倾斜部件的器具立即进行下述试验：

将电平锅注入约含1%氯化钠(NaCl)的冷水至额定容量或达到液位标志，随即倾斜到任何位置。

15.3 该条增加下述内容：

注101：如果不可能将整台器具放进潮湿箱内，则含有电气元件的部分进行单独试验，但要注意器具内出现的情况。

15.101 为注水或清洗之用而配备了水开关的器具，在结构上应保证从水开关流出的水不能接触带电部件。

通过以下试验来确定是否合格：

将器具连接到具有制造厂规定的最大供水压力的水源上，进水开关全部打开1 min。可倾斜和可移动部件，包括盖子，都斜置或放置在最不利位置上。将水开关可旋转出水管的位置调到使水流向会产生最不利结果的那些部件上．器具经此处理后应立即经受16.3规定的电气强度试验。

15.102 打算部分或全部浸入水中清洗的器具或可拆卸电气部件，应有足够的保护以防浸水所带来的影响。

通过以下试验来确定是否合格：

样品在正常工作条件下运行，除了将周期控制器(如果有)调到最高设定值外，电源电压应使器具的输入功率为额定输入功率的1.15倍。

当已建立稳定工作状态或周期控制器首次启动时，脱开器具连接器或切断电源，并立即将样品全部浸入温度为10 ℃～25 ℃之间的水中；如标有浸水最大深度线，则将样品浸到标示的深度。

浸水1 h后，将样品从水中取出并加以干燥。注意除去器具输入插口插脚附近绝缘上的所有水分。随后，按16.2所述方法，在组装好的器具上测量泄漏电流。

泄漏电流不应超过16.2规定的值。

在完成上述处理和测量泄漏电流后，样品应经受16.3规定的电气强度试验，但试验电压应降至1 000 V。

随后样品在正常工作条件下，在使器具输入功率为额定输入功率1.15倍的电源电压下工作10 d(240 h)。在此期间，将样品按有规律的时间间隔冷却到接近室温5次。

经过这一阶段后，将样品的连接器脱开或切断电源，如上所述立即将样品再次浸入水中1 h。随后干燥样品，并再次按16.2所述方法测量泄漏电流。

泄漏电流不应超过16.2规定的值。

接着样品应经受前面规定的电气强度试验,并通过视检应证明没有水进入器具达到任何值得重视的程度。

注:在视检器具是否进水时,应特别注意器具中电气元件所在的部位。

16 泄漏电流和电气强度

GB 4706.1—2005中的该章除下述内容外,均适用。

16.2 该条内容做下述修改:

用下述内容代替Ⅰ类驻立式器具泄漏电流的允许值:

——对软线和插头连接的器具:按器具额定输入功率1 mA/kW,最大限值10 mA;

——对其他器具:按器具额定输入功率1 mA/kW,无最大限值。

增加下述内容:

注101:对打算使用器具连接器及打算部分或全部浸入水中清洗的器具,在施加试验电压之前,其输入插口允许用例如吸水纸之类进行干燥,否则器具可能经受不住此项试验。

17 变压器和相关电路的过载保护

GB 4706.1—2005中的该章内容均适用。

18 耐久性

GB 4706.1—2005中的该章内容均适用。

19 非正常工作

GB 4706.1—2005中的该章除下述内容外,均适用。

19.1 该条增加下述内容:

任何一个控制器或开关装置,其不同的设置与器具同一部分的不同功能相对应,而这些功能又涉及不同标准时,可以不考虑制造厂的说明书,将其调整到最不利位置。

19.2 该条增加下述内容:

控制器调到最大限值。

19.4 该条增加下述内容:

注101:正常使用时,用来接通或断开电热元件的接触器主触头锁定在"通(ON)"的位置。如果两个接触器彼此独立工作,或者一个接触器控制两组独立的主触头,则这些触头轮流锁定在"通(ON)"的位置。

20 稳定性和机械危险

GB 4706.1—2005中的该章除下述内容外,均适用。

20.2 该条内容做下述修改:

该条第一段后增加下述内容:

本条也适用于实现倾斜操作所需的部件,如手柄或轮子。

21 机械强度

GB 4706.1—2005中的该章内容均适用。

22 结构

GB 4706.1—2005中的该章除下述内容外,均适用。

22.13　该条增加下述内容：

盖及其柄在结构上应确保当打开或关闭时避免被蒸气烫伤现象。

22.101　对于三相器具，用于保护带有电热元件的电路和保护意外启动会引起危险的电动机电路的热断路器，应为非自动复位、自动脱扣类型，并应能从电源全极断开。

对于单相器具和连接在一条相线和中线或相线和相线之间的单相电热元件和/或电动机，用于保护带有电热元件的电路和保护意外启动会引起危险的电动机电路的热断路器，应为非自动复位、自动脱扣类型，并应至少断开一极。

如果非自复位热断路器只有在借助工具拆除部件后触及，则不要求自动脱扣类型。

注1：自动脱扣类型的热断路器具有自动动作，带有一个复位机构，其结构使自动动作不受复位机构的动作或位置所支配。

在第19章试验期间动作的球头型和毛细管型热断路器，应当是毛细管的断裂不得影响器具符合19.13的要求。

通过视检、手动试验和折断毛细管来确定是否合格。

注2：注意确保折断时不使毛细管封闭。

22.102　指示危险、报警或类似情况的信号灯、开关或按钮只应是红色的。

通过视检来确定是否合格。

22.103　器具在结构上应能充分预防热油溢出或飞溅到在正常使用中温度超过300 ℃的部件上。

通过15.2试验后的视检来确定是否合格。

22.104　带有可倾斜平锅的器具应装有防止从任何位置意外倾斜的机构。

如果平锅用电动机倾斜，则只有在控制按钮或开关上保持压力时，电动机才可能运行。该按钮或开关的安装位置和保护方式，应使之不能被意外启动。

如果平锅手动倾斜，则除了用故意的手段外，应不可能有害地影响倾斜动作。

通过视检和在平锅的任意一点上施加340 N的力来确定是否合格。

22.105　带有可倾斜平锅的器具，其结构应使平锅倾斜到相对于水平面超过12°时，自动断开电热元件。

通过视检或测量来确定是否合格。

22.106　应保护铰链连接的盖以防意外跌落。

通过视检或手动试验来确定是否合格。

22.107　便携式器具的底面不应有允许小物体穿透并触及带电部件的孔。

通过视检和经过孔测得的支撑面与带电部件之间的距离来确定是否合格。该距离至少为6 mm；然而，对装有支脚并打算放在桌面上使用的器具，此距离加长到10 mm；对打算放在地面上使用的器具，则加长到20 mm。

22.108　可倾斜平锅的缘口在结构上应使液体平滑流出。

通过手动试验来确定是否合格。

23　内部布线

GB 4706.1—2005中的该章除下述内容外，均适用。

23.3　该条增加下述内容：

温控器的毛细管在正常使用中有弯曲倾向时，下述内容适用：

——毛细管作为内部布线的部件装配时，GB 4706.1—2005适用；

——单独的毛细管应以每分钟不超过30次的速率弯曲1 000次。

注101：在上述任何一种情况下，如果由于部件的质量等原因，不可能按照给定的速率移动器具的活动部件，则弯曲速率可以降低。

试验之后，毛细管不应有本标准含义内的损伤痕迹和影响其进一步使用的损坏。但是，如果毛细管的一处损坏就使器具不能工作(保护失效)，则单独的毛细管就不再进行试验，而作为内部布线的部件安装的毛细管，也不进行是否符合要求的检查。

通过折断毛细管来检验是否合格。

注 102：注意确保折断时不使毛细管封闭。

24 元件

GB 4706.1—2005 中的该章除下述内容外，均适用。

24.101 装在器具上的器具连接器不应装有温控器。

通过视检来确定是否合格。

25 电源连接和外部软线

GB 4706.1—2005 中的该章除下述内容外，均适用。

25.3 该条增加下述内容：

固定式器具和质量大于 40 kg 且未装配滚轮、脚轮或类似装置的器具，其结构应允许器具按照制造厂的说明书安装后，再连接电源软线。

用于电缆与固定布线永久连接的接线端子，也可以适用于电源软线的 X 型连接，在此情况下，器具应装有符合 25.16 要求的软线固定装置。

如果器具装有可连接软线的一组接线端子，则这些接线端子应适用于软线的 X 型连接。

在上述两种情况下，说明书应提供电源软线的详尽资料。

嵌装式器具可以在被安装前进行电源线连接。

通过视检来确定是否合格。

25.7 该条内容做下述修改：

用下述内容代替规定的电源软线类型：

电源软线应为耐油柔性护套电缆，不轻于普通氯丁橡胶或其他等效的合成橡胶护套软线[指定牌号 GB/T 5013.1(IEC 60245,IDT)的 57 号线]。

26 外部导线用接线端子

GB 4706.1—2005 中的该章内容均适用。

27 接地措施

GB 4706.1—2005 中的该章除下述内容外，均适用。

27.2 该条增加下述内容：

驻立式器具应装配一接线端子以便连接外部等电位导体。该接线端子应与器具所有固定的外露金属部件保持有效的电气接触，并且应能与标称横截面积高达 10 mm^2 的导线连接。接线端子应设置在器具安装后便于与结合导体连接的位置。

注 101：小型固定的外露金属部件，例如铭牌等，无需与接线端子形成电气接触。

28 螺钉和连接

GB 4706.1—2005 中的该章内容均适用。

29 电气间隙、爬电距离和固体绝缘

GB 4706.1—2005 中的该章除下述内容外，均适用。

29.2 该条增加下述内容：

微观环境为3级污染，相对漏电起痕指数(CTI)应不低于250，除非绝缘被封闭或者其放置位置能保证在器具正常使用过程中绝缘不可能受到污染。

30 耐热和耐燃

GB 4706.1—2005中的该章除下述内容外，均适用。

30.2.1 该条内容做下述修改：

灼热丝试验在650 ℃的温度下进行。

30.2.2 该条不适用。

30.101 如果有非金属材料制作的用于吸附油脂的过滤器，应经受ISO 9772对HBF类材料规定的燃烧试验，或根据GB/T 5169.16(idt IEC 60695-11-10)，材料类别至少为HB40，只是试样厚度应与器具内过滤器厚度相同。

注：可能需要将试样支承起来。

31 防锈

GB 4706.1—2005中的该章内容均适用。

32 辐射、毒性和类似危险

GB 4706.1—2005中的该章内容均适用。

单位为毫米

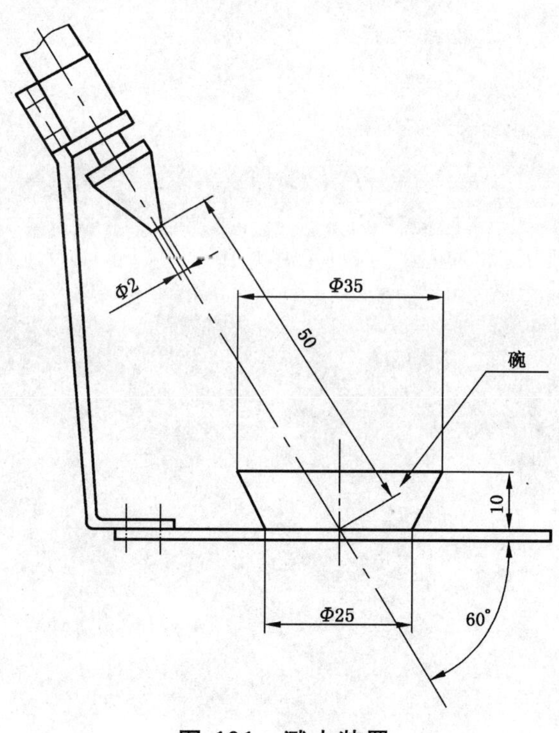

图101 溅水装置

附　录

GB 4706.1—2005 中的附录除下述内容外，均适用。

附　录 N
（规范性附录）
耐漏电起痕试验

6.3　该条增加下述内容：

规定电压列表中增加 250 V。

参 考 文 献

GB 4706.1—2005 的参考文献除下述内容外，均适用。

增加参考文献：

GB 4706.33 家用和类似用途电器的安全 商用电深油炸锅的特殊要求(GB 4706.33—2008，IEC 60335-2-37:2002,IDT)

ICS 13.120
K 09

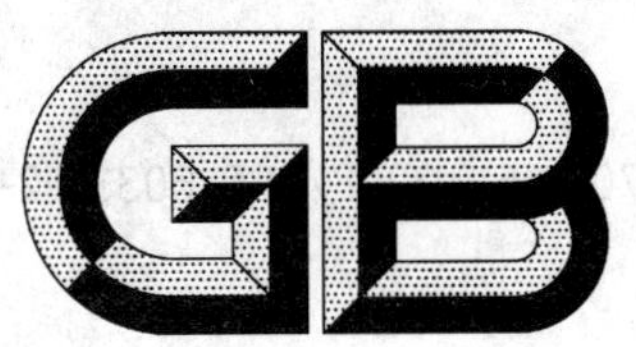

中华人民共和国国家标准

GB 4706.45—2008/IEC 60335-2-65:2005(Ed 2.0)
代替 GB 4706.45—1999

家用和类似用途电器的安全 空气净化器的特殊要求

Household and similar electrical appliances—Safety—Particular requirements for air-cleaning appliances

(IEC 60335-2-65:2005(Ed2.0),IDT)

2008-12-15 发布　　2010-01-01 实施

中华人民共和国国家质量监督检验检疫总局
中国国家标准化管理委员会　发布

前　言

本部分的全部技术内容为强制性。

GB 4706《家用和类似用途电器的安全》由若干部分组成，第1部分为通用要求，其他部分为特殊要求。

本部分应与GB 4706.1—2005《家用和类似用途电器的安全　第1部分：通用要求》配合使用。

本部分等同采用IEC 60335-2-65:2005《家用和类似用途电器的安全　第2-65部分：空气净化器的特殊要求》。

为便于使用，本部分作了下列编辑性修改：

a) "第1部分"一词改为"GB 4706.1—2005"；

b) 用小数点"."代替作为小数点的逗号","。

本部分代替GB 4706.45—1999《家用和类似用途电器的安全　空气净化器的特殊要求》。

本部分与GB 4706.45—1999的主要差异如下：

——第1章删去了GB 4706.45—1999中原有注1和注2的内容，删去了热带地区使用的注意情况；

——3.1.9修改为：空气净化器按交付状态或高压输出电路短路状态运行，取其中较不利的；

——11.8增加注101：高压电路中的限流装置允许动作；

——删去了GB 4706.45—1999中原有的16.101；

——增加22.102；

——24.1.3增加：联锁开关运行1 000次；

——修改了24.101中联锁开关的断开要求；

——删去了GB 4706.45—1999中的29.1；

——删去了GB 4706.45—1999中的30.3。

本部分由中国轻工业联合会提出。

本部分由全国家用电器标准化技术委员会(SAC/TC 46)归口。

本部分主要起草单位：中国家用电器研究院、北京亚都科技股份有限公司、珠海格力电器股份有限公司、美的集团、海尔空调器有限总公司、上海出入境检验检疫局、飞利浦(中国)投资有限公司、佛山市质量计量监督检测中心、海信科龙电器股份有限公司。

本部分主要起草人：鲁建国、孙鹏、陈卉、张秋俊、魏国庆、高保华、吴燎兰、陈子良、黄慧珍、迟九虹。

本部分历次版本的发布情况为：

——GB 4706.45—1999。

IEC 前言

1） 国际电工委员会(IEC)是由所有的国家电工委员会(IEC NC)组成的国际范围的标准化组织。其宗旨是促进在电气和电子领域有关标准化问题上的国际间合作。为此，IEC开展相关活动，并出版国际标准、技术规范、技术报告、公共可用规范(PAS)、指南(以后统称为IEC出版物)。这些标准的制定委托各技术委员会完成。任何对该技术问题感兴趣的IEC国家委员会均可参加制定工作。与IEC有联系的国际、政府及非政府组织也可以参加标准的制定工作。IEC与国际标准化组织(ISO)在两个组织协议的基础上密切合作。

2） IEC在技术方面的正式决议或协议，是由对其感兴趣的所有国家委员会参加的技术委员会制定的。因此，这些决议或协议都尽可能表述了相关问题在国际上的一致意见。

3） IEC标准以推荐性的方式供国际使用，并在此意义上被各国家委员会接受。在为了确保IEC出版物技术内容的准确性而做出任何合理的努力时，IEC对其标准被使用的方式以及任何最终用户的误解不负有任何责任。

4） 为了促进国际上的统一，各国家委员会要保证在其国家或区域标准中最大限度地采用国际标准。IEC标准与相应的国家或区域标准之间的任何差异必须清楚地在后者中表明。

5） IEC规定了表示其认可的无标志程序，但并不表示对某一设备声称符合某一标准承担责任。

6） 所有的使用者应确保他们拥有本部分的最新版本。

7） IEC或其管理者、雇员、后勤人员或代理(包括独立专家和技术委员会的成员)和IEC国家委员会不应对使用或依靠本IEC出版物或其他IEC出版物造成的任何个人伤害、财产损失或其他任何属性的直接或间接损失，或源于本出版物之外的成本(包括法律费用)和支出承担责任。

8） 应注意在本部分中罗列的引用标准(规范性引用文件)。对于正确使用本部分来讲，使用引用标准(规范性引用文件)是不可缺少的。

9） 应注意本国际标准的某些条款可能涉及专利权的内容，IEC将不承担确认专利权的责任。

国际标准IEC 60335的本部分由IEC第61技术委员会“家用和类似用途电器的安全”制定。

本部分的第二版取代1993年的第一版及其增补件1(2000)。它构成了一个技术上的修订本。

本部分两种语言的版本(2005-09)代替英语版。

本部分以下述文件为依据：

FDIS	表决报告
61/2174/FDIS	61/2255/RVD

有关本部分通过时的全部材料可在以上所示的表决报告中找到。

本部分的法文版未进行投票表决。

2004年7月勘误表1的内容已经包含在本版本中。

本部分应与IEC 60335-1及其增补件的最新版本配合使用。本部分是根据IEC 60335-1的第4版(2001)制定的。

注1：本部分中提的到“第1部分”是指IEC 60335-1。

本部分补充或修改了IEC 60335-1的相应条款，从而将其转化为本部分：空气净化器的特殊要求。

凡第一部分中的条款没有在本部分中特别提及的，只要合理，即应采用。本部分写明“增加”、“修改”或“替代”时，第一部分中的有关内容须作相应修改。

注2：采用下列编号：

——对 IEC 60335-1 增加的条款、表格和图从 101 开始编号；

——除非注在新条款中或包含在第 1 部分的注中，否则他们应从 101 开始编号，包括代替的章节或条款。

——增加的附录使用字母 AA,BB 等。

注 3：采用下列字体：

——正文要求：印刷体；

——试验规范：斜体；

——注释：小写印刷体。

正文中用黑体印刷的词在第 3 章中给出定义。当 IEC 60335-1 中的一个定义涉及一个形容词时，则该形容词和相关的名词也是黑体。

某些国家存在下述差异：

——8.1.4： 释放的最大能量不同(美国)。

——16.101： 试验不同(美国)。

——22.101： 不进行此项试验(美国)。

——24.101： 触点间隙符合 IEC 61058-1 完全断开的要求不适用(美国)。

——32 章： 此项试验仅适用于便携式空气净化器(美国)。

技术委员会决定，本出版物的内容和它的校正将依然不变，直到修改结果日期被表明在 IECweb 站点(http://webstore.iec.ch)上。届时标准将被：

- 重新确认；
- 废止；
- 由修订版替代，或者；
- 增补。

家用和类似用途电器的安全 空气净化器的特殊要求

1 范围

GB 4706.1—2005 中的该章用下述内容代替：

本部分涉及单相器具额定电压不超过 250 V,其他器具额定电压不超过 480 V 的家用和类似用途电动空气净化器的安全。

不作为一般家用,但对公众仍可能引起危险的空气净化器,例如打算在商店、轻工业和农场中由非专业的人员使用的空气净化器也属于本部分的范围。

就实际情况而言,本部分所涉及的空气净化器存在的普通危险,是在住宅和住宅周围环境中所有的人可能会遇到的。

然而,一般来说本部分并未涉及：

——无人照看的幼儿和残疾人使用器具时的危险；

——幼儿玩耍器具的情况。

注 1：注意下述情况：

——对于打算用在车辆、船舶或航空器上的空气净化器,可能需要附加要求；

——在许多国家中,全国性的卫生保健部门、全国性劳动保护部门以及类似的部门都对器具规定了附加要求。

注 2：本部分不适用于：

——专为工业用途而设计的空气净化器；

——打算使用在经常产生腐蚀性或爆炸性气体(如灰尘、蒸气或瓦斯气体)特殊环境场所的空气净化器；

——建筑结构中包含的空气净化系统。

2 规范性引用文件

GB 4706.1 2005 中的该章适用。

3 定义

GB 4706.1—2005 中的该章除下述内容外,均适用。

3.1.9 **代替：**

正常工作 normal operation

空气净化器按交付状态或高压输出电路短路状态运行,取其中较不利的。

3.101

空气净化器

器具有独立的空气过滤系统;该系统可以包括电离空气的装置。

4 一般要求

GB 4706.1—2005 中的该章适用。

5 试验的一般条件

GB 4706.1—2005 中的该章除下述内容外,均适用。

5.101 空气净化器按电动器具的规定试验。

6 分类

GB 4706.1—2005 中的该章适用。

7 标志和说明

GB 4706.1—2005 中的该章除下述内容外,均适用。

7.12 增加:

说明书应包括对空气净化器清理和使用者维护的详细说明。

说明书应指出在清理或其他维护之前,空气净化器必须断开供电电源。

8 对触及带电部件的防护

GB 4706.1—2005 中的该章除下述内容外,均适用。

8.1.4 增加:

峰值电压高于 15 kV 时,其放电能量不应超过 350 mJ。

对于仅在清洁或使用者维护保养时拆卸盖子后成为易触及的带电部件,其放电在拆下盖子 2 s 后测量。

9 电动器具的启动

GB 4706.1—2005 中的该章不适用。

10 输入功率和电流

GB 4706.1—2005 中的该章适用。

11 发热

GB 4706.1—2005 中的该章除下述内容外,均适用。

11.7 代替:

空气净化器运行至稳定状态为止。

11.8 增加:

注 101:高压电路中的限流装置允许动作。

12 空章

13 工作温度下的泄漏电流和电气强度

GB 4706.1—2005 中的该章适用。

14 瞬态过电压

GB 4706.1—2005 中的该章适用。

15 耐潮湿

GB 4706.1—2005 中的该章适用。

16 泄漏电流和电气强度

GB 4706.1—2005 中的该章除下述内容外,均适用。

16.101 高压变压器应有足够的内部绝缘。

通过下述试验,确定是否合格:

在变压器原边端子处施加一高于额定频率的正弦波电压,在变压器副边绕组中产生两倍的工作电压。

试验的持续时间为:

——对于不高于两倍额定频率的试验频率:60 s,或

——对于更高的试验频率:120×(额定频率/试验频率)s,最少用 15 s。

注:试验电压的频率高于额定频率,以避免在试验期间产生过多的励磁电流。

施加的初始电压最高为试验电压的 1/3,然后迅速升压,但不能跳变。试验结束时,在断开试验电压前应以类似的方式降压至全值电压的 1/3 左右。

绕组与绕组之间,或同一绕组相邻的匝间,不应发生击穿。

17 变压器和相关电路的过载保护

GB 4706.1—2005 中的该章适用。

18 耐久性

GB 4706.1—2005 中的该章不适用。

19 非正常工作

GB 4706.1—2005 中的该章适用。

20 稳定性和机械危险

GB 4706.1—2005 中的该章适用。

21 机械强度

GB 4706.1—2005 中的该章适用。

22 结构

GB 4706.1—2005 中的该章除下述内容外,均适用。

22.101 空气净化器不应有能使小物件通过,从而接触带电部件的底部开口。

通过视检和测量支撑面通过开口到带电部件的距离确定是否合格。距离至少为 6 mm;对有柱脚并打算在桌面上使用的空气净化器,这个距离应增加至 10 mm;若打算放在地板上用,则应增加至 20 mm。

22.102 用于防止接触带电部件的联锁开关,应连接在输入电路中,并防止使用者在维护保养时的无意识操作。

通过视检和使用 IEC 61032 的 B 型试验探棒确定是否合格。

23 内部布线

GB 4706.1—2005 中的该章适用。

24 元件

GB 4706.1—2005 中的该章除下述内容外均适用。

24.1.3 增加：

联锁开关运行1 000次。

24.101 当使用者维护保养空气净化器时防止触及到带电部件联锁开关应：

——全极断开，除非在由隔离变压器供电的次级回路中；

——触点间隙符合GB 15092.1中完全断开的要求。

通过视检确定是否合格。

25 电源连接和外部软线

GB 4706.1—2005中的该章除下述内容外，均适用。

25.5 增加：

Z型连接空气净化器的质量应不超过3 kg。

26 外部导线用接线端子

GB 4706.1—2005中的该章适用。

27 接地措施

GB 4706.1—2005中的该章适用。

28 螺钉和连接

GB 4706.1—2005中的该章适用。

29 电气间隙、爬电距离和固体绝缘

GB 4706.1—2005中的该章适用。

30 耐热和耐燃

GB 4706.1—2005中的该章除下述内容外，均适用。

30.2.2 不适用。

31 防锈

GB 4706.1—2005中的该章适用。

32 辐射、毒性和类似危险

GB 4706.1—2005中的该章除下述内容外，均适用。

增加：

电离装置产生的臭氧浓度不应超过规定的要求。

通过下述试验，确定是否合格：

在一个密闭的房间内进行试验，房间的尺寸为：2.5 m×3.5 m×3.0 m，墙壁表面覆盖聚乙烯板，空气净化器按照说明书要求放置。在桌面上使用的空气净化器放置在离地板高约750 mm的房间中央。

房间保持温度约25 ℃和相对湿度约50%，空气净化器以额定电压通电24 h。如果拆除过滤器为较不利状态，则应拆除过滤器。

臭氧取样管设置在距空气净化器空气出口50 mm的位置，试验开始时先测量本底臭氧浓度，然后将试验中测得的最大浓度减去本底臭氧浓度。

臭氧浓度百分比应不超过5×10^{-6}。

注：如果安装说明书规定空气净化器安装的房间体积超过30 m^3，则试验房间尺寸应相应地增加。

附 录

GB 4706.1—2005 中的附录均适用。

参 考 文 献

GB 4706.1—2005 中的参考文献均适用。

ICS 13.260
K 09

中华人民共和国国家标准

GB 4706.49—2008/IEC 60335-2-16:2005(Ed5.0)
代替 GB 4706.49—2000

家用和类似用途电器的安全 废弃食物处理器的特殊要求

Household and similar electrical appliances—Safety—Particular requirements for food waste disposer

(IEC 60335-2-16:2005(Ed5.0),IDT)

2008-07-31 发布　　2009-09-01 实施

中华人民共和国国家质量监督检验检疫总局
中国国家标准化管理委员会　发布

前言

本部分的全部技术内容为强制性。

本部分等同采用 IEC 60335-2-16:2005(Ed5.0)《家用和类似用途电器的安全　第2部分:废弃食物处理器的特殊要求》。本部分应与 GB 4706.1—2005《家用和类似用途电器的安全　第1部分:通用要求》配合使用。

本部分中写明"适用"的部分,表示 GB 4706.1—2005 中的相应条文适用于本部分;本部分写明"代替"的部分,则以本部分中的条文为准;本部分写明"增加"的部分,表示除要符合 GB 4706.1—2005 中的相应条文外,还必须符合本部分条文中所增加的条文。

本部分代替 GB 4706.49—2000《家用和类似用途电器的安全　废弃食物处理器的特殊要求》,本部分与 GB 4706.49—2000 的主要差别是:

——增加 20.102;

——22.104 最后一段改为:试验后器具应符合 8.1、15.2 和第 29 章的要求;

——去掉:图 101 测试规;

——增加:参考文献。

本部分由中国轻工业联合会提出。

本部分由全国家用电器标准化技术委员会归口。

本部分由中国家用电器研究院负责起草。

本部分参加起草单位:中国家用电器研究院、横店集团英洛华电气有限公司、艾默生(中国)电机有限公司、广东出入境检验检疫技术中心。

本部分主要起草人:鲁建国、赵维波、黄海燕、张文福、顾小平、罗虹。

本部分于 2000 年首次发布,本次为第一次修订。

IEC 前　言

1） 国际电工委员会（IEC）是由所有的国家电工委员会(IEC NC)组成的国际范围的标准化组织。其宗旨是促进在电气和电子领域有关标准化问题上的国际间合作。为此，IEC 开展相关活动，并出版国际标准、技术规范、技术报告、公共可用规范(PAS)、指南(以后统称为 IEC 出版物)。这些标准的制定委托各技术委员会完成。任何对该技术问题感兴趣的 IEC 国家委员会均可参加制定工作。与 IEC 有联系的国际、政府及非政府组织也可以参加标准的制定工作。IEC 与国际标准化组织(ISO)在两个组织协议的基础上密切合作。

2） IEC 在技术方面的正式决议或协议，是由对其感兴趣的所有国家委员会参加的技术委员会制定的。因此，这些决议或协议都尽可能表述了相关问题在国际上的一致意见。

3） IEC 标准以推荐性的方式供国际使用，并在此意义上被各国家委员会接受。在为了确保 IEC 出版物技术内容的准确性而做出任何合理的努力时，IEC 对其标准被使用的方式以及任何最终用户的误解不负有任何责任。

4） 为了促进国际上的统一，各国家委员会要保证在其国家或区域标准中最大限度地采用国际标准。IEC 标准与相应的国家或区域标准之间的任何差异必须清楚地在后者中表明。

5） IEC 规定了表示其认可的无标志程序，但并不表示对某一设备声称符合某一标准承担责任。

6） 所有的使用者应确保他们拥有本部分的最新版本。

7） IEC 或其管理者、雇员、后勤人员或代理(包括独立专家和技术委员会的成员)和 IEC 国家委员会不应对使用或依靠本 IEC 出版物或其他 IEC 出版物造成的任何个人伤害、财产损失或其他任何属性的直接或间接损失，或源于本出版物之外的成本(包括法律费用)和支出承担责任。

8） 应注意在本部分中罗列的引用标准(规范性引用文件)。对于正确使用本部分来讲，使用引用标准(规范性引用文件)是不可缺少的。

9） 应注意本国际标准的某些条款可能涉及专利权的内容，IEC 将不承担确认专利权的责任。

国际标准本部分由 IEC 第 61 技术委员会(家用和类似用途电器的安全)制定。

第五版替代撤销了的 1994 年的第四版，构成新的修订版。

双语版本(2005-07)替代英文版本。

IEC 60335 本部分基于下列文件：

FDIS	表决报告
61(CO)789	61(CO)801

上述关于本部分投票文件的详细信息可以在上表中的投票文件中获得。

本部分的法文版没有进行投票。

本部分与 IEC 60335-1 及其修正件的最新版本配合使用。本部分是在第 4 版(2001)基础上修订的。

注 1：标准中所提到的“第一部分”是指 IEC 60335-1 涉及的内容。

本部分是对 IEC 60335-1 相关条款的补充或修改，从而将出版物转换成 IEC 标准：电动废弃食物处理器的特殊要求。

本部分中未提及的 IEC 60335-1 条款，只要合理，便可使用。本部分中标有“增加”、“修改”或“代替”的地方，本部分中的相关条款做相应修改。

注 2：使用下列编号方式：

——在第一部分的基础上增加的条款、表格、图表从 101 开始；

——除了新增条款的注释，以及与第一部分相关的注释，其他编号都要从101开始，包括那些被替代的章节与条款；

——增加的附录用字母AA、BB等标明。

注3：采用下列字体表示：

——要求：印刷体。

——*试验规程：斜体。*

——注释：小写印刷体。

由第3章定义的部分用黑体。如果定义内容涉及形容词时，则该形容词以及相关名词也用黑体。

某些国家中存在下列差异：

——第一章：废弃食物处理器不允许安装(澳大利亚、德国和荷兰)。

——第一章：废弃食物处理器的安装依据当地污水系统管理当局的授权(捷克共和国、丹麦、芬兰、法国、意大利、日本、挪威、斯洛伐克、瑞士和土耳其)。

——第一章：废弃食物处理器的安装依据国家授权(中国)。

——3.1.9：正常工作不同(美国)。

——6.1：允许做成0I类器具(日本)。

——11.7：运行循环不同(美国)。

——15.2：试验方法不同(美国)。

——19.7：试验方法不同(美国)。

——19.9：进行过载运行试验(美国)。

——22.6：进行不同试验(美国)。

——20.101：试验不同(美国)。

——20.104：不进行试验(美国)。

技术委员会决定，本出版物的内容和它的校正将依然不变，直到修改结果日期被表明在IECweb站点(http://webstore.iec.ch)上。届时标准将被：

重新确认；

废止；

由修订版替代，或者

增补。

引　　言

在起草本部分时已假定,由取得适当资格并富有经验的人来执行本部分的各项条款。

本部分所认可的是家用和类似用途电器在注意到制造商使用说明的条件下按正常使用时,对器具的电气、机械、热、火灾以及辐射等危险防护的一个国际可接受水平,它也包括了使用中预计可能出现的非正常情况,并且考虑电磁干扰对于器具的安全运行的影响方式。

在制定本部分时已经尽可能地考虑了GB 16895中规定的要求,以使得器具在连接到电网时与电气布线规则的要求协调一致。

如果一台器具的多项功能涉及到GB 4706的第2部分中不同的特殊要求,则只要是在合理的情况下,相关的第2部分特殊要求标准要分别应用于每一功能。如果适用,应考虑到一种功能对其它功能的影响。

本部分是一个涉及器具安全的产品族标准,并在覆盖相同主题的同一水平和同一类别的标准中处于优先地位。

一个符合本部分文本的器具,当进行检查和试验时,发现该器具的其他特性会损害本部分要求所涉及的安全水平时,则将未必判定其符合本部分中的各项安全准则。

产品使用了本部分要求中规定以外的各种材料或各种结构形式时,则该产品可以按照本部分中这些要求的意图进行检查和试验。如果查明其基本等效,则可以判定其符合本部分要求。

家用和类似用途电器的安全 废弃食物处理器的特殊要求

1 范围

GB 4706.1—2005 中的该章用下述内容代替：

本部分涉及额定电压不超过 250 V 的家用和类似用途电动废弃食物处理器的安全。

不作为一般家用，但对公众仍可能引起危险的空气净化器，例如打算在商店、轻工业和农场中由非专业的人员使用的器具也属于本部分的范围。

就实际情况而言，本部分所涉及的空气净化器存在的普通危险，是在住宅和住宅周围环境中所有的人可能会遇到的。

然而，一般来说本部分并未涉及：

——无人照看的幼儿和残疾人使用器具时的危险；

——幼儿玩耍器具的情况。

注 1：注意下述情况：

——对于打算用在车辆、船舶或航空器上的空气净化器，可能需要附加要求；

——在许多国家中，全国性的卫生保健部门、全国性劳动保护部门以及类似的部门都对器具规定了附加要求；

——废弃食物处理器的安装可能被限制或不允许。

注 2：本部分不适用于：

——便携式废弃食物处理器；

——焚化式废弃食物处理器；

——工业或商业用废弃食物处理器；

——在特殊环境中使用的器具，例如存在腐蚀性气体或爆炸性气体(尘埃、蒸汽或煤气)的环境。

2 规范性引用文件

GB 4706.1—2005 中的该章适用。

3 术语和定义

GB 4706.1—2005 中的该章除下述内容外，均适用。

3.1.9 代替：

正常工作 normal operation

器具在下述条件下运行：

器具的料斗中装入 30 块边长为 12 mm±2 mm 的立方体松软木块，器具运行时水温在 10 ℃～24 ℃范围内，入水流速为 8 L/min。如果器具的料斗不能同时容纳全部木块，在器具运行时尽快将木块加入到料斗内。

3.101

废弃食物处理器 food waste disposer

安装在洗涤槽排水口的用于将废弃食物处理成细小颗粒并和水一起排入到下水道的器具。

4 一般要求

GB 4706.1—2005 中的该章适用。

5 试验的一般条件

GB 4706.1—2005 中的该章除下述内容外,均适用。

5.101 除第10章和20.102以外,可以通过一个测力计或堵住出口并保持恒定水位方式模拟器具负载。

6 分类

GB 4706.1—2005 中的该章除下述内容外,均适用。

6.1 修改:

器具应为Ⅰ类、Ⅱ类或Ⅲ类。

7 标志和说明

GB 4706.1—2005 中的该章除下述内容外,均适用。

7.12 增加:

使用说明书中应说明下列事项:

——不许使用器具处理硬质材料,例如玻璃和金属;

——在试图使用工具处理被卡住的旋转部件前,应关掉器具电源开关或拔下电源插头。

如果器具需要最小水流流速下运行,应在说明书中说明。

7.12.1 增加:

使用说明书应指出,器具的安装应保证复位按钮和转换开关是易触及的。

8 对触及带电部件的防护

GB 4706.1—2005 中的该章适用。

9 电动器具的启动

GB 4706.1—2005 中的该章不适用。

10 输入功率和电流

GB 4706.1—2005 中的该章除下述内容外,均适用。

10.1 增加:

选择运行5 s~15 s之间的代表性周期。

10.2 增加:

选择运行5 s~15 s之间的代表性周期。

11 发热

GB 4706.1—2005 中的该章除下述内容外,均适用。

11.7 代替:

连续装料式器具运行4 min。

间歇装料式器具运行两个工作周期,每个工作周期为2 min,其间停歇30 s。

12 空章

13 工作温度下的泄漏电流和电气强度

GB 4706.1—2005 中的该章适用。

14 瞬态过电压

GB 4706.1—2005 中的该章适用。

15 耐潮湿

GB 4706.1—2005 中的该章除下述内容外,均适用。

15.2 代替:

器具的结构应保证其出口的堵塞不影响器具的电气绝缘。

通过下述试验检查是否合格:

将器具出口堵塞,水槽内注入深 200 mm 的水,从水槽内的最低点测量水位。器具在额定电压下运行至保护器动作或 15 min,两者选择时间较短着。停歇 15 min 后,再重复上述试验。

然后器具应经受 16.3 电气强度试验,并且视检应表明绝缘上没有能造成爬电距离和电气间隙降低到第 29 章规定值以下的水迹。

16 泄漏电流和电气强度

GB 4706.1—2005 中的该章适用。

17 变压器和相关电路的过载保护

GB 4706.1—2005 中的该章适用。

18 耐久性

GB 4706.1—2005 中的该章不适用。

19 非正常工作

GB 4706.1—2005 中的该章除下述内容外,均适用。

19.7 修改:

器具在无水状态下运行:

——连续装料式 30 s;

——间歇装料式 5 min。

19.9 不适用。

20 稳定性和机械危险

GB 4706.1—2005 中的该章除下述内容外,均适用。

20.2 增加:

试验指不适用于器具进口。

20.101 除非器具进口盖子去除后其旋转部件电源自动断开,器具应能防止通过开启的进口与运动部件接触。

通过视检和 IEC 61032 的 31 号试验指在进料开口处进行检验,试验指施加 50 N 的力,试验指不应触及到运动部件,并且运动部件与开口顶端的距离至少为 100 mm。

注 1:调整器具至水槽底部最薄位置;

注 2:拆下防止废弃食物喷出或器皿落到运动的碾碎腔内的可拆卸部件。

20.102 废弃食物不应从器具开口处喷出。

通过器具在额定电压下运行进行检验,粉碎的木块碎片不应喷到水槽内。

21 机械强度

GB 4706.1—2005 中的该章均适用。

22 结构

GB 4706.1—2005 中的该章除下述内容外,均适用。

22.101 器具应装有保护装置。

通过视检检验是否合格。

22.102 保护装置复位按钮应放在凹进位置,或者用其他方式保护。

用一个测试棒检验,测试棒从任何方向接近处于关闭状态的保护装置。测试棒直径为 76 mm±0.1 mm,并且末端倒角。

测试棒到按钮的距离不得少于 1.5 mm。

保护装置应能够防止被测试棒启动,并且不能自动复位。

22.103 器具结构应能够保障进料腔和防护装置可以清洗。

通过视检检验是否合格。

22.104 碾碎腔表面材料应能够承受机械损伤和废弃食物的冲击。

通过下述试验检验是否合格:

用一个尺寸 100 mm×12 mm×3 mm 的低碳钢条插入碾碎腔中,并且放置在使得电机减速的位置。

除非电机首先停止运转,器具在额定电压下运行 15 s。

试验后器具应符合 8.1、15.2 和第 29 章的要求。

注 1:一个抵御废弃食物浸蚀的试验是必要的;

注 2:天然橡胶被认为是容易被废弃食物浸蚀的材料。

23 内部布线

GB 4706.1—2005 中的该章均适用。

24 元件

GB 4706.1—2005 中的该章除下述内容外,均适用。

24.101 安装在连续进料式器具的热断路器和热保护器应是符合第 19 章的,非自复位式的。

通过视检检验是否合格。

25 电源连接和外部软线

GB 4706.1—2005 中的该章适用。

26 外部导线用接线端子

GB 4706.1—2005 中的该章适用。

27 接地措施

GB 4706.1—2005 中的该章适用。

28 螺钉和连接

GB 4706.1—2005 中的该章适用。

29 电气间隙、爬电距离和固体绝缘

GB 4706.1—2005 中的该章均适用。

30 耐热和耐燃

GB 4706.1—2005 中的该章均适用。

31 防锈

GB 4706.1—2005 中的该章适用。

32 辐射、毒性和类似危险

GB 4706.1—2005 中的该章适用。

附　录

GB 4706.1—2005 中的附录除下述内容外，均适用。

附　录　C
（规范性附录）
在电动机上进行的老化试验

修改：

表 C.1 中的 P 值是 2 000。

参　考　文　献

GB 4706.1—2005 中的参考文献适用。

GB 4706.49—2008《家用和类似用途电器的安全　废弃食物处理器的特殊要求》国家标准第 1 号修改单

本修改单经中国国家标准化管理委员会于 2009 年 7 月 27 日批准，自 2009 年 9 月 1 日起实施。

第 30 章“GB 4706.1—2005 中的该章均适用。”修改为“GB 4706.1—2005 中的该章除下述内容外，均适用。30.2.3 不适用。”

ICS 13.120
Y 62

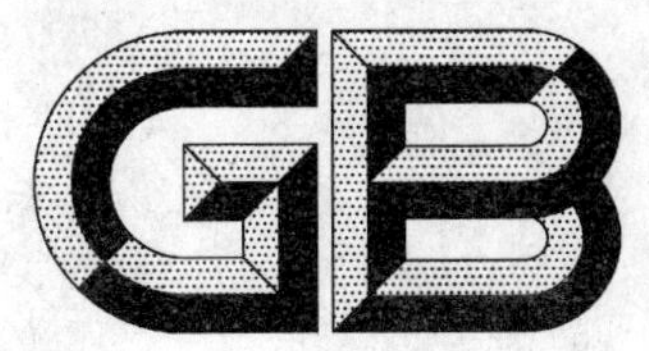

中华人民共和国国家标准

GB 4706.50—2008/IEC 60335-2-58:2002
代替 GB 4706.50—2001

家用和类似用途电器的安全 商用电动洗碗机的特殊要求

Household and similar electrical appliances—Safety—Particular requirements for commercial electric dishwashing machines

(IEC 60335-2-58:2002,IDT)

2008-12-30 发布　　　　2010-04-01 实施

中华人民共和国国家质量监督检验检疫总局
中国国家标准化管理委员会　发布

前　言

本部分的全部技术内容为强制性。

GB 4706《家用和类似用途电器的安全》由若干部分组成，第1部分为通用要求，其他部分为特殊要求。

本部分应与GB 4706.1—2005《家用和类似用途电器的安全　第1部分：通用要求》配合使用。

本部分等同采用IEC 60335-2-58:2002《家用和类似用途电器的安全　第2部分：商用电动洗碗机的特殊要求》及其修改件第1号(Ed3.0 2008-02)。

为便于使用，本部分对IEC 60335-2-58做了下列编辑性修改：

a)　“第一部分”一词改为“GB 4706.1—2005”；

b)　用小数点“.”代替用作小数点的“,”。

本部分代替GB 4706.50—2001《家用和类似用途电器的安全　商用电动洗碗机的特殊要求》。

本部分与GB 4706.50—2001的主要差异如下：

——增加了7.12；

——增加了11.5、11.8；

——增加了13.1；

——修改了16.2中泄漏电流的限值；

——第18章不适用改为适用；

——19.1增加了相关内容；

——增加了19.13；

——修改了22.101的相关内容；

——增加了29.2；

——取消了30.3；

——增加了附录CC。

本部分由中国轻工业联合会提出。

本部分由全国家用电器标准化技术委员会(SAC/TC 46)归口。

本部分主要起草单位：北京市服务机械研究所、广州市花都区新粤海西厨设备厂、迈科清洗科技(中山)有限公司、浙江工商大学、宁波超胜电器制造有限公司。

本部分主要起草人：王玉波、刘洪伟、郭辉、刘旭、李继萍、何文峰、傅玉颖、沈仲员。

本部分的历次版本发布情况为：

——GB 4706.50—2001

IEC 前言

1） IEC(国际电工委员会)是由所有国家的电工委员会(IEC 国家委员会)组成的世界范围内的标准化组织。IEC 的宗旨就是促进各国在电气和电子标准化领域的全面合作。鉴于以上的目的并考虑到其他活动的需要，IEC 还出版国际标准、技术规范、技术报告、公共可用规范(PAS)、导则(以下统称为 IEC 出版物)。整个制定工作由技术委员会来完成。任何对此技术问题感兴趣的 IEC 国家委员会都可以参加制定工作。与国际电工委员会有联系的国际、政府及非政府组织也可以参加这项工作。IEC 根据其与 ISO 达成的协议，与 ISO 在工作上紧密合作。

2） 因为每个技术委员会都有来自于各个对有关技术问题感兴趣的 IEC 国家委员会的代表，所以 IEC 对有关技术问题的正式决议或协议都尽可能的表达了国际性的一致意见。

3） IEC 出版物以推荐性的方式供国际上使用，并在此意义上被各国家委员会接受。在为了确保 IEC 出版物技术内容的准确性而做出任何合理的努力时，IEC 对其出版物被使用的方式以及任何最终用户(读者)的误解不负有任何责任。

4） 为了促进国际上的统一，IEC 希望各国委员会在本国情况允许的范围内采用 IEC 出版物的内容作为他们国家或地区的出版物。IEC 出版物与相应的国家或地区的出版物有差异的，应尽可能在后者中明确地指出。

5） IEC 规定了表示其认可的无标志程序，但并不表示对某一设备声称符合某一 IEC 出版物承担责任。

6） 所有的使用者应确保持有该出版物的最新版本。

7） IEC 或其管理者、雇员、服务人员或代理(包括独立专家、IEC 技术委员会和 IEC 国家委员会的成员)不应对使用或依靠本 IEC 出版物或其他 IEC 出版物造成的任何直接的或间接的人身伤害、财产损失或其他任何性质的伤害，以及源于本出版物之外的成本(包括法律费用)和支出承担责任。

8） 应注意在本出版物中列出的规范性引用文件。对于正确使用本出版物来讲，使用规范性引用文件是不可缺少的。

9） 本 IEC 出版物中的某些内容有可能涉及一些专利权问题，对此应引起注意。IEC 组织不负责识别任一或所有该类专利权问题。

IEC 60335 系列标准的本部分是由 IEC 第 61 技术委员会“家用和类似用途电器的安全”所属第 61E“商用电气饮食加工服务设备的安全”分委员会制定。

本部分的第三版对 1995 年的第二版和其增补件 1(1998)进行了删除和替代的技术修订。

该双语版本(2005 年 7 月)替代英文版。

IEC 60335 系列标准的本部分内容以下述文件为依据：

FDIS	表决报告
61E/406/FDIS	61E/418/RVD

本增补件以下述文件为依据：

FDIS	表决报告
61E/598/FDIS	61E/613/RVD

关于表决批准本部分的详细情况，可在上表中指出的表决报告中查明。

本部分的法文版本未经表决。

本部分与 IEC 60335-1 及其修改件的最新版本配合使用。本部分是根据 IEC 60335-1 的第 4 版(2001)制定的。

注 1：本部分中提到的"第 1 部分"是指 IEC 60335-1。

本部分对 IEC 60335-1 的相应条款进行了补充或修改,将其转化成 IEC 标准:商用电动洗碗机的安全要求。

如第 1 部分的个别条款在本部分未提到时,如果合理,该条款仍然适用。在本部分中说明"增加"、"修改"或"代替"时,第 1 部分中有关正文应作相应修改。

注 2：采用下述编号系统：

——对第 1 部分增加的条款、注释和图表应自 101 起开始编号。

——除新条款的注释或第 1 部分中涉及的注释外,包括代替条款或分条款在内的所有注释均应自 101 起开始编号。

——增加的附录用 AA、BB 等字母标明。

注 3：在本部分中采用下列印刷体：

——正文要求：印刷体；

——试验规范：斜体；

——注释内容：小写印刷体。

正文中的黑体字在第 3 章中定义。当对一个形容词进行定义时,该形容词与有关名词也应使用黑体。

一些国家存在下述差异：

——6.1：0I 类器具被承认(日本)；

——6.2：打算安装在厨房中的器具,根据其安装高度,要求具有阻挡有害进水的适当防护等级(法国)；

——13.2：泄漏电流的限值是不同的(日本)；

——16.2：泄漏电流的限值是不同的(日本)；

——第 21 章：对于打算安装在厨房中的器具,根据冲击点的高度,采用不同的冲击能量值(法国)。

委员会决定,在 IEC 网站"http://webstore.iec.ch"指定的保持结果日期之前,基本出版物和其增补件的相关内容中与特殊出版物有关的数据保持不变。在此日期,出版物将：

- 重新确认；
- 废止；
- 由修订版替代或者
- 增补。

引 言

在起草本部分时已假定，由取得适当资格并富有经验的人来执行本部分的各项条款。

本部分所认可的是家用和类似用途电器在注意到制造商使用说明的条件下按正常使用时，对器具的电气、机械、热、火灾以及辐射等危险防护的一个国际可接受水平，它也包括了使用中预计可能出现的非正常情况，并且考虑电磁干扰对于器具安全运行的影响方式。

在制定本部分时已经尽可能地考虑了 GB 16895 中规定的要求，以使得器具在连接到电网时与电气布线规则的要求协调一致。

如果一台器具的多项功能涉及 GB 4706 特殊要求部分中不同的特殊要求，则只要是在合理的情况下，相关的特殊要求标准要分别应用于每一功能。如果适用，应考虑到一种功能对其他功能的影响。

当特殊要求不包括第 1 部分中有关危险的附加要求时，第 1 部分适用。

注 1：意思是特殊要求的技术委员会已经决定通用要求没有必要在特殊要求中重新规定。

本部分是一个涉及器具安全的产品族标准，并在覆盖相同主题的同一水平与同一类别的标准中处于优先地位。

注 2：当应用关于通用要求和特殊要求的 GB 4706 系列标准时，覆盖危险的同水平和同类别标准不适用于已经在通用要求中已经考虑的部分。例如，就关于很多器具表面温度的要求来说，同类标准，如 ISO 13732-1 关于热表面的要求，不适用于除第 1 部分或特殊要求以外的标准。

一个符合本部分文本的器具，当进行检查和试验时，发现该器具的其他特性会损害本部分要求所涉及的安全水平时，则将未必判定其符合本部分中的各项安全准则。

产品使用了本部分要求中规定以外的各种材料或各种结构形式时，则该产品可以按照本部分中这些要求的意图进行检查和试验。如果查明其基本等效，则可以判定其符合本部分要求。

家用和类似用途电器的安全
商用电动洗碗机的特殊要求

1 范围

GB 4706.1—2005 中的该章用下述内容代替：

GB 4706 的本部分涉及非专供家庭使用的商用电动洗碗机的安全。此类器具用于洗涤碗碟、玻璃陶瓷器皿、刀叉箸匙等餐具和类似物品，可带有或不带水加热或烘干装置。对于连接一条相线和中线的单相器具，其额定电压不超过 250 V，其他器具不超过 480 V。

注 101：这些器具用于如餐馆、食品店、医院和诸如面包房、肉食店之类的商业企业。

注 102：器具的例子有：

——连续洗碗机；

——批量洗碗机；

——刷碗机。

在附录 CC 中规定了对避免非饮用水通过反虹吸作用进入水源的要求。

利用其他能源形式的器具，其电气部分也在本部分范围之内。

本部分涉及这类器具所引起的常见危险。

注 103：以下情况应予注意：

——对于打算专供在车辆、船舶或航空器上使用的器具，允许有必需的附加要求；

——对于打算专供消毒使用的器具，允许有必需的附加要求；

——在许多国家还应考虑国家卫生、劳动保护、供水和其他类似权力机构所规定的附加要求；

——在许多国家对压力器具规定了附加要求。

注 104：本部分不适用于：

——专为工业用途而设计的器具，如食品工业中清洗最终产品包装容器的机器（例如洗瓶机）和生产过程中使用的机器；

——不构成一个功能单元的洗碗机，例如，其输送装置把碗碟从一个独立单元转送另一个独立单元者；

——不装在器具内的单独驱动的输送机构；

——打算供经常出现特殊状态的场所使用的器具，如存在腐蚀性或爆炸性空气（粉尘、蒸气或可燃气）等。

2 规范性引用文件

GB 4706.1—2005 中的该章除下述内容外，均适用。

下列文件中的条款通过 GB 4706 的本部分的引用而成为本部分的条款。凡是注日期的引用文件，其随后所有的修改单（不包括勘误的内容）或修订版均不适用于本部分。然而，鼓励根据本部分达成协议的各方研究是否可使用这些文件的最新版本。凡是不注日期的引用文件，其最新版本适用于本部分。

该章增加下述内容：

GB/T 20290　家用电动洗碗机性能测试方法（GB/T 20290—2006，IEC 60436:2004，IDT）

IEC 61770:1998　与水源连接的电气器具——避免软管组件的反虹吸和失效

ISO 1817:1999　硫化橡胶——对液体影响的测定

3 定义

下列术语和定义适用于本部分。

GB 4706.1—2005 中的该章除下述内容外，均适用。

3.1.4　该条增加下述内容：

注 101：额定输入功率是器具内可以同时工作的所有单个元件输入功率的总和；可能存在几种这样的组合时，用最大输入功率组合来确定额定输入功率。

3.1.9　该条用下述内容代替：

正常工作　normal operation

器具在下列条件下工作：

将打算连接供水系统的器具，同具有说明书中规定压力和温度的供水相连接。

如果说明书中规定了一系列压力和温度，则使供水处于该系列范围内会产生最不利结果的那个温度。将打算只用于冷水的进水口，同供水温度为 15 ℃±5 ℃的水源连接。

将设计的最大水量注入器具，不加漂洗剂或洗涤剂。刷碗机带着碗碟进行试验，而洗碗机应装载使用说明书规定的最大数量的碗碟。碗碟的尺寸按照 GB/T 20290 的规定。其他器具不带碗碟进行试验。

批量洗碗机按连续的周期工作，每个周期末为 1 min 的静止期。如有盖或罩，则在静止期内保持开启。

连续洗碗机和刷碗机应连续工作。

器具工作如下：

——带有定时器或程序控制器的器具，用将会产生最不利温度结果的那个程序进行工作；

——既无定时器又无程序控制器的器具，则按照使用说明书进行工作。但要将打算由用户调整的控制器调到最高设定值，或调到会产生最不利温度结果的位置。

3.101

连续（齿条或链板输送）洗碗机　conveyor(rack or flight) dishwasher

一种能将连续装载的碗碟自动向前移动，经过各道工序，完成洗、漂等多种作业的器具。

3.102

批量洗碗机　batch dishwasher

一次装载后就能连续完成各道工序的器具。

3.103

刷碗机　brush machine

将碗碟放在刷子或类似部件当中，或保持与刷子或类似部件接触而进行清洗的一种器具。

3.104

标示液位　indicated level

为正确操作而在器具上标明的最高液位标记。

4　一般要求

GB 4706.1—2005 中的该章内容均适用。

5　试验的一般条件

GB 4706.1—2005 中的该章除下述内容外，均适用。

5.3　该条增加下述内容：

在第 19 章试验之前进行 22.6 试验。

5.101　器具即使装有电热元件也仍然作为电动器具进行试验。

器具带有水加热装置而其电热元件不通电也可以工作，如果这样更加不利，则试验在电热元件不通电时进行。

5.102　与其他器具联合组装或装有其他器具的器具，按照本部分的要求进行试验。其他器具则按有关标准的要求同时工作。

6 分类

GB 4706.1—2005 中的该章除下述内容外，均适用。

6.1 该条用下述内容代替：

关于电击防护类别，器具应属Ⅰ类。

通过视检和有关试验来确定是否合格。

6.2 该条内容做下述修改：

该条的要求用下述内容代替：

关于对有害进水的防护等级，器具至少应为 IPX1。

7 标志和说明

GB 4706.1—2005 中的该章除下述内容外，均适用。

7.1 该条增加下述内容：

此外，器具应标明：

——打算同水源连接的器具，其水压或压力范围用 kPa 表示，但已在说明书中注明者除外；

——最高许用蒸汽压力用 kPa 表示，说明书中已注明者除外；

——最高许用热水压力用 kPa 表示，说明书中已注明者除外；

——水、蒸汽和热水的最高许用温度用℃表示，说明书中已注明者除外。

如果电动机反转可能会导致危险，则应在电动机上清楚明显地标明旋转方向。

7.6 该条增加下述内容：

 GB/T 5465.2(idt IEC 60417-1)-5021 等电位

7.12 该条增加下述内容：

如果器具上标注了 GB/T 5465.2(idt IEC 60417-1)规定的符号 5021，应说明其含义。

对于身体、感官或智力上有缺陷，或经验和知识有欠缺的人(包括儿童)，此说明书不适用。

7.12.1 该条用下述内容代替：

器具应附有说明书，详细说明安装时必需的专门预防措施；排水出口的最大高度应在说明书说明。用户维护保养，如清洗等，也应提供说明。说明书中应说明器具不得使用喷射水流清洗。

对于与固定布线永久连接且其泄漏电流可能超过 10 mA 的器具，尤其是长期处于断开状态或停用，或初次安装时，说明书应提供关于打算安装的保护装置(如接地漏电保护继电器)额定值的建议。

通过视检来确定是否合格。

7.12.4 该条增加下述内容：

具有供若干台器具使用的独立控制盘的嵌装式器具，其使用说明书应说明：该控制盘只可同指定的器具相连接，以避免可能的危险。

7.15 该条增加下述内容：

如果不能设置固定式器具的标志使安装完毕后可以看到，则相应的信息也应写进使用说明书内或外加的标签上，该标签能固定在安装完毕的器具附近。

注 101：嵌装式器具是这种固定式器具的一个例子。

7.101 用手或人工操作开关注水的器具应标明标示液位。

通过视检来确定是否合格。

7.102 等电位联结端子应用 GB/T 5465.2(idt IEC 60417-1)规定的符号 5021 标明。

这些标志不应放在螺钉、可拆下的垫圈或进行导线连接时可能被拆下的其他部件上。

通过视检来确定是否合格。

8 对触及带电部件的防护

GB 4706.1—2005 中的该章内容均适用。

9 电动器具的启动

GB 4706.1—2005 中的该章除下述内容外，均适用。

9.101 为符合第 11 章要求用于降温的风扇电动机，应能在实际使用中可能出现的所有电压条件下启动。

是否合格通过在 0.85 倍额定电压下启动电动机三次来检查。试验开始时电动机处于室温状态。

每次启动都在电动机准备开始正常工作的条件下进行，对于自动器具，则在正常的工作周期开始的条件下进行，在连续两次启动之间，使电动机能达到静止状态。配备的电动机装的不是离心启动开关时，在 1.06 倍额定电压下重复进行上述试验。

在上述所有情况下，电动机都应能启动并应以不影响安全的方式运行，其过载保护装置不应动作。

注：在试验期间，电源电压降不应超过 1%。

10 输入功率和电流

GB 4706.1—2005 中的该章除下述内容外，均适用。

10.1 该条增加下述内容：

注 101：代表性阶段是电源总输入功率最高的阶段。

11 发热

GB 4706.1—2005 中的该章除下述内容外，均适用。

11.2 该条增加下述内容：

固定在地板上的器具和质量大于 40 kg 而未装配滚轮、脚轮或类似装置的器具，按照说明书进行安装。如未提供说明书，则认为这些器具通常是放置在地板上使用的。然而，装有烘干用电热元件的器具，除连续洗碗机外，均置于测试角内，尽可能靠近两边壁。

11.5 该条增加下述内容：

连续洗碗机可以用额定电压供电，在此情况下 11.8 增加部分适用。

11.7 该条用下述内容代替：

使器具连续工作直至建立稳定状态。

注 101：该试验持续时间应包括一个以上的工作周期。

在试验结束、器具达到最高温度时，使单独电动机驱动并用手动开关通断的电动排水泵，经历一个等于将注水达到标示液位的容器排空所需时间 1.5 倍的运行阶段；排水出口的高度为说明书指示的最大值。

11.8 该条增加下述内容：

如果连续洗碗机在额定电压下试验，则表 3 所示的限值减少 10%。

12 空章

13 工作温度下的泄漏电流和电气强度

GB 4706.1—2005 中的该章除下述内容外，均适用。

13.1 该条增加下述内容：

连续洗碗机可以用额定电压供电，在此情况下泄漏电流的允许值减少 10%。

13.2 该条内容做下述修改：

用下述内容代替Ⅰ类驻立式器具泄漏电流的允许值：

——对软线和插头连接的器具：按器具额定输入功率 1 mA/kW，最大限值 10 mA；

——对其他器具：按器具额定输入功率 1 mA/kW，无最大限值。

14 瞬态过电压

GB 4706.1—2005 中的该章内容均适用。

15 耐潮湿

GB 4706.1—2005 中的该章除下述内容外，均适用。

15.1.1 该条增加下述内容：

此外，IPX0、IPX1、IPX2、IPX3 和 IPX4 器具均应经受下述溅水试验 5 min。

采用图 101 所示的装置。试验期间，水压应调整到使水从碗底溅起 150 mm。对通常在地面上使用的器具，碗放在地面上。对所有其他器具，碗放在一个低于器具最低边 50 mm 的水平支承面上，使碗围绕器具移动，以便使水能从各个方向溅到器具上。应注意水流不得直接向器具喷射。

15.1.2 该条内容做下述修改：

通常在桌面上使用的器具，要放在一个支承面上，该支承面每边尺寸比器具在支承面上的正投影尺寸大 15 cm±5 cm。

15.2 该条用下述内容代替：

器具的结构应使其在正常使用中甚至在进水阀门不能关闭时液体的溢出不会影响其电气绝缘。

通过以下试验来确定是否合格：

X 型连接的器具，除装有专门制备的软线者以外，都应装上容许的最轻型软电缆，或 26.6 规定的最小横截面积的软线，其他器具按交货状态进行试验。

取下可拆卸部件。

由用户注水的器具，用约含 1%氯化钠(NaCl)的水完全注满，再将等于洗碗机容量 5%或 10 L 的增加量，二者中取较大值，用 1 min 时间，均匀注入。

其他器具在正常工作经过一个完整的周期之后，使自动定时开关、浮球或压力开关不起作用，在器具正常工作期间注水达到最高水位时，将附录 AA 规定的标准洗涤剂按每升水 5 g 加入到器具内的水中，并使器具按预期的方式工作。

每次只使一个开关不工作。

如果器具未装有防止过度注水的装置，在一出现溢水现象后，继续注水 15 min。如果装有防止溢水的浮球或压力开关，注水开关的动作使注水停止，试验也应终止。如果同时装有定时器和注水开关，应在定时器正常工作而注水开关不工作的情况下，进行第二次上述试验。

打算将顶盖用作工作台面的器具，还应进行下述试验：

将 0.2 L 的水，从约 50 mm 的高度，用 15 s 时间，均匀倾倒在器具顶盖的中心。

器具应接着经受 16.3 的电气强度试验，视检应证明绝缘上没有足以导致电气间隙和爬电距离减少到低于第 29 章规定值的水迹。

15.3 该条增加下述内容：

注 101：如果不可能将整台器具放进潮湿箱内，则含有电气元件的部分进行单独试验，但要注意器具内出现的情况。

15.101 为注水或清洗之用而配备了水开关的器具，在结构上应保证从水开关流出的水不能接触带电部件。

通过以下试验来确定是否合格：

将器具连接到具有制造厂需要的最大供水压力的水源上，控制进水的装置全部打开1 min。可倾斜和可移动部件，包括盖子，都斜置或放置在最不利位置。将水开关的可旋转出水管如此定位：使水流到会产生最不利结果的那些部件上。紧接着器具应经受16.3规定的电气强度试验。

16 泄漏电流和电气强度

GB 4706.1—2005中的该章除下述内容外，均适用。

16.2 该条内容做下述修改：

用下述内容代替Ⅰ类驻立式器具泄漏电流的允许值：

——对软线和插头连接的器具：按器具额定输入功率1 mA/kW，最大限值10 mA；

——对其他器具：按器具额定输入功率1 mA/kW，无最大限值。

17 变压器和相关电路的过载保护

GB 4706.1—2005中的该章内容均适用。

18 耐久性

GB 4706.1—2005中的该章内容均适用。

19 非正常工作

GB 4706.1—2005中的该章除下述内容外，均适用。

19.1 该条增加下述内容：

带有程序控制器或定时器的器具，也要经受19.101的试验。

带有电热元件的连续洗碗机，19.2、19.3和19.4、19.5、19.6的适用部分以额定电压试验，在此情况下19.13增加部分适用。

19.2 该条增加下述内容：

器具应注入恰好能浸没发热元件的足够水量。

19.4 该条增加下述内容：

注101：正常使用时，用来接通或断开电热元件的接触器主触头锁定在“通(ON)”的位置。如果两个接触器彼此独立工作，或者一个接触器控制两组独立的主触头，则这些触头轮流锁定在“通(ON)”的位置。

19.7 该条内容做下述修改：

用下述内容代替表格前面的正文：

锁住运动部件，并使器具从冷态开始，以额定电压或额定电压范围的上限，工作以下时间：

——不带程序控制器或定时器的器具为5 min；

——带有程序控制器或定时器的器具，等于程序控制器或定时器所容许的最长时间。

带有电动机，并在辅助绕组电路中有电容器的器具，使其在转子堵转，并在每次断开一个电容器的情况下工作。除非这些电容器符合GB 3667，否则器具在每次短路一个电容器的条件下重复进行本试验。

注101：如果器具有一台以上电动机，本试验对每台电动机分别进行。

注102：对保护式电动机单元的替代试验，在附录D中给出。

注103：本试验在转子堵转的情况下进行，因为一些带有电容器的电动机可能起动或不起动，可能会得到不同的结果。

试验期间，绕组的温度不应超过表8所示的值。

19.13 该条增加下述内容：

如果连续洗碗机以额定电压供电，试验过程中，器具不应放出有毒的或可燃的气体。

另外,对于基本绝缘,16.3 电气强度试验的试验电压为 1 000 V 加上额定电压。

19.101 带有程序控制器或定时器的器具,在发生误操作时,或程序控制器和定时器等控制装置或其有关器件发生故障时,其结构应尽可能排除火灾、机械事故或电击等危险。

器具在正常工作状态下,以额定电压或额定电压范围的上限运行,通过采用任何作业方式或设置正常使用中预计会发生的任何故障条件,来检查其合格性。一次只模拟一种故障条件,多项试验要连续进行。

试验期间,器具不应冒出火焰或产生熔融金属,绕组的温度不应超过表 8 所示的值。

注 101:故障条件的实例如下:

——程序控制器在任何位置停止;

——电源的一相或多相,在程序运行的任何阶段断开和再次接通;

——元件的开路或短路;

——电磁阀失效;

——如果可能,在程序运行的任何阶段,将器具的门或盖打开或重新关闭。

注 102:通常,试验限于在预计可能产生最不利结果的条件下进行。

注 103:如果器具内无水被认为是开始任何程序的一种较为严酷的条件,则该程序的试验应在关闭进水阀的条件下进行,但程序开始以后进水阀不要关闭。如果器具在程序的任一特定点上停止,则该故障条件的试验就告终止。

注 104:为了这些试验,热控制器不予短路。

注 105:如果在适当的标准中包括了器具内出现的情况,则符合 IEC 相关标准的元件不予开路或短路。

注 106:自动注水装置保持开启的试验,已在 15.2 试验期间进行过。

注 107:电动机电容器短路或开路试验,已在 19.7 试验期间进行过。

20 稳定性和机械危险

GB 4706.1—2005 中的该章除下述内容外,均适用。

20.1 该条内容做下述修改:

该条用下述内容代替要求:

除了打算固定于支承面上者外,器具应有足够的稳定性。

用下述内容代替试验规范的最后四段:

被试验的器具是排空或注满水,取其最不利状态,并装上使用说明书指定碗碟的最大荷载;将所有门、盖、滚轮、脚轮都放在最不利的位置。

器具不应翻倒。

质量大于 40 kg 的器具还应进行 20.101 规定的试验。另外,前面装载的器具还应进行 20.102 的试验。

20.101 将器具的门或盖关闭,并使其处于 20.1 所述各项条件的最不利方位,但支承在一个水平面上。在器具的顶部边缘,施加一 340 N 的力。

器具不应翻倒。

注:本试验仅在发生怀疑的情况下进行。

20.102 器具不装碗碟或水,如果有滚轮或脚轮,转到最不利的位置,然后将一个 23 kg 的质量加到或悬挂在开启的门的中心,或处于最外位置的装碗抽屉的中心,两者中取最为不利的条件。

除非在工作周期的任何阶段水被排空,或者进水被关断,同器具构成整体的水箱,试验时应注满水。

本试验期间机器不应倾斜。

注:对于打算固定在支承面上的器具,或打算嵌装成不可能出现倾斜状态的器具,不进行本试验。

20.103 垂直升降的门应对防止人身伤害提供充分的保护。

质量大于 5 kg 的垂直升降门以及提升高度超过 400 mm 的所有垂直升降门,均应装有操作锁定装置和紧急锁定装置。紧急锁定装置应能在冲击面上方至少 120 mm 处锁定。

其他垂直升降门应具有宽度至少为 20 mm 的冲击面，并装有操作锁定装置。如果还装有紧急锁定装置，则有关冲击面的要求不适用。在这种情况下，紧急锁定装置应能在冲击面上方至少 120 mm 处起作用。

一个在发生个别故障时也能确保使升降门下降的力不大于 50 N 的重力平衡系统，能够用作所有场合的替代装置。

通过视检、手动试验和测量来确定是否合格。

20.104　在按照所提供的说明书进行正常使用的清洗和维护保养时，应防止机械危险，例如使用钥匙开关或工具。

通过视检和手动试验来确定是否合格。

20.105　除了具有在门或盖打开时防止热水喷溅的充分保护措施者外，应将门或盖联锁，使得只有在门和盖关闭时，洗碗机才能工作。

通过视检和手动试验来确定是否合格。

注：门或盖打开后立即出现的轻微的热水溅沫或水花可忽略不计。

20.106　连续洗碗机在门或盖关闭后不应自动启动。

通过视检和手动试验来确定是否合格。

21　机械强度

GB 4706.1—2005 中的该章内容均适用。

21.101　支承清洗物的架子和搁板应有足够的机械强度，在正常使用时不应变形。

通过以下试验来确定是否合格：

每个架子依次按 1 000 N/m^2 的比率均匀加载，保持 1 min 后卸载。架子及其支承件不应有明显的变形。

22　结构

GB 4706.1—2005 中的该章除下述内容外，均适用。

22.6　用下述内容代替试验规范：

通过视检和按规定顺序进行下述试验来确定是否合格：

除了要经受三个连续运行周期外，器具按第 11 章规定的条件运行，连续洗碗机只须运行一个周期，其持续时间等于移动一件碗碟通过器具全部工序所需的时间。

试验用水的硬度，以 $CaCO_3$ 含量计，在 25 mg/L～75 mg/L 之间。在每一个漂洗阶段开始和机器注满了水以后，从打开的门加入发泡剂，然后将门关闭，直到按程序停机为止。在试验期间应使自动控制的漂洗剂分配器变得不起作用。

发泡剂是一种羟乙酸醇(Triton DF-12)质量占 25％的水溶液，在每 8 L 水中加入 2.5 mL 溶液和 20 g 氯化钠(NaCl)。

如果机器因产生过量泡沫而停止运行，在漂洗阶段开始后 1 h 就结束试验。

然后用注射器将在每升蒸馏水内溶入 0.6 mL 附录 AA 规定的漂洗剂所组成的溶液，滴在器具内那些可能会发生液体渗漏并影响电气绝缘的部位。运动部件处于运转或静止状态，二者中取较为不利者。

经上述试验后，视检应证明在绕组或绝缘上没有足以导致爬电距离减少到低于 29.2 规定的洗涤剂存积或任何液体痕迹。

该条增加下述内容：

注 101：经受了附录 BB 规定的老化试验的部件，不认为是可能出现渗漏的部位。

22.101 对于三相器具，用于保护带有电热元件的电路和保护意外启动会引起危险的电动机电路的热断路器，应为非自动复位、自动脱扣类型，并应能从电源全极断开。

对于单相器具和连接在一条相线和中线或相线和相线之间的单相电热元件和/或电动机，用于保护带有电热元件的电路和保护意外启动会引起危险的电动机电路的热断路器，应为非自动复位、自动脱扣类型，并应至少断开一极。

如果非自复位热断路器只有在借助工具拆除部件后触及，则不要求自动脱扣类型。

注1：自动脱扣类型的热断路器具有自动动作，带有一个复位机构，其结构使自动动作不受复位机构的动作或位置所支配。

在第19章试验期间动作的球头型和毛细管型热断路器，应当是毛细管的断裂不得影响器具符合19.13的要求。

通过视检、手动试验和折断毛细管来确定是否合格。

注2：注意确保折断时不使毛细管封闭。

22.102 指示危险、报警或类似情况的信号灯、开关或按钮只应是红色的。

通过视检来确定是否合格。

22.103 人工注水器具必须达到的水位标志，应放在注水时容易看到的位置。

通过视检来确定是否合格。

22.104 便携式器具的底面不应有允许小物体穿透并触及带电部件的孔。

通过视检和经过孔测得的支撑面与带电部件之间的距离来确定是否合格。该距离至少为6 mm；然而，对装有支脚并打算放在桌面上使用的器具，此距离加长到10 mm；对打算放在地板上使用的器具，则加长到20 mm。

22.105 器具应承受正常使用时可能承受的水压。

通过使器具的那些处于供水水源压力下的部件，承受等于最大容许进水压力2倍或1 200 kPa（12 bar）的静压力，两者中取较大者，历时5 min，来确定是否合格。

试验期间，包括进水软管在内的任何部件都不得有渗漏。

应将阀门设置在正常使用中可能遇到的最不利位置时的压力，作用于进水。

22.106 器具的结构应使在烘干过程中，被清洗物同未浸没在水中的加热元件接触时，不会引起着火危险。

通过下述试验来确定是否合格：

将器具放在一块用薄纸覆盖的白松木板上，再将直径80 mm、厚2 mm的聚乙烯圆片放在最不利的位置，如果可能，直接放在电热元件上。然后器具在加热元件通电的情况下，按下述条件运行一个烘干周期。

将器具连接到最高水硬度，以$CaCO_3$含量计，为（50 mg/L±25 mg/L）的水源上，同正常使用一样，但不加洗涤剂、漂洗剂，不装载碗碟。

装有程序控制器的器具按最不利的程序进行试验。

未装有程序控制器的器具依照使用说明书按连续的周期运行。

器具在1.1倍额定电压下运行。

烘干时间已过三分之一或出现烟或气味时，按两者中最先出现者，即时间较短者，立即将门或盖打开。

在试验期间，火焰、燃烧的掉落物或灼热的火星不应使火蔓延到器具的其他部件或器具周围。除圆片上的火焰外，其他任何火焰都应在30 s内熄灭。薄纸不应燃烧，木板也不应烤焦。

注1：薄纸是ISO 4046:1978中6.86规定的薄、软、韧、轻的包装用纸，通常专供包装精密易损物件之用，其材质在12 g/m²～30 g/m²之间。

注2：试验用圆片的材料是不加填充料的本色聚乙烯，不含阻燃剂，其相对密度为0.96±0.005。

22.107 器具的结构应使电热元件不能因电热元件或其支承件或容器本身变形而导致同器具内或器具任何容器内的可燃物相接触。

通过视检来确定是否合格。

注：金属容器，不论是否覆盖了热塑性材料，都认为不会受热变形。

22.108 如重新启动可能导致危险，诸如机械的（运动部件）或热力的（热的部件或液体）危险，则器具在电源暂时断开后恢复时，不应自动再启动。

通过下述试验来确定是否合格：

器具按照使用说明书在额定电压下运行；

在工作周期的任何时刻，断开器具电源使任何运动部件停止；

然后恢复供电。

23 内部布线

GB 4706.1—2005 中的该章除下述内容外，均适用。

23.3 该条增加下述内容：

温控器的毛细管在正常使用中有弯曲倾向时，下述内容适用：

——毛细管作为内部布线的部件装配时，GB 4706.1 适用；

——单独的毛细管应以每分钟不超过 30 次的速率弯曲 1 000 次。

注 101：在上述任何一种情况下，如果由于部件的质量等原因，不可能按照给定的速率移动器具的活动部件，则弯曲速率可以降低。

试验之后，毛细管不应有本部分含义内的损伤痕迹和影响其进一步使用的损坏。

但是，如果毛细管的一处损坏就使器具不能工作（失效保护），则单独的毛细管就不再进行试验，而作为内部布线的部件安装的毛细管，也不进行是否符合要求的检查。

通过折断毛细管来检验是否合格。

注 102：注意确保折断时不使毛细管封闭。

24 元件

GB 4706.1—2005 中的该章内容均适用。

25 电源连接和外部软线

GB 4706.1—2005 中的该章除下述内容外，均适用。

25.1 该条内容做下述修改：

器具不应装有器具输入插口。

25.3 该条增加下述内容：

固定式器具和质量大于 40 kg 且未装配滚轮、脚轮或类似装置的器具，其结构应允许器具按照制造厂的说明书安装后，再连接电源软线。

用于电缆与固定布线永久连接的接线端子，也可以适用于电源软线的 X 型连接，在此情况下，器具应装有符合 25.16 要求的软线固定装置。

如果器具装有可连接软线的一组接线端子，则这些接线端子应适用于软线的 X 型连接。

在上述两种情况下，说明书应提供电源软线的详尽资料。

嵌装式器具可以在被安装前进行电源线连接。

通过视检来确定是否合格。

25.7 该条内容做下述修改：

用下述内容代替规定的电源软线类型：

电源软线应为耐油柔性护套电缆，不轻于普通氯丁橡胶或其他等效的合成橡胶护套软线(指定牌号 GB/T 5013.1(IEC 60245,IDT)的 57 号线)。

26 外部导线用接线端子

GB 4706.1—2005 中的该章内容均适用。

27 接地措施

GB 4706.1—2005 中的该章除下述内容外，均适用。

27.2 该条增加下述内容：

驻立式器具应装配一接线端子以便连接外部等电位导体。该接线端子应与器具所有固定的外露金属部件保持有效的电气接触，并且应能与标称横截面积高达 10 mm^2 的导线连接。接线端子应设置在器具安装后便于与结合导体连接的位置。

注 101：小型固定的外露金属部件，例如铭牌等，无需与接线端子形成电气接触。

28 螺钉和连接

GB 4706.1—2005 中的该章内容均适用。

29 电气间隙、爬电距离和固体绝缘

GB 4706.1—2005 中的该章除下述内容外，均适用。

29.2 该条增加下述内容：

微观环境为 3 级污染，相对漏电起痕指数(CTI)应不低于 250，除非绝缘被封闭或者其放置位置能保证器具不可能暴露到有以下污染的环境中：

——器具产生的冷凝；

——化学制品，诸如洗涤剂或漂洗剂。

30 耐热和耐燃

GB 4706.1—2005 中的该章除下述内容外，均适用。

30.2.1 该条内容做下述修改：

灼热丝试验在 650 ℃的温度下进行。

30.2.2 该条不适用。

31 防锈

GB 4706.1—2005 中的该章内容均适用。

32 辐射、毒性和类似危险

GB 4706.1—2005 中的该章内容均适用。

单位为毫米

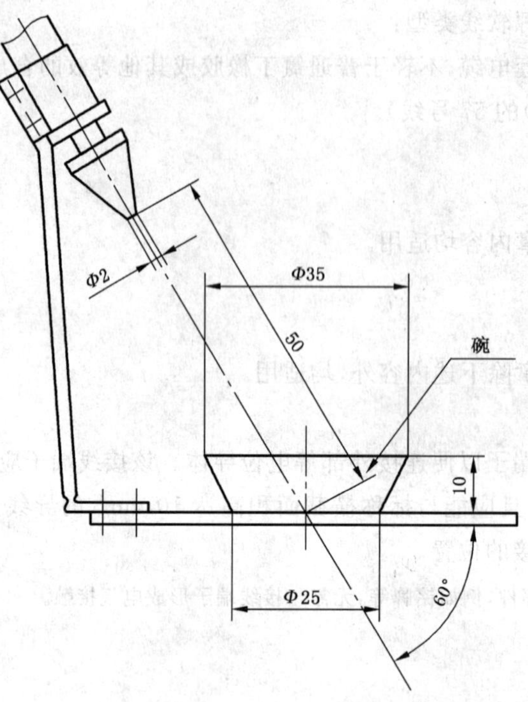

图 101 溅水装置

附　录

GB 4706.1—2005 中的附录除下述内容外，均适用。

附　录　AA
（规范性附录）
洗涤剂和漂洗剂
（引自 GB/T 20290）

AA.1　洗涤剂

含磷酸盐的洗涤剂应包含下述成分：

——Thermphos NW	24.0%
——Plurafac LF403	1.0%
——二氯异氰尿酸钠	2.3%
——碳酸钠	10.7%
——偏硅酸钠	25.0%
——五氯水合偏硅酸钠	37.0%

洗涤剂应装入防水袋中，每袋不超过 1 kg，置于低温、干燥的空气中储存，并且应在 6 个月内或开袋后一个月内用完。

不含磷酸盐的洗涤剂应包含下述成分：

——柠檬酸钠水合物	30.0%
——Sokalan CP5 化合物（活性物质 50%）	12.0%
——Pluratac LF403	2.0%
——二硅酸钠	25.0%
——碳酸钠	23.0%
——过硼酸钠单水合物	5.0%
——四乙酰乙二胺（TAED）	2.0%
——淀粉酶	0.5%
——蛋白酶	0.5%

AA.2　漂洗剂

漂洗剂根据进行试验的国家的实际应用，由下述混合物的一种组成：

中性漂洗剂	酸性漂洗剂
10% Plurafac RA 40	17.5% Plurafac RA 40
50% Plurafac RA 30	17.5% Plurafac RA 30
24%异丙醇	25.0%柠檬酸（无水的）
16%去离子水	12.0%异丙醇
	28.0%去离子水

附 录 BB
（规范性附录）
合成橡胶件的老化试验

通过测量其在高温洗涤剂和漂洗剂溶液中浸泡前和浸泡后的硬度及质量，完成合成橡胶件的老化试验。

每个部件的试验至少在三个试验样块上进行。试验样块和试验的步骤见 ISO 1817 的规定。注意下述经过修改的各章。

4 试验液体

采用两种试验液体：

——一种是通过在每 1 L 蒸馏水中溶解 6 g 附录 AA 规定的洗涤剂得到的；

——另一种是由每 1 L 燕馏水中放入 0.6 mL 附录 AA 规定的漂洗剂组成的。

注：确保在每升溶液中被浸泡试验样块的总质量不超过 100 g；试验样块要完全浸入，其全部表面自由暴露在溶液中；试验期间，试验样块不得暴露在直射光下；不同化合物的试验样块不得同时浸入同一溶液中。

5 试验样块

5.4 试验样块的调整

温度是 23 ℃±2 ℃，相对湿度为 50%±5%。

6 试验液体的浸泡

6.1 温度

将浸泡试验样块的溶液加热，在 1 h 内温度达到 75^{+5}_{0}℃，并保持这个温度。溶液每 24 h 更换一次，并按同样方式加热。

注：为了防止溶液过度蒸发，建议使用一个闭路系统或类似的方法更换溶液。

6.2 持续时间

试验样块浸泡总时间为 48^{+1}_{0} h。

然后立刻将试验样块放入温度保持在室温的新鲜溶液中浸泡 45 min±15 min。

试验样块从溶液中取出后就放进温度为 15 ℃±5 ℃的冷水中漂洗，然后用吸水纸吸干。

7 步骤

7.2 质量变化

试验样块质量的增加，应不大于浸泡以前测得数值的 10%。

7.6 硬度变化

显微硬度试验适用。

试验样块的硬度改变不应超过 8 IRHD(国际橡胶硬度单位)。其表面不应成为黏糊状，也不应出现裸眼可见的裂纹或任何其他损坏。

附　录　CC
（规范性附录）
避免反虹吸要求

IEC 61770 中的要求除下述内容外，均适用。

1　范围

该章用下述新内容代替：

本部分详细说明了商用电动洗碗机与水压不超过 1 MPa 的水源的连接要求。这些要求是打算防止非饮用水通过反虹吸作用进入水源。

注：器具与水源的连接可以是临时的或永久的。

3　定义

该章 3.9 定义的内容用下述新内容代替：

3.9

临界水位　critical water level

非饮用水的水位，就批量洗碗机和带独立洗涤和漂洗隔间洗碗机的漂洗隔间而言，进水口关闭 5 s 之后的水位。清洗隔间进水口关闭 2 s 之后的水位。

4　一般要求

4.1　该条增加下述内容：

在第一段后增加如下内容：

注 101：可以采用其他方法防止非饮用水通过反虹吸作用进入水源。这些方法符合本附录的要求，或用其他方式明显排除这样的风险。

4.3　该条用下述内容代替

下述内容将替代 4.3 的内容。

与器具水源连接的软管组件应通过器具进行传输，除非连接部位是在器具外部且软管组件不含电气部件。

通过器具进行传输的软管组件应安装牢固，以排除跑水的可能。

通过视检和第 9 章的试验来确定是否合格。

4.4　该条不适用

5　试验的一般条件

5.1　该条内容做下述修改：

第 5 条虚线条款，删除文字“纺织品或”。

5.2　该条内容做下述修改：

第 3 条虚线条款，用文字“回流防止器”取代文字“空隙或管道中断器”。

删除注 2。

8　动力回流防止器

8.1　该条增加下述内容：

在第 3 条虚线条款后增加下述备注：

注 101：对批量洗碗机和独立漂洗隔间，附录 A 中对最大和临界水位的测定条件可参考图 CC.101 和图 CC.102。

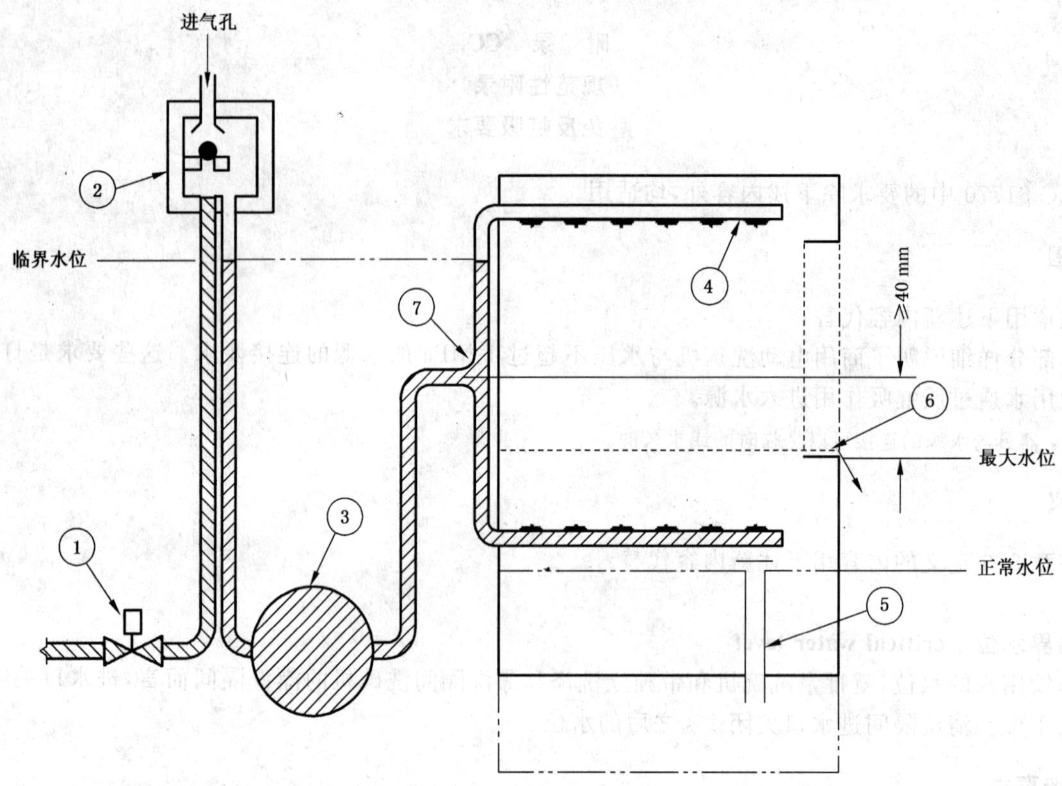

注解：

①——电磁阀；

②——动力回流防止器；

③——锅炉；

④——清洗臂；

⑤——正常排水口；

⑥——非正常溢出；

⑦——分支点；

⑧——透明软管。

图 CC.101 动力回流防止器最大和临界水位的测定（见附录 CC 3.9）

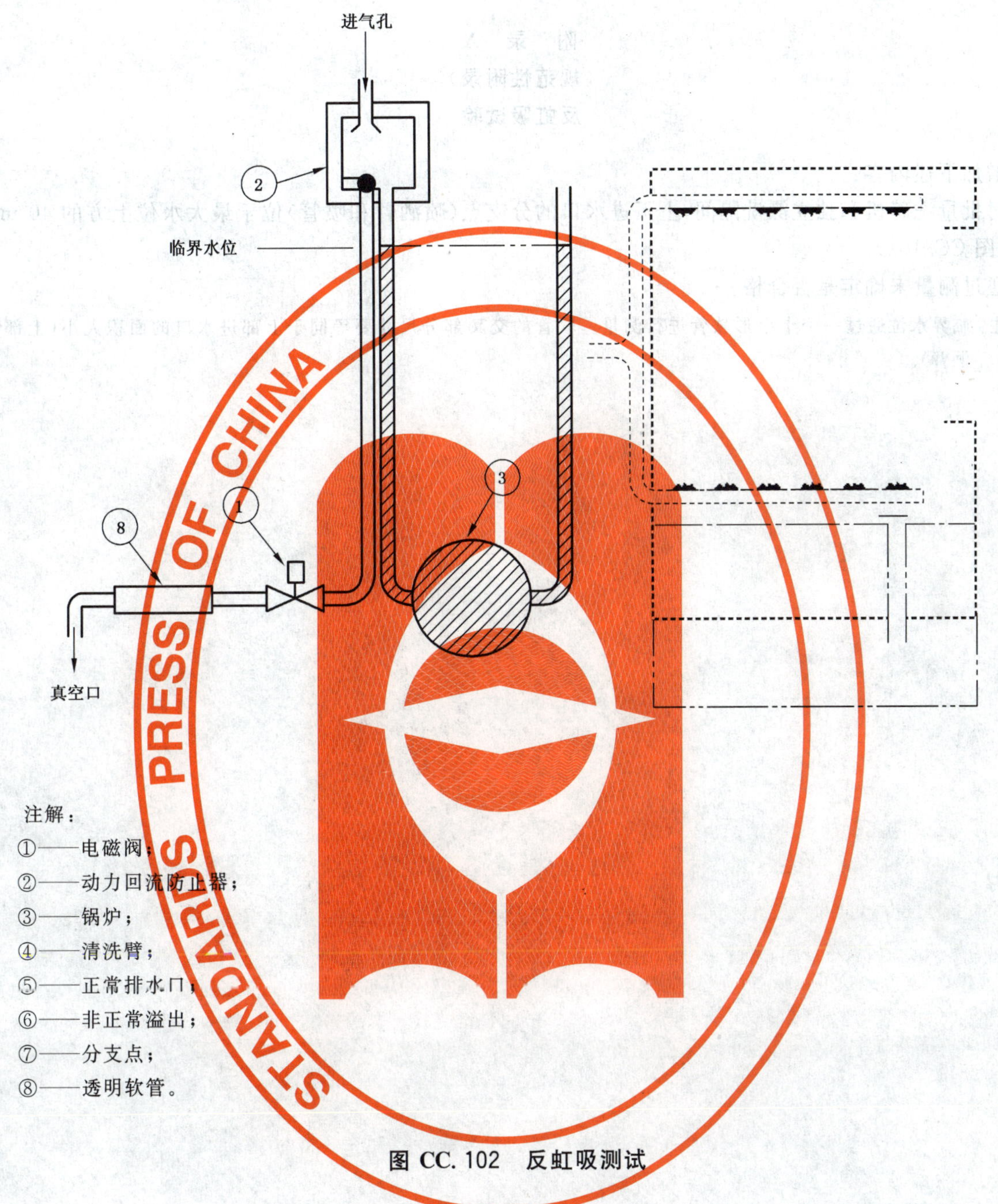

注解：

①——电磁阀；

②——动力回流防止器；

③——锅炉；

④——清洗臂；

⑤——正常排水口；

⑥——非正常溢出；

⑦——分支点；

⑧——透明软管。

图 CC.102　反虹吸测试

附　录　A
（规范性附录）
反虹吸试验

增加下述内容：

对批量洗碗机和独立漂洗隔间，上下进水口的分支点（喷洒臂和喷管）位于最大水位上方的 40 mm 处（见图 CC.101）。

通过测量来确定是否合格。

注：临界水位通过一个十字形软管进行测量。软管的交叉部分尺寸要等同于上部进水口的面积大小（上部喷洒臂）。

参 考 文 献

GB 4706.1—2005 的参考文献除下述内容外，均适用。

参考文献增加：

ISO 4046:1978　纸、木板、纸浆和相关术语　词汇

ISO 13732-1　热环境的人类工效学与表面接触时人的反应的评定方法　第1部分：热表面

ICS 13.120
Y 63

中华人民共和国国家标准

GB 4706.51—2008/IEC 60335-2-49:2002
代替 GB 4706.51—2001

家用和类似用途电器的安全 商用电热食品和陶瓷餐具保温器的特殊要求

Household and similar electrical appliances—Safety—Particular requirements for commercial electric appliances for keeping food and crockery warm

(IEC 60335-2-49:2002,IDT)

2008-12-30 发布　　　　2010-04-01 实施

中华人民共和国国家质量监督检验检疫总局
中国国家标准化管理委员会　发布

前　言

本部分的全部技术内容为强制性。

GB 4706《家用和类似用途电器的安全》由若干部分组成，第 1 部分为通用要求，其他部分为特殊要求。

本部分应与 GB 4706.1—2005《家用和类似用途电器的安全　第 1 部分：通用要求》配合使用。

本部分等同采用 IEC 60335-2-49:2002《家用和类似用途电器的安全　第 2 部分：商用电热食品和陶瓷餐具保温器的特殊要求》及其修改件第 1 号(Ed4.0,2008-04)。

为便于使用，本部分对 IEC60335-2-49 做了下列编辑性修改：

a)　"第 1 部分"一词改为"GB 4706.1—2005"；

b)　用小数点"."代替用做小数点的","。

本部分代替 GB 4706.51—2001《家用和类似用途电器的安全　商用电热食品和陶瓷餐具保温器的特殊要求》。

本部分与 GB 4706.51—2001 的主要差异如下：

——在第 1 章中增加了举例；

——3.19 中增加了有关感应加热源的内容；

——增加了 3.106～3.112；

——修改了 6.2；

——取消了 6.101；

——7.1、7.6、7.12、7.12.1、7.15 中增加了有关感应加热源的内容；

——增加了 7.102～7.105；

——修改了 10.1 的有关内容；

——增加了 11.1、11.3、11.8、11.101；

——修改了 11.7 的有关内容；

——修改了 16.2 泄漏电流的限值；

——第 18 章不适用改为适用；

——19.1、19.2 中增加了有关感应加热源的内容；

——增加了 19.3、19.13、19.101～19.103、21.1；

——修改了 22.101、22.103 的有关内容；

——增加了 22.105、29.2；

——取消了 30.3。

本部分的附录 N 为规范性附录。

本部分由中国轻工业联合会提出。

本部分由全国家用电器标准化技术委员会(SAC/TC 46)归口。

本部分主要起草单位：北京市服务机械研究所、裕富宝厨具设备(深圳)有限公司、广州市花都区新粤海西厨设备厂、上海海克酒店设备制造有限公司、浙江工商大学。

本部分主要起草人：张春生、刘旭、周红卫、郭辉、叶宜刚、李继萍、刘洪伟、傅玉颖。

本部分所代替标准的历次版本发布情况为：

——GB 4706.51—2001。

IEC 前言

1） IEC(国际电工委员会)是由所有国家的电工委员会(IEC 国家委员会)组成的世界范围内的标准化组织。IEC 的宗旨就是促进各国在电气和电子标准化领域的全面合作。鉴于以上的目的并考虑到其他活动的需要，IEC 还出版国际标准、技术规范、技术报告、公共可用规范(PAS)、导则(以下统称为 IEC 出版物)。整个制定工作由技术委员会来完成。任何对此技术问题感兴趣的 IEC 国家委员会都可以参加制定工作。与国际电工委员会有联系的国际、政府及非政府组织也可以参加这项工作。IEC 根据其与 ISO 达成的协议，与 ISO 在工作上紧密合作。

2） 因为每个技术委员会都有来自于各个对有关技术问题感兴趣的 IEC 国家委员会的代表，所以 IEC 对有关技术问题的正式决议或协议都尽可能的表达了国际性的一致意见。

3） IEC 出版物以推荐性的方式供国际上使用，并在此意义上被各国家委员会接受。在为了确保 IEC 出版物技术内容的准确性而做出任何合理的努力时，IEC 对其出版物被使用的方式以及任何最终用户(读者)的误解不负有任何责任。

4） 为了促进国际上的统一，IEC 希望各国委员会在本国情况允许的范围内采用 IEC 出版物的内容作为他们国家或地区的出版物。IEC 出版物与相应的国家或地区的出版物有差异的，应尽可能在后者中明确地指出。

5） IEC 规定了表示其认可的无标志程序，但并不表示对某一设备声称符合某一 IEC 出版物承担责任。

6） 所有的使用者应确保持有该出版物的最新版本。

7） IEC 或其管理者、雇员、服务人员或代理(包括独立专家、IEC 技术委员会和 IEC 国家委员会的成员)不应对使用或依靠本 IEC 出版物或其他 IEC 出版物造成的任何直接的或间接的人身伤害、财产损失或其他任何性质的伤害，以及源于本出版物之外的成本(包括法律费用)和支出承担责任。

8） 应注意在本出版物中列出的规范性引用文件。对于正确使用本出版物来讲，使用规范性引用文件是不可缺少的。

9） 本 IEC 出版物中的某些内容有可能涉及一些专利权问题，对此应引起注意。IEC 组织不负责识别任一或所有该类专利权问题。

IEC 60335 系列标准的本部分是由 IEC 第 61“家用和类似用途电器的安全”技术委员会所属第 61E“商用电气饮食加工服务设备的安全”分委员会制定。

IEC 60335-2-49 的第四版，对 2000 年出版的第三版进行了删除和替代的技术修改。

该双语版本(2005 年 6 月)替代英文版本。

IEC 60335 系列标准的本部分内容以下述文件为依据：

FDIS	表决报告
61E/404/FDIS	61E/416/RVD

本增补件以下述文件为依据：

FDIS	表决报告
61E/617/FDIS	61E/620/RVD

关于表决批准本部分的详细情况，可在上表中指出的表决报告中查明。

本部分的法文版本未经表决。

本部分与 IEC 60335-1 及其修正件的最新版本配合使用。本部分是根据 IEC 60335-1 的第 4 版

(2001)制定的。

注 1：本部分中每提及"第 1 部分"，是指 GB 4706.1(IEC 60335-1)。

本部分对 IEC 60335-1 的相应条款进行了补充或修改，将其转化成 IEC 标准：商用电热食品和陶瓷餐具保温器的安全要求。

如第 1 部分的个别条款在本部分未提到时，如果合理，该条款仍然适用。在本部分中说明"增加"、"修改"或"代替"时，第 1 部分中有关正文应作相应修改。

注 2：采用下述编号系统：

——对第 1 部分增加的条款、注释和图表应自 101 起开始编号。

——除新条款的注释或第 1 部分中涉及的注释外，包括代替条款或分条款在内的所有注释均应自 101 起开始编号。

——增加的附录用 AA、BB 等字母标明。

注 3：在本部分中采用下列印刷体：

——正文要求：印刷体；

——试验规范：斜体；

——注释内容：小写印刷体。

正文中的黑体字在第 3 章中定义。当对一个形容词进行定义时，该形容词与有关名词也应使用黑体。

一些国家存在下述差异：

——6.1：0I 类器具被承认(日本)；

——6.2：打算安装在厨房中的器具，根据其安装高度，要求具有阻挡有害进水的适当防护等级(法国)；

——13.2：泄漏电流的限值是不同的(日本)；

——第 21 章：对于打算安装在厨房中的器具，根据冲击点的高度，采用不同的冲击能量值(法国)。

委员会决定，在 IEC 网站"http://webstore.iec.ch"指定的保持结果日期之前，基本出版物和其增补件的相关内容中与特殊出版物有关的数据保持不变。在此日期，出版物将：

- 重新确认；
- 废止；
- 由修订版替代；或者
- 增补。

引　言

在起草本部分时已假定,由取得适当资格并富有经验的人来执行本部分的各项条款。

本部分所认可的是家用和类似用途电器在注意到制造商使用说明的条件下按正常使用时,对器具的电气、机械、热、火灾以及辐射等危险防护的一个国际可接受水平,它也包括了使用中预计可能出现的非正常情况,并且考虑电磁干扰对于器具安全运行的影响方式。

在制定本部分时已经尽可能地考虑了 GB 16895 中规定的要求,以使得器具在连接到电网时与电气布线规则的要求协调一致。

如果一台器具的多项功能涉及到 GB 4706 特殊要求部分中不同的特殊要求,则只要是在合理的情况下,相关的特殊要求标准要分别应用于每一功能。如果适用,应考虑到一种功能对其他功能的影响。

当特殊要求不包括第 1 部分中有关危险的附加要求时,第 1 部分适用。

注 1:意思是特殊要求的技术委员会已经决定通用要求没有必要在特殊要求中重新规定。

本部分是一个涉及器具安全的产品族标准,并在覆盖相同主题的同一水平与同一类别的标准中处于优先地位。

注 2:当应用关于通用要求和特殊要求的 GB 4706 系列标准时,覆盖危险的同水平和同类别标准不适用于已经在通用要求中已经考虑的部分。例如,就关于很多器具表面温度的要求来说,同类标准,如 ISO 13732-1 关于热表面的要求,不适用于除第 1 部分或特殊要求以外的标准。

一个符合本部分文本的器具,当进行检查和试验时,发现该器具的其他特性会损害本部分要求所涉及的安全水平时,则将未必判定其符合本部分中的各项安全准则。

产品使用了本部分要求中规定以外的各种材料或各种结构形式时,则该产品可以按照本部分中这些要求的意图进行检查和试验。如果查明其基本等效,则可以判定其符合本部分要求。

家用和类似用途电器的安全 商用电热食品和陶瓷餐具保温器的特殊要求

1 范围

GB 4706.1—2005 中的该章用下述内容代替：

GB 4706 的本部分涉及不作家庭使用的商用电热食品和陶瓷餐具保温器的安全。对于连接一条相线和中性线的单相器具，其额定电压不超过 250 V，其他器具不超过 480 V。

带有加温顶面的为食品和陶瓷餐具保温的器具、加温展示柜、加温陶瓷餐具分配器，以及加温货架和平板也在本部分范围内。

注 101：这类器具用于例如餐馆、食品店、医院的厨房和诸如面包房、肉食店之类的商业企业。

利用其他能源形式的器具，其电气部分也在本部分范围之内。

本部分范围内的例子有：

——食品保温柜，带有或不带有加温顶面；

——加温顶面；

——加温展示柜；

——加温陶瓷餐具分配器；

——加温台；

——辐射加温器。

为了切实可行，本部分处理这类器具所引起的常见危险。

注 102：以下情况应予注意：

——对于打算专供在车辆、船舶或航空器上使用的器具，允许有必需的附加要求；

在许多国家还应考虑国家卫生、劳动保护、供水和其他类似权力机构所规定的附加要求；

——打算户外使用的器具应考虑附加要求。

注 103：本部分不适用于：

——专为工业用途而设计的器具；

——打算供经常出现特殊状态如存在腐蚀性或爆炸性空气(粉尘、蒸气或可燃气)等场所使用的器具；

——供大量生产食品用连续作业的器具；

——水浴保温器(GB 4706.62)。

2 规范性引用文件

GB 4706.1—2005 中的该章除下述内容外，均适用。

下列文件中的条款通过 GB 4706 的本部分的引用而成为本部分的条款。凡是注日期的引用文件，其随后所有的修改单(不包括勘误的内容)或修订版均不适用于本部分。然而，鼓励根据本部分达成协议的各方研究是否可使用这些文件的最新版本。凡是不注日期的引用文件，其最新版本适用于本部分。

该章增加下述内容：

GB/T 20290　家用电动洗碗机性能测试方法(GB/T 20290—2006，IEC 60436:2004，IDT)

3 定义

下列术语和定义适用于本部分。

GB 4706.1—2005 中的该章除下述内容外，均适用。

3.1.4 该条增加下述内容：

注 101：额定输入功率是器具内可以同时工作的所有单独元件输入功率的总和；可能存在几种这样的组合时，用输入功率最大的组合来确定额定输入功率。

3.1.9 该条用下述内容代替：

正常工作 normal operation

器具在下列条件下工作：

器具不装负载，供用户操作的所有控制器调到最高值。

如果器具不能在空载条件下工作，则要注意制造厂的说明书。

门、盖或罩，如果有，放置在正常位置。

安装在器具内的电动机，在正常使用中可能预料的最严酷条件下，按预期的方式运行，并重视制造厂的说明。

带有感应加热源的器具将感应陶瓷餐具放在感应盘上工作。所有托盘支承物均应加载，但是允许部分达到满载。

所有控制器调至最大值，感应陶瓷餐具内加入一半冷水，盖上盖子(罩)。

器具由几部分组成，可以形成独立的三个模块；三个模块连在一起工作。这几部分是带有感应加热源的加热模块、带有线圈架的支架和带有感应陶瓷餐具的感应盘支撑物的附件。

3.101

食品保温柜 hot cupboard

用于保持热食品的温度和使陶瓷餐具加温的一种器具。

3.102

加温顶面 heated top

食品保温柜的顶层，用于保持必要的温度。它可以由食品保温柜的电热元件间接加温，也可以用单独的电热元件直接加温。

3.103

加温展示柜 heated display case

陈列食品的保温柜，可从柜内陈列品中供应加了温的食品。

3.104

加温陶瓷餐具分配器 heated crockery dispenser

专供贮藏、加温和分配餐具的器具。

3.105

安装墙 installation wall

一种包含有供应设施的专用固定式构造，供应设施用于与构造物连同安装的器具。

3.106

加温台 heated table

用表面保温的器具。

3.107

辐射加温器 radiant heater

用辐射加热的方式为食物和陶瓷餐具保温的驻立式器具。

3.108

加热部件 heating unit

器具中起独立的烹饪或加热作用的任何部件。

3.109

感应加热源　induction heating source

依靠感应陶瓷餐具中的感应涡流工作的加热源。

3.110

线圈架　coil carrier

装有感应线圈的绝缘装置。

3.111

感应陶瓷餐具　induction crockery

适于通过感应加热来加热或保温食品的陶瓷餐具。

3.112

感应盘　induction tray

由制造商推荐，适用于感应陶瓷餐具的托盘。

4　一般要求

GB 4706.1—2005 中的该章内容均适用。

5　试验的一般条件

GB 4706.1—2005 中的该章除下述内容外，均适用。

5.10　该条增加下述内容：

应将打算安装在一组其他器具内的器具或打算固定在安装墙上的器具围起，以获得防备电击或阻挡有害进水的保护，与根据随同器具提供的使用说明进行安装所获得的保护相当。

注 101：可能需要适当的围栏或附加器具供试验之用。

5.101　器具即使装有电动机也仍然作为电热器具进行试验。

5.102　与其他器具联合组装或装有其他器具的器具，应按本部分的要求进行试验。其他器具则按照有关标准的要求同时工作。

6　分类

GB 4706.1—2005 中的该章除下述内容外，均适用。

6.1　该条用下述内容代替：

关于电击防护类别，器具应属Ⅰ类。

通过视检和有关试验来确定是否合格。

6.2　该条增加下述内容：

在桌面上使用的器具至少为 IPX3，其他器具至少为 IPX4。

7　标志和说明

GB 4706.1—2005 中的该章除下述内容外，均适用。

7.1　该条增加下述内容：

另外，器具上应标明：打算同水源连接的器具，其水压或压力范围用 kPa 表示，但已在说明书内注明者除外。

装有感应加热源的器具应另外标明以下内容：

——工作频率或工作频率范围，单位用千赫(kHz)表示；

——能同时工作的所有感应加热部件的总输入功率，单位用瓦(W)或千瓦(kW)表示，已在说明书中标出者除外；

——能同时工作的所有非感应加热部件的总输入功率,单位用瓦(W)或千瓦(kW)表示,已在说明书中标出者除外。

注 101:要标出或说明的输入功率是任何开关配置中所容许的最大输入功率。

向工作电压大于 250 V 的带电部件提供接触防护的任何罩壳,均应用 GB/T 5465.2(idt IEC 60417-1)规定的符号 5036 标记或用下述警告语:

"警告:危险电压!"

向感应线圈提供接触防护的罩壳应用 GB/T 5465.2(idt IEC60417-1)规定的符号 5140 标记或用下述警告语:

"注意:磁场!"

注 102:如果不能将这些警告标在外壳上,则可将警告置于紧靠外壳固定螺钉处。

7.6 该条增加下述内容:

增加下列符号:

符号	标准	含义
	GB/T 5465.2(idt IEC 60417-1)-5021	等电位
	GB/T 5465.2(idt IEC 60417-1)-5041	注意:热表面
	GB/T 5465.2(idt IEC 60417-1)-5140	非电离电磁辐射

7.12 该条增加下述内容:

装有滚轮或类似装置的器具,其说明书还应指出器具的最大装载量,用 kg 表示。

如果器具上标注了 GB/T 5465.2(idt IEC 60417-1)规定的符号 5021、5041 和 5140,应说明其含义。

带有感应加热源的器具,其使用说明书应包括下述警告和信息:

——警告:如果线圈架颜色变得较深或开裂,应立即切断器具的电源;

——诸如厨房用具、刀叉之类的金属物品不得放在装有感应陶瓷餐具区域内的感应盘上,因为这样会受热;

——只能使用由制造商推荐的感应陶瓷餐具和感应盘;

——戴心脏起搏器的用户应同制造厂磋商(除非给出了详细说明)。

对于身体、感官或智力上有缺陷,或经验和知识有欠缺的人(包括儿童),此说明书不适用。

7.12.1 该条用下述内容代替:

器具应附有说明书,详细说明安装时必需的专门预防措施。当器具与其他器具组合安装或固定在安装墙上时,均应提供如何保证得到防备电击和阻挡有害进水充分保护的详细说明。如将一台以上器具的控制装置组合在一处单独的外壳内,应提供详细的安装说明。用户维护保养,如清洗等,也应提供说明。说明书中应说明器具不得使用喷射水流清洗。

对于装有旋转辐射加温器的器具,其安装说明中应包括旋转区域周围环境条件的详细说明,也应给出安装工如何限制旋转区域的说明。

对于装有感应加热源的器具,应增加一本员工安全操作说明书。此外,说明书应规定任何修理工作只能由制造厂培训过的或推荐的人员来完成。

对于与固定布线永久连接且其泄漏电流可能超过 10 mA 的器具,尤其是长期处于断开状态或停用,或初次安装时,说明书应提供关于打算安装的保护装置(如接地漏电保护继电器)额定值的建议。

通过视检来确定是否合格。

7.12.4 该条增加下述内容:

具有供若干台器具使用的一个独立控制盘的嵌装式器具,其使用说明书应规定:该控制盘只可同指定的器具相连接,以避免可能的危险。

7.15 该条增加下述内容：

如果不能设置固定式器具的标志以便安装完毕后可以看到，则还应在使用说明中或外加标签上作出相关说明。外加的标签可固定在安装后器具附近。

注 101：嵌装式器具是固定式器具的一个例子。

装有按标准设计的感应加热源的器具，附加标签应固定在发热模块上(发生器)。

7.101 等电位联结端子应用 GB/T 5465.2(idt IEC 60417-1)规定的符号 5021 标明。

这些标志不应放在螺钉、可拆下的垫圈或进行导线连接时可能被拆下的其他部件上。

通过视检来确定是否合格。

7.102 如果旋转辐射加温器影响到邻近区域或器具，使用安装说明书应说明此范围。如果邻近区域或器具顶部的温升在第 11 章试验期间超过 65 K，或在第 19 章试验期间超过 125 K，则制造厂提供的安装说明应包括以下警告，此项警告也应包含在附于器具上的例如捆扎型的临时标签内。

警告：如果辐射加温器邻近其他区域或器具，建议在辐射范围内这些区域或器具应采用不可燃材料制作，或者，它们应用不可燃的隔热材料包覆起来，并应注意安全防火规范。

通过视检来确定是否合格。

7.103 邻近器具辐射加温器的食品保温区，如果在第 11 章试验期间温升超过 65 K，则其应被永久标识。如果旋转区域在其他器具之间，则不需进行永久标识。

7.104 辐射加热器正对着使用者的一侧(正面)应用 GB/T 5465.2(idt IEC 60417-1)规定的符号 5041 永久标明。

通过视检来确定是否合格。

7.105 放置感应陶瓷餐具的感应盘上的区域应被永久标识，例如：一个适当的图案。

通过视检来确定是否合格。

8 对触及带电部件的防护

GB 4706.1—2005 中的该章内容均适用。

9 电动器具的启动

GB 4706.1—2005 中的该章除下述内容外，均适用。

9.101 为符合第 11 章要求用于降温的风扇电动机，应能在实际使用中可能出现的所有电压条件下启动。

是否合格通过在 0.85 倍额定电压下启动电动机三次来检查。试验开始时电动机处于室温状态。

每次启动都在电动机准备开始正常工作的条件下进行，对于自动器具，则在正常的工作周期开始的条件下进行，在连续两次启动之间，使电动机能达到静止状态。配备的电动机装的不是离心启动开关时，在 1.06 倍额定电压下重复进行上述试验。

在上述所有情况下，电动机都应能启动，并应以不影响安全的方式运行，其过载保护装置不应动作。

注：在试验期间，电源电压降不应超过 1%。

10 输入功率和电流

GB 4706.1—2005 中的该章除下述内容外，均适用。

10.1 该条内容作下述修改：

用下述内容代替第一段的要求：

在额定电压和正常工作温度下，不带感应加热源的器具，其输入功率偏离额定输入功率应不大于表 1 中所示偏差值。

在额定电压和正常工作温度下，只带有感应加热源的器具，其输入功率偏离额定输入功率应不大于10%。

测量是在将控制器设定值调低之前进行的。

对于装有感应和非感应加热源的器具，下述内容适用：

感应加热源和非感应加热源的输入功率分别测量，每次测量应使能同时通电的加热部件一起工作，以获得最大输入功率。对于感应加热源，测量在将控制器设定值调低之前进行。

这样测得的感应加热源的输入功率，偏离制造厂标明或规定的输入功率(见7.1)，应不超过10%，而非感应加热源偏离制造厂标明或规定的输入功率(见7.1)，应不超过表1中给出的电热器具的规定值。

此外，感应加热源和非感应加热源同时工作时，器具的输入功率偏离额定输入功率应不大于10%。

该条增加下述内容：

注101：对于具有一个以上加热部件的器具，其总输入功率可通过分别测量各加热部件的输入功率来确定(见3.1.4)。

11 发热

GB 4706.1—2005中的该章除下述内容外，均适用。

11.1 该条增加下述内容：

对辐射加温器，11.101适用。

11.2 该条增加下述内容：

打算固定在地板上的器具和质量大于40 kg而未装配滚轮、脚轮或类似装置的器具，按照制造厂的说明书进行安装。如未提供说明书，则认为这些器具通常是放置在地面上使用的。

11.3 该条增加下述内容：

注101：如测量可能受到来自感应加热源(如放射磁场)的过大影响，则必须顾及这种影响。

通常不推荐使用热电偶，因为感应加热源会引起热电偶预料的异常温升。可使用铂电阻测量感应加热源的温升，最好用绞合连接线的高电阻值的铂电阻。铂电阻放置在绕组的最热点，以便尽量减少对被测温度的影响。

11.4 该条用下述内容代替：

器具的非感应加热部件在正常工作状态下，以标明或规定的输入功率的1.15倍进行工作。

各感应加热部件同时工作，并以0.94倍的最小额定电压和1.06倍的最大额定电压之间的最不利电压单独供电。

如果不能同时接通所有电热元件或感应加热源，在开关配置允许的条件下对每一组合进行试验，试验时，线路中应接以每一开关配置中可能的最高负载。

如果器具带有限制总输入功率的控制器，则试验以此控制器可以选择的能施加最严酷条件的任何一种电热元件组合来进行。

如果电动机、变压器或电子电路的温升超过限值，则器具在1.06倍额定电压下重复进行试验。在此情况下，只测量电动机、变压器或电子电路的温升。

11.7 该条用下述内容代替：

装有感应加热源的器具在控制器调至最大值的条件下工作一个周期，此周期由一个加热期和一个保温期组成。

不带感应加热源的器具工作直至建立稳定状态。

注101：非感应器具的试验时间应包括一个以上的工作周期。

11.8 该条增加下述内容：

注101：陶瓷餐具本身被认为是一种功能性表面。

11.101 对于辐射加温器，65 K的温升限值适用于辐射能达到的区域，包括墙壁。如果超过了该温升限值,则7.102的要求适用。

12 空章

13 工作温度下的泄漏电流和电气强度

GB 4706.1—2005中的该章除下述内容外,均适用。

13.2 该条内容做下述修改:

用下述内容代替Ⅰ类驻立式器具泄漏电流的允许值:

——对软线和插头连接的器具:按器具额定输入功率1 mA/kW,最大限值10 mA;

——对其他器具:按器具额定输入功率1 mA/kW,无最大限值。

14 瞬态过电压

GB 4706.1—2005中的该章内容均适用。

15 耐潮湿

GB 4706.1—2005中的该章除下述内容外,均适用。

15.1.1 该条增加下述内容:

此外,IPX0、IPX1、IPX2、IPX3和IPX4器具均应经受下述溅水试验5 min。

采用图101所示的装置。试验期间水压应调整到使水从碗底溅起150 mm。对通常在地面上使用的器具,碗放在地面上;而对所有其他器具,碗放在一个低于器具最低边50 mm的水平支承面上,然后使碗围绕器具移动,以便使水从各个方向溅到器具上。应注意水流不得直接向器具喷射。

15.1.2 该条内容做下述修改:

通常在桌面上使用的器具,要放在支承面上,该支承面每边尺寸比器具在支承面上的正投影尺寸大15 cm±5 cm。

15.2 该条用下述内容代替:

器具的结构应使其在正常使用中液体的溢出不会影响其电气绝缘。

通过以下试验来确定是否合格:

X型连接的器具,除装有专门制备软线者外,都应装有允许的最轻型软缆,或26.6规定的最小横截面积的软线,其他器具按交货状态进行试验。

带有器具输入插口的器具,试验时可将配用的连接器插装到位或不插装,取较为不利的方式。

取下可拆卸部件。

将1 L约含1%NaCl的冷盐水,用1 min时间,均匀倾倒在各加热表面的中心。

注101:陶瓷餐具分配器不进行试验。

然后器具应经受16.3的电气强度试验,并且视检应表明在绝缘上没有能够导致爬电距离和电气间隙减少到低于第29章规定值的微量水迹。

15.3 该条增加下述内容:

注101:如果不可能将整台器具放进潮湿箱内,则包含有电气元件的部件分别进行试验,但要重视器具内出现的情况。

15.101 为注水或清洗而配备水开关的器具,在结构上应使从水开关流出的水不能接触带电部件。

通过以下试验来确定是否合格。

将器具连接到具有制造厂需要的最大供水压力的水源上,进水开关全部打开1 min。可倾斜和可移动部件,包括盖子,都斜置或放置在最不利的位置上。将水开关的可旋转出水管如此定位:使水流向会产生最不利结果的那些部件。器具经上述处置后应立即经受16.3规定的电气强度试验。

16 泄漏电流和电气强度

GB 4706.1—2005 中的该章除下述内容外，均适用。

16.2 该条内容做下述修改：

用下述内容代替Ⅰ类驻立式器具泄漏电流的允许值：

——对软线和插头连接的器具：按器具额定输入功率 1 mA/kW，最大限值 10 mA；

——对其他器具：按器具额定输入功率 1 mA/kW，无最大限值。

17 变压器和相关电路的过载保护

GB 4706.1—2005 中的该章内容均适用。

18 耐久性

GB 4706.1—2005 中的该章内容均适用。

19 非正常工作

GB 4706.1—2005 中的该章除下述内容外，均适用。

19.1 该条增加下述内容：

此外，应将用于调整不同设定值的控制器或开关调整到最不利的位置。不同设定值与器具相同部分的不同功能相对应。不同功能由不同的标准所规定，同制造厂的说明书无关。

装有感应加热源的器具也应经受 19.101 和 19.102 的试验。

对于辐射加温器，19.103 适用。

19.2 该条增加下述内容：

使风扇电动机不能工作。

将门、盖打开或关闭，两者中取较为不利者。

内装有加热元件的表层和用食品保温柜的加热元件间接加热的加温顶面都覆盖一层厚度为 25 mm、单位面积质量为 4 kg/m² ±0.4 kg/m² 的毛毡。

注 101：由不是装在表层内的热辐射源进行加热的表层，不覆盖毛毡。

可拆卸反射板及类似的可拆卸部件放置在任何位置或拆下，取较为不利者。

装有感应加热源的器具，在满载空的、无盖(罩)的感应陶瓷餐具下工作，直至建立稳定状态。

19.3 该条增加下述内容：

感应加热源的供电电压为额定电压的 1.06 倍。

19.4 该条增加下述内容：

注 101：正常使用时，用来接通或断开电热元件的接触器主触头锁定在“通(ON)”的位置。如果两个接触器彼此独立工作，或者一个接触器控制两组独立的主触头，则这些触头轮流锁定在“通(ON)”的位置。

19.8 该条增加下述内容：

器具按 19.7 进行试验来确定是否合格。

19.13 该条内容作下述修改：

工作电压超过 250 V 装有感应加热源的器具，下述试验电压适用：

——1 000 V 增加为 1.2 U + 700 V；

——2 750 V 增加为 1.2 U + 2 450 V；

——3 750 V 增加为 2.4 U + 3 150 V。

U 为工作电压。

该条增加下述内容：

感应线圈绕组的温度不应超过表 8 的规定值。

19.101 带有感应加热源的器具的结构，应尽可能排除误操作或控制装置及电路元件出现故障所导致的失火、电击或机械危险。

器具在正常工作状态下，以额定电压或额定电压范围的上限运行，通过应用任何方式的操作或在相关电路中施加正常使用时可能发生的任何故障条件来确定是否合格。一次只模拟一种故障条件，依次地连续进行试验。

注：故障条件的例子有：

——接触器脱开和电磁元件脱开；

——电动机起动故障；

——供电电压下降、电压重现、电压中断达 0.5 s；

——19.11 中规定的适用故障条件。

对器具及其电路图的检查，可以大概显示出要模拟的故障情况。

19.102 装有感应加热源的器具，其构造应使放置在线圈架上的小金属片不应引起线圈架上的绕组温度超过表 8 的规定值，或不应损坏线圈架绝缘。

在线圈架最不利的条件下，通过在其上放置一片尺寸 100 mm×20 mm，厚 2 mm 的低碳钢平片来进行检查。器具以额定电压供电，所有控制器均应调至最大值。

19.103 对于辐射加温器，125 K 的温升限值适用于辐射能达到的区域，包括墙壁。如果超过了该温升限值，则 7.102 的要求适用。

20 稳定性和机械危险

GB 4706.1—2005 中的该章除下述内容外，均适用。

20.1 该条增加下述内容：

装有门、盖或罩、支架和其他附件的器具进行试验时，门开启或关闭，支架全部或部分拉出，盖、罩和其他附件装上或取下，均取较为不利的条件。

装有滚轮或类似装置的器具，还需经受以下试验：

陶瓷餐具分配器装上盘碟，使装载量为制造厂标明装载量的三分之一。盘碟放在器具可供使用的最高部件上。使用的盘碟按 GB/T 20290 中的规定。如果制造厂规定了特殊的盘碟，则应采用这种盘碟。

其他器具也装上制造厂标明的装载量三分之一的荷载，并将荷载放置在器具可供使用的最高部件上。

装有门、盖或罩和其他附件的器具进行试验时，门开启或关闭，盖、罩和其他附件装上或取下，均取较为不利的条件。

然后将器具放在紧靠高度等于滚轮半径加 10 mm 的一个边缘的最不利位置上。如果滚轮有不同尺寸，则选最不利的边缘高度。

将一个等于器具满载质量 8% 的力，以最不利方向水平地施加在器具顶边的中部，但不高于 900 mm。

器具不应翘起。

20.2 该条增加下述内容：

如果器具的门开启时，风扇电动机也能工作，则应将器具电动机和风扇的运动部件围起或作调整，以便正常工作期间包括清洗时，为防止损伤提供充分的保护。

应不可能触及风扇的运动部件。

通过使用 GB/T 16842(IEC 61032,IDT)中 41 号试验探棒施加 10 N 的力来确定是否合格。

20.101 为了满足 20.2 的要求而装在电动机和风扇组件上的保护装置，不应是可拆卸部件，除非有以下情况：

——装有适当的联锁装置，能防止电动机或风扇在拆除保护装置的情况下运转；

——保护装置构成内衬的主要部分。

通过视检和手动试验来确定是否合格。

21 机械强度

GB 4706.1—2005 中的该章除下述内容外，均适用。

21.1 该条增加下述内容：

冲击试验也适用于线圈架。

22 结构

GB 4706.1—2005 中的该章除下述内容外，均适用。

22.15 该条增加下述内容：

运送食品或其他物品的器具，应安装适当装置，以保护电源软线不致在运输过程中损坏。

22.101 对于三相器具，用于保护带有电热元件的电路和保护意外启动会引起危险的电动机电路的热断路器，应为非自动复位、自动脱扣类型，并应能从电源全极断开。

对于单相器具和连接在一条相线和中线或相线和相线之间的单相电热元件和/或电动机，用于保护带有电热元件的电路和保护意外启动会引起危险的电动机电路的热断路器，应为非自动复位、自动脱扣类型，并应至少断开一极。

如果非自复位热断路器只有在借助工具拆除部件后触及，则不要求自动脱扣类型。

注 1：自动脱扣类型的热断路器具有自动动作，带有一个复位机构，其结构使自动动作不受复位机构的动作或位置所支配。

在第 19 章试验期间动作的球头型和毛细管型热断路器，应当是毛细管的断裂不得影响器具符合 19.13 的要求。

通过视检、手动试验和折断毛细管来确定是否合格。

注 2：注意确保折断时不使毛细管封闭。

22.102 指示危险、报警或类似情况的信号灯、开关或按钮只应是红色的。

通过视检来确定是否合格。

22.103 装有轮子或类似装置的器具应在停留时配备有效的锁定装置。

通过视检和下述试验确定是否合格。

器具按照制造厂说明书满载，放在覆盖有氧化铝纸(粒度为 80)且与水平面成 10°角的倾斜平面上，锁定锁紧机构。器具移动不应超过 100 mm。

22.104 便携式器具的底面不应有允许小物体穿透并触及带电部件的孔。

通过视检和经过孔测得的支撑面与带电部件之间的距离来确定是否合格。该距离至少为 6 mm；然而，对装有支脚并打算放在桌面上使用的器具，此距离加长到 10 mm；对打算放在地面上使用的器具，则加长到 20 mm。

22.105 感应加热源上应有适当的视觉或听觉警告标识，警示该控制器处于“ON”的位置。

通过视检来确定是否合格。

注：控制旋钮本身不能构成足够的警告标识。

23 内部布线

GB 4706.1—2005 中的该章除下述内容外，均适用。

23.3 该条增加下述内容：

温控器的毛细管在正常使用中有弯曲倾向时，下述内容适用：

——毛细管作为内部布线的部件装配时，GB 4706.1 适用；

——单独的毛细管应以不超过 30 次/min 的速率弯曲 1 000 次。

注 101：在上述任何一种情况下，如果由于部件的质量等原因，不可能按照给定的速率移动器具的活动部件，则弯曲速率可以降低。

在弯曲试验之后，毛细管不应有本部分含义内的损伤痕迹和影响其进一步使用的损坏。

但是，如果毛细管的一处损坏就使器具不能工作（失效保护），则单独的毛细管就不再进行试验，而作为内部布线的部件安装的毛细管，也不进行是否符合要求的检查。

通过折断毛细管来检验是否合格。

注 102：注意确保折断时不使毛细管封闭。

24 元件

GB 4706.1—2005 中的该章除下述内容外，均适用。

24.101 装配在器具上的连接器不应包含温控器。

通过视检来确定是否合格。

25 电源连接和外部软线

GB 4706.1—2005 中的该章除下述内容外，均适用。

25.3 该条增加下述内容：

固定式器具和质量大于 40 kg 而未装配滚轮、脚轮或类似装置的器具，其结构应允许器具按照制造厂的说明书安装后，再连接电源软线。

用于电缆与固定布线永久连接的接线端子，也可能适用于电源软线的 X 型连接。在此情况下，器具应装有符合 25.16 要求的软线固定装置。

如果器具装有可连接软线的一组接线端子，则这些接线端子应适用于软线的 X 型连接。

在上述两种情况下，说明书应提供电源软线的详尽资料。

嵌装式器具的电源线的连接，可以在器具安装之前完成。

通过视检来确定是否合格。

25.7 该条内容做下述修改：

用下述内容代替规定的电源软线类型：

电源软线应为耐油柔性护套电缆，不轻于普通氯丁橡胶或其他等效的合成橡胶的护套软线（指定牌号 GB/T 5013.1(IEC 60245,IDT)的 57 号线）。

26 外部导线用接线端子

GB 4706.1—2005 中的该章内容均适用。

27 接地措施

GB 4706.1—2005 中的该章除下述内容外，均适用。

27.2 该条增加下述内容：

驻立式器具应装配一接线端子以便连接外部等电位导体。该接线端子应与器具所有固定的外露金属部件保持有效的电气接触，并且应能与标称横截面高达 10 mm^2 的导线连接。接线端子应设置在器具安装后便于与结合导体连接的位置。

注 101：固定的小型外露金属件，例如铭牌等，无需与接线端子形成电气接触。

28 螺钉和连接

GB 4706.1—2005 中的该章内容均适用。

29 电气间隙、爬电距离和固体绝缘

GB 4706.1—2005 中的该章除下述内容外，均适用。

29.2 该条增加下述内容：

微观环境为 3 级污染，相对漏电起痕指数(CTI)应不低于 250，除非绝缘被封闭或者其放置位置能保证在器具正常使用过程中绝缘不可能受到污染。

30 耐热和耐燃

GB 4706.1—2005 中的该章除下述内容外，均适用。

30.2.1 该条内容做下述修改：

灼热丝试验在 650 ℃的温度下进行。

30.2.2 该条内容不适用。

31 防锈

GB 4706.1—2005 中的该章内容均适用。

32 辐射、毒性和类似危险

GB 4706.1—2005 中的该章内容均适用。

单位为毫米

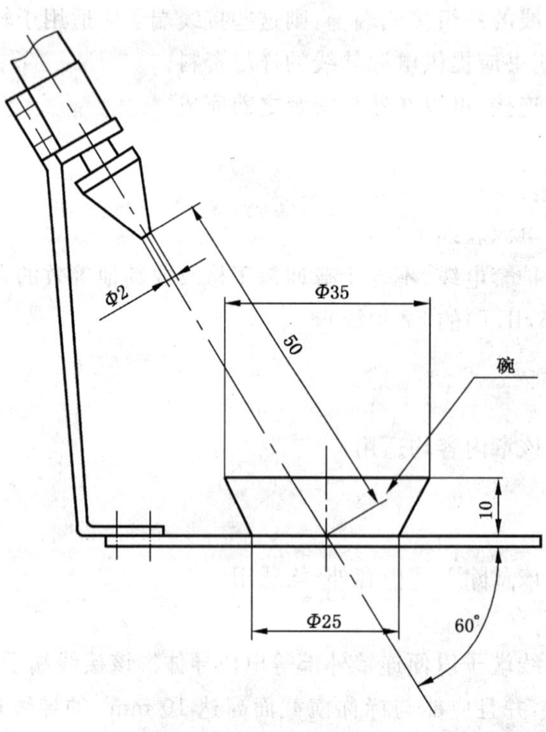

图 101 溅水装置

附　录

GB 4706.1—2005 中的附录除下述内容外，均适用。

附　录　N
（规范性附录）
耐漏电起痕试验

6.3　该条增加下述内容：

规定电压列表中增加 250 V。

参 考 文 献

GB 4706.1—2005 的参考文献除下述内容外，均适用。

参考文献增加：

GB 4706.62　家用和类似用途电器的安全　商用电水浴保温器的特殊要求(GB 4706.62—2008，IEC 60335-2-50:2008，IDT)

ISO 13732-1　热环境的人类工效学与表面接触时人的反应的评定方法　第 1 部分：热表面

ICS 13.120
Y 68

中华人民共和国国家标准

GB 4706.52—2008/IEC 60335-2-36:2008
代替 GB 4706.52—2001

家用和类似用途电器的安全 商用电炉灶、烤箱、灶和灶单元的特殊要求

Household and similar electrical appliances—Safety—Particular requirements for commercial electric cooking ranges, ovens, hobs and hob elements

(IEC 60335-2-36:2008,IDT)

2008-12-30 发布　　2010-04-01 实施

中华人民共和国国家质量监督检验检疫总局
中国国家标准化管理委员会　发布

前　言

本部分的全部技术内容为强制性。

GB 4706《家用和类似用途电器的安全》由若干部分组成,第1部分为通用要求,其他部分为特殊要求。

本部分应与GB 4706.1—2005《家用和类似用途电器的安全　第1部分:通用要求》配合使用。

本部分等同采用IEC 60335-2-36:2008《家用和类似用途电器的安全　第2部分:商用电炉灶、烤箱、灶和灶单元的特殊要求》。

为便于使用,本部分对IEC 60335-2-36做了下列编辑性修改:

a) "第1部分"一词改为"GB 4706.1—2005";

b) 用小数点"."代替用做小数点的","。

本部分代替GB 4706.52—2001《家用和类似用途电器的安全　商用电炉灶、烤箱、灶和灶单元的特殊要求》。

本部分与GB 4706.52—2001的主要差异如下:

——增加了3.110;

——取消了6.2中的注101,增加了"在桌面上使用的器具至少为IPX3,其他器具至少为IPX4"的要求,取消了6.101;

——7.12.4增加了对嵌装式器具的规定;

——13.2中仅保留了Ⅰ类驻立式器具泄漏电流的容许值,取消了其他有关规定;

——13.3修改了试验电压的数值;

——修改了16.2中泄漏电流的限值;

——增加了19.11.2;

——修改了22.101的相关内容;

——增加了22.109;

——增加了24.1.4;

——取消了29.1;

——修改了29.2;

——取消了30.3;

——修改了30.101中燃烧试验的相关内容。

本部分的附录N为规范性附录。

本部分由中国轻工业联合会提出。

本部分由全国家用电器标准化技术委员会(SAC/TC 46)归口。

本部分主要起草单位:北京市服务机械研究所、裕富宝厨具设备(深圳)有限公司、广州市赛思达机械设备有限公司、广东伊立浦电器股份有限公司、喜达客(青岛)商用电器有限公司、北京市新丽厨房设备有限公司、广州市荣麦烘焙食品机械制造有限公司、广州红菱电热设备有限公司、北京市警盾京西厨房设备有限公司、美的电热电器制造有限公司。

本部分主要起草人:刘旭、李继萍、周红卫、唐树松、张文才、孙勤、叶广川、黎锡荣、李炳良、李进栋、陈石军。

本部分的历次版本发布情况为:

——GB 4706.52—2001。

IEC 前言

1） IEC（国际电工委员会）是由所有国家的电工委员会（IEC 国家委员会）组成的世界范围内的标准化组织。IEC 的宗旨就是促进各国在电气和电子标准化领域的全面合作。鉴于以上的目的并考虑到其他活动的需要，IEC 还出版国际标准、技术规范、技术报告、公共可用规范（PAS）、导则（以下统称为 IEC 出版物）。整个制定工作由技术委员会来完成。任何对此技术问题感兴趣的 IEC 国家委员会都可以参加制定工作。与国际电工委员会有联系的国际、政府及非政府组织也可以参加这项工作。IEC 根据其与 ISO 达成的协议，与 ISO 在工作上紧密合作。

2） 因为每个技术委员会都有来自于各个对有关技术问题感兴趣的 IEC 国家委员会的代表，所以 IEC 对有关技术问题的正式决议或协议都尽可能的表达了国际性的一致意见。

3） IEC 出版物以推荐性的方式供国际上使用，并在此意义上被各国家委员会接受。在为了确保 IEC 出版物技术内容的准确性而做出任何合理的努力时，IEC 对其出版物被使用的方式以及任何最终用户（读者）的误解不负有任何责任。

4） 为了促进国际上的统一，IEC 希望各国委员会在本国情况允许的范围内采用 IEC 出版物的内容作为他们国家或地区的出版物。IEC 出版物与相应的国家或地区的出版物有差异的，应尽可能在后者中明确地指出。

5） IEC 规定了表示其认可的无标志程序，但并不表示对某一设备声称符合某一 IEC 出版物承担责任。

6） 所有的使用者应确保持有该出版物的最新版本。

7） IEC 或其管理者、雇员、服务人员或代理（包括独立专家、IEC 技术委员会和 IEC 国家委员会的成员）不应对使用或依靠本 IEC 出版物或其他 IEC 出版物造成的任何直接的或间接的人身伤害、财产损失或其他任何性质的伤害，以及源于本出版物之外的成本（包括法律费用）和支出承担责任。

8） 应注意在本出版物中列出的规范性引用文件。对于正确使用本出版物来讲，使用规范性引用文件是不可缺少的。

9） 本 IEC 出版物中的某些内容有可能涉及一些专利权问题，对此应引起注意。IEC 组织不负责识别任一或所有该类专利权问题。

IEC 60335 系列标准的本部分是由 IEC 第 61“家用和类似用途电器的安全”技术委员会所属第 61E“商用电气饮食加工服务设备的安全”分委员会制定。

IEC 60335-2-36 的合并版本是基于第五版（2002）[表决报告 61E/398/FDIS 和表决报告 61E/410/RVD]、增补件 1（2004）[表决报告 61E/435/FDIS 和表决报告 61E/437/RVD]和增补件 2（2008）[表决报告 61E/594/FDIS 和表决报告 61E/609/RVD]。

技术内容与基础版及其增补件完全相同，便于用户的使用。

它构成 5.2 版。

页边垂线表示该处基础出版物已经由增补件 1 和增补件 2 进行修改。

本部分的法文版本未经表决。

关于表决批准本部分的详细情况，可在上表中指出的表决报告中查明。

本部分与 IEC 60335-1 及其修改件的最新版本配合使用。本部分是根据 IEC 60335-1 的第 4 版（2001）制定的。

注 1：本部分中每提及“第 1 部分”，是指 GB 4706.1（IEC 60335-1）。

本部分对 IEC 60335-1 的相应条款进行了补充或修改，将其转化成 IEC 标准：商用电炉灶、烤箱、灶和灶单元的安全要求。

如第 1 部分的个别条款在本部分未提到时，如果合理，该条款仍然适用。在本部分中说明“增加”、“修改”或“代替”时，第一部分中有关正文应作相应修改。

注 2：采用下述编号系统：

——对第 1 部分增加的条款、注释和图表应自 101 起开始编号。

——除新条款的注释以及涉及第 1 部分的注释外，包括替代条款的注释在内的所有注释自 101 起开始编号。

——增加的附录用 AA、BB 等字母标明。

注 3：在本部分中采用下列印刷体：

——正文要求：印刷体；

——试验规范：*斜体*；

——注释内容：小写印刷体。

正文中的黑体字在第 3 章中定义。当对一个形容词进行定义时，该形容词与其有关的名词一并用黑体。

一些国家存在如下的差异：

——6.1：01 类器具被承认如果他们的额定电压不超过 150 V（日本）；

——6.2：打算安装在厨房中的器具，根据其安装高度，要求具有阻挡有害进水的适当防护等级（法国）；

——13.2：泄漏电流的限值是不同的（日本）；

——16.2：泄漏电流的限值是不同的（日本）；

——第 21 章：对于打算安装在厨房中的器具，根据冲击点的高度，可采用不同的冲击能量值（法国）。

委员会已经决定本基础出版物和其增补件的内容在 IEC 网站（http://webstore.iec.ch）中与该出版物相关数据里发布的维护结果日期前保持不变，届时本出版物将会被：

- 重新确认；
- 废止；
- 由修订版替代；或者
- 增补。

引 言

在起草本部分时已假定,由取得适当资格并富有经验的人来执行本部分的各项条款。

本部分所认可的是家用和类似用途电器在注意到制造商使用说明的条件下按正常使用时,对器具的电气、机械、热、火灾以及辐射等危险防护的一个国际可接受水平,它也包括了使用中预计可能出现的非正常情况,并且考虑电磁干扰对于器具安全运行的影响方式。

在制定本部分时已经尽可能地考虑了GB 16895中规定的要求,以使得器具在连接到电网时与电气布线规则的要求协调一致。

如果一台器具的多项功能涉及GB 4706特殊要求部分中不同的特殊要求,则只要是在合理的情况下,相关的特殊要求标准要分别应用于每一功能。如果适用,应考虑到一种功能对其他功能的影响。

当特殊要求不包括第1部分中有关危险的附加要求时,第1部分适用。

注1:意思是特殊要求的技术委员会已经决定通用要求没有必要在特殊要求中重新规定。

本部分是一个涉及器具安全的产品族标准,并在覆盖相同主题的同一水平与同一类别的标准中处于优先地位。

注2:当应用关于通用要求和特殊要求的GB 4706系列标准时,覆盖危险的同水平和同类别标准不适用于已经在通用要求中已经考虑的部分。例如,就关于很多器具表面温度的要求来说,同类标准,如ISO 13732-1关于热表面的要求,不适用于除第1部分或特殊要求以外的标准。

一个符合本部分文本的器具,当进行检查和试验时,发现该器具的其他特性会损害本部分要求所涉及的安全水平时,则将未必判定其符合本部分中的各项安全准则。

产品使用了本部分要求中规定以外的各种材料或各种结构形式时,则该产品可以按照本部分中这些要求的意图进行检查和试验。如果查明其基本等效,则可以判定其符合本部分要求。

家用和类似用途电器的安全
商用电炉灶、烤箱、灶和灶单元的特殊要求

1 范围

GB 4706.1—2005 中的该章用下述内容代替：

GB 4706 的本部分涉及不作家庭使用的商用电炉灶、烤箱、灶、灶单元及类似器具的安全。对于连接一条相线和中性线的单相器具，其额定电压不超过 250 V，其他器具不超过 480 V。

注 101：这类器具用于例如餐馆、食品店、医院和诸如面包房、肉食店之类的商业企业。

利用其他能源形式的器具，其电气部分也在本部分范围之内。

本部分处理这类器具所引起的常见危险。

注 102：以下情况应予注意：

——对于打算专供在车辆、船舶或航空器上使用的器具，允许有必需的附加要求；

——在许多国家还应考虑国家卫生、劳动保护、供水和其他类似权力机构所规定的附加要求。

注 103：本部分不适用于：

——专为工业用途而设计的器具；

——打算供经常出现特殊状态如存在腐蚀性或爆炸性空气（粉尘、蒸气或可燃气）等场所使用的器具；

——供大量生产食品用连续作业的器具；

——蒸汽炊具、强制和蒸汽对流烤炉（GB 4706.34）；

——食品保温柜（GB 4706.51）；

——微波炉（GB 4706.90）。

2 规范性引用文件

GB 4706.1—2005 中的该章内容均适用。

3 定义

下列术语和定义适用于本部分。

GB 4706.1—2005 中的该章除下述内容外，均适用。

3.1.4 该条增加下述内容：

注 101：额定输入功率是器具内可以同时工作的所有单独元件输入功率的总和。可能存在几种这样的组合时，用输入功率最大的组合来确定额定输入功率。

3.1.9 该条用下述内容代替：

正常工作 normal operation

器具在下列条件下工作：

整体灶单元不加负载工作，而覆盖层灶单元工作时要用一块厚 9 mm～10 mm 的黑色无光泽冷轧或热轧钢板加载。钢板盖住单元表面不少于 90%、不大于 100%。灶单元工作时，调整各控制器，使在整体单元的或加载钢板的几何中心处，或在单元受热不均匀时的最热点上测量时，显示下述温度。

分级控制器调到显示温度等于或大于 275 ℃的第一位置。周期控制器调到使整个周期内的温度平均值为 275 ℃±5 ℃。如果达不到这个温度，则将控制器调到最高值。

非感应加热源在玻璃陶瓷或类似材料下面，用一个或几个最初盛了冷水的平底锅一起工作，锅内注水到 60 mm±10 mm 高度。平底锅用非镜面抛光的、普通品质的铝材制成，其底面内凹度不超过 0.1 mm。平底锅盖住烹饪区，应达到可能的最大程度。

平底锅加上盖，将控制器调到最高值，直到水煮沸，然后再调到保持沸腾。在沸腾过程中随时加水，以保持水位。

感应加热源在玻璃陶瓷或类似材料的下面，用制造厂推荐的平底锅一起工作。

如果使用一个平底锅，锅底盖住烹饪区，应尽可能接近于但不少于烹饪区的总面积。锅要居中放置。

非圆形烹饪区选用一组数量最少的平底锅盖住尽可能多的烹饪区面积。

在所有情况下，平底锅均注以冷态煎炸油，油位达到 30 mm±5 mm 的高度。将控制器调到最高值，直到油温达到 180 ℃，然后再调到使油保持在 180 ℃±15 ℃的温度。

进一步的试验用冷水进行，将平底锅注水达到 60 mm±10 mm 的高度。平底锅加上盖。将控制器调到最高值，直到水煮沸，然后再调到保持沸腾。在沸腾过程中随时加水，以保持水位。

要采用能造成(油或水的)最不利结果的状态。

烤箱不加负载工作，并调整各控制器使在整个温控周期中、在烤箱内部有效空间的几何中心处，温度平均值保持在 240 ℃±4 ℃。分级控制器此温度调到 240 ℃±15 ℃，温度能达到高于 290 ℃的烤箱，将其控制器调到使此温度低于可能达到的最高值 50 ℃±4 ℃，温度不可能达到 240 ℃的烤箱，其控制器调到最高值。

烤盘不加负载工作，并调整各控制器，使在各受控烹饪面的最热点上测量时，显示下述温度。分级控制器调到显示温度等于或大于 275 ℃的第一位置。周期控制器调到使整个周期内的温度平均值为 275℃±5 ℃。如果达不到这个温度，则将控制器调到最高值。

安装在器具内的电动机，在正常使用中可能预料的最严酷条件下，按预期的方式运行，并重视制造厂的说明。

3.101

炉灶　cooking and baking range

一种单独的烹饪器具，装有一个或多个烤箱，连同一个或多个灶单元或烤盘，或这些器件的组合。

注：装有强制对流加热炉、蒸气对流式加热炉或微波炉的器具被认为是装有其他器具的器具(见 5.102)。

3.102

加热部件　heating unit

器具中起独立的烹饪或加热作用的任何部件。

注 1：加热部件的例子有灶单元、烤盘或烤箱。

注 2：如果烤箱中装有一个以上加热元件或加热元件组，当有一个加热元件或元件组通电时，另一个加热元件或元件组受到控制而不能接通，则每一个加热元件或元件组被认为是一个独立的加热部件而应经受相应试验。

3.103

灶单元　hob element

蒸煮盘　boiling plate

平板件　surface element

顶面上可安放一个或多个容器的加热部件。

注：灶单元可以由玻璃陶瓷或类似材料表面正下方的感应或非感应加热源组成。

3.104

灶面　hob surface

烹饪顶面　cooking top

器具的水平部件，其上附装灶单元。

3.105

灶　hob

灶面和一个或多个灶单元。它可以是一个独立的器具，也可以是炉灶的部件。

注：灶中还可装有烤盘。

3.106

烹饪区　cooking zone

在玻璃陶瓷的或类似材料的灶面上标示出的规定为放置容器的区域。

3.107

感应加热源　induction heating source

依靠放在灶单元上一个容器中的感应涡流工作的加热源。

3.108

烤盘　griddle plate

一种规定将食品直接放在烹饪面上的加热部件。

在此处增加下述新定义：

3.109

安装墙　installation wall

一种包含有供应设施的专用固定式构造，供应设施用于与构造物连同安装的器具。

3.110

平底锅探测器　pan detector

为防止灶单元在未放置容器的烹饪区上工作所装有的一种装置。

注：平底锅探测器不被认为是温控器或保护装置。

4　一般要求

GB 4706.1—2005 中的该章内容均适用。

5　试验的一般条件

GB 4706.1—2005 中的该章除下述内容外，均适用。

5.2　该条增加下述内容：

单独交货的灶单元，应装入合适的炉灶内进行试验。

18.102 所述的试验可用单独试样进行。

5.3　该条增加下述内容：

除非用单独试样进行，18.102 的试验应在第 11 章的试验之前完成。

5.10　该条增加下述内容：

当器具与其他器具组合安装或固定在安装墙上时，应采取围护措施以防电击或有害进水，并达到使用说明书上所标明的防护要求。

注 101：可能需要适当的围栏或附加器具供试验之用。

5.101　器具即使装有电动机也仍然作为电热器具进行试验。

5.102　与其他器具联合组装或装有其他器具的器具，应按本部分的要求进行试验。其他器具则按照有关标准的要求同时工作。

6　分类

GB 4706.1—2005 中的该章除下述内容外，均适用。

6.1　该条用下述内容代替：

关于电击防护类别，器具应属Ⅰ类。

通过视检和有关试验来确定是否合格。

6.2　该条增加下述内容：

在桌面上使用的器具至少为 IPX3，其他器具至少为 IPX4。

7 标志和说明

GB 4706.1—2005 中的该章除下述内容外，均适用。

7.1 该条增加下述内容：

另外，器具上应标明：

——打算同水源连接的器具，其水压或压力范围用 kPa 表示，但已在说明书内注明者除外。

装有感应加热源的器具应另外标明以下内容：

——工作频率或工作频率范围(kHz)；

——能同时工作的所有感应加热部件的总输入功率(W 或 kW)，已在说明书中标出者除外；

注 101：要标出或说明的输入功率是任何开关配置中所容许的最大输入功率。

——能同时工作的所有非感应加热部件的总输入功率(W 或 kW)，已在说明书中标出者除外。

注 102：要标出或说明的输入功率是任何开关配置中所容许的最大输入功率。

向工作电压大于 250 V 的带电部件提供接触防护的所有罩壳，均应作如下标记：

“警告：危险电压！”或者标出危险电压的符号。（见 7.6）

向感应线圈提供接触防护的罩壳应作如下标记：

“小心磁场！”或标出非电离电磁辐射的符号。（见 7.6）

注 103：如果不能将这些警告标在外壳上，则可将警告里于紧靠外壳固定螺钉处。

7.6 该条增加下述内容：

增加下列符号：

GB/T 5465.2(idt IEC 60417-1)-5140　　非电离电磁辐射

GB/T 5465.2(idt IEC 60417-1)-5036　　危险电压

　GB/T 5465.2(idt IEC 60417-1)-5021　　等电位

7.12 该条增加下述内容：

如果器具装有构成带电部件外壳的玻璃陶瓷或类似材料的灶面，则说明书应包括如下警告的要点：

警告：如果灶面开裂，应立即切断器具或有关部件的电源！

带有玻璃陶瓷或类似材料灶面的器具，说明书应规定不得将铝箔或塑料容器放在高温表面上，还应规定该表面上不可堆放物品。

装有卤素灯的灶，其说明书应预先告诫用户避免直视亮着的灯。

装有感应加热源的器具，其说明书应指出要使用的最小烹饪容器的尺寸，还应包括以下要点：

——诸如厨房用具、刀叉之类的金属物品不得放在灶面上的烹饪区内，因为这样会受热；

——操作器具时小心，因为用户戴的戒指、手表等在靠近灶面时会受热；

——只使用属于推荐类型和尺寸的容器。

装有感应加热源的器具，除已给出特定细节者外，说明书应规定，戴心脏起搏器的用户在操作器具前，应同制造厂磋商。

带有平底锅探测器的灶和灶单元，其说明书应包括下述要点：

使用后，关闭灶单元的控制方法不能依赖平底锅探测器。

如果器具上标注了 GB/T 5465.2(idt IEC 60417-1)规定的符号 5021、5036 或 5140，应说明其含义。

对于身体、感官或智力上有缺陷，或经验和知识有欠缺的人(包括儿童)，此说明书不适用。

7.12.1 该条用下述内容代替：

器具应附有说明书，详细说明安装时必需的专门预防措施。对于打算与其他器具组合安装或固定在安装墙上的器具，应提供详细的防护措施和要求，以防备电击和有害进水。如将一台以上器具的控制

装置组合在一处单独的外壳内，应提供详细的安装说明。用户维护保养，如清洗等，也应提供说明。说明书中应说明器具不得使用喷射水流清洗。

对于与固定布线永久连接的器具及其泄漏电流可能超过 10 mA 的器具，尤其是长期处于断开状态或停用，或初次安装时，说明书应提供关于打算安装的保护装置（如接地漏电保护继电器）额定值的建议。

此外，对于装有感应加热源的器具，说明书应规定任何修理工作只能由制造厂培训过的或推荐的人员来完成。

通过视检来确定是否合格。

7.12.4 该条增加下述内容：

对于装有感应加热源的器具，如果由于其结构上的原因有必要的话，应告诫务必确保防溅挡板及周围区域没有金属表面。具有供若干台器具使用的独立控制盘的嵌装式器具，其使用说明书应规定：该控制盘只可同指定的器具相连接，以避免可能的危险。

7.15 该条增加下述内容：

如果不能设置固定式器具的标志使安装完毕后可以看到，则相应的信息也应写进使用说明书内或外加的标签上，该标签可固定在安装完毕的器具附近。

注 101：嵌装式灶是这类器具的一个例子。

7.101 在进行第 11 章的试验时，如果在灶面以上的测试角侧壁和后壁的温升超过 65 K 以及（或者）在进行第 19 章试验时，灶面以上或以下边壁的温升超过 125 K，则制造厂提供的安装说明应包括以下要点，此项要点也应包含在附于器具上的例如捆扎型的临时标签内。

“如器具定位在紧靠墙壁、隔板、厨房设备、装饰板等处，建议后者应采用不可燃材料制作，否则应采用适当的不可燃绝热材料加以覆盖，并密切注意防火规章。”

通过视检来确定是否合格。

7.102 玻璃陶瓷或类似材料的灶面，其烹饪区应当用合适的标记清楚地标出，除非已很明显。

通过视检来确定是否合格。

7.103 等电位联结端子应用 GB/T 5465.2(idt IEC 60417-1)规定的符号 5021 标明。

这些标志不应标在螺钉、可取下的垫圈或进行导线连接时可能被取下的其他零件上。

通过视检来确定是否合格。

8 对触及带电部件的防护

GB 4706.1—2005 中的该章除下述内容外，均适用。

8.1 该条增加下述内容：

打算配装可拆卸灶单元的器具，在结构上应有充分的保护措施，防止拆装灶单元时意外触及带电部件。

8.101 应保护正常使用时易被叉子或类似的尖头物体意外触及的各加热元件，使其带电部件不可能同这类物体相接触。

通过将 GB/T 16842(IEC 61032, IDT)规定的 12 号试验探棒插在带电部件周围能进入的所有部位来确定是否合格。试验探棒上不施加明显的力。

9 电动器具的启动

GB 4706.1—2005 中的该章除下述内容外，均适用。

9.101 为符合第 11 章要求用于降温的风扇电动机，应能在实际使用中可能出现的所有电压条件下启动。

是否合格通过在 0.85 倍额定电压下启动电动机三次来检查。试验开始时电动机处于室温状态。

每次启动都在电动机准备开始正常工作的条件下进行，对于自动器具，则在正常的工作周期开始的条件下进行，在连续两次启动之间，使电动机能达到静止状态。配备的电动机装的不是离心启动开关时，在1.06倍额定电压下重复进行上述试验。

在上述所有情况下，电动机都应能启动，并应以不影响安全的方式运行，其过载保护装置不应动作。

注：在试验期间，电源电压降不应超过1%。

10 输入功率和电流

GB 4706.1—2005中的该章除下述内容外，均适用。

10.1 该条内容做下述修改：

用下述内容代替第一段的要求：

在额定电压和正常工作温度下，不带感应加热源的器具，其输入功率偏离额定输入功率应不大于表1中所示偏差值。

在额定电压和正常工作温度下，只带有感应加热源的器具，其输入功率偏离额定输入功率应不大于10%。

测量是在将控制器设定值调低之前进行的。

对于装有感应和非感应加热源的器具，下述内容适用：

感应加热源和非感应加热源的输入功率分别测量，每次测量应使能同时通电的加热部件一起工作，以获得最大输入功率。对于感应加热源，测量在将控制器设定值调低之前进行。

这样测得的感应加热源的输入功率，偏离制造厂标明或规定的输入功率(见7.1)，应不超过10%，而非感应加热源偏离制造厂标明或规定的输入功率(见7.1)，应不超过表1中给出的电热器具的规定值。

此外，感应加热源和非感应加热源同时工作时，器具的输入功率偏离额定输入功率应不大于10%。

该条增加下述内容：

注101：对于具有一个以上加热部件的器具，其总输入功率可通过分别测量各加热部件的输入功率来确定(见3.1.4)。

11 发热

GB 4706.1—2005中的该章除下述内容外，均适用。

11.2 该条增加下述内容：

打算固定在地板上的器具和质量大于40 kg而未装配滚轮、脚轮或类似装置的器具，按照制造厂的说明书进行安装。如未提供说明书，则认为这些器具通常是放置在地面上使用的。

11.3 该条增加下述内容：

注101：如测量可能受到来自感应加热源(如放射磁场)的过大影响，则必须顾及这种影响。

通常不推荐使用热电偶，因为感应加热源会引起热电偶预料的异常温升。可使用铂电阻测量感应加热源的温升，最好用绞合连接线的高电阻值的铂电阻。铂电阻放置在绕组的最热点，以便尽量减少对被测温度的影响。

11.4 该条用下述内容代替：

器具的非感应加热部件在正常工作状态下，以标明或规定的输入功率的1.15倍进行工作(见7.1)。

如果电动机、变压器或电子电路的温升超过限值，则试验在以1.06倍额定电压向器具供电的情况下重复进行。此时只测量电动机、变压器和电子电路的温升。

各感应加热部件同时工作，并以0.94倍的最小额定电压和1.06倍的最大额定电压之间的最不利电压单独供电。

如果不能同时接通所有电热元件或感应加热源，在开关配置允许的条件下对每一组合进行试验，试验时，线路中应接以每一开关配置中可能的最高负载。

如果器具带有限制总输入功率的控制手段,则以此控制手段可选择能施加最严酷条件的无论何种加热部件组合来进行试验。

此外,装有感应加热源的器具也进行如上工作,但要将制造厂推荐的最小尺寸的平底锅放置在烹饪区内感应线圈通电最困难的位置上。

注 101:在其他试验中涉及第 11 章,不使用上述附加工作条件。

11.7 该条用下述内容代替:

使器具连续工作直至建立稳定状态。

注 101:该试验持续时间应包括一个以上的工作周期。

11.8 该条增加下述内容:

对于测试角后壁和侧壁,包括凸出在器具前面的部分,65 K 温升限值仅适用灶面以下。如果灶面以上部分超过此温升限值,则适用 7.101 的要求。

12 空章

13 工作温度下的泄漏电流和电气强度

GB 4706.1—2005 中的该章除下述内容外,均适用。

13.1 该条内容做下述修改:

用下述内容代替试验规范的前四段:

通过 13.2 和 13.3 的试验来确定是否合格。上述试验是器具在经过第 11 章规定条件下工作后进行的。使器具工作直到泄漏电流达到稳定值或达到 11.7 规定的时间,取两者中较短者。

如果在一个烹饪区上放置一个以上的平底锅,则应将它们电气连接在一起。

13.2 该条内容作下述修改:

用下述内容代替Ⅰ类驻立式器具泄漏电流的允许值:

——对软线和插头连接的器具:按器具额定输入功率 1 mA/kW,最大限值 10 mA;

——对其他器具:按器具额定输入功率 1 mA/kW,无最大限值。

13.3 该条增加下述内容:

如果带电部件和玻璃陶瓷或类似材料的表面之间有接地金属,则将灶面上的所有平底锅电气连接在一起,并与接地金属连接。

然后在带电部件和平底锅之间施加 1 000 V 的试验电压。

如果带电部件和玻璃陶瓷或类似材料的表面之间没有接地金属,则将灶面上的所有平底锅电气连接在一起,但不与接地金属连接。

然后在带电部件和平底锅之间施加 3 000 V 的试验电压。

注 101:务必确保施加的电压不使其他绝缘承受过电压强度。

14 瞬态过电压

GB 4706.1—2005 中的该章内容均适用。

15 耐潮湿

GB 4706.1—2005 中的该章除下述内容外,均适用。

15.1.1 该条增加下述内容:

此外,IPX0、IPX1、IPX2、IPX3 和 IPX4 器具均应经受下述溅水试验 5 min。

采用图 101 所示的装置。试验期间水压应调整到使水从碗底溅起 150 mm。对通常在地面上使用的器具,碗放在地面上;而对所有其他器具,碗放在一个低于器具最低边 50 mm 的水平支承面上,然后使碗围绕器具移动，以便使水从各个方向溅到器具上。应注意水流不得直接向器具喷射。

15.1.2 该条内容做下述修改：

通常在桌面上使用的器具，要放在支承面上，该支承面每边尺寸比器具在支承面上的正投影尺寸大15 cm±5 cm。

该条增加下述内容：

如果说明书中包括了有关可活动但不可拆卸（如铰链连接）的灶单元清洗的详细说明，则上述灶单元的试验应在正常使用的水平位置下进行。

15.2 该条用下述内容代替：

器具的结构应使其在正常使用中液体的溢出不会影响其电气绝缘。

通过以下试验来确定是否合格。

X型连接的器具，除装有专门制备软线者以外，都应装有允许的最轻型软缆，或26.6规定的最小横截面积的软线，其他器具按交货状态进行试验。

取下可拆卸部件。

确定器具的位置，使灶面呈水平，如果各灶单元可分别调整，也使其表面呈水平。

将一个直径等于或小于25 mm且小于灶单元或烹饪区最大内切圆的容器注满冷盐水后放置在最不利的位置，不与灶单元或烹饪区的边界线重叠。

另将大约2 L的冷盐水，用1 min时间，均匀注入该容器中。

注101：每个灶单元分别进行试验，每次试验均将托盘或其他储存容器倒空。

对于装有烤箱或烤架的器具，在进行溢水试验时，将约1 L冷盐水，用1 min时间，均匀倾倒在烤箱或烧烤室的底面上。

对于装有烤盘的器具，将约1 L冷盐水，用1 min时间，均匀倾倒在烤盘表面中央。

如果器具的灶面装有控制器，则将约1 L冷盐水，用1 min时间，均匀倾倒在控制器上。

注102：盐水溶液含有约1%NaCl。

器具经处置后立即经受16.3的电气强度试验，并且视检应证明可能已进入器具的水不会影响其符合本部分的程度，尤其是，在第29章中规定了电气间隙和爬电距离的绝缘上不应有水迹。

15.3 该条增加下述内容：

注101：如果不可能将整台器具放进潮湿箱内，则包含有电气元件的部件分别进行试验，但要重视器具内出现的情况。

15.101 为注水或清洗而配备水开关的器具，在结构上应使从水开关流出的水不能接触带电部件。

通过以下试验来确定是否合格。

将器具连接到具有制造厂需要的最大供水压力的水源上，进水开关全部打开1 min。可倾斜和可移动部件，包括盖子，都斜置或放置在最不利的位置上。将水开关的可旋转出水管如此定位：使水流向会产生最不利结果的那些部件。器具经上述处置后应立即经受16.3规定的电气强度试验。

16 泄漏电流和电气强度

GB 4706.1—2005中的该章除下述内容外，均适用。

16.1 该条增加下述内容：

对于装有玻璃陶瓷或类似材料的灶面的器具，用3.1.9所述的一个或多个平底锅进行16.2和16.3的试验。

如果在一个烹饪区上放置一个以上平底锅，则将它们电气连接在一起。

16.2 该条内容做下述修改：

用下述内容代替Ⅰ类驻立式器具泄漏电流的容许值：

——对软线和插头连接的器具：按器具额定输入功率1 mA/kW，最大限值10 mA；

——对其他器具:按器具额定输入功率 1 mA/kW,无最大限值。

该条增加下述内容:

如果在带电部件和玻璃陶瓷或类似材料的表面之间有接地金属,则依次测量各烹饪区泄漏电流时,只将有关的平底锅与接地金属连接。

泄漏电流值按被测加热部件的输入功率不应超过 1 mA/kW。

如果在带电部件与玻璃陶瓷或类似材料的表面之间无接地金属,则泄漏电流在带电部件与每一烹饪区的平底锅之间依次进行测量。有关的平底锅不与接地金属连接。

此外泄漏电流还需在带电部件与一个由直径 50 mm 金属圆片构成的探头之间进行测量。测量时探头放置在灶面上烹饪区以外的所有位置上,而平底锅则留在原来的位置。

每次测得的泄漏电流值不应超过 0.25 mA。

16.3 该条增加下述内容:

如果在带电部件和玻璃陶瓷或类似材料的表面之间有接地金属,则将灶面上所有平底锅电气连接在一起,并与接地金属连接。

然后在带电部件和平底锅之间施加 1 250 V 的试验电压。

如果带电部件和玻璃陶瓷或类似材料的表面之间没有接地金属,则将灶面上所有平底锅电气连接在一起,但不与接地金属连接。

然后在带电部件和平底锅之间施加 3 000 V 的试验电压。

17 变压器和相关电路的过载保护

GB 4706.1—2005 中的该章内容均适用。

18 耐久性

GB 4706.1—2005 中的该章除下述内容外,均适用。

18.101 装有感应加热源的器具,在结构上应该是:在正常使用中,不会发生可能削弱符合本部分要求的故障,绝缘不应损坏,连接不应松动。

通过将制造厂推荐的最小尺寸的平底锅(或一件相当的金属物体)以 6 次/min 的速率搬上灶单元并从其上搬下(每次搬动时间为 5 s)的办法,使各感应加热源通断 100 000 次来确定是否合格。试验在第 11 章确定的最不利电压下进行。

18.102 装有玻璃陶瓷或类似材料表面的器具应经得住正常使用时可能出现的热应力。

通过以下试验来确定是否合格:

器具和同时通电的玻璃陶瓷或类似材料下面的所有加热源一起工作。非感应加热源用一只按 3.1.9 的要求注满水、但放置在烹饪区最不利位置上的平底锅一起工作。感应加热源工作时用一只空的平底锅。

将控制器调到最高值,使器具在 1.1 倍的额定电压下工作 500 个循环,每个循环包括 10 min 通和 20 min 断。试验过程中不管温控器或限温器是否工作。

最后一个通电周期结束后,立即搬走平底锅,并对灶面进行溢水试验. 试验时,将 $2^{+0.1}_{0}$ L、温度为 10 ℃～15 ℃的冷水,用 1 min 时间,均匀倾倒在此表面上。

15 min 后消除表面上的全部余水。

经过本试验后,表面不应开裂或破碎,器具应经受住 16.3 的试验。

19 非正常工作

GB 4706.1—2005 中的该章除下述内容外,均适用。

19.1 该条内容做下述修改:

用下述内容代替试验规范第一段：

所有器具经受19.2和19.3的试验。

此外，带有在第11章试验期间限制温度的控制手段的器具应经受19.4的试验，并且，如适用，还应经受19.5的试验。但在进行这些试验时，带有感应加热源的灶单元不通电，只装有感应加热源的器具不进行试验。

装有PTC加热元件的器具还要进行19.6的试验。

19.2 该条增加下述内容：

感应加热源在玻璃陶瓷或类似材料的表面下，使用一只空的平底锅一起工作。将锅放在对感应线圈通电最不利的位置上，即使不在烹饪区范围之内。感应加热源的供电电压为额定电压的0.94倍。

非感应加热源在玻璃陶瓷或类似材料的表面下，工作时使用空的平底锅或不使用平底锅，取最不利的状态。

所有加热部件的控制器都调到最高设定值。

使平底锅探测器失效。

19.3 该条内容做下述修改：

感应加热源的供电电压为额定电压的1.06倍。

如果器具内装有一个以上的带有非感应加热源的灶单元，则供电电压为正常工作时输入功率等于额定输入功率1.15倍时所需的电压。

19.4 该条增加下述内容：

注101：正常使用时，用来接通或断开加热元件的接触器的主触头锁定在“通(ON)”的位置。如果两个接触器彼此独立工作，或者一个接触器控制两组独立的主触头，则这些触头轮流锁定在“通(ON)”的位置。

19.11.2 该条增加下述内容：

在模拟故障条件下，应关闭任何通电的灶单元。

器具以额定电压供电，模拟灶单元关闭的故障。如果带有平底锅探测器，应在烹饪区上放置一个适当的容器。

灶单元不应通电。

19.12 该条增加下述内容：

就19.101规定的任何一种故障条件而言，如果器具的安全随一个符合GB 9364的微型熔断器的动作而定，则试验还要重复进行。

19.13 该条增加下述内容：

如果灶面以上或以下的测试角边壁温升超过125 K，则适用7.101的要求。

感应线圈的绕组温度不应超过19.7表8中所示的值。

19.101 带有感应加热源的器具的结构，应尽可能排除误操作或控制装置及电路元件出现故障所导致的失火、电击或机械危险。

器具在正常工作状态下，以额定电压或额定电压范围的上限运行，通过应用任何方式的操作或在相关电路中施加正常使用时可能发生的任何故障条件来确定是否合格。一次只模拟一种故障条件，依次地连续进行试验。

注：故障条件的例子有：

——接触器脱开和电磁元件脱开；

——电动机起动故障；

——供电电压下降、电压重现、电压中断达0.5 s；

——19.11中规定的适用故障条件。

对器具及其电路图的检查，可以大概显示出要模拟的故障情况。

20 稳定性和机械危险

GB 4706.1—2005中的该章除下述内容外，均适用。

20.101　除了打算固定在地板上使用的器具以外，其他器具在将门打开和使门承受荷载时，应具有足够的稳定性。

通过下述试验确定是否合格。

将底边装有水平铰链的门打开，在门的表面上缓慢加载一重物，使其重心垂直地位于门的几何中心之上，并使重物的接触区不可能造成门的损坏。重物的质量如下：

——通常在地板上使用的器具：

- 用于烤箱的门：23 kg 或按照制造厂烹饪说明书能放入烤箱的更大质量；
- 用于其他器具的门：7 kg。

——通常在桌面或类似支承物上使用的器具，其门底边用水平铰链连接，从铰链到门开启边的投影距离至少为 225 mm；

- 7 kg 或按照制造厂烹饪说明书能放入烤箱的更大质量。

除了其下平面高于灶的烤箱外，将装有垂直铰链的门开启一个 90°角，然后在门的顶部离铰链最远处，缓慢施加一 140 N 向下的力。

将门尽量开大，但不超过 180°，重复进行本试验。

试验过程中器具不应发生倾斜。

注：可用砂袋作为重物。

对于装有一扇以上门的器具，对每扇门分别进行试验。

对于非长方形的门，将力作用在正常使用时可能施加这种力的、离铰链最远的位置。

门和铰链的变形或损坏均忽略不计。

21　机械强度

GB 4706.1—2005 中的该章除下述内容外，均适用。

21.101　托盘的结构应使其无论在烤箱内，或其长度的 50%伸出在外时，都不会从支架上掉落。当 50%伸出在外时，托盘不应倾斜。

通过以下试验来确定是否合格。

在相当于托盘面积 75%的饼状盒或类似容器里，装上均匀分布的重物，其质量按饼状盒面积每平方米 40 kg 的总和计算。装了重物的饼状盒居中放在托盘内，再将一个托盘插入烤箱内的支架上。托盘尽可能移到支架左边，停留 1 min 后取出。再将该托盘重新插入支架，并移到极右端，停留 1 min 后再取出。

试验期间托盘不应从支架上掉落。

然后，将托盘长度的 50%伸出在外，重复此项试验。在托盘露出的前部边缘中央，垂直向下施加 10 N 的附加力，试验期间托盘不应倾斜。

注：允许有小角度的偏移。

21.102　玻璃陶瓷或类似材料的灶面应经得住正常使用时可能产生的应力。

通过以下试验来确定是否合格：

在玻璃陶瓷或类似材料表面下的加热源按照第 11 章的条件工作，直至建立稳定状态，切断电源后立即对灶面进行以下试验：

一个具有铜质或铝质底部的容器，其底部在直径 220 mm±10 mm 范围内是平的，其周边倒成半径至少为 10 mm 的圆弧。容器内均匀地装入沙粒或小钢珠，使总质量达到 4 kg。使该容器从 150 mm 高度平落到灶面上。

试验在灶面上任何部分进行 10 次，但不在离控制按钮 20 mm 以内进行。

随后，加热源按照第 11 章的条件再次工作直至建立稳定状态。

切断电源后立即将 $2^{+0.1}_{0}$ L，温度为 15 ℃±5 ℃的冷水，用 1 min 时间，均匀倾倒在此表面上，

15 min 后消除所有余水。然后使器具冷却至室温,再将 $2^{+0.1}_{0}$ L 的冷水增加量,用 1 min 时间,均匀倾倒在此表面上。

15 min 后消除所有余水并将表面擦干。

经过本试验后,表面不应开裂或破碎,器具应经得住 16.3 的试验。

22 结构

GB 4706.1—2005 中的该章除下述内容外,均适用。

22.101 对于三相器具,用于保护带有电热元件而非灶单元的电路和保护意外启动会引起危险的电动机电路的热断路器,应为非自动复位、自动脱扣类型,并应能从电源全极断开。

对于单相器具和连接一条相线和中线或相线和相线的单相电热元件和/或电动机,用于保护带有电热元件而非灶单元的电路和保护意外启动会引起危险的电动机电路的热断路器,应为非自动复位、自动脱扣类型,并应至少断开一极。

如果非自复位热断路器只有在借助工具拆除部件后触及,则不要求自动脱扣类型。

注 1:自动脱扣类型的热断路器具有自动动作,带有一个复位机构,其结构使自动动作不受复位机构的动作或位置所支配。

在第 19 章试验期间动作的球头型和毛细管型热断路器,应当是毛细管的断裂不得影响器具符合 19.13 的要求。

通过视检、手动试验和折断毛细管来确定是否合格。

注 2:注意确保折断时不使毛细管封闭。

22.102 指示危险、报警或类似情况的信号灯、开关或按钮只应是红色的。

通过视检来确定是否合格。

22.103 用铰链连接的盖应予保护,防止意外跌落。

通过视检和手动试验来确定是否合格。

22.104 可拆卸灶单元及其支架的结构应能防止灶单元围绕垂直轴线转动,并在其支架的所有可调整位置上都得到足够的支承。

用铰链连接的灶单元应防止意外跌落。

通过在最不利位置和方向,对翻起的灶单元施加 20 N 的力来确定是否合格。灶单元应不能转动或倒回其工作位置。

注:可翻开至少达 100°角的铰链连接的各灶单元,即使靠墙放置,不进行本试验。

22.105 感应加热源应有充分的可视或声音警示,表明控制装置处于“通(ON)”的位置。

通过视检来确定是否合格。

注:控制按钮的位置本身并不构成充分的警告。

22.106 装有感应加热源的器具在结构上应确保其输入功率限制在标出的或规定的输入功率值的 120%以内。

通过视检和测量来确定是否合格。

22.107 便携式器具的底面不应有允许小物体穿透并触及带电部件的孔。

通过视检和经过孔测得的支撑面与带电部件之间的距离来确定是否合格。该距离至少为 6 mm;然而,对装有支脚并打算放在桌面上使用的器具,此距离加长到 10 mm;对打算放在地面上使用的器具,则加长到 20 mm。

22.108 带有感应加热源的灶单元在结构上应确保只在烹饪区放置一个小型金属物时,灶单元不会工作。

通过以下试验来确定是否合格。

将一厚 1.5 mm、直径 50 mm 的低碳钢圆片直接放在加热区内的最不利位置。将控制装置调整到最高值。

圆片不应发热。

注：温升不超过 35 K 可忽略不计。

22.109 装有平底锅探测器的器具，当灶单元的控制装置不处于断开位置时，应用一个信号灯指示。

通过视检来确定是否合格。

23 内部布线

GB 4706.1—2005 中的该章除下述内容外，均适用。

23.3 该条增加下述内容：

温控器的毛细管在正常使用中有弯曲倾向时，下述内容适用：

——毛细管作为内部布线的部件装配时，GB 4706.1 适用；

——单独的毛细管应以不超过 30 次/min 的速率弯曲 1 000 次。

注 101：在上述任何一种情况下，如果由于部件的质量等原因，不可能按照给定的速率移动器具的活动部件，则弯曲速率可以降低。

在弯曲试验之后，毛细管不应有本部分含义内的损伤痕迹和影响其进一步使用的损坏。

但是，如果毛细管的一处损坏就使器具不能工作(失效保护)，则单独的毛细管就不再进行试验，而作为内部布线的部件安装的毛细管，也不进行是否符合要求的检查。

通过折断毛细管来检验是否合格。

注 102：注意确保折断时不使毛细管封闭。

24 元件

GB 4706.1—2005 中的该章除下述内容外，均适用。

24.1.4 该条内容做下述修改：

——能量控制器

自动动作	100 000
人工动作	10 000

——自复位热断路器

玻璃陶瓷灶的发光加热元件	100 000
其他加热元件	10 000

25 电源连接和外部软线

GB 4706.1—2005 中的该章除下述内容外，均适用。

25.1 该条增加下述内容：

器具不应配备器具输入插口。

25.3 该条增加下述内容：

固定式器具和质量大于 40 kg 而未装配滚轮、脚轮或类似装置的器具，其结构应允许器具按照制造厂的说明书安装后，再连接电源软线。

用于电缆与固定布线永久连接的接线端子，也可能适用于电源软线的 X 型连接。在此情况下，器具应装有符合 25.16 要求的软线固定装置。

如果器具装有可连接软线的一组接线端子，则这些接线端子应适用于软线的 X 型连接。

在上述两种情况下，说明书应提供电源软线的详尽资料。

灶、嵌装式炉灶和嵌装式烤箱的电源线的连接，可以在器具安装之前进行。

通过视检来确定是否合格。

25.7 该条内容做下述修改：

用下述内容代替规定的电源软线类型：

电源软线应为耐油柔性护套电缆，不轻于普通氯丁橡胶或其他等效的合成橡胶的护套软线[指定牌号 GB/T 5013.1(IEC 60245,IDT)的 57 号线]。

26 外部导线用接线端子

GB 4706.1—2005 中的该章内容均适用。

27 接地措施

GB 4706.1—2005 中的该章除下述内容外，均适用。

27.2 该条增加下述内容：

驻立式器具应装配一接线端子以便连接外部等电位导体。该接线端子应与器具所有固定的外露金属部件保持有效的电气接触，并且应能与标称横截面高达 10 mm^2 的导线连接。接线端子应设置在器具安装后便于与结合导体连接的位置。

注 101：固定的小型外露金属件，例如铭牌等，无需与接线端子形成电气接触。

28 螺钉和连接

GB 4706.1—2005 中的该章内容均适用。

29 电气间隙、爬电距离和固体绝缘

GB 4706.1—2005 中的该章除下述内容外，均适用。

29.2 该条增加下述内容：

微观环境为 3 级污染，相对漏电起痕指数(CTI)应不低于 250，除非绝缘被封闭或者其放置位置能保证在器具正常使用过程中绝缘不可能受到污染。

30 耐热和耐燃

GB 4706.1—2005 中的该章除下述内容外，均适用。

30.2.1 该条内容做下述修改：

灼热丝试验在 650 ℃的温度下进行。

30.2.2 该条内容不适用。

30.101 如果有非金属材料制作的用于吸附油脂的过滤器，应经受 ISO 9772 对 HBF 类材料规定的燃烧试验，或根据 GB/T 5169.16(idt IEC 60695-11-10)，材料类别应至少为 HB40，只是试样的厚度与器具内过滤器的厚度相同。

注：可能需要将试样支承起来。

31 防锈

GB4706.1—2005 中的该章内容均适用。

32 辐射、毒性和类似危险

GB 4706.1—2005 中的该章除下述内容外，均适用。

本条内容做下述修改。

用下述内容代替注释：

注 101：感应加热源的磁场和电场强度的限值在研究中。

单位为毫米

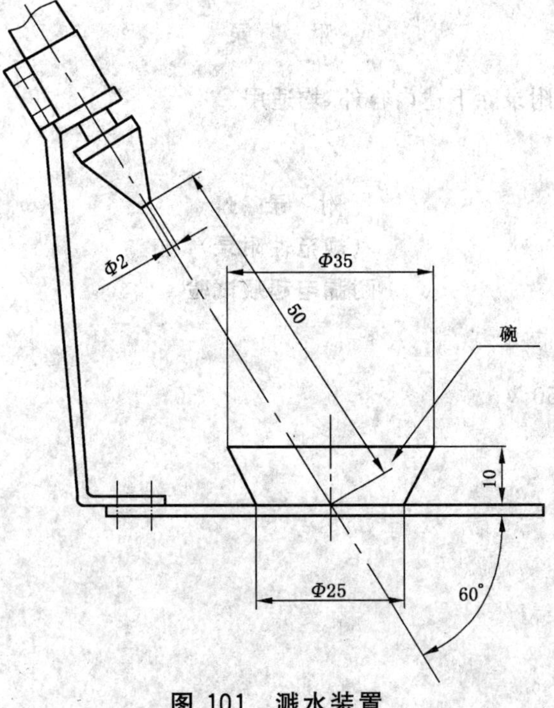

图 101　溅水装置

附　录

GB 4706.1—2005 中的附录除下述内容外，均适用。

附　录　N
（规范性附录）
耐漏电起痕试验

6.3　该条增加下述内容：

规定电压列表中增加 250 V。

参 考 文 献

GB 4706.1—2005 的参考文献除下述内容外，均适用。

参考文献增加：

(1) GB 4706.34 家用和类似用途电器的安全 商用电强制对流烤炉、蒸汽炊具和蒸汽对流炉的特殊要求(GB 4706.34—2003，IEC 60335-2-42:1994，IDT)

(2) GB 4706.51 家用和类似用途电器的安全 商用食品保温柜的特殊要求(GB 4706.51—2008，IEC 60335-2-49:2002，IDT)

(3) GB 4706.90 家用和类似用途电器的安全 商用微波炉的特殊要求(GB 4706.90—2008，IEC 60335-2-90:1997，IDT)

ICS 13.100
K 09

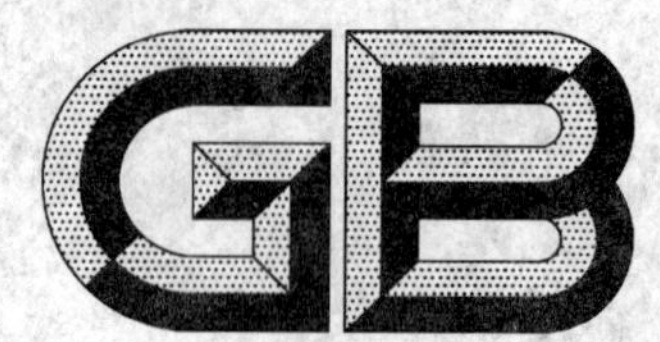

中华人民共和国国家标准

GB 4706.53—2008/IEC 60335-2-84:2005(Ed2.0)
代替 GB 4706.53—2002

家用和类似用途电器的安全 坐便器的特殊要求

Household and similar electrical appliances—Safety—Particular requirements for toilets

(IEC 60335-2-84:2005(Ed2.0),IDT)

2008-12-30 发布　　2010-03-01 实施

中华人民共和国国家质量监督检验检疫总局
中国国家标准化管理委员会　发布

前　言

本部分的全部技术内容为强制性。

GB 4706《家用和类似用途电器的安全》由若干部分组成，第 1 部分为通用要求，其他部分为特殊要求。

本部分是 GB 4706 的第 53 部分。本部分应与 GB 4706.1—2005《家用和类似用途电器的安全　第 1 部分：通用要求》配合使用。

本部分等同采用 IEC 60335-2-84:2005《家用和类似用途电器的安全　第 2 部分：坐便器的特殊要求》及增补件 1。

本部分代替 GB 4706.53—2002《家用和类似用途电器的安全　坐便器的特殊要求》。

本部分中写明“适用”的部分，表示 GB 4706.1—2005 中的相应条文适用于本部分；本部分写明“代替”的部分，则以本部分中的条文为准；本部分写明“增加”的部分，表示除要符合 GB 4706.1—2005 中的相应条文外，还必须符合本部分条文中所增加的条文。

本部分与 GB 4706.53—2002 相比，主要变化如下：

——3.1.9　增加：如果提供暖风烘干，烘干周期应在喷淋周期结束后立即启动，除非是自动控制程序；

——7.12.1　增加：用裸露加热元件加热水的器具的安装说明应注明以下内容：

- 水的电阻系数不能少于　Ω cm；
- 器具必须一直连接在固定布线上。

安装说明书应注明要有点燃的香烟及其他燃烧物不能投入坐便器内的标志，要求固定在坐便器旁边的显著位置(抽水马桶除外)。

——13.2　增加：用裸露加热元件加热水的器具，使用说明书中规定的电阻系数的水来进行试验。

用裸露加热元件加热水的Ⅰ类器具，泄漏电流从距离冲洗组件喷淋头 10 mm 的金属网与接地端子之间测量。加热元件连接的选择开关每一极轮流测量，如图 101 所示。

泄漏电流不应人于 0.25 mA。

——16.2　增加：用裸露加热元件加热水的器具，应使用说明书中规定的电阻系数的水来进行试验。

本部分由中国轻工业联合会提出。

本部分由全国家用电器标准化技术委员会(SAC/TC 46)归口。

本部分主要起草单位：中国家用电器研究院、国家家用电器质量监督检验中心。

本部分主要起草人：鲁建国、朱焰、赵维波、孙鹏。

本部分于 2002 年 8 月首次发布，本次为第一次修订。

IEC 前言

1） 国际电工委员会(IEC)是由所有的国家电工委员会(IEC NC)组成的国际范围的标准化组织。其宗旨是促进在电气和电子领域有关标准化问题上的国际间合作。为此，IEC 开展相关活动，并出版国际标准、技术规范、技术报告、公共可用规范(PAS)、指南(以后统称为 IEC 出版物)。这些标准的制定委托各技术委员会完成。任何对该技术问题感兴趣的 IEC 国家委员会均可参加制定工作。与 IEC 有联系的国际、政府及非政府组织也可以参加标准的制定工作。IEC 与国际标准化组织(ISO)在两个组织协议的基础上密切合作。

2） IEC 在技术方面的正式决议或协议，是由对其感兴趣的所有国家委员会参加的技术委员会制定的。因此，这些决议或协议都尽可能表述了相关问题在国际上的一致意见。

3） IEC 标准以推荐性的方式供国际使用，并在此意义上被各国家委员会接受。在为了确保 IEC 出版物技术内容的准确性而做出任何合理的努力时，IEC 对其标准被使用的方式以及任何最终用户的误解不负有任何责任。

4） 为了促进国际上的统一，各国家委员会要保证在其国家或区域标准中最大限度地采用国际标准。IEC 标准与相应的国家或区域标准之间的任何差异必须清楚地在后者中表明。

5） IEC 规定了表示其认可的无标志程序，但并不表示对某一设备声称符合某一标准承担责任。

6） 所有的使用者应确保他们拥有本部分的最新版本。

7） IEC 或其管理者、雇员、后勤人员或代理(包括独立专家和技术委员会的成员)和 IEC 国家委员会不应对使用或依靠本 IEC 出版物或其他 IEC 出版物造成的任何个人伤害、财产损失或其他任何属性的直接或间接损失，或源于本出版物之外的成本(包括法律费用)和支出承担责任。

8） 应注意在本部分中罗列的引用标准(规范性引用文件)。对于正确使用本部分来讲，使用引用标准(规范性引用文件)是不可缺少的。

9） 应注意本国际标准的某些条款可能涉及专利权的内容，IEC 将不承担确认专利权的责任。

国际标准 IEC 60335 的本部分由 IEC 第 61 技术委员会“家用和类似用途电器的安全”制定。

本部分的第二版取代 1998 年的第一版。它构成了一个技术上的修订本。

2005 年 6 月的双语版本取代英文版。

本部分以下述文件为依据：

FDIS	表决报告
61/2227/FDIS	61/2302/RVD

本部分增补件以下述文件为依据：

CDV	表决报告
61/3350/CDV	61/3464/RVC

有关本部分通过时的全部材料可在以上所示的表决报告中找到。

本部分的法文版未进行投票表决。

本部分应与 IEC 60335-1 及其增补件的最新版本配合使用。本部分是根据 IEC 60335-1:2001 第 4 版制定的。

注 1：本部分中提的到“第 1 部分”是指 IEC 60335-1。

本部分补充或修改了 IEC 60335-1 的相应条款，从而将其转化为本部分：坐便器的特殊要求。

凡第一部分中的条款没有在本部分中特别提及的，只要合理，即应采用。本部分写明“增加”、“修改”或“替代”时，第一部分中的有关内容须作相应修改。

注2：采用下列编号：

——对 IEC 60335-1 增加的条款、表格和图从 101 开始编号；

——除非注在新条款中或包含在第 1 部分的注中，否则他们应从 101 开始编号，包括代替的章节或条款。

——增加的附录使用附录 AA、附录 BB 等。

注3：采用下列字体：

——正文要求：印刷体；

——试验规范：斜体；

——注释：小写印刷体。

正文中用黑体印刷的词在第 3 章中给出定义。当 IEC 60335-1 中的一个定义涉及一个形容词时，则该形容词和相关的名词也是黑体。

某些国家存在下述差异：

——3.1.9：正常工作条件不同(美国)；

——6.1：不允许有用裸露加热元件加热水的器具(德国)；

——6.2：加热坐垫可以为 IPX3(日本)；

——22.101：试验不同(美国)。

技术委员会决定，本出版物的内容和它的校正将依然不变，直到修改结果日期被表明在 IECweb 站点(http://webstore.iec.ch)上。届时标准将被：

重新确认，

废止，

由修订版替代，或者

增补。

注：国家委员会应注意下述情况，设备制造商和检测机构需要一段 IEC 新出版物制定后的过渡期，使设备符合新出版物制修订后的试验要求。

委员会建议本增补件被某国家采用执行不能早于发布日期前 12 个月。

引　言

在起草本部分时已假定，由取得适当资格并富有经验的人来执行本部分的各项条款。

本部分所认可的是家用和类似用途电器在注意到制造商使用说明的条件下按正常使用时，对器具的电气、机械、热、火灾以及辐射等危险防护的一个国际可接受水平，它也包括了使用中预计可能出现的非正常情况，并且考虑电磁干扰对于器具的安全运行的影响方式。

在制定本部分时已经尽可能地考虑了 GB 16895 中规定的要求，以使得器具在连接到电网时与电气布线规则的要求协调一致。

如果一台器具的多项功能涉及到 GB 4706 的系列中不同的特殊要求，则只要是在合理的情况下，相关的部分特殊要求标准要分别应用于每一功能。如果适用，应考虑到一种功能对其他功能的影响。

当本部分标准不包括第 1 部分中有关危险的附加要求时，第 1 部分适用。

注 1：意思是第 2 部分的技术委员会已经决定通用要求没有必要在特殊要求中重新规定。

注 2：当应用关于通用要求和特殊要求的 GB 4706 系列标准时，覆盖危险的同水平和同类别标准不适用于已经在通用要求中已经考虑的部分。例如，就关于很多器具表面温度的要求来说，同类标准，如 ISO 13732-1 关于热表面的要求，不适用于除第 1 部分或第 2 部分以外的标准。

本部分是一个涉及器具安全的产品族标准，并在覆盖相同主题的同一水平和同一类别的标准中处于优先地位。

一个符合本部分文本的器具，当进行检查和试验时，发现该器具的其他特性会损害本部分要求所涉及的安全水平时，则将未必判定其符合本部分中的各项安全准则。

产品使用了本部分要求中规定以外的各种材料或各种结构形式时，则该产品可以按照本部分中这些要求的意图进行检查和试验。如果查明其基本等效，则可以判定其符合本部分要求。

家用和类似用途电器的安全
坐便器的特殊要求

1 范围

GB 4706.1—2005 中的该章用下述内容代替：

本部分涉及以存储、干燥或者销毁方式处理人体排泄物的电子坐便器的安全，器具的额定电压不超过 250 V。

注 101：电子坐便器可以用于处理如纸张和剩余食品类的垃圾物。

本部分也适用于与普通坐便器一同使用的电子设备的安全。

注 102：电子设备举例：

——自动盖板装置；

——切碎组件；

——加热坐垫；

——抽吸水组件；

——冲洗用水加热组件。

不作为一般家用，但对公众仍可能引起危险的坐便器，例如在商店、轻工业和农场中由非专业的人员使用的坐便器也属于本部分的范围。

本部分所涉及的坐便器存在的普通危险，是在住宅和住宅周围环境中所有的人可能会遇到的。

一般来说本部分并未涉及幼儿玩耍器具的情况。

注 103：注意下述情况：

——对于打算用在车辆、船舶或航空器上的坐便器，可能需要附加要求；

——全国性的卫生保健部门、全国性劳动保护部门、全国性供水管理部门以及类似的部门都对器具规定了附加要求。

注 104：本部分不适用于：

——打算使用在经常产生腐蚀性或爆炸性气体(如灰尘、蒸气或瓦斯气体)特殊环境场所的坐便器；

——用化学方式处理人体排泄物的坐便器；

——用燃烧方式处理人体排泄物的坐便器。

2 规范性引用文件

下列文件中的条款通过本部分的引用而成为本部分的条款。凡是注日期的引用文件，其随后所有的修改单(不包括勘误的内容)或修订版均不适用于本部分。然而，鼓励根据本部分达成协议的各方研究是否可使用这些文件的最新版本。凡是不注日期的引用文件，其最新版本适用于本部分。

GB 4706.1—2005 中的该章除下述内容外，均适用。

增加：

GB/T 2423.18—2000 电工电子产品环境试验 第 2 部分：试验方法 试验 Kb：盐雾，交变(氯化钠溶液)(idt IEC 60068-2-52：1996)

3 定义

下列术语和定义适用于本部分。

GB 4706.1—2005 中的该章除下述内容外，均适用。

3.1.9 代替：

正常工作 normal operation

器具在下述状态下运行：

器具按周期运行，开始每周期为 10 min，坐便器盖打开或盖上，取其中较不利情况。如果周期不能自动终止，器具运行 15 s，或者按使用说明书规定的一段时间，取其较长者。

如果提供暖风烘干，烘干周期应在喷淋周期结束后立即启动，除非是自动控制程序。

模制式坐便器的排泄物箱中应排空或充满泥炭，取其中较不利情况。

包装式坐便器应提供袋子。

冷冻式坐便器每周期加 0.3 L 温度为 37 ℃的水，将温控器设在最低温度。该类器具也要在无水状态下运行。

冲洗组件使用能提供有效喷淋的最不利水压。

3.101

模制式坐便器 mouldering toilet

采用干燥方式处理排泄物的器具。

3.102

包装式坐便器 package toilet

将排泄物包在袋中并存储在箱内的器具。

3.103

冷冻式坐便器 freezing toilet

将排泄物冷冻并存储在箱内的器具。

3.104

真空式坐便器 vacuum toilet

用负压将排泄物抽吸到排泄物箱内的器具。

3.105

冲洗组件 shower unit

装在器具内用喷射水的方式清洁人体一部分的装置。

注：冲洗组件可以在冲洗后提供烘干热风，组件可以在机座或坐垫内。

4 一般要求

GB 4706.1—2005 中的该章适用。

5 试验的一般条件

GB 4706.1—2005 中的该章除下述内容外，均适用。

5.7 增加：

试验用水的温度为(15±5)℃。

6 分类

GB 4706.1—2005 中的该章除下述内容外，均适用。

6.1 修改：

用裸露加热元件加热水的器具应为Ⅰ类或Ⅲ类。

6.2 增加：

坐便器及加热坐垫应至少为 IPX4。

7 标志和说明

GB 4706.1—2005 中的该章除下述内容外，均适用。

7.12 增加：

说明书应说明怎样安全的排空及清洁坐便器，还应详细说明最终处理排泄物或其残渣的方法，除非坐便器连接到污水系统。

修改：

说明书应包括身体、感知、智力能力缺陷或经验和常识缺乏的人(包括儿童)的使用说明，以及儿童不应玩耍器具。

7.12.1 增加：

Ⅰ类器具的安装说明书应注明其必须接地。

用裸露加热元件加热水的器具的安装说明应注明以下内容：

——水的电阻系数不能少于 Ω cm；

——器具必须一直连接在固定布线上。

安装说明书应注明要有点燃的香烟及其他燃烧物不能投入坐便器内的标志，要求固定在坐便器旁边的显著位置(抽水马桶除外)。

7.101 坐便器，除抽水马桶外，应有点燃的香烟及其他燃烧物不能投入坐便器内的标志。标志应固定在显著位置。

注：如果使用器具前能被明显看见，标志可以固定在器具上。

通过视检确定是否合格。

8 对触及带电部件的防护

GB 4706.1—2005 中的该章除下述内容外，均适用。

8.1.1 增加：

GB/T 16842 中的 B 型试验指也适用。

8.2 增加：

GB/T 16842 中的 B 型试验指也适用。

9 电动器具的启动

GB 4706.1—2005 中的该章不适用。

10 输入功率和电流

GB 4706.1—2005 中的该章适用。

11 发热

GB 4706.1—2005 中的该章除下述内容外，均适用。

11.3 增加：

附在涂黑小圆盘上的热电偶也用做测量热空气的温升。

11.7 代替：

冲洗组件运行 2 min，除非冲洗自动停止。其他坐便器运行至稳定状态为止。

11.8 增加：

温升不应超过表 1 所示的值。

表 1

部　　位	温升/K
与皮肤相接触的部件表面	
——金属材料	15
——其他材料	25
烘干人体用热空气	40[a]
距离坐盖 250 mm 的机体外表面	30
模制式坐便器的排泄物箱内部	60
排泄管道	60
[a] 空气温度是指空气排气口 50 mm 处测量值。	

冲洗组件的出水温度不应超过 45 ℃。

12 空章

13 工作温度下的泄漏电流和电气强度

GB 4706.1—2005 中的该章除下述内容外，均适用。

13.2 增加：

用裸露加热元件加热水的器具，使用说明书中规定的电阻系数的水来进行试验。

注 101：合适的电阻系数可以用向水中加入磷酸铵得到。

用裸露加热元件加热水的Ⅰ类器具，泄漏电流从距离冲洗组件喷淋头 10 mm 的金属网与接地端子之间测量。加热元件连接的选择开关每一极轮流测量，如图 101 所示。

泄漏电流不应大于 0.25 mA。

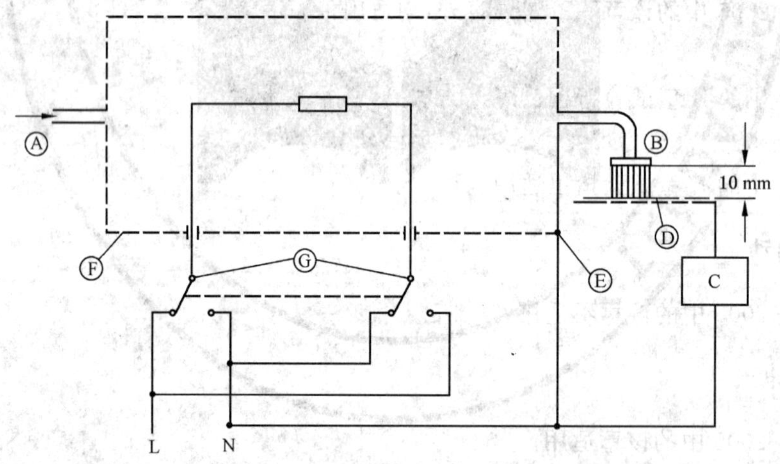

注：

A——进水管；

B——喷淋头；

C——GB/T 12113 图 4 的电路；

D——金属网；

E——接地端；

F——水加热主体；

G——选择开关。

图 101　用裸露加热元件加热水的器具泄漏电流的测量电路图

14 瞬态过电压

GB 4706.1—2005 中的该章适用。

15 耐潮湿

GB 4706.1—2005 中的该章除下述内容外,均适用。

15.1.1 增加:

可能有必要使用 GB 4208—1993 中 14.2.4b)所描述的喷头对座圈内侧进行试验。

16 泄漏电流和电气强度

GB 4706.1—2005 中的该章除下述内容外,均适用。

16.2 增加:

用裸露加热元件加热水的器具,应使用说明书中规定的电阻系数的水来进行试验。

17 变压器和相关电路的过载保护

GB 4706.1—2005 中的该章适用。

18 耐久性

GB 4706.1—2005 中的该章不适用。

19 非正常工作

GB 4706.1—2005 中的该章除下述内容外,均适用。

19.1 增加:

带有自动控制器的器具,通过 19.101 的试验检验其是否合格。

19.2 增加:

水加热装置试验时加水或不加水,两者取较不利条件。

19.13 增加:

温升应不超过表 2 所示的值。

表 2

部　　位	温升/K
与皮肤相接触的部件表面	
——金属材料	25
——其他材料	55
烘干人体用热空气	65[a]
距离坐盖 250 mm 的机体外表面	40
模制式坐便器的排泄物箱内部	100
排泄管道	100

[a] 空气温度是指空气排气口 50 mm 处测量值。

冲洗组件的出水温度不应超过 65 ℃。

19.101 器具以额定电压供电并在正常工作状态下运行,能够预料的任何故障状态,每次试验只出现一种故障。

注:故障状态举例:

——温控器故障；
——继电器故障；
——元件开路或者短路；
——程序停止在任意位置。

20 稳定性和机械危险

GB 4706.1—2005 中的该章适用。

21 机械强度

GB 4706.1—2005 中的该章除下述内容外，均适用。

21.1 增加：

通过 21.101 和 21.102 的试验确定是否合格。

21.101 打开机体的坐盖，对用垂直坐垫的坐便器将 1 500 N 的力平稳地施加在坐便器的坐垫上 10 min。

盖上机体的坐垫，重复试验。

然后将 250 N 的力按照平行于铰链方向施加在机体的坐盖或者坐垫的前边缘上，缓慢地抬起，放下机体的坐盖或者坐垫试验进行 5 次。

抬起机体的坐盖或者坐垫，将 250 N 的力按照垂直于其平面方向的前边缘施加 1 min。

器具不应出现不符合 8.1、15.1、16.3 及 27.5 要求的损坏。

21.102 排泄物箱注满水后，把器具放置于室温约为－15 ℃的环境中，当水完全冻冰时，开始加热直至冰融化为止，试验进行 3 次。

器具应不出现不符合 8.1、15.1、16.3 及 27.5 要求的损坏。

22 结构

GB 4706.1—2005 中的该章除下述内容外，均适用。

22.2 修改：

Ⅰ类器具应不带有输入插口。

22.24 代替：

器具不应带有置于排泄物箱中的裸露加热元件。

通过视检确定是否合格。

22.33 修改：

液体可以与裸露加热元件直接接触，电极可以用来加热液体。

22.101 坐便器应为固定式器具。

通过视检确定是否合格。

22.102 与皮肤接触且支持身体的金属部件在正常使用时不应接地。

通过视检确定是否合格。

22.103 器具的结构应使带电部件从暴露的排泄物中得到保护。

通过视检确定是否合格。若采用橡胶密封垫，要进行下述试验。

将密封垫浸入温度为(100±2)℃的矿物油中 24 h，试验后，密封垫的体积不应增大 50%。

注：矿物油特性如下：

——苯胺点(93±3)℃；

——100 ℃时黏度为$(20\pm1)\times10^{-6}$ m^2/s；

——闪点(245±6)℃。

22.104 真空坐便器的结构应使得其不能冲水，除非盖住坐便器坐盖时。

通过手动试验确定是否合格。

23 内部布线

GB 4706.1—2005 中的该章除下述内容外,均适用。

23.3 修改:

加热坐垫弯曲次数为 50 000 次。

23.5 增加:

工作在安全特低电压排泄物箱中内部的支持部件,应该不轻于普通的聚氯乙烯护套软线(软线按照 GB 5023.1 中的 53 号线设计)。

24 元件

GB 4706.1—2005 中的该章除下述内容外,均适用。

24.101 符合 19.4 或 19.101 的要求,安装在器具上的热断路器应是非自复位的。

通过视检确定是否合格。

25 电源连接和外部软线

GB 4706.1—2005 中的该章除下述内容外,均适用。

25.3 增加:

用裸露加热元件加热水的器具应只能是永久连接到固定布线上的。

26 外部导线用接线端子

GB 4706.1—2005 中的该章适用。

27 接地措施

GB 4706.1—2005 中的该章除下述内容外,均适用。

27.1 增加:

用裸露加热元件加热水的Ⅰ类器具,水可以进出的金属管,或水流过的金属部件应永久可靠接地。

注 101: 这样的金属部件如栅格和金属环。

注 102: 易与排泄物接触的部件,也要考虑。

28 螺钉和连接

GB 4706.1—2005 中的该章适用。

29 电气间隙、爬电距离和固体绝缘

GB 4706.1—2005 中的该章除下述内容外,均适用。

29.2 增加:

微观环境是 3 级污染,除非绝缘在封套内或位于器具正常使用时不可能被暴露在污染的环境中。

30 耐热和耐燃

GB 4706.1—2005 中的该章除下述内容外,均适用。

30.2.2 不适用。

30.2.3.1 修改:

灼热丝燃烧指数不适用于加热水的裸露加热元件。

30.2.3.2 修改：

加热水的裸露加热元件，灼热丝试验按其他连接件的要求进行。

30.101 坐垫不应使用易燃材料。

通过经受附录E非金属材料的针焰试验确定是否合格。

如果材料属于GB/T 5169.16中V-0类，则不用进行试验，提供的试验样块不应厚于相应部件。

31 防锈

GB 4706.1—2005中的该章除下述内容外，均适用。

增加：

通过GB/T 2423.18的盐雾试验确定是否合格。按严酷等级2进行。

试验前，用硬的钢针刮划涂层面，钢针端头为40°锥体，其末梢半径为(0.25±0.02)mm的圆柱形。钢针的加载是这样的：沿其轴向施加(10±0.5)N的力，依靠钢针以约20 mm/s的速度，沿涂层表面拖拽形成划痕。制作5条划痕，间距至少5 mm，划痕距边缘至少5 mm。

试验后，器具不应有不符合本部分要求的损坏，尤其是第8章和第27章应符合标准要求。涂层不应破裂，并且不应从金属表面脱落。

注：应能保证与排泄物接触的金属部件暴露在盐雾中。

32 辐射、毒性和类似危险

GB 4706.1—2005中的该章适用。

附　录

GB 4706.1—2005 中的附录均适用。

参 考 文 献

GB 4706.1—2005 中的参考文献除下述内容外，均适用。

增加：

ISO 13732-1　Ergonomics of the thermal environment—Methods for the assessment of human responses to contact with surfaces—Part 1：Hot surfaces

ICS 25.140.20
K 64

中华人民共和国国家标准

GB 4706.54—2008/IEC 60335-2-91:2008
代替 GB 4706.54—2002

家用和类似用途电器的安全 第2部分:步行式和手持式草坪修整机、草坪修边机的专用要求

Safety of household and similar electrical appliances—Part 2:Particular requirements for walk-behind and hand-held lawn trimmers and lawn edge trimmers

(IEC 60335-2-91:2008,IDT)

2008-12-31 发布　　2009-12-01 实施

中华人民共和国国家质量监督检验检疫总局
中国国家标准化管理委员会　发布

前　言

本部分的全部技术内容为强制性。

GB 4706《家用和类似用途电器的安全》系列所涉及的园林工具的第2部分标准有：

GB 4706.54　步行式和手持式草坪修整机、草坪修边机的专用要求(IEC 60335-2-91,IDT)

GB 4706.64　剪刀型草剪的专用要求(IEC 60335-2-94,IDT)

GB 4706.65　步行控制的电动草坪松土机和松沙机的专用要求(IEC 60335-2-92,IDT)

GB 4706.78　步行控制的电动割草机的专用要求(IEC 60335-2-77,IDT)

GB 4706.79　手持式电动园艺用吹屑机、吸屑机及吹吸两用机的专用要求(IEC 60335-2-100,IDT)

本部分等同采用IEC 60335-2-91:2008《家用和类似用途电器的安全　第2部分:步行式和手持式草坪修整机和草坪修边机的专用要求》,本部分的安全通用要求采用GB 4706.1—2005《家用和类似用途电器的安全　第1部分:通用要求》(IEC 60335-1:2004第4.1版,IDT)。

本部分代替GB 4706.54—2002《家用和类似用途电器的安全　步行式和手持式割草机和草坪修边机的特殊要求》。本部分与上一版的主要技术差异如下:

1)　1.1增加:

本部分适用于步行式和手持式草坪修整机、草坪修边机,其具有非金属纤维绳的切割元件或自由回转的非金属切割器件,分别以不大于10 J的动能,由站立的操作者进行割草作业,它们的额定电压交流不大于250 V或直流不大于50 V。

只要适用,本部分涉及所有人员在正常使用和合理预见的误用修整机中出现的一般危险。

注101:在许多国家中,国家负责健康、劳动保护的部门、国家水资源部门和类似部门另规定有附加要求。

本部分不适用于:

——切割器件不同于上述切割器件的剪刀型草坪修整机和草坪修边机;

——自进型草坪修整机和草坪修边机;

——切割器件控制器件与切割头之间小于600 mm距离的草坪修整机和草坪修边机;

——装有须取下充电的电池的电池式修整机。

注102:装有这种类型电池的器具要求可见GB 3883.1的附录K和附录L。

EMC和除噪声以外的环境方面不在本部分中考虑。

注103:就本部分而言的动能计算方法给出在22.103中。

2)　第2章　规范性引用文件修改。

3)　第3章　修改或增加的术语有:

3.1.9正常工作、3.5.2手持式器具、3.101步行式器具、3.102草坪修整机、3.103草坪修边机、3.107切割器件控制器、3.108电源开关、3.109空载。

4)　6.2增加的内容修改为:

Ⅱ类或带Ⅱ类零件的步行式修整机应属IPX4型。

5)　7.1增加的内容、7.12改换的内容的修改。

6)　第10章　GB 4706.1的这一章不适用。

7)　第11章的修改如下:

11.4　不适用。

11.5　改换为:

草坪修整机和草坪修边机在正常负载运行条件下的静止空气中，运行到稳定状态，测量施加的扭矩。保持扭矩不变，电压调至0.94倍额定电压或1.06倍额定电压，或额定电压范围的平均值，取最不利者。

11.6　不适用。

11.7　改换为：

器具运行到稳定状态。

8)　第18章的耐久性试验要求修改。

9)　20.2改换为：

所有动力驱动传动件(切割器件除外)应加以防护，以防操作者触及这些零件。

当设计防护系统时应遵循GB/T 15706.1制定的原则。

所有护罩应或者被永久地固定，或者符合GB/T 15706.1—2007的3.25.1要求，即不借助工具就不能移动，或者器具被构造成符合GB/T 15706.1—2007的3.25.4要求，即护罩不在其防护位置就不能使用。

通过观察来检验。

10)　增加20.101.3切割器件的防护和20.102控制器的相应条款。

11)　21.1最后增加：第三段中冲击能量值替换为1.0 J ± 0.05 J。

增加21.101切割器件护罩强度和刚性的要求和试验条款；

21.101.2“(6.5±2)J”改为“(6.5±0.2)J”。

21.101.3第一段、第二段，21.102切割头的强度试验方法修改。

12)　22.36，增加“质量大于7.5 kg的应有双肩背带”；对22.40切割器件控制器要求做修改。

13)　24.1.3增加：

接通电动机的由切割器件控制器来操动的开关应至少具有3 mm的总触头开距，应用单极或者用双极断开实现。

开关应能经受50 000次操作试验。

14)　本部分为尽考虑了IEC 60364要求，以便器具连接到电源时，能更好地与布线规范兼容，对第25章作修改。

15)　29.2增加：

污染等级3适用于本器具。

16)　30.2.3不适用。

17)　对第31章防锈作修改。

18)　修改和增加以下附录并增加参考文献：

附录B(规范性附录)可充电电池式器具

附录AA(资料性附录)用于草坪修整机和草坪修边机的安全标志和符号

附录BB(资料性附录)振动

附录CC(资料性附录)噪声试验编码 工程方法(2级)

附录DD(资料性附录)材料和结构符合人工地面要求的示例(见CC.4.1)

附录EE(资料性附录)安全说明

除附录D、附录I外，本部分保留了GB 4706.1的全部附录(其中附录H为资料性附录，其他为规范性附录)。

本部分应与GB 4706.1—2005《家用和类似用途电器的安全　第1部分：通用要求》配合使用。

本部分写明“适用”的部分，表示GB 4706.1—2005中相应条文适用；本部分中写明“改换”的部分，则应以本部分中的条文为准；本部分中写明“修改”的部分，表示GB 4706.1—2005相应条文的相关内容应以本部分修改后的内容为准，而该条文中其他内容仍适用；本部分中写明“增加”的部分，表示除了符合 GB 4706.1—2005 的相应条文外，还应符合本部分中所增加的条文。

本部分附录 AA、附录 BB、附录 CC、附录 DD 和附录 EE 均为资料性附录。

本部分由中国电器工业协会提出。

本部分由全国电动工具标准化技术委员会归口并负责解释。

本部分负责起草单位：上海电动工具研究所。

本部分主要起草人：刘江、李邦协、李宏照。

本部分于 2002 年首次发布，本次为第 1 次修订。

引　言

本部分的制定基于:执行其规定的是有适当资质和有经验的人员。

本部分承认国际认可的危险防护等级,例如当参考制造商说明按正常使用进行操作时,器具的电气、机械、发热、着火和辐射。它也包括实际可以预见的不正常条件,以及考虑电磁环境对器具运行安全的影响方式。

本部分尽可能考虑了 GB/T 16895《建筑物电气装置》的要求,以便当器具连接到市电的线规具有兼容性,但各国的线规可以不同。

如果本部分范围内的器具也包括了 GB 4706 其他第 2 部分的功能,则相应第 2 部分适用于每项功能,只要合理。如果使用,要考虑一个功能对于其他功能的影响。

本部分是一个涉及器具安全的家庭类产品标准,优先于同一目的平级的和普通标准。

符合本部分条文的器具,如果当被检测和试验时,发现有其他因素会影响到这些要求所涉及的安全水平,将未必认为符合了标准的安全原则。

器具采用的材料或结构型式不同于本部分要求规定,可以按照要求的意图进行检验和测试,如果证明是等效的,可以认为符合标准。

家用和类似用途电器的安全 第2部分:步行式和手持式草坪修整机、草坪修边机的专用要求

1 范围

除以下条文外,GB 4706.1—2005 的这一章适用。

1.1 增加:

本部分适用于步行式和手持式草坪修整机、草坪修边机,其具有非金属纤维绳的切割元件或自由回转的非金属切割器件,分别以不大于 10 J 的动能,由站立的操作者进行割草作业,它们的额定电压交流不大于 250 V 或直流不大于 50 V。

只要适用,本部分涉及所有人员在正常使用和合理预见的误用修整机中出现的一般危险。

注 101:要注意到在许多国家中,国家负责健康、劳动保护的部门,国家水资源部门和类似部门另规定有附加要求。

本部分不适用于:

——切割器件不同于上述切割器件的剪刀型草坪修整机和草坪修边机;

——自进型草坪修整机和草坪修边机;

——切割器件控制器件与切割头之间小于 600 mm 距离的草坪修整机和草坪修边机;

——装有须取下充电的电池的电池式草坪修整机和草坪修边机。

注 102:装有这种类型电池的器具要求可见 GB 3883.1 的附录 K 和附录 L。

EMC 和除噪声以外的环境方面要求不在本部分中考虑。

注 103:就本部分而言的动能计算方法在 22.103 中给出。

2 规范性引用文件

除以下内容外,GB 4706.1—2005 的这一章适用。

增加:

GB/T 4269.3—2000 农林拖拉机和机械 草坪和园艺动力机械 操作者操纵机构和其他显示装置用符号 第3部分:草坪和园艺动力机械用符号(idt ISO 3767-3:1991)

GB/T 8910.1—2004 手持便携式动力工具 手柄振动测量方法 第1部分:总则(ISO 8662-1:1988,IDT)

GB 10396—2006 农林拖拉机和机械、草坪和园艺动力机械 安全标志和危险图形 总则(ISO 11684:1995,MOD)

GB/T 15706.1—2007 机械安全 基本概念与设计通则 第1部分:基本术语和方法(ISO 12100-1:2003,IDT)

GB/T 17248.2—1999 声学 机器和设备发射的噪声 工作位置和其他指定位置发射声压级的测量 一个反射面上方近似自由场的工程法(eqv ISO 11201:1995)

GB/T 20247—2006 声学 混响室吸声测量(ISO 354:2003,IDT)

GB/T 2423.55—2006 电工电子产品环境试验 第2部分:环境测试 试验 Eh:锤击试验(IEC 60068-2-75:1997,IDT)

IEC 60320 家用和类似用途的器具耦合器

IEC 60320-2-3 家用和类似一般用途电器耦合器 第2-3部分:保护等级高于 IPX0 的电器耦

合器

ISO 3744:1994 声学 声压法测定噪声源声功率级 一个反射面上方近似自由场中的工程法

ISO 3767-1:1998 农林拖拉机和机械 草坪和园艺动力机械 操作员操纵机构和其他显示装置用符号 第一部分:通用符号

ISO 7010 amd2:2007 图形符号 安全颜色和安全标志 用于工作地点及公共场所

ISO/TR 11688-1:1995 声学 对低噪声器具和装置设计的推荐做法 第1部分:方案

3 定义

除以下条文外,GB 4706.1—2005 的这一章适用。

3.1.9

改换为:

正常工作 normal operation

指器具在额定电压下运行,此时负载必须达到额定输入功率。

3.5.2

改换为:

手持式器具 hand-held appliance

用手握持,可以用轮子、滑轮或背带等作辅助的器具,它被构造成没有操作者握持,就不能保持在操作位置。

3.101

步行式器具 walk-behind appliance

由地面支撑,操作者在后面步行控制的器具,它被构造成没有操作者握持,它就不能保持在操作位置。

3.102

草坪修整机 lawn trimmer

切割器件在近似平行于地面的平面上旋转的草地修整器具。

3.103

草坪修边机 lawn edge trimmer

切割器件在近似垂直于地面的平面上旋转的草地修整器具。

3.104

切割器件 cutting means

用来提供切割作业的机械装置,其包含一个或多个绕垂直于切割面的轴线旋转的、依靠冲击进行切割的切割元件。

3.105

切割元件 cutting element

单根非金属纤维绳或单个回转非金属切割用器件。

3.106

切割头 cutting head

切割元件的支撑体。

3.107

切割器件控制器 cutting means control

由操作者手或手指操动的器件,用来控制切割器件的运动。

3.108

电源开关 power switch

控制修整机主电源的开关。

3.109

空载 no-load

器具在额定电压下装上新切割器件运行，对可延伸的单股纤维绳应截成比最大切割长度短 5 mm。

4 一般要求

GB 4706.1—2005 的这一章适用。

5 试验的一般条件

GB 4706.1—2005 的这一章适用。

6 分类

除以下条文外，GB 4706.1—2005 的这一章适用。

6.1 改换为：

器具应是Ⅱ类或Ⅲ类。

通过观察和相应试验来检验。

6.2 增加：

Ⅱ类或具有Ⅱ类零件的步行式草坪修整机和草坪修边机应至少是 IPX4 型。

7 标志和说明

除以下条文外，GB 4706.1—2005 的这一章适用。

7.1 增加：

增加以下破折号项：

——制造商的地址或原产地；

——制造年份，用四位数表示。

增加以下新段落：

以下警告应被放置在显著位置，表述为：

警告：

——阅读使用说明书。

——旁观者远离。

除非步行式草坪修整机具有 360°防护，器具还应标有以下内容：

——佩戴护目镜。

市电驱动器具还应标有以下内容：

——如果电线发生损坏或缠绕，拔掉电源插头。

另外，手持式草坪修整机和手持式草坪修边机应标有：

——不要暴露在潮湿环境中。

警告信息的标志应尽可能靠近相关的危险处。该标志应使用器具销往国的官方语言，或者用附录 AA 中的符号。符号颜色应符合 ISO 3767.1、GB/T 4269.3 和/或 GB 10396 规定，除非符号是铸出的、凸起的或压印成的而不要求着色。若采用符号和/或安全标记，其含义应在使用说明书中加以说明。

7.6 修改：

…/min 或 r/min …………………………………………………………………… 每分钟转速

7.12 增加：

操作手册应随机提供。该手册应包括：

a) 重复那些要求在器具上标出的警告及在适用时作进一步说明。器具上以符号或安全图标标出的，应对其功能进行解释；

b) 如果器具不以整机形式提供，要有正确装配该器具的说明；

c) 正确调节和维护器具的说明；

d) 零件属易耗品的，应规定更换的零件编号；

e) 所有控制器的操作说明；

f) 有关外接线的使用和型式的建议(不低于 25.7 的要求)；

g) 器具安全操作、准备、维护和储存的说明，如附录 EE 示例中给出示例。

8 对触及带电部件的防护

GB 4706.1—2005 的这一章适用。

9 电动器具的启动

GB 4706.1—2005 的这一章不适用。

10 输入功率和电流

GB 4706.1—2005 的这一章不适用。

11 发热

除以下条文外，GB 4706.1—2005 的这一章适用。

11.4 不适用。

11.5 改换为：

草坪修整机和草坪修边机在正常负载运行条件下的静止空气中，运行到稳定状态，测量施加的扭矩。保持扭矩不变，电压调至 0.94 倍额定电压或 1.06 倍额定电压，或额定电压范围的平均值，取最不利者。

11.6 不适用。

11.7 改换为：

器具运行到稳定状态。

12 空章

13 工作温度下的泄漏电流和电气强度

GB 4706.1—2005 的这一章适用。

14 瞬态过电压

GB 4706.1—2005 的这一章适用。

15 耐潮湿

GB 4706.1—2005 的这一章适用。

16 泄漏电流和电气强度

GB 4706.1—2005 的这一章适用。

17 变压器和相关电路的过载保护

GB 4706.1—2005 的这一章适用。

18 耐久性

除了以下条文外,GB 4706.1—2005 的这一章适用。

18.101 草坪修整机和草坪修边机应被构造得在正常使用中没有可能危及符合本部分的电气和机械失效,绝缘不应损坏,端子和连接件不会因发热、振动等而导致松动。

此外,过载保护装置在正常工作条件下应不动作。

通过 18.102 的试验来检验。

试验后,草坪修整机和草坪修边机立即经受第 16 章规定的电气强度试验,连接件不应松动,且应没有危及正常使用安全的损坏。

18.102 器具以 1.1 倍额定电压空载运行 15 h,然后以 0.9 倍的额定电压运行 15 h。草坪修整机和草坪修边机可以按周期运行,但每个周期不少于 7 h。

试验期间,草坪修整机和草坪修边机允许按说明书要求进行维护,更换电刷。

试验期间,过载保护装置应不动作。

19 非正常工作

除了以下条文外,GB 4706.1—2005 的这一章适用。

19.7 不适用。

20 稳定性和机械危险

除了以下条文外,GB 4706.1—2005 的这一章适用。

20.2 改换为:

所有动力驱动传动件(切割器件除外)应加以防护,以防操作者触及这些零件。

当设计防护系统时应遵循 GB/T 15706.1 制定的原则。

所有护罩应或者被永久地固定,或者符合 GB/T 15706.1—2007 的 3.25.1 要求,即不借助工具就不能移动,或者器具被构造成符合 GB/T 15706.1—2007 的 3.25.4 要求,即护罩不在其防护位置就不能使用。

通过观察来检验。

20.101 切割器件的防护

20.101.1 草坪修整机

草坪修整机在操作者一侧应至少防护到图 101 所示的程度。

护罩半径 X 应不小于切割头扫过的最大半径,并且步行式草坪修整机护罩应至少高于切割元件平面 3 mm,手持式草坪修整机护罩应至少超出切割元件平面 10 mm。夹角的顶点位于切割头主轴的轴线上。

如果防护范围小于 360°,切割元件的旋转方向应标明在草坪修整机上。

通过观察和测量来检验。

20.101.2 草坪修边机

草坪修边机应至少防护到图 102 所示位置。

护罩应至少覆盖到:在切割元件朝上运动一侧,从竖直位置到水平位置的 90°夹角范围;在切割元件朝下运动一侧,从竖直位置到水平位置的 45°夹角范围。如果防护范围小于 360°,切割元件的旋转方向应标明在草坪修边机上。

通过观察和测量来检验。

20.101.3　切割器件的防护

所有护罩应无穿孔，并且应或者被永久附着，或者符合 GB/T 15706.1—2007 的 3.25.1 要求，不借助工具就不能移动，或者器具被构造成符合 GB/T 15706.1—2007 的 3.25.4 要求，护罩不在其防护位置就不能使用该器具。

通过观察来检验。

20.102　控制器

对用户而言，用途不明显的控制器应用耐久的标志将其功能、方向和操作方法清晰地标出。

所有控制器操作的详细说明应在说明书中提供。

21　机械强度

除了以下条文外，GB 4706.1—2005 的这一章适用。

21.1　改换：

第二段改换为：

切割器件护罩应通过 21.101 试验检验，并且切割头通过 21.102 试验检验。器具的其他零件通过用 GB/T 2423.55 规定的弹簧冲击试验器对器具作冲击来检验。

第三段中冲击能量值替换为 1.0 J ± 0.05 J。

21.101　切割器件护罩强度和刚性

切割器件护罩强度和刚性应足以满足正常使用。试验前被试零件的温度稳定在(20±3)℃的环境温度。

通过 21.101.1，21.101.2 和 21.101.3 试验来检验。

21.101.1　切割器件护罩的刚性通过用相当于草坪修整机重量的力，以最不利的方向施加 30 s 来检验。

试验期间和试验后，护罩应不会变形或脱落，也不应呈现任何可见的裂痕。螺钉和保持架应仍安全有效，且 21.101.1 和 21.101.2 要求仍能满足。

21.101.2　步行式草坪修整机和步行式草坪修边机的切割器件护罩强度是用钢球进行冲击试验来检验。

三台整机中，在每台护罩的某个可能的薄弱部位经受(6.5±0.2)J 的冲击，试样放置在光滑的刚性平面上。

试验时这样操作：每次试验，试样受到冲击的部位均不同于其他两次试验部位。

冲击用直径为(50±0.8)mm 的钢球(例如球轴承上的)施加，如果被试零件与水平面成 45°及以下角度位置，允许球从静止位置铅垂下落撞击护罩；否则用绳把球拴住，并允许球摆动下落，撞击护罩，在上述两种情况中，球的垂直落差为(1 300±3)mm。

试验后，护罩应不会脱落，也不应呈现任何可见的裂痕，螺钉和保持架应仍安全有效，且 20.101.1 和 20.101.2 要求仍能满足。

21.101.3　手持式草坪修整机和手持式草坪修边机的切割器件护罩强度通过以下跌落试验来检验。

一个不带电源线的整机试样跌落 3 次，使护罩从(900±2)mm 高处垂直跌落到光滑的水平混凝土地面上，以这种方式使护罩试验最为严酷(见图 103)。宜用一绳索悬挂器具以便使器具获得所要求的方位。

切断绳索使器具以正确的方向落下以试验切割头的护罩(见图 103)。

试验后，护罩应不会脱落，也不应呈现任何可见的裂痕。螺钉和保持架应仍安全有效，且 20.101.1 和 20.101.2 要求仍能满足。

21.102 切割头的强度

切割头机械强度应足以满足正常使用。试验前被试零件的温度稳定在(20±3)℃的环境温度。

通过以下试验检验。

一个整机试样跌落,使切割头以水平位置下落撞击到刚性支撑的水平钢板上,对手持式草坪修整机和草坪修边机的跌落高度为(900±2)mm,对步行式草坪修整机和草坪修边机的跌落高度为(250±2)mm(见图104)。

宜用一绳索悬挂器具以便使器具获得所要求的方位。切断绳索使切割头以正确的方向落下以试验切割头的护罩(见图103)。

试验期间,器具其他零件的损坏可忽略不计。

试验后,器具不必是能操作的。

如果器具能操作,则马上进行以下试验。

器具分别带和不带切割元件,以最高速运转30 s。

如果器具不能操作,而切割头没有明显损坏,则把由用户更换的以及可拆除的切割头所有零件安装到新的器具上,然后该新器具分别带和不带切割元件,以最高速运转30 s。

应不出现零件脱落和可见的裂痕。

22 结构

除了以下条文外,GB 4706.1—2005的这一章适用。

22.36 增加:

手持式草坪修整机和手持式草坪修边机应至少有一只手柄。

所有质量大于3.5 kg的手持式草坪修整机和手持式草坪修边机应有两个手柄,并且两手柄中心距应至少为250 mm。

注:该250 mm距离测量不适用于质量小于等于3.5 kg的草坪修整机和草坪修边机。

另外,所有质量大于6 kg的手持式草坪修整机和手持式草坪修边机应至少还有一个单肩背带,质量大于7.5 kg的应有双肩背带。

器具质量应取按说明书规定的正常使用的最重情况且不带电缆线和背带。

本部分要求的所有手柄握持面长度应至少为100 mm。

如果内含电动机的零部件尺寸达到100 mm,可以把它视为手柄。

环状或封闭环状手柄的握持长度应包括所有直段或曲率半径大于100 mm的长度,以及握持面两端(或之一)的所有长度不大于10 mm的弯弧。

如果直手柄是中心支撑的(如"T"字形),握持长度应按下述计算:

——对圆周长度小于80 mm(不包括支撑)的手柄,则握持长度应是除支撑以外的两部分长度之和。

——对圆周长度大于等于80 mm(不包括支撑)的手柄,则握持长度应是一端到另一端的总长度。

含切割器件的控制操动件的手柄合适部分,应视作手柄握持长度的一部分。手指握持的或类似重叠的外形不应影响手柄握持长度的计算方法。

通过观察和测量计算检验。

22.40 改换为:

器具应提供一个切割器件控制器,并在驱动切割器件前要求该控制器须经有两个独立的、不同动作,或者该控制器防护得能够防止意外操作。该控制器"接通"位置不应有锁定器件,并且当控制器释放后切割元件的运动将停下来。

通过观察来检验,并且对需防护的切割器件控制器,应不可能被直径为(100±1)mm的球作用使控制器动作。

22.101 切割器件应包含1个或多个非金属切割元件,它们安装在普通圆形切割头上或从普通圆形切割头引出。

通过观察来检验。

22.102 切割元件应由包括如下一种零件组成：

a) 非金属纤维绳，或

b) 非金属自由回转刀具。

对使用一根或多根(绕在装在切割头或其他附件上的线筒)连续纤维绳作为切割元件的器具，应装有将纤维绳放长和/或操作器具后能自动将该绳限定到正确操作长度的装置。

制造商不应供应能替代非金属切割元件的金属切割元件。

通过检查来检验。

22.103 切割元件的动能应不大于 10 J。

通过观察、测量和试验检验。在试验和测量前，各切割元件要在(20±3)℃的环境温度下至少存放7天。

就本部分而言，动能按以下公式确定：

$$动能 = \frac{1}{2}mv^2(\text{J}) \qquad (1)$$

式中：

m——长度为 L 的切割元件的质量，以 kg 为单位(见图 105)；

v——长度为 L 的切割元件的中点 Z 达到的最大线速度，以 m/s 为单位。

因此

$$v = 0.104\,7n^{(r-(L/2))} \qquad (2)$$

式中：

n——带整卷绳或装上新刀具的最高转速，…/min 或 r/min；

r——切割头回转中心到切割器件外端的距离，m；

L——测量的切割元件长度，m。

注：公差符合 GB/T 1804 要求。

23 内部布线

GB 4706.1—2005 的这一章适用。

24 元件

除了以下条文外，GB 4706.1—2005 的这一章适用：

24.1.3 增加：

用于接通电动机的由切割器件控制器来操动的开关应至少具有 3 mm 的总触头开距，应用单极或者用双极断开实现。

开关应能经受 50 000 次操作试验。

25 电源连接和外部软线

除了以下条文外，GB 4706.1—2005 的这一章适用。

25.1 增加：

器具进线座应不允许让符合 IEC 60320(除 IEC 60320-2-3 以外)的联接件插入。

通过观察来检验。

25.5 改换为：

器具应提供下述之一的电源线：

——对 X 型连接，长度不小于 6 m 的电源线；或

——对 X 型或 Y 型连接，长度不大于 0.5 m 的，端头为电缆耦合器的电源线；或

——器具进线座。

25.7 第一段改换为：

电源线应不轻于：

——橡胶绝缘的，普通橡胶护层的软线(GB 5013.4 的 245IEC53)；

——聚氯乙烯绝缘的，普通聚氯乙烯护层的软线(GB 5023.5 的 227IEC53)。

26 外部导线用接线端子

GB 4706.1—2005 的这一章适用。

27 接地措施

GB 4706.1—2005 的这一章适用。

28 螺钉和连接

GB 4706.1—2005 的这一章适用。

29 电气间隙、爬电距离和固体绝缘

除以下条文外，GB 4706.1—2005 的这一章适用。

29.2 增加：

污染等级 3 适用于本器具。

30 耐热和耐燃

除以下条文外，GB 4706.1—2005 的这一章适用。

30.2.3 不适用。

31 防锈

第 1 部分的这一章改换为：

铁制零件，其锈蚀会导致器具不满足本部分要求的应有足够的防锈措施。

通过以下试验检验：

将零件浸没在适当的去油剂中 10 min，去除零件上的所有油脂以备试验。

然后零件再被浸入 10％氯化铵溶液中 10 min，水温为(20 ± 5)℃。

不烘干，但甩掉水滴，零件被放置在温度(20 ± 5)℃，空气湿度饱和的箱子内 10 min。

零件在经过 (100 ± 5)℃加热箱内 10 min 干燥后，它们的表面不应呈现锈蚀迹象。

当使用试验规定的液体，必须采取适当的防范措施以防吸入其蒸汽。

锋面上的锈迹和可擦除的黄色锈膜可以忽略。

对小螺旋弹簧和类似物，以及暴露于磨损条件的零件，可提供一层油脂足以防锈。这种零件仅当怀疑油膜效果时经受试验，随后进行试验无需除去油脂。

32 辐射、毒性和类似危险

GB 4706.1—2005 的这一章适用。

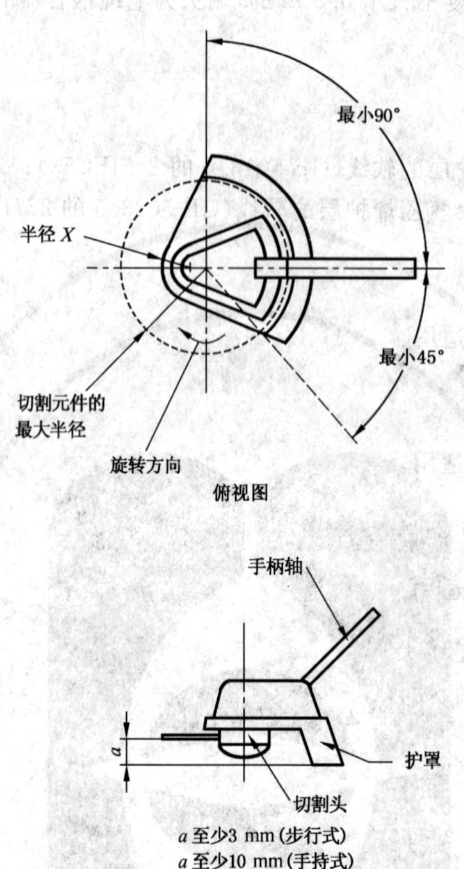

注 1：为清楚起见，所有滑轮或轮子在图上均不显示。除了显示的相应尺寸和特殊要求外，该图不用于指导设计。

注 2：图不按比例。

注 3：如果旋转方向相反，扩展 45°和 90°的护罩部分也必须反置过来。

图 101　草坪修整机护罩(见 20.101.1)

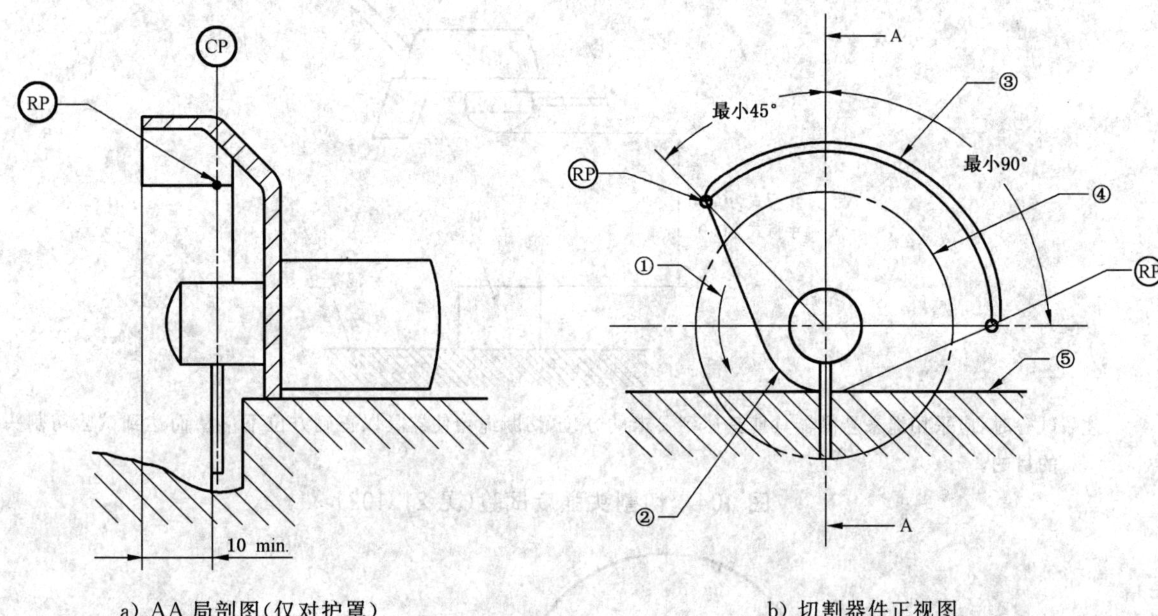

a）AA 局剖图（仅对护罩）　　　　b）切割器件正视图

1——旋转方向；

2——半径“r”；

3——护罩；

4——切割元件的最大半径；

5——草坪修边机的底平面。

注 1：为简化起见，手柄和所有滑轮或轮子在图上均不显示。除了显示的相应尺寸和特殊要求外，该图不用于指导设计。

注 2：图不按比例。

注 3：如果旋转方向相反，扩展 45°和 90°的护罩部分也必须反置过来。

注 4：引出点“RP”是位于切割元件“CP”中心平面与外护罩边的交点。

图 102　草坪修边机护罩（见 20.101.2）

尺寸单位为米

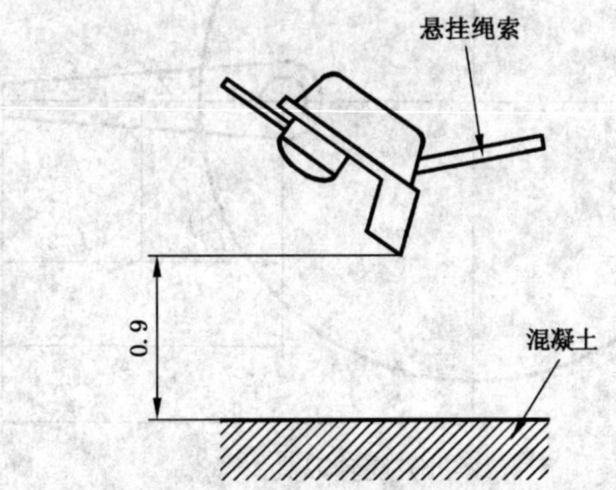

注：试验时，应采用绳来悬吊器具使其达到要求的方位，切断绳会使器具以正确方位下落从而达到试验切割头护罩的目的。

图 103　护罩强度试验（手持式器具）

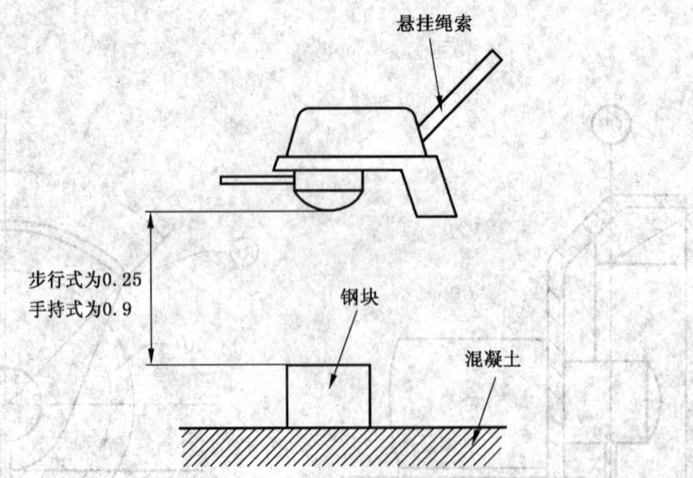

注：试验时，应采用绳来悬吊器具使其达到要求的方位，切断绳会使器具以正确方位下落从而达到试验切割头护罩的目的。

图 104　切割头强度试验(见 21.102)

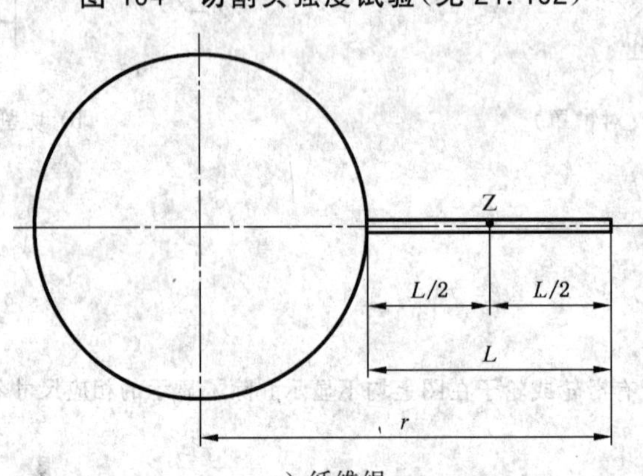

a) 纤维绳

b) 旋转刀具

图 105　切割器件测量(见 22.103)

附　录

除以下内容外，GB 4706.1—2005 的附录适用。

附　录　B
（规范性附录）
可充电电池式器具

第 2 部分做以下修改后，第 1 部分适用。

3.1.9

在下述条件下器具的运行：

——电池被先放电到器具无法运行的程度再给电池充电；用充满的电池供电，草坪修整机和草坪修边机在空载下运行，自动绳延伸器应不起作用；

——如有可能，电池被先放电到器具无法运行的程度，器具用它的电池充电器从市电得到供电。草坪修整机和草坪修边机在空载下运行，自动绳延伸器应不起作用；

——如果器具装有用感应式耦合器连接的两个可分离零件，则器具在拆下分离零件后用市电供电。

7.1

修改：

删除第 3 个缩进段。

11　发热

GB 4706.1—2005 的这一章不适用。

18　耐久性

GB 4706.1—2005 的这一章不适用。

22　结构

22.40

增加：

在切割器件被驱动前，电池式草坪修整机和草坪修边机或者有脱开装置，或者切割器件控制器要求有两个独立和不同动作。就本部分而言，不用工具就能拆除的电池可认为是一种脱开装置。

通过观察来检验。

草坪修整机和草坪修边机应不可能在电池充电的同时运行。如果充电器的功率低到不足以在短时间内使草坪修整机和草坪修边机运行，则认为满足要求。

应通过以下试验来检验。

用充满的电池启动，连续运行草坪修整机和草坪修边机直到它无法再驱动切割器件为止。仍然将开关保持在“接通”位置，接上充电器。切割器件在接上充电器的 5 s 内不应动作。

24　组件

24.1.3　GB 4706.1—2005 的该条不适用。

24.101　电源开关

24.101.1 电源开关应有足够的通断能力。

通过经受50个接通和断开满充电池式器具的输出机构电流的操作循环来检验。每个“接通”期不超过0.5 s,“断开”期不超过10 s。

该试验后,电源开关应没有电气或机械失效。如果在试验结束时,开关的操作处于适当地“接通”和“断开”位置,则认为没有机械或电气失效。

24.101.2 电源开关应能承受正常使用中的机械的、电气的和热的应力而无过度磨损或其他有害影响。

通过经受6 000个接通和断开满充电池式器具空载电流的操作循环来检验。开关以每分钟30个操作循环的相同速率被操作。试验期间,开关应动作正确。试验后,检查开关,应不呈现不当磨损,无电气或机械连接的松脱,密封的化合物无漏液。

25.1 GB 4706.1—2005的该条适用,第2部分不做补充。

附　录　D
（规范性附录）
电动机的热保护器

GB 4706.1—2005 的这一附录不适用。

附　录　I
（规范性附录）
不适于器具额定电压的仅具有基本绝缘的电动机

GB 4706.1—2005 的这一附录不适用。

附 录 AA
（资料性附录）
用于草坪修整机和草坪修边机的安全标志和符号

AA.1 警告:阅读使用说明书

注： 该象形图案的下半部分符号可用7.6所示的符号替代（ISO 7000的符号1641）。

AA.2 警告:让旁观者远离

AA.3 佩戴护目镜或使用 ISO 7010 的 M004 的符号

AA.4 不得暴露在潮湿环境

AA.5 如果电线发生损坏或缠绕，拔掉电源插头

附 录 BB
（资料性附录）
振 动

BB.1 被测量的量

被测量的量如下：

——符合 GB/T 8910.1—2004 中 3.1 的加速度，表示为符合 GB/T 8910.1—2004 中 3.3 的加权加速度 a_{hw}；

——电机转速。

BB.2 仪器

BB.2.1 一般要求

对仪器的规定见 GB/T 8910.1—2004 的 4.1。

BB.2.2 传感器

对传感器的规定见 GB/T 8910.1—2004 的 4.1。

BB.2.3 传感器固定

传感器的固定应符合 GB/T 8910.1—2004 的 4.2 的要求。

BB.2.4 校准

应按 GB/T 8910.1—2004 的 4.8 的进行校准。

BB.3 测量方向和测量位置

BB.3.1 测量方向

应对每个手柄进行 X、Y 和 Z 三个方向的测量（手持式草坪修整机、草坪修边机见图 BB.1，步行式草坪修整机、草坪修边机见图 BB.2）。

BB.3.2 测量位置

传感器组件的典型位置和测量方向，对手持式草坪修整机、草坪修边机见图 BB.1，对步行式草坪修整机、草坪修边机见图 BB.2。

BB.4 试验程序

BB.4.1 工作流程的确定

试验应在一台新草坪修整机和草坪修边机上进行，它是由该器具制造商用标准设备正常生产的。如果切割器件是由装在切割头上的线盘进给的单股纤维绳，则旋转切割器件的长度应调节到比最大长度大约短 5 mm。

在着手试验前，草坪修整机和草坪修边机应运行到稳定状态。所有的速度设定装置应被调节到最高数值。

在试验期间，电压和/或频率应保持在额定电压或额定电压范围的上限值和/或频率的 0.98 到 1.02 倍值。市电供电器具的电源电压在所提供的软电缆或软线的插头处测量，而不在任何加长的电缆或软线的插头处测量。电池式器具应由保持电池名义电压的外部电源来驱动。

试验期间,应驱动切割器件。应避免手与传感器接触。

自动绳延伸器应不起作用。

BB.4.2 测量过程

同一名操作者对每个手柄要进行一组5次试验。

每次读数应从适用试验设备的信号时段中获取。试验持续时间不应少于8 s。

注:可以通过采用小于8 s持续时间获得同等精度等级,此时,结果等同应是合理的。

三个方向的测量(见BB.3)应同时进行。

BB.4.2.1 手持式草坪修整机和草坪修边机

可调手柄应被设定在中间位置。如提供有背带,试验时应使用。器具手柄应按正常操作位置握持,切割器件底平面适当地平行或垂直与地面,且离地50 mm。切割器件应无任何障碍物。

BB.4.2.2 步行式草坪修整机和草坪修边机

可调手柄应被设定在适合操作者的位置,当对坚硬水平面作设定时,切割高度应被设定在30 mm或邻近的更高切割位置。对具有最高切割高度不大于30 mm的器具,应被设定在其最高设定值。

测量在19 mm厚的覆盖了椰衣垫的夹板上进行,椰衣垫被钉在夹板上。椰衣垫应约有20 mm高的含有PVC基的纤维,重量近似为7 000 g/m^2。

测量应让一个具有1.75 m ± 0.05 m身高的操作者来实施。

BB.5 测量结果的确定

每个手柄的测量结果应按每次试验的a_{hw}值的算术平均值确定。如引用单一数据,则它要取高的一个。

BB.6 一般要求

BB.6.1 设计减振和防范措施

草坪修整机和草坪修边机应设计得能产生尽可能小的振动。引起振动的主要来源是:

——源于电动机的振荡力;

——切割器件;

——不平衡的运动部件;

——齿轮、轴承和其他机构的冲击;

——操作者、草坪修整机和草坪修边机以及作业件间的相互作用。

注1:CR 1030-1:1995给出了广泛认同的机械设计中减小手柄振动方法的技术规则和方法要遵循的通用技术信息。

注2:除振源减少,适当时,还可以采取将振源与手隔离的技术措施,例如隔音装置和共振块。

BB.6.2 减振信息

在采取了可能的减振措施后,仍然推荐在适当时,说明书给出的建议:

——低振动操作模式的使用,和/或限制操作时间;

——个人防护设备的穿戴。

BB.6.3 振动测量

对于手柄振动测量,应采用附录BB给出的方法。

单位为毫米

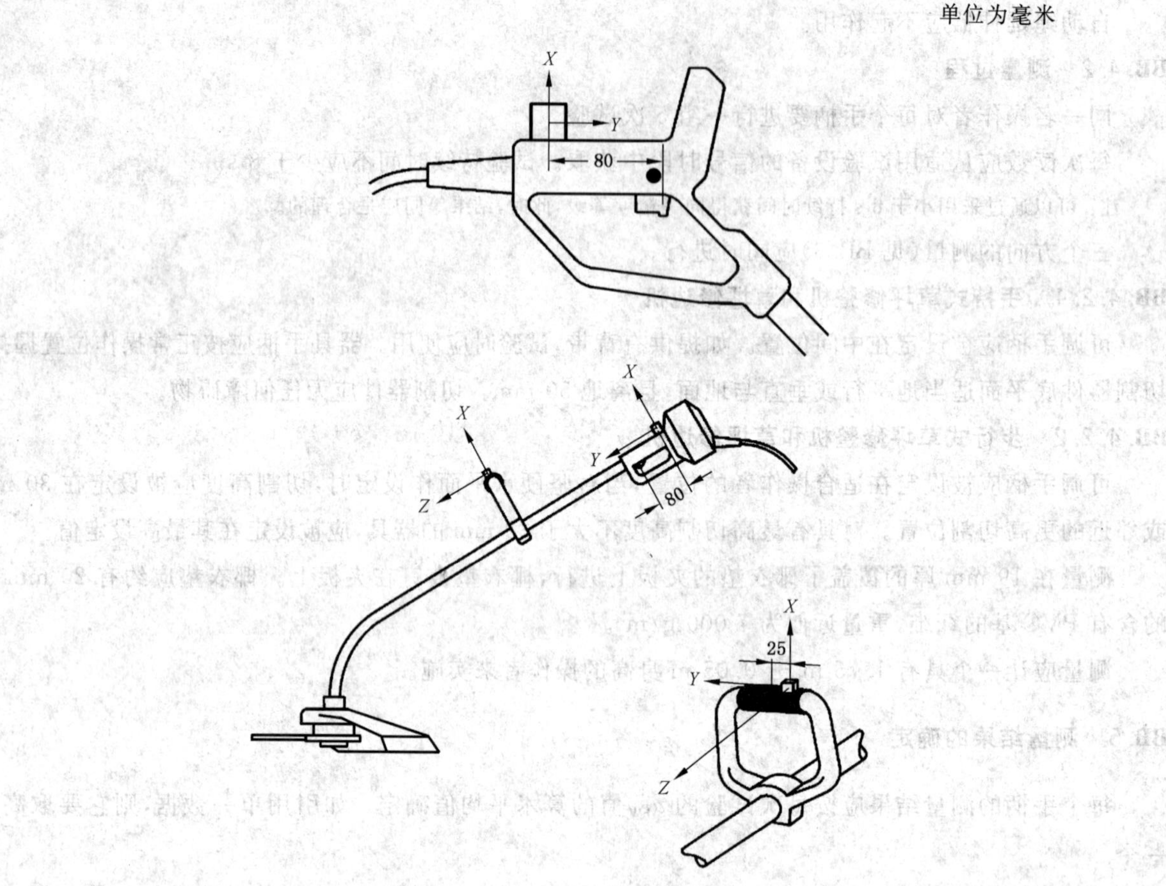

注：如果不能进行 80 mm 的测量，传感器被放置在将要握持的手柄部分的尾端。如果不能进行 25 mm 的测量，传感器必须被尽可能放置在这个位置以避免碰到手。

图 BB.1 （手持式草坪修整机和草坪修边机）传感器位置/方位示例

单位为毫米

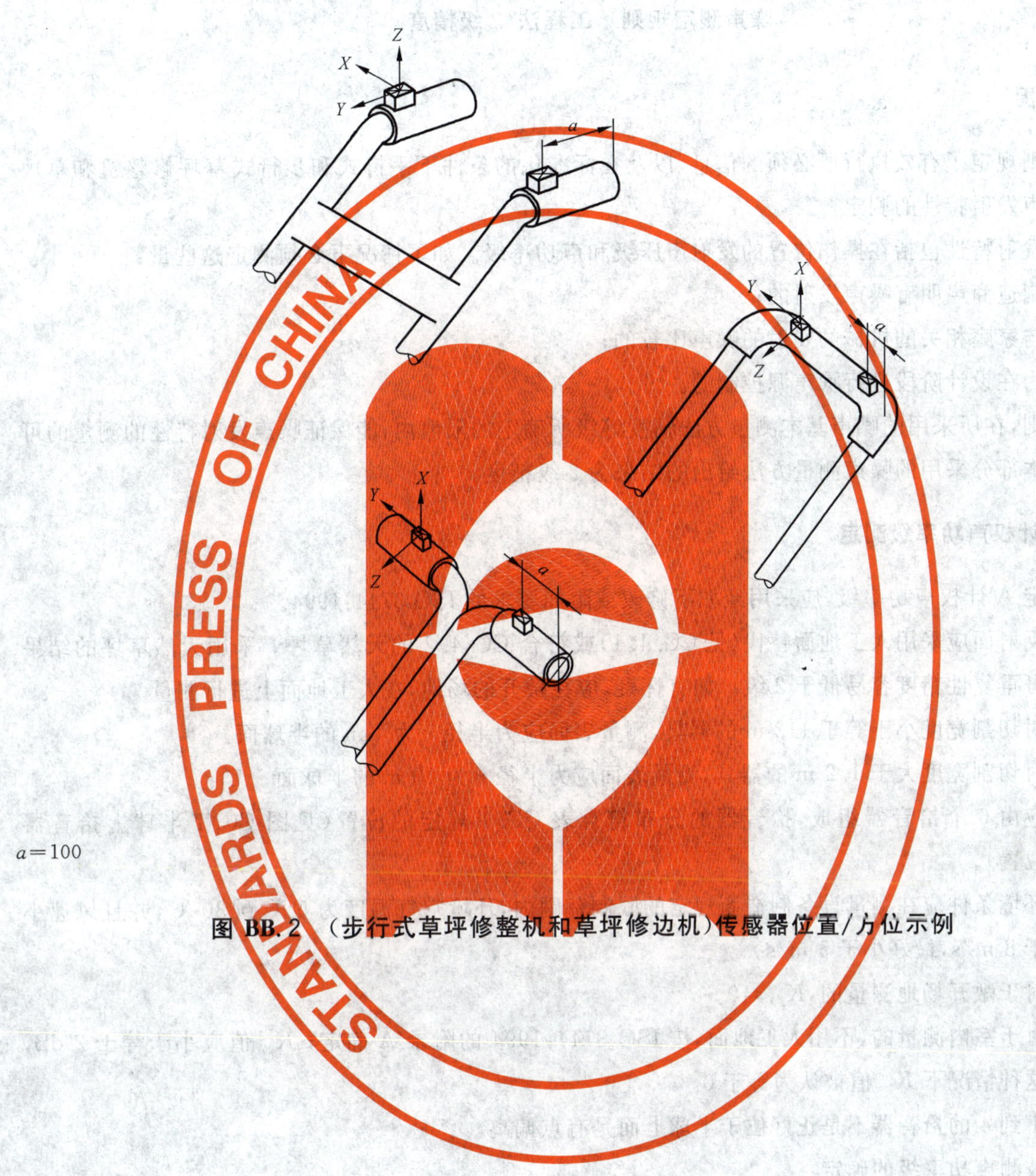

$a=100$

图 BB.2 （步行式草坪修整机和草坪修边机）传感器位置/方位示例

附　录　CC
（资料性附录）
噪声测定规则　工程法(2级精度)

CC.1　范围

本规则规定了有效执行所必须的信息，以及在标准化的条件下手持式和步行式草坪修整机和草坪修边机噪声发射特性的测定。

噪声发射特性包括在操作位置的发射声压级和声功率级。如下情况下必须测定这些量：

——制造商声明有噪声发射的；

——与家庭相关的机械的发射的噪声比较的；

——为在设计阶段进行噪声源控制的。

本规则，在所采用的噪声基本测量方法精度等级所确定的限值内，能保证噪声发射特性的测量的可重复性。本部分采用的噪声测量方法给出的结果为2级精度。

CC.2　A计权声功率级测定

为确定A计权声功率级，应采用经如下修改或附加要求的ISO 3744:1994。

——反射面应采用人工地面替代(见CC.4.1)或符合CC.4.2的天然草坪。采用天然草坪的结果可重复性精度容易低于2级。如有怀疑，应在敞开的场地，在人工地面上进行测量。

——对切割宽度小于等于1.2 m的器具，测量表面应为半径r为4 m的半球面。

——对切割宽度大于1.2 m的器具，测量表面应为半径r为10 m的半球面。

——应由6个拾音器组成，拾音器的分布符合表CC.1规定的位置(见图CC.1半球上拾音器位置)。

——环境条件应在测量设备制造商规定的限制范围内，环境空气温度为5 ℃到30 ℃，并且风速小于8 m/s，最好小于5 m/s。

——对于敞开场地测量的，$K_{2A}=0$。

——对于室内测量的，不用人工地面，按ISO 3744:1994的附录A确定，K_{2A}值应小于等于2 dB，这种情况下K_{2A}值被认为等于0。

编号1到4的拾音器不是正好位于半球上而是有点偏离。

对于被测声功率级的确定：

——拾音器应被放置在表中规定的位置；

——考虑的测量表面的面积为半径为4 m的半球面积，这样保证了所有拾音器位于该半球上。

单位为米

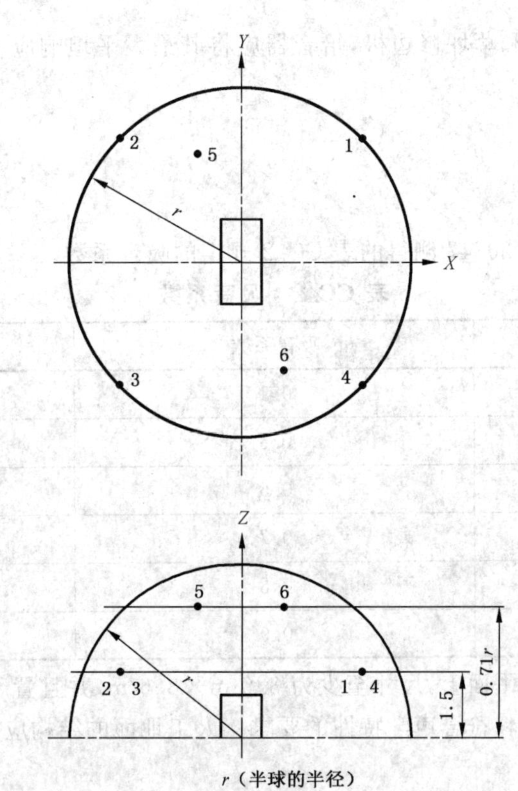

图 CC.1 半球的拾音器位置(见表 CC.1)

表 CC.1 拾音器位置的坐标值

位置编号	X r	Y r	Z
1	+0.7	+0.7	1.5 m
2	−0.7	+0.7	1.5 m
3	−0.7	−0.7	1.5 m
4	+0.7	−0.7	1.5 m
5	−0.27	+0.65	0.71r
6	+0.27	−0.65	0.71r

CC.3 A 计权的发射声压级测量

为确定 A 计权的声压级，应采用 GB/T 17248.2，并作修改或附加如下要求：

——反射面应采用人工地面替代或符合 CC.4 的天然草坪。采用天然草坪的结果可重复性精度容易低于 2 级。如有怀疑，应在敞开场地的人工地面上进行测量。

——环境条件应在所用测量仪器制造商规定的限制范围内，环境空气温度应为 5 ℃到 30 ℃，并且风速小于 8 m/s，最好小于 5 m/s。

——拾音器应安装在距操作者头部中心平面 200 mm±20 mm 的较响侧，高度与视线齐高。操作者站直，眼睛平视，操作者应佩戴附有拾音器的头盔。拾音器距头盔边缘应不小于 30 mm。操作者身高应是 1.75 m±0.05 m。

● 对步行式草坪修整机和草坪修边机，拾音器应将其最大平坦响应轴线(按制造商的规定)指向前且与水平成向下的45°。

- 对手持式草坪修整机和草坪修边机，拾音器应将其最大平坦响应轴线(按制造商的规定)指向该器具的前手柄。

CC.4 试验地板的要求

CC.4.1 人工地面

人工地面应具有按GB/T 20247测得的表CC.2规定的吸音系数。

表 CC.2 吸音系数

频率/Hz	吸音系数	误差
125	0.1	±0.1
250	0.3	±0.1
500	0.5	±0.1
1 000	0.7	±0.1
2 000	0.8	±0.1
4 000	0.9	±0.1

吸声材料放置在硬的反射平面上，尺寸至少为3.6 m×3.6 m，并且置于测试环境的中心。支撑件的结构应能使其支撑的吸音材料符合声学特性的要求。人工地面的结构应能承受操作者的重量以避免吸音材料的挤压。

注：符合这些要求的人工地面的材料和结构的例子见附录DD。

CC.4.2 天然草坪

测量环境至少对所用测量表面的水平反射面上由高质量的天然草坪覆盖。测试之前，用割草机将草坪切割到接近30 mm的高度。

草坪表面应无草屑和残留物，并没有明显的潮气、霜或雪。

CC.5 装置、装备和操作条件

试验应在一台新的草坪修整机或草坪修边机上进行，它是由该器具制造商用标准设备正常生产的。如果切割器件是按在切割头上的线盘进给的单股纤维绳，则旋转切割器件的长度应调节到比最大长度大约短5 mm。

自动绳延伸器应不起作用。

在着手试验之前，草坪修整机和草坪修边机应运行到稳定条件。所有速度设定装置应被调节到最高数值。

对市电供电的电动机：

——电压和/或频率应保持在额定电压或额定电压范围的上限值和/或频率的0.98到1.02倍值。

——市电供电草坪修整机和草坪修边机的电源电压在所提供的软电缆或软线的插头处测量，而不在加长电缆或软线的插头处测量。

对电池供电的电动机：

——开始噪声测量时，应按说明书规定用满充的电池，但当负载下的电池电压跌到铅酸电池负载下初始测量电池电压值的0.9倍以下，或其他电池负载下初始测量电池电压值的0.8倍以下时，停止噪声测量。

——电池电压应在电池端头测量。

试验期间，接上切割器件但不带负载。

测量应在草坪修整机和草坪修边机达到最高速度时进行。如果该器具具有低于该速度的调节器，测量应在说明书规定的最高速度下接上切割器件进行。

可调手柄应被设定在中间位置。如提供有背带,试验时应使用。

操作者应以正常操作姿势握持草坪修整机和草坪修边机手柄,切割器件平面平行于地面且离地50 mm内。切割器件应无任何阻塞物。

应采用电动机速度指示器监测电动机的速度。读数精度应为±2.5%,指示器和它与草坪修整机和草坪修边机的衔接应不会影响试验期间的操作。

为了测量声压级,从切割器件的上方水平部分画出的假想线到装有拾音器的头部的最短距离应尽可能接近0.7 m。

为了确定声功率级,切割器件应在半球中心的上方。

CC.6 测量不确定度和噪声发射的声明值

当在操作位置测量发射声压级时,应重复试验以达到要求的精度,直到三次连续A计权结果得出的值不大于2 dB。这些值的算术平均值便是测量的草坪修整机和草坪修边机A计权的发射声压级。

当确定声明的噪声发射值时,应考虑与测量相关的不确定度。

注:考虑不确定度的方法应基于被测值和测量不确定度的用途。后者是与测量过程有关的不确定度(由所采用的测量方法的精度等级决定)和过程不确定度(由同一制造商制造的同类型一台器具不同于另一台的器具的噪声发射变化)。

CC.7 需记录和报告的信息

将被记录和报告的信息为ISO 3744:1994和GB/T 17248.2要求的信息。

CC.8 按安全要求降低噪声

CC.8.1 通过设计和防护措施降低噪声源的噪声

草坪修整机和草坪修边机应尽可能降低产生的噪声级。主要噪声源有:

——进风系统;

——切割系统;

——振动表面。

ISO 11688-1:1995规定了公认技术规则的通用技术信息和低噪声器具设计需遵循的方法。

CC.8.2 降低噪声的信息

在采取了设计阶段降低噪声的所有的技术措施之后,如果制造商进一步考虑操作者必须的防护,则说明书中应有:

——低噪声操作模式,和/或限时操作的建议;

——噪声级警告和使用耳防护装置的建议。

CC.8.3 噪声发射测量

在操作者位置的声功率级和声压级发射确定应使用附录CC规定的方法测量。

附 录 DD
（资料性附录）
材料和结构符合人工地面要求的示例

DD.1 材料

材料是一种无机纤维，20 mm 厚，具有 11 kN·s/m^4 的抗透风性，密度为 25 kg/m^3。

DD.2 结构

如图 DD.1 所示，测量地点的人工地面被分成 9 块连接扳，每块近似为 1.20 m× 1.20 m。结构衬板如图 DD.1 所示，由 19 mm 厚的硬纸板组成，两面附有塑料材料。例如，厨房家具的结构采用这种板。硬纸板的剪切边应用塑料涂料涂敷以防潮湿。地板外侧应用两脚铝件(d)包边，脚高 20 mm。各段该侧面材料还被用螺钉固定到充当隔板和配属物的连接板边缘。

在测量期间将放置草坪修整机和草坪修边机的地方以及操作者会站立的所有其他地方的连接板中部，脚长 20 mm 的 T 型铝材(c)被当作隔板安装。这些材料也提供便于在测量点中部的草坪修整机和草坪修边机对准的准确标记。然后用剪成一定尺寸的绝缘毛毡材料(b)覆盖预制板。

既不能站上去，也不能把器具推上去的连接板的毛毡地板(图 DD.1 所示的 A 型地面) 用一层固定在边条和连接点上的简易线网覆盖；为此，连接板应留有孔。这样，就能很好地绑住材料，以便毛毡脏后可以更换。一种所谓饲养场线网，其网格宽度为 10 mm，直径为 0.8 mm 的网线被证明比较合适。表明该网线足以保护地面而不影响声学条件。

但是，简易线网在经受搬运的地方保护不够充分(图 DD.1 所示的 B 型地面)。对于这些表面，使用直径 3.1 mm 和网格宽 30 mm 的钢丝栅被证明比较合适。

如上述要求的测量点的结构有两个优点：无需很多时间和精力就能准备好，并且所有材料都是容易获取的。

由于拾音器位置不直接位于测量点的地板上方，所以拾音器允许被装在支架上，假定地面是平整和坚硬的，例如沥青或混凝土地面。

当布置拾音器时，必须考虑拾音器的高度要由其与测量点地板面的关系来决定。因此，拾音器应高出其下方的地面 40 mm。

单位为毫米

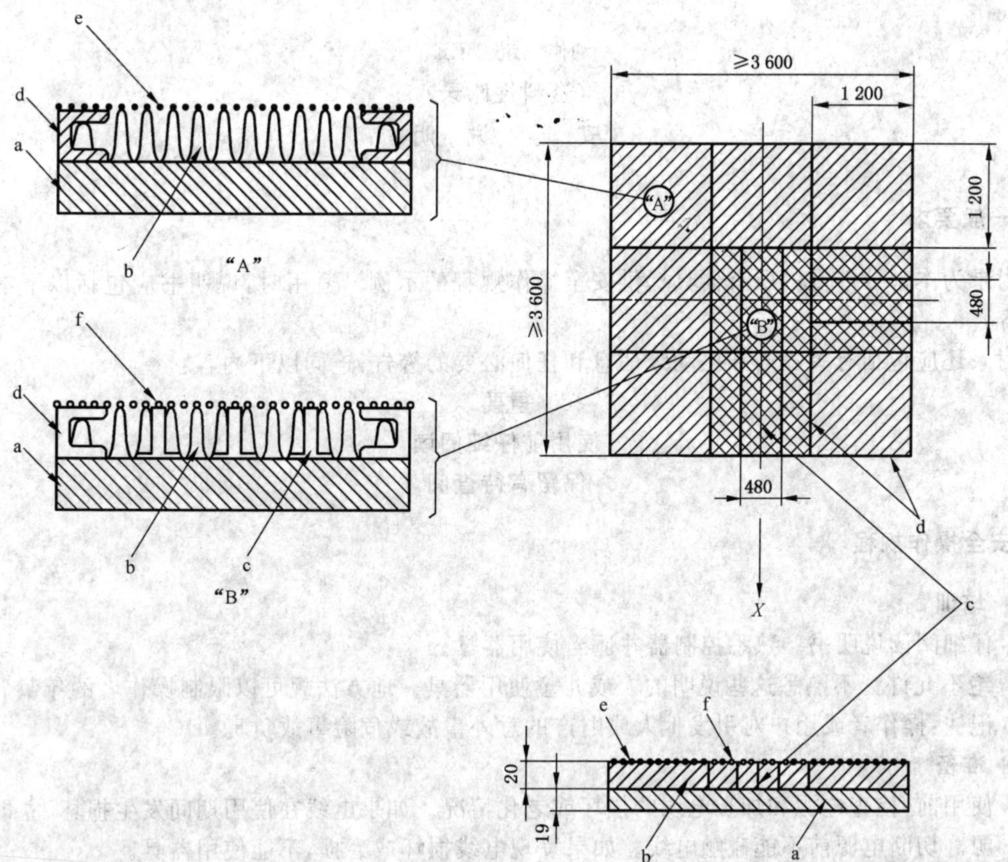

"A"——该区不适合承重。不能站上去，也不可将器具推上去；

"B"——该区适合承重。可以站上去，也可以将器具推上去；

a——塑料覆盖层的纤维板背衬层（通常厚 19 mm）；

b——矿石纤维层（通常厚 20 mm）；

c——T 型铝材（3 mm 厚×20 mm 高）；

d——U 型铝材（3 mm 厚×20 mm 高）；

e——钢丝网（通常用直径为 0.8 mm 钢丝线编制的 10 mm×10 mm 网格）；

f——钢丝栅（通常用直径为 3.1 mm 钢丝线编制的 30 mm×30 mm 网格）。

注：除非另有说明，所有尺寸是近似值。

图 DD.1　覆盖人工地面的测量面的草图（不按比例）

附 录 EE
（资料性附录）
安 全 说 明

EE.1 一般要求

本附录为本部分涉及的所有器具提供安全操作规程的示例。适用时，说明书应包括以下本附录的各章内容：

本附录还应包括有关噪声和振动级信息和任何必要的警告，连同以下内容：

重要

使用前仔细阅读

保留有待查阅

EE.2 安全操作规程

EE.2.1 培训

a) 仔细阅读说明书。熟悉控制器并适当使用器具。

b) 绝不允许让不熟悉这些说明的人或儿童使用器具。地方法规可以限制操作者的年龄。

c) 记住：操作者或用户对引发他人或财产的意外事故或危险事故负责。

EE.2.2 准备

a) 使用前，检查电源和加长电线的损坏或老化情况。如果电线在使用期间发生损坏，立即切断电源。切断电源前不能碰触电线。如果发现电线损坏或磨损，不能使用器具。

b) 绝不能在附近有人，尤其是有儿童或宠物时操作器具。

c) 任何时候操作器具时，要戴护目镜并穿工作鞋。

EE.2.3 操作

a) 使电源线和加长电线远离切割器件。

b) 仅在白天或有良好人工光源情况下使用器具。

c) 绝不能使用损坏的护罩或防护物，或护罩或防护物没有就位情况下操作器具。

d) 仅当手和脚远离切割器件时才接通电动机。

e) 下列情况下，总是断开器具的电源（也就是从电源上拔掉插头或将脱开装置移去）。

——无人看管器具时；

——清障前；

——检查、清理或对器具进行作业前；

——切割到异物之后；

——器具开始不正常振动时。

f) 当心来自于切割器件对脚和手的伤害。

g) 总是保持通风口畅通无碎屑。

EE.2.4 维护和储存

a) 进行维护或清理作业前，断开器具的电源（也就是从电源上拔掉插头或将脱开装置移去）。

b) 仅使用制造商建议的更换零件和附件。

c) 经常检查和维护器具。只能由专业维修者修理器具。

d) 器具不用时，将器具储存在儿童不会触及的地方。

EE.2.5 建议

器具应通过动作电流不大于 30 mA 的剩余电流动作保护装置（RCD）供电。

参 考 文 献

除以下内容外,GB 4706.1—2005 的参考文献适用:

增加:

GB 3883.1—2005　手持式电动工具的安全　第一部分:通用要求

CR 1030-1:1995　手臂振动　减少振动伤害指南　第 1 部分:机械设计工程学方法

ICS 97.040.50
Y 68

中华人民共和国国家标准

GB 4706.55—2008/IEC 60335-2-12:2005
代替 GB 4706.55—2002

家用和类似用途电器的安全 保温板和类似器具的特殊要求

Household and similar electrical appliances—Safety—Particular requirements for warming plates and similar appliances

(IEC 60335-2-12:2005,IDT)

2008-12-31 发布　　2010-02-01 实施

中华人民共和国国家质量监督检验检疫总局
中国国家标准化管理委员会　发布

前 言

本部分的全部技术内容为强制性。

GB 4706《家用和类似用途电器的安全》由若干部分组成，第1部分为通用要求，其他部分为特殊要求。

本部分应与GB 4706.1—2005《家用和类似用途电器的安全 第1部分：通用要求》配合使用。

本部分等同采用IEC 60335-2-12：2005《家用和类似用途电器的安全 第2-12部分：保温板和类似器具的特殊要求》。

为便于使用，本部分对IEC 60335-2-12作了下列编辑性修改：

a）“第1部分”一词改为“GB 4706.1—2005”；

b）用小数点“.”代替作为小数点的逗号“，”。

本部分代替GB 4706.55—2002《家用和类似用途电器的安全 保温板和类似器具的特殊要求》。

本部分与GB 4706.55—2002的主要差异如下：

——范围中取消了注3内容。

——增加了规范性引用文件。

——3.1.9定义的表述有所不同。

——取消了GB 4706.55—2002标准中的2.2.101要求；

——15.2明确了盐水溶液。

——15.101中试验电压值是不同的。

——22.101要求增加了内容。

——24.1中的IEC 60320引用条款发生了变化。

本部分由中国轻工业联合会提出。

本部分由全国家用电器标准化技术委员会(SAC/TC 46)归口。

本部分起草单位：宁波市产品质量监督检验所、宁波市塞纳电热电器有限公司、中国家用电器研究院、深圳出入境检验检疫局。

本部分主要起草人：马德军、李一、鲍俊、章国庆、谢晋雄、张文浩。

本部分的历次版本发布情况为：

——GB 4706.55—2002。

IEC 前言

1) 国际电工委员会（IEC）是由所有的国家电工委员会(IEC NC)组成的国际范围的标准化组织。其宗旨是促进在电气和电子领域有关标准化问题上的国际间合作。为此,IEC 开展相关活动,并出版国际标准、技术规范、技术报告、公共可用规范(PAS)、指南(以后统称为 IEC 出版物)。这些标准的制定委托各技术委员会完成。任何对该技术问题感兴趣的 IEC 国家委员会均可参加制定工作。与 IEC 有联系的国际、政府及非政府组织也可以参加标准的制定工作。IEC 与国际标准化组织(ISO)在两个组织协议的基础上密切合作。
2) IEC 在技术方面的正式决议或协议,是由对其感兴趣的所有国家委员会参加的技术委员会制定的。因此,这些决议或协议都尽可能表述了相关问题在国际上的一致意见。
3) IEC 标准以推荐性的方式供国际使用,并在此意义上被各国家委员会接受。在为了确保 IEC 出版物技术内容的准确性而做出任何合理的努力时,IEC 对其标准被使用的方式以及任何最终用户的误解不负有任何责任。
4) 为了促进国际上的统一,各国家委员会要保证在其国家或区域标准中最大限度地采用国际标准。IEC 标准与相应的国家或区域标准之间的任何差异必须清楚地在后者中表明。
5) IEC 规定了表示其认可的无标志程序,但并不表示对某一设备声称符合某一标准承担责任。
6) 所有的使用者应确保他们拥有本部分的最新版本。
7) IEC 或其管理者、雇员、后勤人员或代理(包括独立专家和技术委员会的成员)和 IEC 国家委员会不应对使用或依靠本 IEC 出版物或其他 IEC 出版物造成的任何个人伤害、财产损失或其他任何属性的直接或间接损失,或源于本出版物之外的成本(包括法律费用)和支出承担责任。
8) 应注意在本部分中罗列的引用标准(规范性引用文件)。对于正确使用本部分来讲,使用引用标准(规范性引用文件)是不可缺少的。
9) 应注意本国际标准的某些条款可能涉及专利权的内容,IEC 将不承担确认专利权的责任。

IEC 60335 的本部分标准由 IEC 第 61 技术委员会:“家用和类似用途电器的安全”制定。

本部分第五版废止并替代 1992 年出版的第四版。它构成一次技术修订。

本出版物的双语版本(2005-07)代替英文版。

IEC 60335 的本部分标准的正文以下述文件为依据:

FDIS	表决报告
61/2232/FDIS	61/2307/RVD

有关本部分表决通过的详细资料,请见上表所列的表决报告。

本部分的法语版尚未表决。

本第二部分与 IEC 60335-1 的最新版本及其增补件一起使用。本部分是在 IEC 60335-1 第四版(2001)的基础上建立起来的。

注 1:本部分中提到的“第一部分”是指 IEC 60335-1。

本部分对 IEC 60335-1 的相应条款进行了补充或修改,将其转化成 IEC 标准:保温板和类似器具的安全要求。

凡第一部分中的特别条款没有在第二部分中提及的,只要合理,即应采用。本部分写明“增加”、“修改”或“替代”时,第一部分中的有关内容须作相应修改。

注 2：采用下述编号系统：

——从 101 开始编号的条款、表格和图是对第一部分增加的；

——除在新条款中的注或第一部分涉及的注外，注都从 101 开始编号，包括被替代章或条款中的注；

——增加的附录以字母 AA、BB 等编码。

注 3：采用下列字体：

——要求正文：罗马字体；

——试验技术规范：斜体字；

——注释：小罗马字体。

正文中用黑体印刷的词在第 3 章中给出定义。当一个定义涉及一个形容词时，则该形容词和相关的名词也是黑体字。

在下述国家存在着下列差异。

——7.12：如果器具的连接器中带有温控器，则相关说明应在器具上标示（美国）。

委员会决定，在 IEC 网站"http://webstore.iec.ch"指定的保持结果日期之前，基本出版物和其增补件的相关内容中与特殊出版物有关的数据保持不变。在此日期，出版物将被：

- 重新确认；
- 废止；
- 被修订版替代，或
- 被修正。

家用和类似用途电器的安全
保温板和类似器具的特殊要求

1 范围

GB 4706.1—2005 的该章以下述内容代替：

GB 4706 本部分涉及额定电压不超过 250 V，家用和类似用途的用于给食物或容器保温的保温板、保温碟及类似器具的安全。

不打算作为一般家用但对公众仍可以构成危险源的器具，例如：打算在商店、轻工业和农场中由非电专业人员使用的器具，也在本部分的范围之内。

就实际情况而言，本部分涉及器具出现的普通危险，而这些危险是在住宅和住宅周围环境中所有的人可能碰到的。

本部分一般没考虑：

——无人照看的幼儿和残疾人对器具的使用；

——幼儿玩耍器具的情况。

注 1：注意以下情况：

——对于打算用在车辆、船舶或航空器上的器具，可能需要一些附加要求；

——在许多国家，国家卫生部门、负责劳动保护部门和类似部门规定了一些附加要求。

注 2：本部分不适用于：

——柔性材料制造的器具，例如由纺织材料制造；

——打算专门使用在经常产生诸如腐蚀性或爆炸性气体（如灰尘、蒸气或瓦斯气体）特殊环境场所的器具；

——专门为商业需要或工业用途设计的器具。

2 规范性引用文件

GB 4706.1—2005 的该章内容适用。

3 定义

GB 4706.1—2005 的该章除下列内容外适用。

3.1.9 代替：

正常工作 normal operation

器具在下述条件下工作，

器具在加热表面上放置一个直径为 15 cm 的平底浅锅，装入至少 25 mm 高度的水。但如果容器随器具提供或在使用说明书中规定，则使用此容器。

如果在不放锅时条件更不利，则器具工作时不放锅。

4 一般要求

GB 4706.1—2005 的该章内容适用。

5 试验的一般条件

GB 4706.1—2005 的该章除下列内容外适用：

5.2 增加：

注 101：如果进行 15.101 的试验，则需要增加三个样品。

6 分类

GB 4706.1—2005 的该章内容适用。

7 标志和说明

GB 4706.1—2005 的该章除下列内容外适用：

7.1 增加：

打算部分浸入水中清洗的器具应标注最深浸入水位，且标注下述内容：

浸入时不得超过此线。

7.12 增加：

如果器具带有输入插口，并且打算部分或全部浸入水中清洗，其使用说明应指明器具清洗之前应将其连接器拔掉，而器具重新使用之前应擦干其输入插口。

如果器具使用带有温控器的连接器，其使用说明应规定只能使用合适的连接器。

如果器具带有玻璃、陶瓷或类似材料表面，且该表面构成带电部件的外壳的一部分，其使用说明应有下述内容：

警告：如表面破裂，不得使用该器具。

如果保温板必须与特定容器一起使用，而该容器未随同器具提供，其使用说明应指明所使用的容器。

8 对触及带电部件的防护

GB 4706.1—2005 的该章内容适用。

9 电动器具的启动

GB 4706.1—2005 的该章不适用。

10 输入功率和电流

GB 4706.1—2005 的该章内容适用。

11 发热

GB 4706.1—2005 的该章除下列内容外适用：

11.2 修改：

便携式器具远离测试角边壁放置。

11.7 代替：

器具工作直至稳定状态建立。

11.8 增加：

如果器具连接器带有温控器，输入插口的插脚温升限值不适用。

12 空章

13 工作温度下的泄漏电流和电气强度

GB 4706.1—2005 的该章除下列内容外适用：

13.2 修改：

对于必须使用特定金属容器的器具，该容器放置在加热表面上，并与易触及金属部件相连。金属箔不与加热表面接触。

对于其他器具，金属箔与绝缘材料的易触及表面接触。容器不放在加热表面上。

14 瞬态过电压

GB 4706.1—2005 的该章内容适用。

15 耐潮湿

GB 4706.1—2005 的该章除下列内容外适用：

15.2 增加：

对于不带容器的器具，按每 100 cm^2 加热表面面积 0.01 L 盐水溶液的要求进行试验，溶液应在 1 min 内稳定地倒在表面上。

注 101：仅用于瓦罐保温的器具不进行本试验。

15.101 打算部分或全部浸入水中清洗的器具，应有足够的保护措施防止浸水影响。

其合格性通过如下试验来检查，该试验应在另外的三个器具上进行。

器具以 1.15 倍额定输入功率正常工作至温控器第一次动作。不带温控器的器具工作直至稳定状态建立。

将器具从电源处脱开，并将所有连接器取下，立即将器具完全浸入水温为 10 ℃至 25 ℃，含有约 1%NaCl 的水中；如果器具标有最深浸入水位，则浸入到比该水位标记深 50 mm 处。

1 h 后，将器具从盐水溶液中取出，擦干后进行 16.2 的泄漏电流试验。

注：应注意确保去除器具输入插脚周围绝缘物上的水分。

该试验再进行四次，之后器具应承受 16.3 的电气强度试验，试验电压值为表 4 中规定的值。

拆开第五次浸水后出现最大泄漏电流的器具进行视检，绝缘物上不应出现能导致爬电距离和电气间隙降低到低于第 29 章中规定限值的水迹。

其余两个器具以 1.15 倍额定输入功率正常工作 240 h。此试验结束后，两个器具与电源脱离，重新浸入水中 1 h，擦干后器具应承受 16.3 的电气强度试验，试验电压为表 4 中规定的值。

视检应表明在绝缘物上没有能导致爬电距离和电气间隙降低到低于第 29 章中规定限值的水迹。

16 泄漏电流和电气强度

GB 4706.1—2005 的该章内容适用。

17 变压器和相关电路的过载保护

GB 4706.1—2005 的该章内容适用。

18 耐久性

GB 4706.1—2005 的该章不适用。

19 非正常工作

GB 4706.1—2005 的该章除下列内容外适用：

19.1 修改：

器具不进行 19.2 和 19.3 的试验，而进行 19.101 的试验。

19.101 将加热表面用毛毡条完全覆盖，器具在额定输入功率下工作 7 h。

毛毡条的宽度为 100 mm，并以单层织物做衬里。毛毡的质量密度为 4 $kg/m^2 \pm 0.4$ kg/m^2，厚度约为 25 mm。织物为预洗的双层卷边的棉布，其干燥质量密度为 140 g/m^2 至 175 g/m^2。

如果温控器动作，则在离温度感应元件最远的 1/3 加热表面被覆盖的条件下重复进行试验。

20 稳定性和机械危险

GB 4706.1—2005 的该章内容适用。

21 机械强度

GB 4706.1—2005 的该章除下列内容外适用：

21.1 增加：

如果器具带有玻璃、陶瓷或类似易碎材料表面，且该表面构成带电部件的外壳的一部分，则对于在 21.101 试验中未经受冲击的表面，应进行三次冲击试验，冲击能量为 0.70 J±0.05 J。

21.101 如果器具带有玻璃、陶瓷或类似易碎材料表面，且该表面构成带电部件的外壳的一部分，则该器具应能承受正常使用中可能产生的应力。

其合格性通过下列试验进行检查：

在一个底部由铜或铝制成的，平底直径为(120±10)mm 且边缘倒角半径至少 10 mm 的容器中，均匀地装入至少 1.3 kg 沙粒或弹丸，使其总质量为(1.8±0.01)kg。该容器由 150 mm 的高度垂直跌落在表面上。该操作进行 10 次。

然后以额定电压供电，器具工作直至稳定状态建立。再用一块约 100 mm×100 mm 大小的湿衬垫覆盖于该表面最不利的位置。

衬垫用干燥质量密度为 140 g/m^2～175 g/m^2 的 400 mm×400 mm 的棉布制成。棉布折叠四次形成衬垫，用含有约 1%NaCl 的水浸透。

表面不应出现破裂，器具应能承受 16.2 的泄漏电流试验。

22 结构

GB 4706.1—2005 的该章除下列内容外适用：

22.101 便携式器具在底部不应有能允许小物件穿入而触及带电部件的开口。

通过视检和测量开孔处带电部件与支撑面之间的距离来检查其合格性，通过开孔测量带电部件与支撑面之间的距离至少为 6 mm。但对装有支脚的器具，如打算放于桌上使用，该距离增加至 10 mm；如打算放于地面使用，该距离增加至 20 mm。

23 内部布线

GB 4706.1—2005 的该章内容适用。

24 元件

GB 4706.1—2005 的该章除下列内容外适用：

24.1.5 增加：

在连接器中装有温控器、热断路器或熔断器的器具耦合器，除下列条件外，均应符合 GB 17465.1—1998：

——在插入或拔出连接器的过程中，若接地触点不会被握持，则该接地触点允许被触及；

——第 18 章要求的温度是在本部分第 11 章发热试验期间测得的器具输入插口的插脚温度；

——用器具的输入插口进行第 19 章的分断容量试验；

——不测试第 21 章规定的载流部件温升。

注 101：符合 GB 17465.1—1998 标准规格的连接器中不允许装有热控制器。

25 电源连接和外部软线

GB 4706.1—2005 的该章除下列内容外适用：

25.1 增加：

器具带有不符合 GB 17465.1—1998 标准规格的输入插口，则应提供电线组件。

25.7 增加：

任何质量的器具均可以使用轻型聚氯乙烯护套软线(60227 IEC52 号线)。

26 外部导线用接线端子

GB 4706.1—2005 的该章内容适用。

27 接地措施

GB 4706.1—2005 的该章内容适用。

28 螺钉和连接

GB 4706.1—2005 的该章内容适用。

29 电气间隙、爬电距离和固体绝缘

GB 4706.1—2005 的该章内容适用。

30 耐热和耐燃

GB 4706.1—2005 的该章除下列内容外适用：

30.2.2 不适用。

31 防锈

GB 4706.1—2005 的该章内容适用。

32 辐射、毒性和类似危险

GB 4706.1—2005 的该章内容适用。

附 录

GB 4706.1—2005 的附录均适用。

参 考 文 献

GB 4706.1—2005 的参考文献均适用。

ICS 97.040.10
Y 68

中华人民共和国国家标准

GB 4706.56—2008/IEC 60335-2-13:2004
代替 GB 4706.56—2002

家用和类似用途电器的安全 深油炸锅、油煎锅及类似器具的特殊要求

Household and similar electrical appliances—Safety—
Particular requirements for deep fat fryers, frying pans and similar appliances

(IEC 60335-2-13:2004, IDT)

2008-12-15 发布　　　　2010-01-01 实施

中华人民共和国国家质量监督检验检疫总局
中国国家标准化管理委员会　发布

前　言

本部分的全部技术内容为强制性。

GB 4706《家用和类似用途电器的安全》由若干部分组成，第1部分为通用要求，其他部分为特殊要求。

本部分应与GB 4706.1—2005《家用和类似用途电器的安全　第1部分：通用要求》配合使用。

本部分等同采用国际电工委员会IEC 60335-2-13:2004《家用和类似用途电器的安全　第2-13部分：深油炸锅、油煎锅及类似器具的特殊要求》。

为便于使用，本部分做了下列编辑性修改：

a)　"第1部分"一词改为"GB 4706.1—2005"；

b)　用小数点"."代替用作小数点的逗号","。

本部分代替GB 4706.56—2002《家用和类似用途电器的安全　深油炸锅、油煎锅及类似器具的特殊要求》。

本部分与GB 4706.56—2002的主要差异如下：

——本部分的第2、3、4、5章分别为规范性引用文件、定义、一般要求、试验的一般条件。GB 4706.56—2002的第2、3、4、5章为定义、总体要求、试验的一般条件、空章。

——本部分的第14章为瞬态过电压。GB 4706.56—2002该章为空章。

——第1章增加"额定容量不超过5 L"及"炒菜锅"内容，删除了未考虑情况部分的内容，注2中修改为"本部分不适用于商用深油炸锅（GB 4706.33）和商业用途多功能烹饪平底锅（GB 4706.40）"。

——第3章深油炸锅正常工作试验用葵花籽油，油量为标识的最小量，删除"控温器调整在最高设置下工作"的内容。GB 4706.56—2002正常工作试验用烹调油，油量为标识的最大量。

——第3章增加"炒菜锅加入10 mm深的烹调油，按油煎锅方式进行工作"内容。

——5.2注1修改为：对于需要进行15.101测试的器具需要增加三个样品。

——5.101注修改为："未标识所用油的最小量，应视为油煎锅"。GB 4706.56—2002内容为"未标识所用油的最大量，应考虑作油煎锅"。

——7.1修改为"深油炸锅应标识出所用油的最大水平刻度。不能用做油煎锅的深油炸锅，也应标识出用油的最小水平刻度"。GB 4706.56—2002该部分内容为"深油炸锅应标识出所用油的最大量，并应用水平刻度线标出油的最大高度，除非它们可以用作油煎锅"。

——7.12增加"说明书中应详细说明如何清洁接触到食物或油的器具表面"的内容。GB 4706.56—2002该章无此条款要求。

——第8章修改为：GB 4706.1—2005的该章内容，均适用。

——11.8修改为"深油炸锅及类似器具中油的温度应测量距器具容器边壁10 mm以上、距底面10 mm以上处的油温。如果此加热组件位于器具容器内部，应测量加热组件最高点上方10 mm处的油温"。GB 4706.56—2002该部分内容为"深油炸锅及类似器具中油的温度应测量距器具容器边壁1 cm以上、距底面1 cm以上处的油温，但距容器中加热组件最高点1 cm处的油温也要测量"。

——11.8增加"可能接触到溅出热油的部件温升不应超过275 K"内容。GB 4706.56—2002该章无此条款要求。

——15.101试验用1%浓度氯化钠溶液进行测试，GB 4706.56—2002该章试验用水进行测试。

——15.101 试验后的电气强度试验电压修改为"试验电压值按表 4 的规定"。GB 4706.56—2002 该部分电气强度试验电压为"试验电压减为 100 V"。

——15.101 其余的两个样品试验条件修改为"1.15 倍额定输入功率"。GB 4706.56—2002 该部分条件为"正常工作"。

——第 18 章修改为:GB 4706.1—2005 的该章内容,不适用。

——19.2 内容修改为"如果加热组件在容器中,则在器具中放入高出加热组件最高点 10 mm 的油。若容器的底部是倾斜的,则放入器具最小标识刻度 60%的油量"。GB 4706.56—2002 该部分内容为"如果加热组件在容器中,则在容器中放入距加热组件最高点 1 cm 的油。若容器的底部是倾斜的,则放入器具最大标识刻度 60%的油量"。

——19.3 内容修改为"油煎锅在以 1.15 倍的额定输入功率工作,此时温控器调整到最高设置"。GB 4706.56—2002 该部分内容为"油煎锅的试验电压用额定功率的 1.24 倍取代 1.15 倍,此时控温器调整到最高设置"。

——第 22 章删除 22.101 内容。

——24.101 增加"通过视检确定其是否合格"内容。GB 4706.56—2002 该章无此条款要求。

——第 29 章增加该章说明:

器具的微观环境污染等级为 3 级,除非在正常使用中,器具的绝缘被封闭或放置在不易受污染的地方。GB 4706.56—2002 该章无此条款要求。

——第 30 章删除 30.3 内容。

本部分由中国轻工业联合会提出。

本部分由全国家用电器标准化技术委员会(SAC/TC 46)归口。

本部分起草单位:中国家用电器研究院、美的集团有限公司、浙江苏泊尔电器制造有限公司。

本部分主要起草人:马德军、李一、杨兴国、吕华、张文浩。

本部分所代替的标准的历次版本发布情况为:

——GB 4706.56—2002。

IEC 前言

1) 国际电工委员会（IEC）是由所有的国家电工委员会(IEC NC)组成的国际范围的标准化组织。其宗旨是促进在电气和电子领域有关标准化问题上的国际间合作。为此，IEC 开展相关活动，并出版国际标准、技术规范、技术报告、公共可用规范(PAS)、指南(以后统称为 IEC 出版物)。这些标准的制定委托各技术委员会完成。任何对该技术问题感兴趣的 IEC 国家委员会均可参加制定工作。与 IEC 有联系的国际、政府及非政府组织也可以参加标准的制定工作。IEC 与国际标准化组织(ISO)在两个组织协议的基础上密切合作。

2) IEC 在技术方面的正式决议或协议，是由对其感兴趣的所有国家委员会参加的技术委员会制定的。因此，这些决议或协议都尽可能表述了相关问题在国际上的一致意见。

3) IEC 标准以推荐性的方式供国际使用，并在此意义上被各国家委员会接受。在为了确保 IEC 出版物技术内容的准确性而做出任何合理的努力时，IEC 对其标准被使用的方式以及任何最终用户的误解不负有任何责任。

4) 为了促进国际上的统一，各国家委员会要保证在其国家或区域标准中最大限度地采用国际标准。IEC 标准与相应的国家或区域标准之间的任何差异必须清楚地在后者中表明。

5) IEC 规定了表示其认可的无标志程序，但并不表示对某一设备声称符合某一标准承担责任。

6) 所有的使用者应确保他们拥有本部分的最新版本。

7) IEC 或其管理者、雇员、后勤人员或代理(包括独立专家和技术委员会的成员)和 IEC 国家委员会不应对使用或依靠本 IEC 出版物或其他 IEC 出版物造成的任何个人伤害、财产损失或其他任何属性的直接或间接损失，或源于本出版物之外的成本(包括法律费用)和支出承担责任。

8) 应注意在本部分中罗列的引用标准(规范性引用文件)。对于正确使用本部分来讲，使用引用标准(规范性引用文件)是不可缺少的。

9) 应注意本国际标准的某些条款可能涉及专利权的内容，IEC 将不承担确认专利权的责任。

本部分由 IEC 第 61 技术委员会(家用和类似用途电器的安全)制定。

本部分根据 IEC 60335-2-13 第 5 版(2002)[文件 61/2202/FDIS 和 61/2283/RVD]及增补件 1(2004)[文件 61/2623/FDIS 和 61/2678/RVD]

本部分构成第 5.1 版。

页边加垂直线的部分标表示在增补件 1 做了修改。

本部分的法文版本文件未进行表决。本部分应与 IEC 60335-1 及其增补件的最新版本配合使用。本部分根据 IEC 60335-1 的第 4 版(2001)制定的。

本部分增补或修改了 IEC 60335-1 的相应条款，从而将其转化为本部分：深油炸锅、油煎锅的特殊要求。

本部分中未提及的 IEC 60335-1 条款，只要合理，便可使用。本部分中标有“增加”、“修改”或“代替”的地方，是对 IEC 60335-1 相关条款的相应修改及补充。

注 1：本部分使用下述编号：

——对 IEC 60335-1 增加的条款和图表从 101 开始编号；

——对 IEC 60335-1 增加条款部分的原条款内容仍适用；

——增加的附录按 AA、BB 进行编号。

注 2：本部分使用下述印刷字体：

——正文要求：正体字；

——试验规范：斜体字；

——注：小号正体字。

正文中的黑体字在第 2 章中有定义，当 IEC 60335-1 的定义涉及形容词时，形容词和对应名词也采用黑体字。

技术委员会决定：发行标准的内容在 http://webstore.iec.ch 公布详细标准修订版内容之前有效，届时标准将被：

重新编制；

废止；

由修订版代替，或者

增补。

在一些国家中存在下述差异：

——3.1.9：正常工作是有区别的（美国）。

——7.1：非浸入性器具需要标注禁止浸入的警告标志（美国及加拿大）。

——7.1：当器具的耦合器中带有温控开关时，器具上应标注使用器具提供的专用耦合器（美国和加拿大）。

——11.2：使用厚度为 9.5 mm 厚的三合板（美国）。

——11.7：器具运行直到规定质量的食物被烹制完毕（美国）。

——11.8：较高的油温是允许的（美国）。

——19.2：该项试验方法是有区别的（美国）。

——19.13：较高的油温是允许的（美国）。

——19.101 该项试验可不进行（美国）。

——25.7：其他类型的电源线是允许的（美国）。

——30.2：对于油煎锅，30.2.3 适用（美国）。

家用和类似用途电器的安全 深油炸锅、油煎锅及类似器具的特殊要求

1 范围

GB 4706.1—2005 中的该章用下述内容代替：

本部分涉及的是额定容量不超过 5 L 深油炸锅、油煎锅、炒菜锅及其他可能用于家用的、用油进行烹调、其额定电压不超过 250 V 的器具的安全要求。

注 1：当在下面情况使用时还要注意：

——当器具使用在机车、轮船及航空器上时，可能需要增加附加的要求；

——器具用在热带国家时，可能需要一些特殊的要求；

——在许多国家，附加要求由国家卫生保健部门，负责劳动保护的部门，国家供水部门和类似部门来制定。

注 2：本部分不适用于：

——商用深油炸锅(GB 4706.33)；

——商业用途多功能烹饪平底锅(GB 4706.40)；

——打算用在特殊条件下的器具，如存在腐蚀剂和爆炸性气体(灰尘、蒸气和瓦斯气体)的场所。

2 规范性引用文件

GB 4706.1—2005 的该章内容，均适用。

3 定义

GB 4706.1—2005 的该章除下述内容外，均适用。

3.1.9 该条用下述内容代替：

正常工作：

器具在下述条件下工作：

深油炸锅在室温下放入葵花籽油，油放入器具所标识的最小量。

油煎锅的工作状态是指室温下工作，在容器中放入高出加热组件表面最高点 10 mm 高度的烹调油，直到加热表面中心的温度达到 250 ℃。然后这个温度保持在 250 ℃±15 ℃。如果温控器设置低于此温度，则在温控器可设置的最高温度下工作。若器具没有控温器，则这个温度需要用开关的通、断进行控制。

炒菜锅加入 10 mm 深的烹调油，按油煎锅方式进行工作。

4 一般要求

GB 4706.1—2005 的该章内容，均适用。

5 试验的一般条件

GB 4706.1—2005 的该章除以下内容外，均适用。

5.2 该条增加下述内容：

注 101：对于需要进行 15.101 测试的器具需要增加三个样品。

5.101 可用做油煎锅的深油炸锅，应按深油炸锅或油煎锅进行试验，两者取较不利的状态工作。

注：对于组合有加热组件的深油炸锅，其加热组件未凸出在容器中以及容器未标识所用油的最小量，视为油煎锅。

6 分类

GB 4706.1—2005 中的该章内容，均适用。

7 标志和说明

GB 4706.1—2005 中的该章除下述内容外，均适用。

7.1 该条增加下述内容：

深油炸锅应标识出所用油的最大水平刻度。不能用做油煎锅的深油炸锅，也应标识出用油的最小水平刻度。

打算清洗时局部浸入水中的器具，应明显地用水平线标出最深浸入位置并给出警告：

浸入不能超过此线。

7.12 该条增加下述内容：

装有器具插座且清洗时拟部分或全部浸入水中的器具，应在使用说明书中声明：在清洗器具之前必须取下连接器；而要再次使用器具时，则必须擦干器具插座。

对于不能浸入水中清洗的便携式深油炸锅及其他器具，其使用说明书中应声明：该器具不能浸入水中。

注 101：便携式油煎锅应被认为是可以浸入水中清洗的器具。

打算与装有控温器的连接器一起使用的器具，应在其使用说明书中声明：只能使用配套的连接器。

说明书中应详细说明如何清洁接触到食物或油的器具表面。

8 对触及带电部件的防护

GB 4706.1—2005 中的该章内容，均适用。

9 电动器具的启动

GB 4706.1—2005 中的该章内容，不适用。

10 输入功率和电流

GB 4706.1—2005 中的该章内容，均适用。

11 发热

GB 4706.1—2005 中的该章除以下内容外，均适用。

11.2 该条内容作下述修改：

便携式器具要远离试验角的侧壁。

11.3 该条增加下述内容：

深油炸锅中油的温升由贴附在直径 15 mm、厚度 1 mm 的铜或黄铜片上的热电偶进行测量。

11.7 该条用下述内容代替：

器具一直运行到稳定状态建立。

11.8 该条增加下述内容：

深油炸锅及类似器具中油的温度应测量距器具容器边壁 10 mm 以上、距底面 10 mm 以上处的油温。如果此加热组件位于器具容器内部，应测量加热组件最高点上方 10 mm 处的油温。油温不能超过 225 ℃，而对于装有温控器的器具，此温度允许在第一个工作循环中达到 243 ℃。

可能接触到溅出热油的部件温升不应超过 275 K。

若器具的连接器中有温控器，则其连接器中插脚的温升不适用。

12 空章

13 工作温度下的泄漏电流和电气强度

GB 4706.1—2005 中的该章内容,均适用。

14 瞬态过电压

GB 4706.1—2005 中的该章内容,均适用。

15 耐潮湿

GB 4706.1—2005 中的该章除下述内容外,均适用。

15.101 打算清洗时部分或全部浸入水中的器具应对浸入的影响有足够的防护。

可通过在 3 个附加的试样上进行如下试验确认是否合格。

器具在正常工作条件下,以 1.15 倍的额定输入功率工作,直至温控器第一次动作;无温控器的器具应运行达到稳定状态。

然后切断电源,取下连接器,并立即将器具全部浸入浓度为 1%、温度为 10 ℃～25 ℃的氯化钠溶液中。对于已标出最大浸没深度的器具,应浸至高出标志深度 50 mm。

1 h 后,将器具从盐水溶液中取出并抹干,按照 16.2 的规定测量泄漏电流。

注:确保除去器具输入插口插脚上的水迹。

上述试验再进行 4 次,每次试验后器具经受 16.3 的电气强度试验,试验电压值按表 4 的规定。

将经过第 5 次浸水后泄漏电流最大的试样拆开,检查器具的绝缘体上应没有会导致爬电距离和电气间隙降到低于第 29 章规定限值的水迹。

其余的两个试样在 1.15 倍额定输入功率条件下运行 240 h。在这个工作周期之后,将连接器卸掉或以其他方式切断电源,重复前述的 1 h 浸水试验,试验后,器具经受 16.3.的电气强度试验,试验电压按表 4 规定。

检查应表明绝缘体上没有任何会导致爬电距离和电气间隙降到低于第 29 章规定限值的水迹。

16 泄漏电流和电气强度

GB 4706.1—2005 中的该章内容,均适用。

17 变压器和相关电路的过载保护

GB 4706.1—2005 中的该章内容,均适用。

18 耐久性

GB 4706.1—2005 中的该章内容,不适用。

19 非正常工作

GB 4706.1—2005 中的该章除下述内容外,均适用。

19.1 该条增加下述内容:

装有毛细管类型热断路器的深油炸锅还应承受 19.101 的试验。

装有可拆卸发热组件的深油炸锅还应承受 19.102 的试验。

19.4、19.5 不适用于油煎锅。

19.2 该条增加下述内容:

深油炸锅在第 11 章规定的条件下工作，其容器中放入距容器底面最高点 10 mm 的油。如果加热组件在容器中，则在器具中放入高出加热组件最高点 10 mm 的油。若容器的底部是倾斜的，则放入器具最小标识刻度 60%的油量。

油煎锅在第 11 章规定的条件下工作，但容器中不放油。

19.3 该条内容作下述修改：

油煎锅在以 1.15 倍的额定输入功率工作，此时温控器调整到最高设置。

19.13 该条增加下述内容：

深油炸锅的油温以及油煎锅加热表面中心的温度不能超过 295 ℃。但在 19.2、19.3 试验中，深油炸锅的油温不能超过 265 ℃，该温度应在油液面下 5 mm，并与容器周边的距离不小于 5 mm 处测得；但对于装有温控器的器具，该温度在第一个周期过程中允许超过 280 ℃。

在 19.102 试验期间，试验角的侧壁及底板的温升值允许在初始的 1 min 内超过 200 K。

19.101 装有毛细管类型热断路器的深油炸锅，将毛细管折断后，依照 19.4 要求进行试验。

19.102 对于非自动断开的，可拆卸的发热组件，将其从深油炸锅中移出，以最不利位置放在测试角上，并在额定输入功率下工作。

20 稳定性和机械危险

GB 4706.1—2005 中的该章内容，均适用。

21 机械强度

GB 4706.1—2005 中的该章内容，均适用。

22 结构

GB 4706.1—2005 中的该章除以下内容外，均适用。

22.35 该条增加下述内容：

注 101：把手以及类似未装有电气组件的附件不被认为在绝缘失效时会成为带电部件。

23 内部布线

GB 4706.1—2005 中的该章内容，均适用。

24 元件

GB 4706.1—2005 中的该章除下述内容外，均适用。

24.1.5 该条增加下述内容：

在连接器中装有控温器、热断路器或熔断器的器具耦合器，应符合 GB 17465.1 的要求，但：

——在连接器的插入和拔出过程中，若此连接器不可能被握持，则该连接器的接地触头允许被触及。

——第 18 章需要的温度值是本部分第 11 章测量的器具输入插口插脚的温度。

——用器具的插口进行第 19 章的分断容量试验。

——第 21 章中规定的载流部件的温升不进行测定。

注 101：在符合 GB 17465.1 标准活页规定的连接器中不允许有热控制器。

24.101 在 19.4 试验过程中，若其保护装置动作，应是非自复位型。

通过视检确定其是否合格。

25 电源连接和外部软线

GB 4706.1—2005 中的该章除下述内容外，均适用。

25.1 该条增加下述内容：

装有不符合 IEC 60320 规定的器具插座的器具，应备有一套软线组件。

25.7 该条增加下述内容：

橡胶护套软线不能轻于普通聚氯乙烯绝缘软线(软线规格为 245 IEC 57)。

25.14 不适用。

26 外部导线用接线端子

GB 4706.1—2005 中的该章内容，均适用。

27 接地措施

GB 4706.1—2005 中的该章内容，均适用。

28 螺钉和连接

GB 4706.1—2005 中的该章内容，均适用。

29 电气间隙、爬电距离和固体绝缘

GB 4706.1—2005 中的该章除以下内容外，均适用。

29.2 该条增加下述内容：

器具微观环境污染等级为 3 级，除非在正常使用中，器具的绝缘被封闭或放置在不易受污染的地方。

30 耐热和耐燃

GB 4706.1—2005 中的该章除下述内容外，均适用。

30.2 该条增加下述内容：

30.2.2 适用于油煎锅，30.2.3 适用于深油炸锅。

31 防锈

GB 4706.1—2005 中的该章内容，均适用。

32 辐射、毒性和类似危险

GB 4706.1—2005 中的该章内容，均适用。

附　　录

GB 4706.1—2005 中的附录内容，均适用。

参　考　文　献

GB 4706.1—2005 中的参考文献除以下内容外，均适用。

该条款增加以下内容：

GB 4706.33　家用和类似用途电器的安全　商用电深油炸锅的特殊要求(IEC 60335-2-37,IDT)

GB 4706.40　家用和类似用途电器的安全　商用多用途电平锅的特殊要求(IEC 60335-2-39,IDT)

ICS 97.080
Y 62

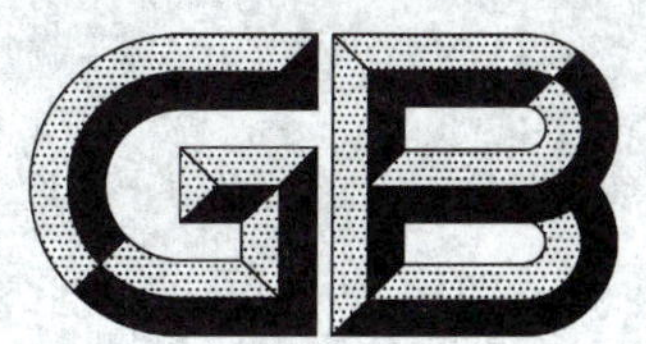

中华人民共和国国家标准

GB 4706.57—2008/IEC 60335-2-10:2002(Ed5.0)
代替 GB 4706.57—2002

家用和类似用途电器的安全 地板处理机和湿式擦洗机的特殊要求

Household and similar electrical appliances—Safety—Particular requirements for floor treatment machines and wet scrubbing machines

(IEC 60335-2-10:2002(Ed5.0),IDT)

2008-12-30 发布　　　　2010-03-01 实施

中华人民共和国国家质量监督检验检疫总局
中国国家标准化管理委员会　发布

前　言

本部分的全部技术内容为强制性。

GB 4706《家用和类似用途电器的安全》由若干部分组成，第1部分为通用要求，其他部分为特殊要求。

本部分是GB 4706的第57部分。本部分应和GB 4706.1—2005《家用和类似用途电器的安全　第1部分：通用要求》配合使用。

本部分中写明“适用”的部分，表示GB 4706.1中的相应条款适用于本部分；本部分中写明“代替”或“修改”的部分，应以本部分为准；本部分中写明“增加”的部分，表示除要符合GB 4706.1中的相应条款外，还应符合本部分所增加的条款。

本部分等同采用IEC 60335-2-10:2002《家用和类似用途电器的安全　第2-10部分：地板处理机和湿式擦洗机的特殊要求》(第5.0版)。

本部分代替GB 4706.57—2002《家用和类似用途电器的安全　地板处理机和湿式擦洗机的特殊要求》。

本部分与GB 4706.57—2002的主要差别是：

——3.1.9 地毯清洗机正常工作增加：器具以每分钟10个循环的速率前后移动，移动距离大于1 m；

——29.2 增加：微观环境为3级污染，除非绝缘封装或其位置使得器具在正常使用中不可能暴露到污染环境中；

——附录C增加修改；

——增加参考文献。

本部分由中国轻工业联合会提出。

本部分由全国家用电器标准化技术委员会(SAC/TC 46)归口。

本部分由中国家用电器研究院负责起草。

本部分参加起草单位：中国家用电器研究院、国家家用电器质量监督检验中心。

本部分主要起草人：鲁建国、朱焰、许振刚、孙鹏、闫凌。

本部分于2002年11月首次发布，本次为第一次修订。

IEC 前言

1) 国际电工委员会(IEC)是由所有的国家电工委员会(IEC NC)组成的国际范围的标准化组织。其宗旨是促进在电气和电子领域有关标准化问题上的国际间合作。为此,IEC开展相关活动,并出版国际标准、技术规范、技术报告、公共可用规范(PAS)、指南(以后统称为IEC出版物)。这些标准的制定委托各技术委员会完成。任何对该技术问题感兴趣的IEC国家委员会均可参加制定工作。与IEC有联系的国际、政府及非政府组织也可以参加标准的制定工作。IEC与国际标准化组织(ISO)在两个组织协议的基础上密切合作。
2) IEC在技术方面的正式决议或协议,是由对其感兴趣的所有国家委员会参加的技术委员会制定的。因此,这些决议或协议都尽可能表述了相关问题在国际上的一致意见。
3) IEC标准以推荐性的方式供国际使用,并在此意义上被各国家委员会接受。在为了确保IEC出版物技术内容的准确性而做出任何合理的努力时,IEC对其标准被使用的方式以及任何最终用户的误解不负有任何责任。
4) 为了促进国际上的统一,各国家委员会要保证在其国家或区域标准中最大限度地采用国际标准。IEC标准与相应的国家或区域标准之间的任何差异必须清楚地在后者中表明。
5) IEC规定了表示其认可的无标志程序,但并不表示对某一设备声称符合某一标准承担责任。
6) 所有的使用者应确保他们拥有本标准的最新版本。
7) IEC或其管理者、雇员、后勤人员或代理(包括独立专家和技术委员会的成员)和IEC国家委员会不应对使用或依靠本IEC出版物或其他IEC出版物造成的任何个人伤害、财产损失或其他任何属性的直接或间接损失,或源于本出版物之外的成本(包括法律费用)和支出承担责任。
8) 应注意在本部分中罗列的引用标准(规范性引用文件)。对于正确使用本部分来讲,使用引用标准(规范性引用文件)是不可缺少的。
9) 应注意本国际标准的某些条款可能涉及专利权的内容,IEC将不承担确认专利权的责任。

本部分由IEC第61技术委员会“家用和类似用途电器的安全”制定。

第五版取消并代替了1992年发表的第四版。它进行了技术修订。

60335的本部分是基于以下文件:

FDIS	表决报告
61/2201/FDIS	61/2282/RVD

投票批准本部分的全部信息均可以在上表中列出的表决报告中找到。

本部分与IEC 60335-1及其修正件的最新版本配合使用。本部分是根据IEC 60335-1的第4版(2001)制定的。

注1:标准中所提到的“第一部分”是指IEC 60335-1涉及的内容。

本部分增补和修改IEC 60335-1的相应条款,从而转变为IEC标准:地板处理机湿式擦洗机的安全要求。

本部分中未提及的IEC 60335-1条款,只要合理,便可使用。本部分中标有“增加”、“修改”或“代替”的地方,本部分中的相关条款做相应修改。

注2:使用下列编号方式:

——在第一部分的基础上增加的条款、表格、图表从101开始;

——除了新增条款的注释,以及与第一部分相关的注释,其他编号都要从101开始,包括那些被替代的章节与条款;

——增加的附录用字母AA、BB等标明。

注 3：采用下列字体表示：

——要求：印刷体；

——试验规程：斜体；

——注释：小写印刷体。

由第 3 章定义的部分用黑体。如果定义内容涉及形容词时，则该形容词以及相关名词也用黑体。

委员会决定，本部分的相关内容直到 2004 年不做变更，在此期标准将

- 重新确认；
- 撤消；
- 被一个修订版标准取代；
- 被修正。

某些国家中存在下列差异：

——3.1.9：地板处理机在擦光混合陶瓷表面工作。室内清洗机在负载下工作(美国)。

——6.1：家用器具应为Ⅱ或Ⅲ类(瑞典)。

引　言

在起草本部分时已假定,由取得适当资格并富有经验的人来执行本部分的各项条款。

本部分所认可的是家用和类似用途电器在注意到制造商使用说明的条件下按正常使用时,对器具的电气、机械、热、火灾以及辐射等危险防护的一个国际可接受水平,它也包括了使用中预计可能出现的非正常情况,并且考虑电磁干扰对于器具的安全运行的影响方式。

在制定本部分时已经尽可能地考虑了 GB 16895 中规定的要求,以使得器具在连接到电网时与电气布线规则的要求协调一致。

如果一台器具的多项功能涉及到 GB 4706 系列标准中不同的特殊要求,则只要是在合理的情况下,相关的部分特殊要求标准要分别应用于每一功能。如果适用,应考虑到一种功能对其他功能的影响。

本部分是一个涉及器具安全的产品族标准,并在覆盖相同主题的同一水平和同一类别的标准中处于优先地位。

一个符合本部分文本的器具,当进行检查和试验时,发现该器具的其他特性会损害本部分要求所涉及的安全水平时,则将未必判定其符合本部分中的各项安全准则。

产品使用了本部分要求中规定以外的各种材料或各种结构形式时,则该产品可以按照本部分中这些要求的意图进行检查和试验。如果查明其基本等效,则可以判定其符合本部分要求。

家用和类似用途电器的安全
地板处理机和湿式擦洗机的特殊要求

1 范围

GB 4706.1—2005 中的该章由下述内容代替：

本部分涉及额定电压不超过 250 V 的家用和类似用途电动地板处理机和湿式擦洗机的安全。

注 101：地板处理机如下：

——地板缓冲器；

——地板抛光机；

——地板打蜡机。

注 102：湿式擦洗机如下：

——地板擦洗机；

——地毯清洗机；

——室内清洗机。

非家用的，但只要对公众产生危险的，例如在商店、轻工业和农场中由非专业人员使用的器具，也包括在本部分范围内。

注 103：例如在宾馆、办公室、学校、医院或类似场合使用的器具。

本部分所涉及的器具存在的普通危险，是在住宅和住宅周围环境中所有的人可能会遇到的。

然而，一般来说本部分并未涉及：

——无人照看的幼儿和残疾人使用器具时的危险；

——幼儿玩耍器具的情况。

注 104：以下事实应当引起注意：

——对于打算用在车辆、船舶或航空器上的器具，可能需要附加要求；

——全国性的卫生保健部门、全国性劳动保护部门、全国性供水管理部门以及类似的部门都对器具规定了附加要求。

注 105：本部分不适用于：

——真空吸尘器和吸水式清洁器具(GB 4706.7)；

——工业用器具；

——在特殊环境中使用的器具。例如存在腐蚀性气体或爆炸性气体(尘埃、蒸气或煤气)的环境；

——地板喷沙机。

2 规范性引用文件

GB 4706.1—2005 中的该章适用。

3 术语和定义

以下术语和定义适用于本部分。

GB 4706.1—2005 中的该章除下述内容外，均适用。

3.1.9 代替：

正常工作 normal operation

器具在下述条件下运行：

地板处理机按使用说明书的要求装好硬地板刷，在抛光的钢板上以每分钟 15 个循环的速率前后移动,移动距离大于1 m。

注101:防止钢板发热,可以进行强制冷却,但要注意确保空气的流动不影响温升的测定。

地板擦洗机在厚25 mm、宽约100 mm未经处理的光滑松木板上运行,木板固定在金属盘底部,盘中装水,水位高于木板上表面约1 mm。器具以每分钟10个循环的速率前后移动,移动距离大于1 m。

地毯清洗机在地毯上运行,地毯固定在金属盘的底部,盘中装水,水位低于地毯上表面约3 mm。地毯由尼龙纤维制作,绒毛高度约为6 mm。器具以每分钟10个循环的速率前后移动,移动距离大于1 m。

带有液体分配系统的器具按上述要求进行工作,但初始时金属盘中无水,其液体分配系统工作。

室内清洗机连续运行,但旋转刷或类似装置不接触装饰面和任何其他表面,吸水管平放且入口不应堵塞,液体分配系统在液体容器空载的状态下工作。

4 一般要求

GB 4706.1—2005中的该章适用。

5 试验的一般条件

GB 4706.1—2005中的该章适用。

6 分类

GB 4706.1—2005中的该章适用。

7 标志和说明

GB 4706.1—2005中的该章除下述内容外,均适用。

7.12 增加:

带有旋转刷的器具使用说明书应指出如果在电源线上使用会发生危险。

带有液体分配系统的器具使用说明书中应规定液体的用量和种类。

使用说明书中应指出器具在清洁和维护前应将电源插头拔出。

8 对触及带电部件的防护

GB 4706.1—2005中的该章适用。

9 电动器具的启动

GB 4706.1—2005中的该章不适用。

10 输入功率和电流

GB 4706.1—2005中的该章适用。

11 发热

GB 4706.1—2005中的该章除下述内容外,均适用。

11.7 代替:

器具运行至稳定状态。

带有自动卷线器的器具,首先将电源线拉出总长度的三分之一,运行30 min,然后将电源线全部拉出,继续运行。

12 空章

13 工作温度下的泄漏电流和电气强度

GB 4706.1—2005 中的该章适用。

14 瞬态过电压

GB 4706.1—2005 中的该章适用。

15 耐潮湿

GB 4706.1—2005 中的该章除下述内容外，均适用。

15.2 修改：

对于湿式擦洗机，用使用说明书中规定的洗涤剂溶液代替盐溶液。

增加：

除以下情况外，湿式擦洗机以额定电压供电，在正常工作条件下运行 10 min：

——移动速率为每分钟 15 个循环；

——水位为：

- 地毯清洗机低于地毯表面约 1 mm；
- 地板擦洗机高于木地板表面约 5 mm。

16 泄漏电流和电气强度

GB 4706.1—2005 中的该章适用。

17 变压器和相关电路的过载保护

GB 4706.1—2005 中的该章适用。

18 耐久性

GB 4706.1—2005 中的该章不适用。

19 非正常工作

GB 4706.1—2005 中的该章除下述内容外，均适用。

19.7 增加：

器具运行 30 s。

19.10 增加：

注 101：器具运行时刷子不接触任何表面。

20 稳定性和机械危险

GB 4706.1—2005 中的该章除下述内容外，均适用。

20.1 增加：

注 101：本要求仅适用于带有液体容器的部分。

20.2 增加：

注 101：对于运动部件的要求不适用于电动刷和类似部件，也不适用于当更换附件时成为易触及的运动部件，例如传动轴，以及仅在电动刷或类似部件工作时才能运动的部件。

21 机械强度

GB 4706.1—2005 中的该章适用。

22 结构

GB 4706.1—2005 中的该章除下述内容外,均适用。

22.101 带有单盘刷子并且额定输入功率超过 300 W 的器具,应装有除电源开关以外的防止起动的装置。

其他器具的结构应能防止意外运行。

通过视检、手动和下列试验确定其是否合格。

防止意外起动的装置进行 6 000 次试验,试验后应无任何不符合本部分要求的损坏,器具仍能继续使用。

注 1:认为装有下述防止起动的自动关断开关是符合要求的起动:

——带有自复位连锁装置,或者

——使用附加装置防止:

- 器具运转,或者
- 器具手柄在存储位置时,刷子与电机连接。

注 2:如果开关的起动组件在适当的位置,例如在一个凹槽中,认为其不可能意外运行。

23 内部布线

GB 4706.1—2005 中的该章适用。

24 元件

GB 4706.1—2005 中的该章适用。

25 电源连接和外部软线

GB 4706.1—2005 中的该章适用。

26 外部导线用接线端子

GB 4706.1—2005 中的该章适用。

27 接地措施

GB 4706.1—2005 中的该章适用。

28 螺钉和连接

GB 4706.1—2005 中的该章适用。

29 爬电距离、电气间隙和固体绝缘

GB 4706.1—2005 中的该章除下述内容外,均适用。

29.2 增加:

微观环境为 3 级污染,除非绝缘封装或其位置使得器具在正常使用中不可能暴露到污染环境中。

30 耐热和耐燃

GB 4706.1—2005 中的该章除下述内容外,均适用。

30.2.3 不适用。

31 防锈

GB 4706.1—2005 中的该章适用。

32 辐射、毒性和类似危险

GB 4706.1—2005 中的该章适用。

附　录

GB 4706.1—2005 中的附录除下述内容外，均适用。

附　录　C
（规范性附录）
在电动机上进行的老化试验

修改：

表 C.1 中的 p 值为 2 000。

参　考　文　献

GB 4706.1—2005 中的参考文献除下述内容外，均适用。

增加：

GB 4706.7—2004 家用和类似用途电器的安全　真空吸尘器和吸水式清洁器具的特殊要求

ICS 97.170
Y 64

中华人民共和国国家标准

GB 4706.59—2008/IEC 60335-2-52:2002(Ed3.0)
代替 GB 4706.59—2002

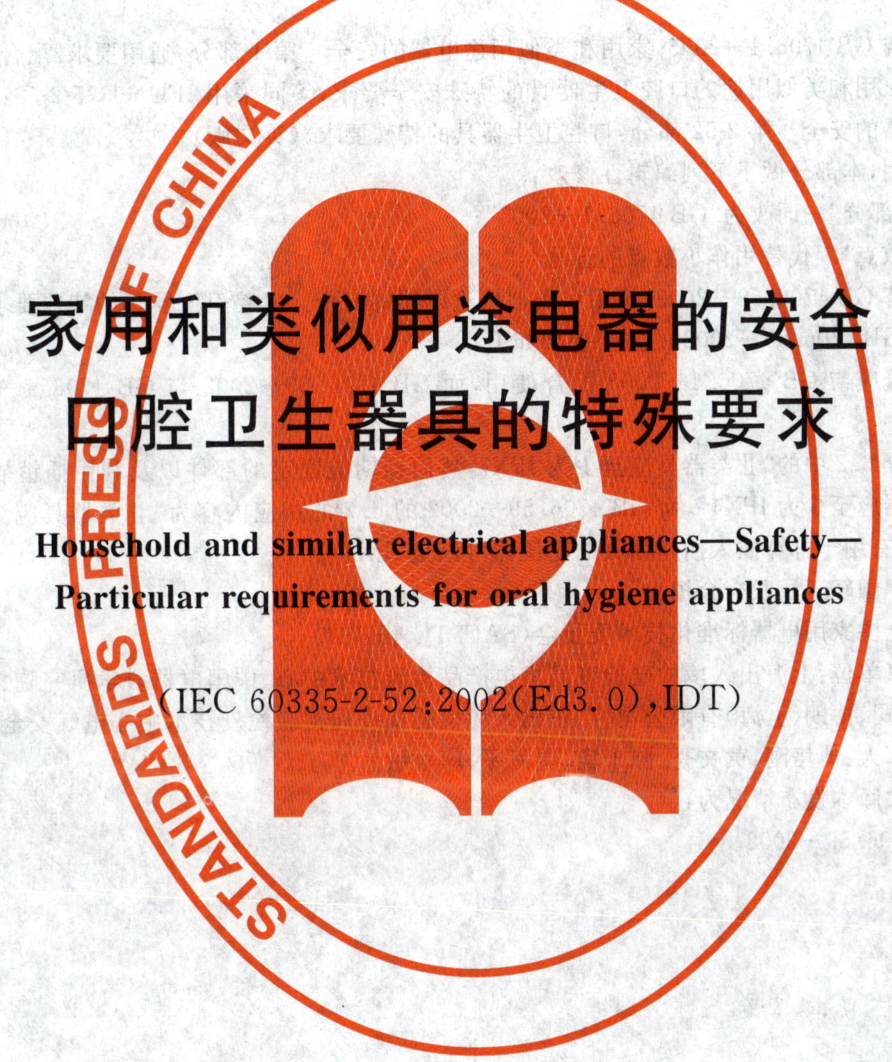

家用和类似用途电器的安全 口腔卫生器具的特殊要求

Household and similar electrical appliances—Safety—Particular requirements for oral hygiene appliances

(IEC 60335-2-52:2002(Ed3.0),IDT)

2008-12-15 发布　　　　2010-01-01 实施

中华人民共和国国家质量监督检验检疫总局
中国国家标准化管理委员会　发布

前　言

本部分的全部技术内容为强制性。

GB 4706《家用和类似用途电器的安全》由若干部分组成，第1部分为通用要求，其他部分为特殊要求。

本部分应与GB 4706.1—2005《家用和类似用途电器的安全　第1部分：通用要求》配合使用。

本部分是家用和类似用途的口腔卫生器具的特殊安全要求，等同采用IEC 60335-2-52:2002《家用和类似用途电器的安全　第2-52部分：口腔卫生器具的特殊要求》(英文版)。

为便于使用，本部分做了下列编辑性修改：

a)“第1部分”一词改为“GB 4706.1—2005”；

b)用小数点‘.’代替用作小数点的逗号‘,’。

本部分代替GB 4706.59—2002《家用和类似用途电器的安全　口腔卫生器具的特殊要求》。

本部分与GB 4706.59—2002的主要差异如下：

——本部分应与GB 4706.1—2005配合使用，而GB 4706.59—2002与GB 4706.1—1998配合使用；

——本部分6.2中的“Ⅱ类器具应至少为IPX7，然而预期被固定的部件以及利用插销插入插座的变压器应至少为IPX4”，而GB 4706.59—2002的6.2的相应内容为“Ⅱ类器具应为IPX7，然而，带有用于打算插入插座插头的变压器可以是IPX4”。

本部分由中国轻工业联合会提出。

本部分由全国家用电器标准化技术委员会(SAC/TC 46)归口。

本部分起草单位：上海出入境检验检疫局机电产品检测技术中心、中国电器科学研究院、飞利浦(中国)投资有限公司、博朗(上海)有限公司、广东出入境检验检疫局检验检疫技术中心电气安全实验室。

本部分起草人：傅培刚、黄文秀、陈子良、周海平、廖媛敏。

本部分历次版本发布情况为：

——GB 4706.59—2002。

IEC 前言

1) IEC(国际电工委员会)是由各国家电工委员会(IEC 国家委员会)组成的世界性标准化组织。IEC 的宗旨是促进在与电工和电子领域标准化有关问题上的国际合作。为此目的,IEC 除了开展其他活动之外,还出版国际标准。这些标准的制定是委托各技术委员会来完成的。IEC 的各成员国家委员会,只要对制定的标准感兴趣,均可参加其制定工作。与 IEC 联络的国际、政府和非政府组织亦可参加标准制定工作。IEC 和国际标准化组织(ISO)遵照双方协议规定的条件密切合作。
2) IEC 对有关技术问题的正式决议或协议尽可能表达了对所涉及的问题在国际上的一致意见,因为所有感兴趣的国家委员会都参加。
3) 这些正式决议或协议具有推荐给国际上使用的形式,以标准、技术规范、技术报告或导则的形式出版,并在此意义上为各国家委员会所接受。
4) 为了促进国际上的统一,IEC 各国家委员会应明确地、最大限度地将 IEC 国际标准转化为国家或地区性标准。IEC 标准和相应的国家或地区性标准之间如有任何差异应在国家标准或地区性标准中清楚地注明。
5) IEC 并未制定任何认可标志的程序,当某一设备宣称其符合 IEC 的某一项标准时,IEC 对此不负任何责任。
6) 要注意本国际标准的某些成分可能是专利权的对象。IEC 应没有责任确认任何或所有这样的专利权。

IEC 60335 的本部分标准由 IEC 第 61 技术委员会:“家用和类似用途电器的安全”制定。

本部分第三版废止并替代 1994 年出版的第二版。它构成了一个技术上的修订本。

IEC 60335 的本部分标准的正文以下述文件为依据:

最后的国际标准草案	表决报告
61/2221/FDIS	61/2296/RVD

有关本部分表决通过的详细资料,请见上表所列的表决报告。

本第二部分与 IEC 60335-1 的最新版本及其增补件一起使用。本部分是在 IEC 60335-1 第四版(2001 年)的基础上建立起来的。

注 1:本部分中提到的“第一部分”是指 IEC 60335-1。

本第二部分对 IEC 60335-1 的相应条款进行了补充或修改,将其转化成 IEC 标准:电口腔卫生器具的安全要求。

凡第一部分中的条款没有在本第二部分中特别提及的,只要合理,即应采用。本部分写明“增加”、“修改”或“替代”时,第一部分中的有关内容须作相应修改。

注 2:采用下述编号系统:

——从 101 开始编号的条款、表格和图是对第一部分增加的;

——除在新条款中的注或第一部分涉及的注外,注都从 101 开始编号,包括被替代章或条款中的注;

——增加的附录以字母 AA、BB 等编码。

注 3:采用下列字体:

——要求正文:罗马字体;

——试验技术规范:斜体字;

——注释:小罗马字体。

正文中用黑体印刷的词在第3章中给出定义。当一个定义涉及一个形容词时，则该形容词和相关的名词也是黑体字。

委员会已经决定本出版物的内容在2004年前保持不变，到2004年时，本出版物将被

- 重新确认；
- 废止；
- 被修订版替代，或
- 被修正。

在下列国家存在着下述差异：

——6.1： 允许0类器具（日本）。

——6.1： 器具可以有其他的分类方法（美国）。

——7.12.1： 需要增加的说明（美国）。

——11.7： 工作循环的时间和次数不同（美国）。

——19.101： 试验不同（美国）。

——22.36： 手持部分可以是0类结构（日本）。

家用和类似用途电器的安全
口腔卫生器具的特殊要求

1 范围

GB 4706.1—2005 的该章由下述内容代替。

本部分涉及额定电压不超过 250V 的家用和类似用途的电口腔卫生器具的安全。

注 101：本部分所包括的器具的例子：

——口腔冲洗器；

——牙刷。

就实际情况而言，本部分所涉及的各种器具存在的普通危险，是在住宅和住宅周围环境中所有的人可能会遇到的。然而，一般说来本部分并未涉及：

——无人照看的幼儿或残疾人使用器具时的危险；

——幼儿玩耍器具的情况。

注 102：注意下述情况：

——对于打算用在车辆、船舶或航空器上的器具，可能需要附加要求；

——在许多国家，附加要求由国家卫生保健部门、国家劳动保护部门和类似部门来规定。

注 103：本部分不适用于医用器具(IEC 60601)。

2 规范性引用文件

GB 4706.1—2005 的该章适用。

3 定义

GB 4706.1—2005 的该章除下述内容外均适用：

3.1.9 代替：

正常工作 normal operation

器具在下述条件下进行的工作：

口腔冲洗器在容器装有温度约 45 ℃的水且达到使用说明书规定的水位下工作。如使用说明书中没有规定，则容器装有最大限度的水。

其他器具在没有负载下工作。

4 一般要求

GB 4706.1—2005 的该章适用。

5 试验的一般条件

GB 4706.1—2005 的该章适用。

6 分类

GB 4706.1—2005 的该章除下述内容外均适用。

6.1 修改：

器具应是Ⅱ类或Ⅲ类。

6.2 增加：

Ⅱ类器具应至少为 IPX7，然而预期被固定的部件以及利用插销插入插座的变压器应至少为 IPX4。

Ⅲ类器具应至少为 IPX4。然而，如果额定电压不超过 24 V，它们可以是 IPX0。

7 标志和说明

GB 4706.1—2005 的该章除下述内容外均适用。

7.12.1 增加：

安装说明书应说明，必须安装需要固定的部件，以免它们掉入水中；但具有 IPX7 结构的部件除外。

8 对触及带电部件的防护

GB 4706.1—2005 的该章适用。

9 电动器具的启动

GB 4706.1—2005 的该章不适用。

10 输入功率和电流

GB 4706.1—2005 的该章适用。

11 发热

GB 4706.1—2005 的该章除下述内容外均适用。

11.7 代替：

器具工作 5 个循环，每个循环包括 3 min 的运转时间和 1 min 的停歇时间。在停歇期间，口腔冲洗器的容器重新注水。

注 101：在运转期间，如果容器变空了，则可重新注水，并继续试验。

12 空章

13 工作温度下的泄漏电流和电气强度

GB 4706.1—2005 的该章适用。

14 瞬态过电压

GB 4706.1—2005 的该章适用。

15 耐潮湿

GB 4706.1—2005 的该章适用。

16 泄漏电流和电气强度

GB 4706.1—2005 的该章适用。

17 变压器和相关电路的过载保护

GB 4706.1—2005 的该章适用。

18 耐久性

GB 4706.1—2005 的该章不适用。

19 非正常工作

GB 4706.1—2005 的该章除下述内容外均适用。

19.1 增加：

Ⅱ类口腔冲洗器还要经受 19.101 的试验。

19.2 增加：

在容器中没有水的条件下进行该试验。

19.101 将器具外壳内的软管在最不利位置处刺破。橡胶软管用直径为 0.8 mm 的针刺破。热塑性软管用直径为 0.5 mm 的加热的针刺破。仔细操作不要将孔扩大。

注：当重新装配器具时，可以使用密封剂如硅橡胶，以保证结合处不漏水。

器具按第 11 章规定工作，但要装入 1％NaCl 水溶液。在工作的最后一个循环期间，通过堵塞出水口来增加软管中的水压以便达到可能的最大压力。然后将水压减小到正常数值。

在一个绝缘材料制成的器皿中注入盐水溶液，将器具的手持部分浸没在盐水溶液中，浸没深度约为 100 mm。在不限制水流动的条件下，器具工作至容器排空后 30 s。试验期间，按 13.2 的规定测量泄漏电流。在电源任一极和置于溶液中的一个矩形不锈钢电极之间测量泄漏电流，矩形的尺寸约为 50 mm ×250 mm。

泄漏电流应不超过 0.5 mA。

20 稳定性和机械危险

GB 4706.1—2005 的该章适用。

21 机械强度

GB 4706.1—2005 的该章适用。

22 结构

GB 4706.1—2005 的该章除下述内容外均适用。

22.36 增加：

手持部分应为Ⅲ类结构，且工作电压不超过 24 V。

22.101 Ⅱ类器具的结构应保证预期被固定的部件能够可靠地固定，但防水等级至少为 IPX7 的Ⅱ类器具除外。

是否符合，通过视检检查。

注：锁眼槽、钩子及类似装置，如果没有进一步的措施防止器具意外地从支撑物上脱出，则它们不被认为是可靠固定器具的足够措施。

23 内部布线

GB 4706.1—2005 的该章适用。

24 元件

GB 4706.1—2005 的该章适用。

25 电源连接和外部软线

GB 4706.1—2005 的该章除下述内容外均适用。

25.5 增加：

防水等级为 IPX7 的器具不允许使用 X 型连接。

允许使用 Z 型连接。

25.23 增加：

Ⅲ类结构部件的互连软线不需要符合电源软线的要求。

26 外部导线用接线端子

GB 4706.1—2005 的该章适用。

27 接地措施

GB 4706.1—2005 的该章不适用。

28 螺钉和连接

GB 4706.1—2005 的该章适用。

29 电气间隙、爬电距离和固体绝缘

GB 4706.1—2005 的该章适用。

30 耐热和耐燃

GB 4706.1—2005 的该章除下述内容外均适用。

30.2.3 不适用。

31 防锈

GB 4706.1—2005 的该章适用。

32 辐射、毒性和类似危险

GB 4706.1—2005 的该章适用。

附 录

GB 4706.1—2005 中的附录均适用。

参 考 文 献

GB 4706.1—2005 的参考文献适用。

ICS 97.060
Y 62

中华人民共和国国家标准

GB 4706.60—2008/IEC 60335-2-43:2005(Ed3.1)
代替 GB 4706.60—2002

家用和类似用途电器的安全 衣物干燥机和毛巾架的特殊要求

Household and similar electrical appliances—Safety—Particular requirements for clothes dryers and towel rails

(IEC 60335-2-43:2005(Ed3.1),IDT)

2008-12-30 发布　　2010-03-01 实施

中华人民共和国国家质量监督检验检疫总局
中国国家标准化管理委员会　发布

前　言

本部分的全部技术内容为强制性。

GB 4706《家用和类似用途电器的安全》由若干部分组成，第1部分为通用要求，其他部分为特殊要求。

本部分是GB 4706的第60部分。本部分应与GB 4706.1—2005《家用和类似用途电器的安全　第1部分：通用要求》配合使用。

本部分中写明“适用”的部分，表示GB 4706.1—2005中的相应条文适用于本部分；本部分写明“代替”的部分，则以本部分中的条文为准；本部分写明“增加”的部分，表示除要符合GB 4706.1—2005中的相应条文外，还必须符合本部分条文中所增加的条文。

本部分等同采用IEC 60335-2-43:2005《家用和类似用途电器的安全　第2-43部分：衣物干燥机和毛巾架的特殊要求》。

本部分替代GB 4706.60—2002《家用和类似用途电器的安全　衣物干燥机和毛巾架的特殊要求》。

本部分与GB 4706.60—2002相比，主要变化如下：

——第1章中删去了注2中的：在热带地区使用的器具，必要时可有特殊要求；

——参考文献中增加：GB 4706.20—2004，家用和类似用途电器的安全　滚筒式干衣机的特殊要求。

本部分由中国轻工业联合会提出。

本部分由全国家用电器标准化技术委员会(SAC/TC 46)归口。

本部分主要起草单位：中国家用电器研究院、国家家用电器质量监督检验中心、美的集团有限公司。

本部分主要起草人：朱焰、鲁建国、曾文礼、张仁生、刘开、孙鹏。

本部分于2002年11月首次发布，本次为第一次修订。

IEC 前言

1） 国际电工委员会(IEC)是由所有的国家电工委员会(IEC NC)组成的国际范围的标准化组织。其宗旨是促进在电气和电子领域有关标准化问题上的国际间合作。为此，IEC开展相关活动，并出版国际标准、技术规范、技术报告、公共可用规范(PAS)、指南(以后统称为IEC出版物)。这些标准的制定委托各技术委员会完成。任何对该技术问题感兴趣的IEC国家委员会均可参加制定工作。与IEC有联系的国际、政府及非政府组织也可以参加标准的制定工作。IEC与国际标准化组织(ISO)在两个组织协议的基础上密切合作。

2） IEC在技术方面的正式决议或协议，是由对其感兴趣的所有国家委员会参加的技术委员会制定的。因此，这些决议或协议都尽可能表述了相关问题在国际上的一致意见。

3） IEC标准以推荐性的方式供国际使用，并在此意义上被各国家委员会接受。在为了确保IEC出版物技术内容的准确性而做出任何合理的努力时，IEC对其标准被使用的方式以及任何最终用户的误解不负有任何责任。

4） 为了促进国际上的统一，各国家委员会要保证在其国家或区域标准中最大限度地采用国际标准。IEC标准与相应的国家或区域标准之间的任何差异必须清楚地在后者中表明。

5） IEC规定了表示其认可的无标志程序，但并不表示对某一设备声称符合某一标准承担责任。

6） 所有的使用者应确保他们拥有本部分的最新版本。

7） IEC或其管理者、雇员、后勤人员或代理(包括独立专家和技术委员会的成员)和IEC国家委员会不应对使用或依靠本IEC出版物或其他IEC出版物造成的任何个人伤害、财产损失或其他任何属性的直接或间接损失，或源于本出版物之外的成本(包括法律费用)和支出承担责任。

8） 应注意在本部分中罗列的引用标准(规范性引用文件)。对于正确使用本部分来讲，使用引用标准(规范性引用文件)是不可缺少的。

9） 应注意本国际标准的某些条款可能涉及专利权的内容，IEC将不承担确认专利权的责任。

国际标准IEC 60335的本部分由IEC第61技术委员会“家用和类似用途电器的安全”制定。

本部分及增补件1以下述文件为依据：

FDIS	表决报告
61/2218/FDIS	61/2293/RVD
61/2900/FDIS	61/2908/RVD

经过整理的IEC 60335-2-43本版本是基于第三版(2002)第1增补件(2005)形成的。

本部分的版本号为3.1。

边缘垂直线所划出的部分是由增补件1所修改的部分。

本部分的法文版未进行投票表决。

本部分应与IEC 60335-1及其增补件的最新版本配合使用。本部分是根据IEC 60335-1的第4版(2001)制定的。

注1：标准中所提到的“第一部分”是指IEC 60335-1涉及的内容。

本部分补充或修改了IEC 60335-1的相应条款，从而将其转化为本部分：衣物干燥机和毛巾架的特殊要求。

本部分中未提及的IEC 60335-1条款，只要合理，即应使用。本部分中标有“增加”、“修改”或“代替”的地方，是对IEC 60335-1相关条款的相应修改。

注2：使用下列编号方式：

——在第一部分的基础上曾加的条款、表格、图表从101开始；

——除了新增条款的注释，以及与第一部分相关的注释，其他编号都要从101开始，包括那些被替代的章节与条款；

——增加的附录用附录AA、附录BB等标明。

注3：采用下列字体表示

——要求：印刷体；

——试验规程：斜体；

——注释：小写印刷体。

某些国家存在下述差异：

——11.101：对温升的限值更低（美国）；

——19.13：不测量纺织物温升（美国）；

——24.101：如果经过了可靠性试验，则允许使用自复位热断路器（美国）。

技术委员会决定，本出版物和其增补件的内容将保持不变，直到修改结果日期被标明在IEC网站（http://webstore.iec.ch）上。届时标准将被：

重新确认；

废止；

由修订版替代，或者

增补。

引　言

在起草本部分时已假定,由取得适当资格并富有经验的人来执行本部分的各项条款。

本部分所认可的是家用和类似用途电器在注意到制造商使用说明的条件下按正常使用时,对器具的电气、机械、热、火灾以及辐射等危险防护的一个国际可接受水平,它也包括了使用中预计可能出现的非正常情况,并且考虑电磁干扰对于器具的安全运行的影响方式。

在制定本部分时已经尽可能地考虑了 GB 16895 中规定的要求,以使得器具在连接到电网时与电气布线规则的要求协调一致。

如果一台器具的多项功能涉及到 GB 4706 第 2 部分中不同的特殊要求,则只要是在合理的情况下,相关的第 2 部分特殊要求标准要分别应用于每一功能。如果适用,应考虑到一种功能对其他功能的影响。

本部分是一个涉及器具安全的产品族标准,并在覆盖相同主题的同一水平和同一类别的标准中处于优先地位。

一个符合本部分文本的器具,当进行检查和试验时,发现该器具的其他特性会损害本部分要求所涉及的安全水平时,则将未必判定其符合本部分中的各项安全准则。

产品使用了本部分要求中规定以外的各种材料或各种结构形式时,则该产品可以按照本部分中这些要求的意图进行检查和试验。如果查明其基本等效,则可以判定其符合本部分要求。

家用和类似用途电器的安全
衣物干燥机和毛巾架的特殊要求

1 范围

GB 4706.1—2005 中的该章用下述内容代替：

本部分涉及家用和类似用途电衣物干燥机(用于干燥放置在暖空气流中的搁架上的纺织物)和电毛巾架的安全，其额定电压不超过 250 V。

注 101：衣物搁架可以固定安装或自由放置到干燥间室中，空气循环可以是自然的或强制的。

不作为一般家用，但对公众仍可能引起危险的器具，例如在商店、轻工业和农场中由非专业的人员使用的器具也属于本部分的范围。

本部分所涉及的器具存在的普通危险，是在住宅和住宅周围环境中所有的人可能会遇到的。

本部分并未涉及：

——无人照看的幼儿和残疾人使用器具时的危险；

——幼儿玩耍器具的情况。

注 102：注意下述情况：

——对于打算用在车辆、船舶或航空器上的器具，可能需要附加要求；

——全国性的卫生保健部门、全国性劳动保护部门、全国性供水管理部门以及类似的部门都对器具规定了附加要求。

注 103：本部分不适用于：

——滚筒式干衣机(GB 4706.20)；

——专为工业用途而设计的器具；

——打算使用在经常产生腐蚀性或爆炸性气体(如灰尘、蒸气或瓦斯气体)特殊环境场所的器具。

2 规范性引用文件

GB 4706.1—2005 中的该章适用。

3 术语和定义

下列术语和定义适用于本部分。

GB 4706.1—2005 中的该章除下述内容外，均适用。

3.1.9 代替：

正常工作 normal operation

器具在下列条件下工作：

将纺织物按照使用说明书放置在搁架或架子上，使用的纺织物为经过预洗的、双层折边的棉布片，其尺寸约为 700 mm×700 mm，干燥状态下单位面积质量在(140～175)g/m^2 之间。

对于带有支撑纺织物的加热表面的器具，使用四层纺织物。对于通过暖空气流干燥纺织物的器具，使用单层纺织物。

注：如有疑问，棉布片在温度(20±5)℃和相对湿度(60±5)%的状态下至少放置 24 h。

4 一般要求

GB 4706.1—2005 中的该章适用。

5 试验的一般条件

GB 4706.1—2005 中的该章适用。

6 分类

GB 4706.1—2005 中的该章除下述内容外，均适用。

6.2 增加：

器具应至少为 IPX1。

7 标志和说明

GB 4706.1—2005 中的该章除下述内容外，均适用。

7.12 增加：

衣物干燥机的使用说明书应包括下述内容：

警告：器具仅用于干燥水洗的纺织物。

7.12.1 增加：

固定式毛巾架的安装说明书应包括下述内容：

警告：为避免对婴儿造成伤害，器具的安装应使得最低的加热架距地面至少 600 mm。

8 对触及带电部件的防护

GB 4706.1—2005 中的该章适用。

9 电动器具的启动

GB 4706.1—2005 中的该章不适用。

10 输入功率和电流

GB 4706.1—2005 中的该章适用。

11 发热

GB 4706.1—2005 中的该章除下述内容外，均适用。

11.1 增加：

毛巾架也进行 11.101 试验。

11.4 增加：

如果装有电动机、变压器或电子电路的器具温升超过限定值，并且其输入功率低于额定输入功率，器具在 1.06 倍额定电压下重复进行试验。

11.6 增加：

组合型器具按电热器具工作。

11.7 代替：

器具运行至稳定状态。

11.8 增加：

纺织物的温升不应超过 75 K。

当器具在 1.15 倍额定输入功率运行时，电动机、变压器、电子电路上的元件及直接受它们影响的部件的温升可以超出限值。

对于注油的器具，不测量直接与油接触的部件的温升。

11.101 毛巾架在额定功率下运行,但不带纺织物。

表面温升应不超过下述值:

金属和涂漆金属表面	60 K
搪瓷金属表面	65 K
玻璃和陶瓷表面	70 K
厚度超过 0.3 mm 的塑料表面	85 K

85 K 温升限值也适用于带有厚度小于 0.1 mm 金属涂层的塑料材料。

注:塑料涂层厚度不超过 0.3 mm 时,支撑材料的温升限值适用。

12 空章

13 工作温度下的泄漏电流和电气强度

GB 4706.1—2005 中的该章适用。

14 瞬态过电压

GB 4706.1—2005 中的该章适用。

15 耐潮湿

GB 4706.1—2005 中的该章除下述内容外,均适用。

15.2 代替:

如果干燥间室内的电器元件位于纺织物下方,其结构应使得滴下的水不会影响电气绝缘。

通过下述试验确定其是否合格:

带 X 型连接的干燥柜,除带有专门制备的软线外,装有表 13 中规定的最小横截面积允许的最轻型柔性软线。

用约含 1%的 NaCl 水溶液,以 12 mL/min 的流量从恰好超过顶架的高度滴下,均匀分布在所有可用面积上。每立方米可用容积使用 3 L 溶液。

注 101:计算可用容积时使用下述尺寸:

——高,最高的架顶部与加热元件上表面之间的最大距离;

——宽,最长的架的长度;

——深,外架之间的总水平距离。

试验后,器具应经受 16.3 的电气强度试验,并进行视检,在绝缘上应没有能够导致电气间隙和爬电距离降低到第 29 章规定值以下的水迹。

16 泄漏电流和电气强度

GB 4706.1—2005 中的该章适用。

17 变压器和相关电路的过载保护

GB 4706.1—2005 中的该章适用。

18 耐久性

GB 4706.1—2005 中的该章不适用。

19 非正常工作

GB 4706.1—2005 中的该章除下述内容外,均适用。

19.1 增加：

每项试验使用新的纺织物。

19.2 增加：

对于带有支撑纺织物的加热表面的器具，使用八层纺织物。对于通过暖空气流干燥纺织物的器具，将双层的纺织物放在加热元件的防护装置上；如果加热元件位于纺织物的上方，则纺织物放于进气口上方。

试验在纺织物完全覆盖防护装置或进气口的状态下进行，然后纺织物覆盖防护装置或进气口面积80％的状态下继续进行。

注 101：纺织物的不同位置正在考虑中。

带有风扇的器具还需在电动机不运转、防护装置和进气口不覆盖的状态下进行试验。

加热装置位于纺织物上方的器具还需将双层纺织物放在架子上面进行试验。架子比其正常位置升高 50 mm 或其结构允许的最大距离，两者取较小者。

安装在墙上、储存时需要折叠的器具，还需在折叠状态、不装纺织物的条件下进行试验。

19.13 增加：

纺织物的温升应不超过 150 K。

纺织物没有明显的烧焦痕迹。

20 稳定性和机械危险

GB 4706.1—2005 中的该章除下述内容外，均适用。

20.101 安装在墙上的折叠式衣物干燥机应能承受正常使用中可能出现的外力。

通过下述试验确定其是否合格：

器具按照正常工作规定装载或不装负载，两者取较不利者。依次对每个支撑机构的关键部件施加 50 N 的力。

衣物干燥机应不倾倒。

21 机械强度

GB 4706.1—2005 中的该章适用。

22 结构

GB 4706.1—2005 中的该章适用。

23 内部布线

GB 4706.1—2005 中的该章适用。

24 元件

GB 4706.1—2005 中的该章除下述内容外，均适用。

24.101 装在器具中使其符合 19.4 要求的热断路器，不应是自复位的。

通过视检确定其是否合格。

25 电源连接和外部软线

GB 4706.1—2005 中的该章除下述内容外，均适用。

25.1 修改：

器具不应装有输入插口。

26 外部导线用接线端子

GB 4706.1—2005 中的该章适用。

27 接地措施

GB 4706.1—2005 中的该章适用。

28 螺钉和连接

GB 4706.1—2005 中的该章适用。

29 电气间隙、爬电距离和固体绝缘

GB 4706.1—2005 中的该章适用。

30 耐热和耐燃

GB 4706.1—2005 中的该章除下述内容外，均适用。

30.2.2 不适用。

31 防锈

GB 4706.1—2005 中的该章适用。

32 辐射、毒性和类似危险

GB 4706.1—2005 中的该章适用。

附　录

GB 4706.1—2005 中的附录均适用。

参考文献

GB 4706.1—2005 中的参考文献除下述内容外，均适用。

增加：

GB 4706.20　家用和类似用途电器的安全　滚筒式干衣机的特殊要求(GB 4706.20—2004, IEC 60335-2-11:2002, IDT)

ICS 97.100
K 61

中华人民共和国国家标准

GB 4706.61—2008/IEC 60335-2-54:2007(Ed3.2)
代替 GB 4706.61—2002

家用和类似用途电器的安全 使用液体或蒸汽的家用表面清洁器具的特殊要求

Household and similar electrical appliances—Safety—Particular requirements for surface-cleaning appliances for household usc employing liquids or steam

(IEC 60335-2-54:2007(Ed3.2),IDT)

2008-12-30 发布　　　　2010-03-01 实施

中华人民共和国国家质量监督检验检疫总局
中国国家标准化管理委员会　发布

ICS 97.100
K 61

代替 GB 4706.64—2003

前　言

本部分的全部技术内容为强制性。

GB 4706《家用和类似用途电器的安全》由若干部分组成,第1部分为通用要求,其他部分为特殊要求。

本部分是GB 4706的第61部分。本部分应与GB 4706.1—2005《家用和类似用途电器的安全　第1部分:通用要求》配合使用。

本部分中写明"适用"的部分,表示GB 4706.1中的相应条款适用于本部分;本部分中写明"代替"或"修改"的部分,应以本部分为准;本部分中写明"增加"的部分,表示除要符合GB 4706.1中的相应条款外,还应符合本部分所增加的条款。

本部分等同采用IEC 60335-2-54:2007《家用和类似用途电器的安全　第2-54部分:使用液体或蒸汽的家用表面清洁器具的特殊要求》(第3.2版)。

本部分代替GB 4706.61—2002《家用和类似用途电器的安全　使用液体的表面清洁器具的特殊要求》。

本部分与GB 4706.61—2002的主要差别是:

——第1章中增加墙纸剥离机;

——增加3.101;

——16.3增加:除电气连接部分外,载流管浸在温度20 ℃±5 ℃约含1% NaCl的水溶液中1 h,在水溶液中每个导线和其他连接到一起的导线之间施加2 000 V的电压5 min。然后在所有导电部件和盐溶液之间施加3 000 V的电压1 min;

——29.2增加:微观环境污染等级为3级,除非绝缘封装或其位置使得器具在正常使用中不可能暴露到污染环境中。

本部分由中国轻工业联合会提出。

本部分由全国家用电器标准化技术委员会(SAC/TC 46)归口。

本部分起草单位:中国家用电器研究院、国家家用电器质量监督检验中心。

本部分主要起草人:鲁建国、朱焰、赵维波、许振刚、闫凌、孙鹏。

本部分于2002年11月首次发布,本次为第一次修订。

IEC 前言

1) 国际电工委员会(IEC)是由所有的国家电工委员会(IEC NC)组成的国际范围的标准化组织。其宗旨是促进在电气和电子领域有关标准化问题上的国际间合作。为此,IEC开展相关活动,并出版国际标准、技术规范、技术报告、公共可用规范(PAS)、指南(以后统称为IEC出版物)。这些标准的制定委托各技术委员会完成。任何对该技术问题感兴趣的IEC国家委员会均可参加制定工作。与IEC有联系的国际、政府及非政府组织也可以参加标准的制定工作。IEC与国际标准化组织(ISO)在两个组织协议的基础上密切合作。
2) IEC在技术方面的正式决议或协议,是由对其感兴趣的所有国家委员会参加的技术委员会制定的。因此,这些决议或协议都尽可能表述了相关问题在国际上的一致意见。
3) IEC标准以推荐性的方式供国际使用,并在此意义上被各国家委员会接受。在为了确保IEC出版物技术内容的准确性而做出任何合理的努力时,IEC对其标准被使用的方式以及任何最终用户的误解不负有任何责任。
4) 为了促进国际上的统一,各国家委员会要保证在其国家或区域标准中最大限度地采用国际标准。IEC标准与相应的国家或区域标准之间的任何差异必须清楚地在后者中表明。
5) IEC规定了表示其认可的无标志程序,但并不表示对某一设备声称符合某一标准承担责任。
6) 所有的使用者应确保他们拥有本部分的最新版本。
7) IEC或其管理者、雇员、后勤人员或代理(包括独立专家和技术委员会的成员)和IEC国家委员会不应对使用或依靠本IEC出版物或其他IEC出版物造成的任何个人伤害、财产损失或其他任何属性的直接或间接损失,或源于本出版物之外的成本(包括法律费用)和支出承担责任。
8) 应注意在本部分中罗列的引用标准(规范性引用文件)。对于正确使用本部分来讲,使用引用标准(规范性引用文件)是不可缺少的。
9) 应注意本国际标准的某些条款可能涉及专利权的内容,IEC将不承担确认专利权的责任。

本部分由IEC第61技术委员会"家用和类似用途电器的安全"制定。

本部分以IEC 60335-2-54:2002第3版为基础制定,以下述文件为依据:

DIS	表决报告
61/2244/FDIS	61/2231/RVD
61/2624/FDIS	61/2679/RVD
61/3195/FDIS	61/3235/RVD

本部分版本号为3.2。

边缘垂直线所划出的部分是由增补件1和增补件2所修改的部分。

本部分的法文版未进行投票表决。

本部分与IEC 60335-1及其增补件的最新版本配合使用。本部分是根据IEC 60335-1:2001第4版制定的。

注1:标准中所提到的"第一部分"是指IEC 60335-1涉及的内容。

本部分中未提到的IEC 60335-1条款,只要合理,便可使用。本部分中标有"增加"、"修改"或"代替"的地方,本部分中的相关条款做相应的修改。

注2:使用下列编号方式:

——在第一部分的基础上增加的条款、表格、图表从101开始;

——除了新增条款的注释,以及与第一部分相关的注释,其他编号都要从 101 开始,包括那些被替代的章节与条款;

——增加的附录用附录 AA、附录 BB 等标明。

注 3:采用下列字体表示:

——要求:印刷体。

——试验规程:斜体。

——注释:小写印刷体。

由第 3 章定义的部分用黑体。如果定义内容涉及形容词时,则该形容词以及相关名词也用黑体。

某些国家中存在下列差异:

——6.1:手持式清洁器具和在正常使用时手握持的部分应是Ⅱ类或Ⅲ类(荷兰);

——22.40:增加条款不适用(美国);

——22.104:器具进口尺寸不同(美国)。

委员会决定,本部分及其增补件的相关内容在 IEC 网站 http://webstore.iec.ch 所指定相关数据的特殊标准颁布前不做变更,在颁布后,标准将:

重新确认;

废止;

由修订版替代,或者

增补。

引　言

在起草本部分时已假定,由取得适当资格并富有经验的人来执行本部分的各项条款。

本部分所认可的是家用和类似用途电器在注意到制造商使用说明的条件下按正常使用时,对器具的电气、机械、热、火灾以及辐射等危险防护的一个国际可接受水平,它也包括了使用中预计可能出现的非正常情况,并且考虑电磁干扰对于器具的安全运行的影响方式。

在制定本部分时已经尽可能地考虑了 GB 16895 中规定的要求,以使得器具在连接到电网时与电气布线规则的要求协调一致。

如果一台器具的多项功能涉及到 GB 4706 的第 2 部分中不同的特殊要求,则只要是在合理的情况下,相关的第 2 部分特殊要求标准要分别应用于每一功能。如果适用,应考虑到一种功能对其他功能的影响。

本部分是一个涉及器具安全的产品族标准,并在覆盖相同主题的同一水平和同一类别的标准中处于优先地位。

一个符合本部分文本的器具,当进行检查和试验时,发现该器具的其他特性会损害本部分要求所涉及的安全水平时,则将未必判定其符合本部分中的各项安全准则。

产品使用了本部分要求中规定以外的各种材料或各种结构形式时,则该产品可以按照本部分中这些要求的意图进行检查和试验。如果查明其基本等效,则可以判定其符合本部分要求。

家用和类似用途电器的安全
使用液体或蒸汽的家用表面清洁器具的特殊要求

1 范围

GB 4706.1—2005 中的该章用下述内容代替：

本部分涉及家用，使用液体或蒸汽介质，用于表面(例如窗户、墙面、未装水的游泳池)清洁处理的电清洁器具，其额定电压不超过 250 V，也包括墙纸剥离机。

注 1：器具可以带有电热元件或液体容器的增压装置。

本部分所涉及的器具存在的普通危险，是在住宅和住宅周围环境中所有的人可能会遇到的。

本部分并未涉及：

——人员(包括幼儿)

身体、感知、智力能力缺陷；或

经验和常识缺乏；

阻碍上述人员在没有监护或指导的情况下安全使用器具。

——幼儿玩耍器具的情况。

注 2：注意下述情况：

——对于用在车辆、船舶或航空器上的器具，可能需要附加要求；

——全国性的卫生保健部门、全国性劳动保护部门、全国性供水管理部门以及类似的部门都对器具规定了附加要求。

注 3：本部分不适用于：

——地板处理机和湿式擦洗机(GB 4706.57)。

——永久固定在建筑物上的清洁器具。

——GB 4706.89 包括的器具，即：

压力超过 2.5 MPa 的器具；

液体温度超过 160 ℃的器具；

输入功率超过 3 500 W 的器具；

压力容积超过 5 L 的器具。

——商业或工业用途的清洁器具。

——打算使用在经常产生腐蚀性或爆炸性气体(如灰尘、蒸气或瓦斯气体)特殊环境场所的器具。

——织物蒸汽机(GB 4706.84)。

2 规范性引用文件

下列文件中的条款通过本部分的引用而成为本部分的条款。凡是注日期的引用文件，其随后所有的修改单(不包括勘误的内容)或修订版均不适用于本部分，然而，鼓励根据本部分达成协议的各方研究是否可使用这些文件的最新版本。凡是不注日期的引用文件，其最新版本适用于本部分。

GB 4706.1—2005 中的该章除下述内容外，均适用：

增加：

GB/T 9258.2 涂附磨具用磨料 粒度分析 第 2 部分：粗磨粒 P12～P220 粒度组成的测定(GB/T 9258.2—2008，ISO 6344-2:1998，IDT)

3 定义

下列术语和定义适用于本部分。

GB 4706.1—2005 中的该章除下述内容外，均适用：

3.1.9 代替：

正常工作 normal operation

器具按使用说明书中规定的最不利条件运行。

用 30 N 的力将清洁头压到垂直的平板玻璃上，以每分钟 15 个循环的速率上下移动，移动距离超过 1 m。用 20 ℃±5 ℃的水连续湿润玻璃表面，使玻璃表面上保持一层水膜。

对于蒸汽式表面清洁器和墙纸剥离机，使用一个垂直放置的不锈钢板代替玻璃平面，无需加湿。如果器具蒸汽出口不打算压到平面上，器具自由出气，出气口向下与垂直平面约成 45°。

3.101

压力器具 pressurised appliance

蒸汽室中产生的蒸汽压力超过 50 kPa，并且在没有提供蒸汽时压力不能降到大气压的器具。

注：蒸汽室可以安装到器具上或者通过软管连接到器具。

4 一般要求

GB 4706.1—2005 中的该章适用。

5 试验的一般条件

GB 4706.1—2005 中的该章除下述内容外，均适用：

5.2 增加：

21.101～21.105 的每个试验都使用新的软管。

5.101 带有电热元件的器具按电热器具进行试验，即使其带有电动机。

6 分类

GB 4706.1—2005 中的该章除下述内容外，均适用：

6.1 修改：

器具应为Ⅰ类、Ⅱ类或Ⅲ类。

6.2 增加：

喷液的Ⅰ类和Ⅱ类手持式器具应至少为 IPX7，其他器具至少为 IPX4，电压不超过 24 V 的Ⅲ类器具可以是 IPX0。

7 标志和说明

GB 4706.1—2005 中的该章除下述内容外，均适用：

7.1 修改：

器具应用“瓦特(W)”表示额定输入功率。

增加：

准备与水源连接的器具应标明最大允许水压，用兆帕(MPa)表示。

蒸汽清洁器、墙纸剥离机和喷液温度超过 50 ℃的器具，应标有 IEC 60417:2002 中的 5597 标志，或标有下述警告语：

警告：有烫伤危险。

注 101：该标志是一个警告符号并且 GB/T 2893.1 的规定适用。

器具附件用的输出插座应标出最大负载，用"瓦特(W)"表示。

注 102：标志应贴在器具上紧靠输出插座的位置。

器具额定输入功率的总和以及器具输出插座的最大负载应标在器具上。

7.6 增加：

IEC 60417:2002 中的 5597 标志 蒸汽

7.12 增加：

使用说明书应说明液体或蒸汽不能直接朝向容纳电气部件的装置，例如烘箱内部。

对于压力器具应说明在使用时注液孔不能打开，应给出安全再注水的说明。

使用说明书应说明在器具使用后和维护时应拔掉电源插头。

用于清洁游泳池的表面清洁器，使用说明书应包括以下内容：

"当游泳池有水时不能使用"

如果使用了 IEC 60417:2002 中的 5597 的标志，应解释其含义。

8 对触及带电部件的防护

GB 4706.1—2005 中的该章适用。

9 电动器具的启动

GB 4706.1—2005 中的该章不适用。

10 输入功率和电流

GB 4706.1—2005 中的该章适用。

11 发热

GB 4706.1—2005 中的该章除下述内容外，均适用。

11.4 增加：

如果装有电机、变压器或电子电路的器具温升超过限值，并且其输入功率小于额定输入功率，试验在 1.06 倍额定电压下重复进行。

11.7 代替：

器具运行至稳定状态。

注 101：水加注到能够保持液体或蒸汽喷射的位置。

产生蒸汽的器具还应在不喷蒸汽的情况下运行。

带有自动卷线器的器具，首先将电源线拉出总长度的三分之一工作 30 min，然后将电源线全部拉出，继续工作。

11.8 增加：

给手持部位提供蒸汽的软管，其易触及表面的温升应不超过正常使用中短时握持手柄的温升限定值，当软管是由纺织材料覆盖的非金属软管时，纺织材料表面的温升应不超过 80 K。

当器具在 1.15 倍额定输入功率条件下工作时，电机、变压器、电子线路元件，包括受这些部件直接影响的部位的温升可以超过限定值。

注 101：压力器具应测量其压力值，以便进行 22.7 的试验。

12 空章

13 工作温度下的泄漏电流和电气强度

GB 4706.1—2005 中的该章均适用。

14 瞬态过电压

GB 4706.1—2005 中的该章均适用。

15 耐潮湿

GB 4706.1—2005 中的该章除下述内容外，均适用。

15.1.1 增加：

喷射液体的器具，在正常使用过程中用手把持，并且带有电子元件的部件应承受 IPX7 试验，除非它们是不超过 24 V 的Ⅲ类结构。

15.2 增加：

器具的液体容器装满含约 1% NaCl 的水溶液，如果手持部分带有液体容器，则将该部分置于最不利的位置，其他部分带有液体容器，将该部分放置在水平面上，然后翻转至最不利于稳定的位置，5 min 后回到正常工作位置。

注 101：本试验不在 IPX7 的部件上进行。

16 泄漏电流和电气强度

GB 4706.1—2005 中的该章除下述内容外，均适用。

16.3 增加：

除电气连接部分外，载流管浸在温度 20 ℃±5 ℃约含 1% NaCl 的水溶液中 1 h，在水溶液中每个导线和其他连接到一起的导线之间施加 2 000 V 的电压 5 min。然后在所有导电部件和盐溶液之间施加 3 000 V 的电压 1 min。

17 变压器和相关电路的过载保护

GB 4706.1—2005 中的该章适用。

18 耐久性

GB 4706.1—2005 中的该章不适用。

19 非正常工作

GB 4706.1—2005 中的该章除下述内容外，均适用。

19.2 增加：

器具断开与水源的连接，并且在液体容器不装水的状态下运行。

19.4 增加：

对于蒸汽清洁器具和墙纸剥离机，应使任何在第 11 章试验过程中限制压力的控制器失效。

20 稳定性和机械危险

GB 4706.1—2005 中的该章除下述内容外，均适用。

20.2 增加：

注：有关运动部件的要求不适用于刷子和类似部件。

20.101 器具结构应能够防止其意外启动。

通过视检和用柱形探棒在开关上进行试验确定其是否合格，该探棒直径为 40 mm，末端为半球形。试验时器具不应启动。

注：使用一个自动关断开关被认为是符合要求的。

21 机械强度

GB 4706.1—2005 中的该章除下述内容外，均适用。

21.1 增加：

对于手持式器具，将其以最不利位置从 2 m 高处跌落到硬木地板上，确定其是否合格。

进行 3 次试验。

对于使用者身体携带的器具，将其以最不利位置从 1 m 高处跌落到水泥地板上，确定其是否合格。

进行 3 次试验。

21.101 载流软管应耐挤压。

通过下述试验确定其是否合格。

将软管放在两块平行的钢板之间。每块钢板长 100 mm、宽 50 mm，长边的边缘有半径为 1 mm 的圆角。软管的轴线与钢板的长边成直角。钢板放在距软管一端约 350 mm 处。

钢板以(50±5)mm/min 的速率挤压在一起，直到压力达到 1.5 kN 为止，然后将力释放掉。将软管放置在 1% NaCl 的水溶液中，将导线连接到一起和盐水溶液之间进行 16.3 的电气强度试验。

21.102 载流软管应耐磨损。

通过下述试验确定其是否合格。

将软管的一端固定在图 101 所示曲柄机构的连接杆上，曲柄以 30 r/min 的转速转动，使软管的另一端前后水平移动，移动距离超过 300 mm。

单位为毫米

A——曲柄机构；

B——连杆；

C——滚轮；

D——研磨带。

图 101 载流管耐磨试验装置

将软管用一个旋转的光滑滚轮支撑，在滚轮的外缘上附着一条砂布带，以 0.1 m/min 的速度移动。砂布的磨料为金刚砂，按照 ISO 6344-2 的规定粒度大小为 P100。软管的另一端悬挂一个质量为 1 kg 的重物作导向，以避免软管旋转。在最低位置处，重物距滚轮中心的最大距离为 600 mm。

试验进行至曲柄转动 100 周。

试验后，基本绝缘应不外露，将软管浸入含 1% NaCl 的水溶液中，在带电部件和盐水溶液之间进行 16.3 的电气强度试验。

21.103　载流软管应耐弯曲。

通过下述试验确定其是否合格。

将打算连接到电动清洁头的软管末端固定在图 102 所示的试验设备的枢臂上，枢臂轴和软管伸进刚性部件处之间的距离为(300±5)mm，枢臂能从水平位置升起 40°±1°。将一质量为 5 kg 的重物悬挂在软管的另一端，或者沿着软管的方便之处悬挂，使得枢臂处于水平位置时，重物被支撑并不使软管拉伸。

注 1：试验中可能需要重新定位重物。

重物沿着使软管最大倾斜 3°的斜面滑动。通过以(10±1)r/min 转速转动曲柄，将枢臂抬起和落下。

试验进行至曲柄转动 1 250 周，然后将软管的固定端旋转 90°，再继续进行 1 250 周试验。在其他两个 90°的位置重复上述试验。

注 2：如果软管在曲柄转动 5 000 周之前破裂，弯曲试验结束。

试验后，软管应能承受 16.3 的电气强度试验。

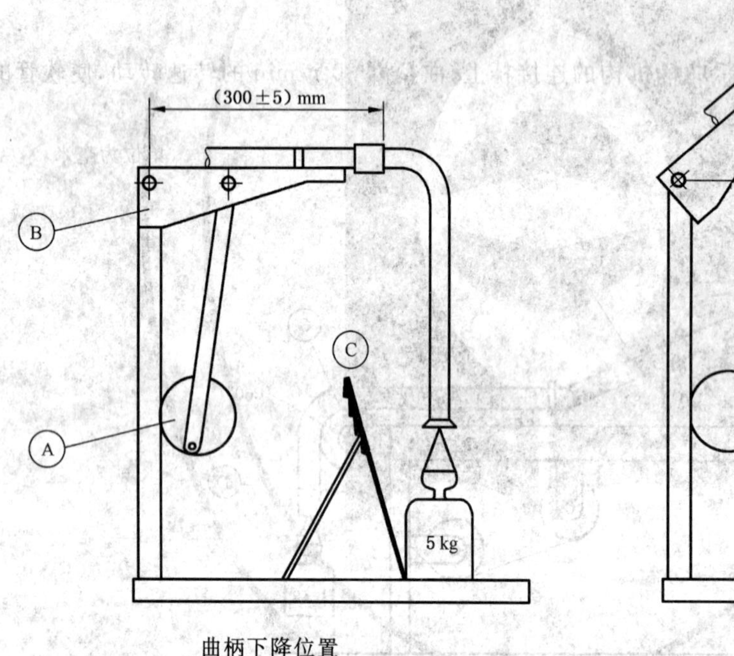

曲柄下降位置　　　　曲柄上升位置

A——曲柄机构；

B——机械臂；

C——倾斜面。

图 102　载流管耐弯曲试验装置

21.104　载流软管应耐扭曲。

通过下述试验确定其是否合格。

将软管的一端固定在水平位置，并使软管的另一端自由悬挂。该末端进行周期性旋转，每个周期包括向某一方向转动 5 次，再向相反方向转动 5 次，转动速率为 10 r/min。

试验进行 1 000 个周期。

试验后，软管不应出现不符合本部分意义的损坏，并能承受 16.3 的电气强度试验。

21.105　载流软管应耐低温。

通过以下试验确定其是否合格。

将 600 mm 长的软管弯曲成图 103 的形状，并且将末端 25 mm 绑在一起。将软管放置在温度(15±2)℃ 的柜子中 2 h。从柜中取出后立即弯折 3 次，如图 104 所示，弯折频率为 1 次/s。

以上试验进行 3 次。

软管上不应有裂缝或破裂，并且应能耐受 16.3 的电气强度试验。

注：任何褪色可以忽略。

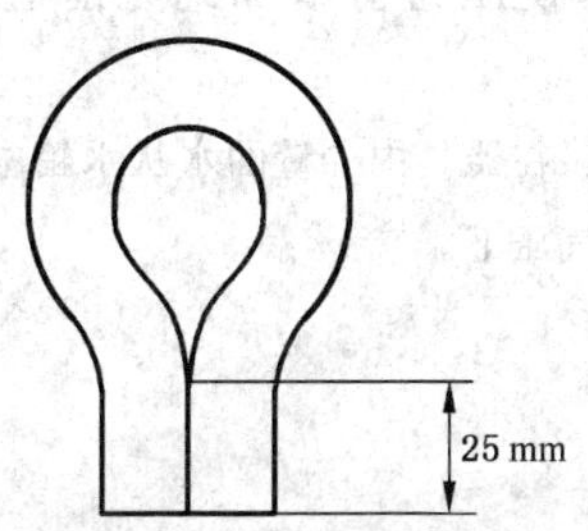

图 103 耐寒冷试验管外形

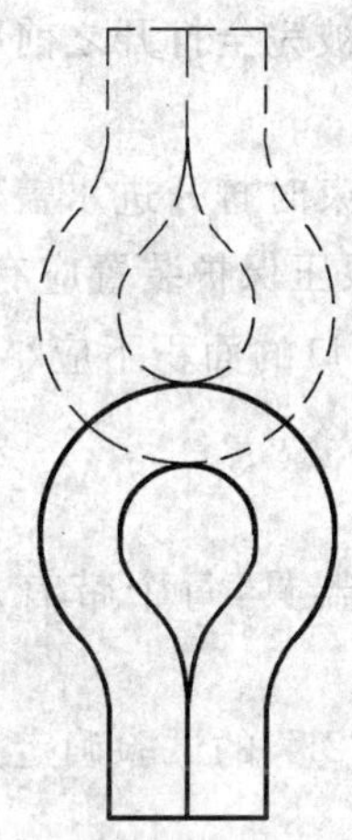

图 104 冷柜中取出后管的弯曲位置

22 结构

GB 4706.1—2005 中的该章除下述内容外，均适用。

22.6 增加：

排水孔直径至少为 5 mm，或者最小宽度为 3 mm，截面积至少为 20 mm^2。

22.7 代替：

压力器具应有足够的保护措施防止过压危险。

如果通过保护装置喷射蒸汽或者液体，不应影响电气绝缘，或使用户暴露于危险中。

通过视检和下述试验确定其是否合格。

在第 11 章试验时测量最大压力值，使试验时需要操作的压力调节装置失效后再测量压力。测量值不应超过第 11 章试验时测量值的三倍。然后使所有限制压力的保护装置失效，将蒸汽发生器中的压力升至第 11 章试验中测量值的 5 倍或压力调节装置失效时压力测量值 2 倍，两者取较高者。该压力保持 60 s，容器不应出现泄漏现象。

带有软管和带有调节蒸汽供应量装置的蒸汽清洁器，在第 11 章规定的条件工作，但是应使第 11 章试验中需要操作的压力调节装置失效。

压力不应超过第 11 章试验时测量值的 3 倍。将蒸汽出口堵住，调节蒸汽源的装置打开。除容器外壳的薄弱位置外，软管不应泄漏。如果发生泄漏，在另外一台样品上重复试验，应以同样的方式泄漏。

对于快速蒸汽清洁器，堵住蒸汽输出口使容器中的水压升高到限压保护装置动作。压力不应超过 200 kPa。然后将保护装置的出口堵住，使压力值增加到先前值的 2 倍，压力保持 60 s，容器不应出现泄漏。

注 101：快速蒸汽清洁器是这样一种器具：在器具中少量的水从水箱中泵出，当水接触到蒸汽室的热表面时产生蒸汽，水箱和蒸汽室都处于正常大气压下。

22.101 旋转部件不应松动。

通过视检确定其是否合格。

注：使用反向螺纹被认为是符合要求的。

22.102 空缺。

22.103 压力器具的结构应使器具按照使用说明书正常工作时，不应由于水溅出、突然的蒸汽或热水的喷发给使用者带来危险。当驱动开关关闭时，蒸汽喷发应停止。

当打开容器的进水盖时，压力应在盖子被完全打开之前释放，以避免蒸汽或热水以某种方式突然喷发给用户带来危险。

通过在第 11 章试验时视检和在试验结束时打开进水盖确定其是否合格。

22.104 在 19.4 和 22.7 试验期间动作的限压保护装置应有一个入口，入口直径至少为 5 mm，或者最小宽度为 4 mm，截面积至少为 20 mm^2。出口的面积不应小于入口的面积。

注：本要求不适用于快速蒸汽清洁器。

通过测量确定其是否合格。

22.105 对于带有一个以上蒸汽发生器的器具，每个带有加热元件的蒸汽发生器，应带有限压保护装置。

将蒸气发生器之间的连接堵住后通过 22.7 的试验确定其是否合格。

23 内部布线

GB 4706.1—2005 中的该章适用。

24 元件

GB 4706.1—2005 中的该章除下述内容外，均适用。

24.101 安装在器具中使其符合 19.4 要求的保护装置应为非自复位型，并且只有使用工具才能够触及到。

通过视检确定其是否合格。

25 电源连接和外部软线

GB 4706.1—2005 中的该章除下述内容外，均适用。

25.5 增加：

X 型连接不允许用于防水等级为 IPX7 的器具中。

25.23 软管中的载流导线，应有一层至少与 GB 5023.1 中的 53 号线（2×0.75 mm^2）厚度相当的绝缘和护套。

注：导线可由镀铜钢丝构成。

26 外部导线用接线端子

GB 4706.1—2005 中的该章适用。

27 接地措施

GB 4706.1—2005 中的该章适用。

28 螺钉和连接

GB 4706.1—2005 中的该章适用。

29 电气间隙、爬电距离和固体绝缘

GB 4706.1—2005 中的该章除下述内容外，均适用。

29.2 增加：

微观环境污染等级为 3 级，除非绝缘封装或其位置使得器具在正常使用中不可能暴露到污染环境中。

30 耐热和耐燃

GB 4706.1—2005 中的该章除下述内容外，均适用。

30.2.3 不适用。

31 防锈

GB 4706.1—2005 中的该章适用。

32 辐射、毒性和类似危险

GB 4706.1—2005 中的该章适用。

附　录

GB 4706.1—2005 中的附录均适用。

参 考 文 献

GB 4706.1—2005 中的参考文献除下述内容外，均适用。

增加：

GB 4706.57　家用和类似用途电器的安全　地板处理机和湿式擦洗机的特殊要求(GB 4706.57—2002,IEC 60335-2-10:1992,IDT)

GB 4706.89　家用和类似用途电器的安全　工业和商用高压清洁器与蒸汽清洁器的特殊要求(GB 4706.89—2008, IEC 60335-2-79:1995,IDT)

GB 4706.84　家用和类似用途电器的安全　织物蒸汽机的特殊要求(GB 4706.84—2007, IEC 60335-2-85:1997,IDT)

GB/T 2893.1　图形符号　安全色和安全标志　第1部分:工作场所和公共区域中安全标志的设计原则(GB/T 2893.1—2004,ISO 3864-1:2002,MOD)

ISO 13732-1　Ergonomics of the thermal environment—Methods for the assessment of human responses to contact with surfaces—Part 1:Hot surfaces

ICS 13.120
Y 62

中华人民共和国国家标准

GB 4706.62—2008/IEC 60335-2-50:2008
代替 GB 4706.62—2003

家用和类似用途电器的安全
商用电水浴保温器的特殊要求

**Household and similar electrical appliances—Safety—
Particular requirements for commercial electric bains-marie**

(IEC 60335-2-50:2008,IDT)

2008-12-30 发布　　2010-04-01 实施

中华人民共和国国家质量监督检验检疫总局
中国国家标准化管理委员会　发布

前　言

本部分的全部技术内容为强制性。

GB 4706《家用和类似用途电器的安全》由若干部分组成，第1部分为通用要求，其他部分为特殊要求。

本部分应与GB 4706.1—2005《家用和类似用途电器的安全　第1部分：通用要求》配合使用。

本部分等同采用IEC 60335-2-50:2008《家用和类似用途电器的安全　第2部分：商用电水浴保温器的特殊要求》。

为便于使用，本部分对IEC 60335-2-50做了下列编辑性修改：

a)　"第一部分"一词改为"GB 4706.1—2005"；

b)　用小数点"."代替用做小数点的","。

本部分代替GB 4706.62—2003《家用和类似用途电器的安全　商用电水浴保温器的特殊要求》。

本部分与GB 4706.62—2003的主要差异如下：

——取消了6.2中的注101，增加了"在桌面上使用的器具至少为IPX3，其他器具至少为IPX4"的要求；

——增加了7.12；

——11.7中增加了注101；

——修改了16.2中泄漏电流的限值；

——第18章不适用改为适用；

——对22.101和22.103进行了修改；

——增加了29.2；

——取消了30.3。

本部分的附录N为规范性附录。

本部分由中国轻工业联合会提出。

本部分由全国家用电器标准化技术委员会(SAC/TC 46)归口。

本部分主要起草单位：浙江工商大学、北京市服务机械研究所、裕富宝厨具设备(深圳)有限公司、商业科技质量中心。

本部分主要起草人：傅玉颖、张春生、刘旭、黄嘉文、刘洪伟、王玉波、尚卫东、周红卫。

本部分的历次版本发布情况为：

——GB 4706.62—2003。

IEC 前言

1） IEC（国际电工委员会）是由所有国家的电工委员会（IEC 国家委员会）组成的世界范围内的标准化组织。IEC 的宗旨就是促进各国在电气和电子标准化领域的全面合作。鉴于以上的目的并考虑到其他活动的需要，IEC 还出版国际标准、技术规范、技术报告、公共可用规范（PAS）、导则（以下统称为 IEC 出版物）。整个制定工作由技术委员会来完成。任何对此技术问题感兴趣的 IEC 国家委员会都可以参加制定工作。与国际电工委员会有联系的国际、政府及非政府组织也可以参加这项工作。IEC 根据其与 ISO 达成的协议，与 ISO 在工作上紧密合作。

2） 因为每个技术委员会都有来自于各个对有关技术问题感兴趣的 IEC 国家委员会的代表，所以 IEC 对有关技术问题的正式决议或协议都尽可能的表达了国际性的一致意见。

3） IEC 出版物以推荐性的方式供国际上使用，并在此意义上被各国家委员会接受。在为了确保 IEC 出版物技术内容的准确性而做出任何合理的努力时，IEC 对其出版物被使用的方式以及任何最终用户（读者）的误解不负有任何责任。

4） 为了促进国际上的统一，IEC 希望各国委员会在本国情况允许的范围内采用 IEC 出版物的内容作为他们国家或地区的出版物。IEC 出版物与相应的国家或地区的出版物有差异的，应尽可能在后者中明确地指出。

5） IEC 规定了表示其认可的无标志程序，但并不表示对某一设备声称符合某一 IEC 出版物承担责任。

6） 所有的使用者应确保持有该出版物的最新版本。

7） IEC 或其管理者、雇员、服务人员或代理（包括独立专家、IEC 技术委员会和 IEC 国家委员会的成员）不应对使用或依靠本 IEC 出版物或其他 IEC 出版物造成的任何直接的或间接的人身伤害、财产损失或其他任何性质的伤害，以及源于本出版物之外的成本（包括法律费用）和支出承担责任。

8） 应注意在本出版物中列出的规范性引用文件。对于正确使用本出版物来讲，使用规范性引用文件是不可缺少的。

9） 本 IEC 出版物中的某些内容有可能涉及一些专利权问题，对此应引起注意。IEC 组织不负责识别任一或所有该类专利权问题。

IEC 60335 系列标准的本部分是由 IEC 第 61“家用和类似用途电器的安全”技术委员会所属第 61E“商用电气饮食加工服务设备的安全”分委员会制定。

IEC 60335-2-50 的合并版本是基于第四版（2002）［表决报告 61E/405/FDIS 和表决报告 61E/417/RVD］、增补件 1（2007）［表决报告 61E/588/FDIS 和表决报告 61E/593/RVD］。

技术内容与基础版及其增补件完全相同，便于用户的使用。

它构成 4.1 版。

页边垂线表示该处基础出版物已经由增补件 1 进行修改。

本部分与 IEC 60335-1 及其修正件的最新版本配合使用。本部分是根据 IEC 60335-1 的第 4 版（2001）制定的。

注 1：本部分中每提及“第 1 部分”，是指 IEC 60335-1。

本部分对 IEC 60335-1 的相应条款进行了补充或修改，将其转化成 IEC 标准：商用电水浴保温器的安全要求。

如第1部分的个别条款在本部分未提到时，如果合理，该条款仍然适用。在本部分中说明“增加”、“修改”或“代替”时，第1部分中有关正文应作相应修改。

注2：采用下述编号系统：

——对第1部分增加的条款、注释和图表应自101起开始编号；

——除新条款的注释或第1部分中涉及的注释外，包括代替条款或分条款在内的所有注释均应自101起开始编号；

——增加的附录用AA、BB等字母标明。

注3：在本部分中采用下列印刷体：

——正文要求：印刷体；

——试验规范：斜体；

——注释内容：小写印刷体。

正文中的黑体字在第3章中定义。当对一个形容词进行定义时，该形容词与其有关的名词一并用黑体。

委员会决定，在IEC网站“http://webstore.iec.ch”指定的保持结果日期之前，基本出版物和其增补件的相关内容中与特殊出版物有关的数据保持不变。在此日期，出版物将：

- 重新确认；
- 废止；
- 由修订版替代；或者
- 增补。

一些国家存在如下的差异：

——6.1：01类器具被承认（日本）；

——6.2：打算安装在厨房中的器具，根据其安装高度，要求具有阻挡有害进水的适当防护等级（法国）；

——13.2：泄漏电流的限值是不同的（日本）；

——16.2：泄漏电流的限值是不同的（日本）；

——第21章：对于打算安装在厨房中的器具，根据冲击点的高度，可采用不同的冲击能量值（法国）。

本部分的双语版可能在以后发行。

引　言

在起草本部分时已假定，由取得适当资格并富有经验的人来执行本部分的各项条款。

本部分所认可的是家用和类似用途电器在注意到制造商使用说明的条件下按正常使用时，对器具的电气、机械、热、火灾以及辐射等危险防护的一个国际可接受水平，它也包括了使用中预计可能出现的非正常情况。

在制定本部分时已经尽可能地考虑了 GB 16895 中规定的要求，以使得器具在连接到电网时与电气布线规则的要求协调一致。

如果一台器具的多项功能涉及到 GB 4706 特殊要求部分中不同的特殊要求，则只要是在合理的情况下，相关的特殊要求标准要分别应用于每一功能。如果适用，应考虑到一种功能对其他功能的影响。

本部分是一个涉及器具安全的产品族标准，并在覆盖相同主题的同一水平和同一类别的标准中处于优先地位。

一个符合本部分文本的器具，当进行检查和试验时，发现该器具的其他特性会损害本部分要求所涉及的安全水平时，则将未必判定其符合本部分中的各项安全准则。

产品使用了本部分要求中规定以外的各种材料或各种结构形式时，则该产品可以按照本部分中这些要求的意图进行检查和试验。如果查明其基本等效，则可以判定其符合本部分要求。

家用和类似用途电器的安全
商用电水浴保温器的特殊要求

1 范围

GB 4706.1—2005 的该章用下述内容代替：

GB 4706 的本部分涉及非家用电水浴保温器的安全，对于连接一条相线和中性线的单相器具，其额定电压不超过 250 V，其他器具不超过 480 V。

注 101：这类器具用于例如餐馆、食品店、医院和类似的商业企业。

利用其他能源形式的器具，其电气部分也在本部分范围之内。

本部分处理这类器具所引起的常见危险。

注 102：以下情况应予注意：

——对于打算在车辆、船舶或航空器上使用的器具，可能需要附加要求；

——在许多国家中，全国性卫生保健部门、全国性劳动保护部门、全国性供水管理部门以及类似的部门都对器具规定了附加要求；

——露天使用的器具允许有必需的附加要求。

注 103：本部分不适用于：

——专为工业用途而设计的器具；

——打算供经常出现特殊状态如存在腐蚀性或爆炸性空气（粉尘、蒸气或可燃气）等场所使用的器具；

——供大量生产食品用连续作业的器具。

2 规范性引用文件

GB 4706.1—2005 中的该章内容均适用。

3 定义

下列术语和定义适用于本部分。

GB 4706.1—2005 中的该章除下述内容外，均适用。

3.1.4 本条增加下述内容：

注 101：额定输入功率是器具内可以同时工作的所有单独元件输入功率的总和；可能存在几种这样的组合时，用输入功率最大的组合来确定额定输入功率。

3.1.9 本条用下述内容代替：

正常工作 normal operation

器具在下列条件下工作：

水槽式和湿热式水浴保温器按照制造厂的说明书进行试验时，应注水至标示液位并在试验过程中随时加满，供用户操作的所有控制器调到最高设定值。水煮沸后，将控制器调整到保持文火低沸状态的最低设定值。此时不装盖子和容器。

干热式水浴保温器在控制器调到最高设定值的情况下工作。将不加盖的空食品容器置于加热槽内。

联合型器具在最不利条件下工作。

安装在器具里的电动机，在考虑到制造厂使用说明认为正常使用时可能发生的最恶劣条件下，按预期的方式运行。

3.101

水浴保温器　bain-marie

一种带有加热槽的器具,用于储存食用前放在容器内的热食品。容器用槽中的热空气、水蒸气或热水间接加热。

3.102

水槽式水浴保温器　open-well-type bain-marie

食品容器放在加热槽内热水中的一种器具。

3.103

湿热式水浴保温器　wet-heat-type bain-marie

利用器具内产生的蒸气将配装的食品容器加热的一种器具,其加热槽内或蒸气发生器内的气压与大气压力并无明显差异。

3.104

干热式水浴保温器　dry-heat-type bain-marie

用器具内产生的热空气将配装的食品容器加热的一种器具。

3.105

标示液位　indicated level

为正确操作而在器具上标明的最高液位标记。

3.106

安装墙　installation wall

一种包含供应设施的专用构造。供应设施适用于与构造连同安装的器具。

4　一般要求

GB 4706.1—2005 中的该章内容均适用。

5　试验的一般条件

GB 4706.1—2005 的该章除下述内容外,均适用。

5.10　本条增加下述内容:

应将安装在一组其他器具内的器具,或固定在安装墙上的器具围起,以获得防备电击或阻挡有害进水的保护,与随同器具提供的说明书进行安装所获得的保护相当。

注 101:可能需要适当的围栏或附加器具供试验之用。

5.101　器具即使装有电动机也仍然作为电热器具进行试验。

5.102　与其他器具联合组装或装有其他器具的器具,按照本部分的要求进行试验。其他器具则按有关标准的要求同时工作。

6　分类

GB 4706.1—2005 的该章除下述内容外,均适用。

6.1　本条用下述内容代替:

关于电击防护类别,器具应为Ⅰ类。

通过视检和有关试验来确定是否合格。

6.2　本条增加下述内容:

在桌面上正常使用的器具至少为 IPX3,其他器具至少为 IPX4。

7　标志和说明

GB 4706.1—2005 的该章除下述内容外,均适用。

7.1 本条增加下述内容：

另外，器具上应标明：打算同水源连接的器具，其水压或压力范围用 kPa 表示，但已在使用说明书内注明者除外。

7.6 该条增加下述内容：

增加下列符号：

 GB/T 5465.2(idt IEC 60417-1)-5021 等电位

7.12 该条增加下述内容：

如在器具上用 GB/T 5465.2(idt IEC 60417-1)规定的符号 5021 标注等电位符号，应该说明其含义。

7.12.1 本条用下述内容代替：

器具应附有说明书，详细说明安装时必需的专门预防措施。对于打算与其他器具组合安装或固定在安装墙上的器具，应提供详细的防护措施和要求，以防备电击和有害进水。如将一台以上器具的控制装置组合在一处单独的外壳内，应提供详细的安装说明。用户维护保养，如清洗等，也应提供说明。说明书中应说明器具不得使用喷射水流清洗。

备有器具输入插口并打算部分或全部浸在水中清洗的器具，应随机提供说明书，说明器具清洗前必须取下连接器，并在再次使用前，应将该输入插口加以干燥。

非驻立式器具及带有可拆卸电气部件的器具如不打算部分或全部浸入水中清洗，其说明书应说明该器具或部件不得浸水。

对于与固定布线永久连接且其泄漏电流可能超过 10 mA 的器具，尤其是长期处于断开状态或停用，或初次安装时，说明书应提供关于打算安装的保护装置(如接地漏电保护继电器)额定值的建议。

通过视检来确定是否合格。

7.12.4 本条增加下述内容：

具有供若干台器具使用的独立控制盘的嵌装式器具，其使用说明书应说明：该控制盘只可同指定的器具相连接，以避免可能的危险。

7.15 本条增加下述内容：

如果不能设置固定式器具的标志使安装完毕后可以看到，则相应的信息也应写进使用说明书内或外加的标签上，该标签能固定在安装完毕的器具附近。

注 101：嵌装式器具是这种固定式器具的一个例子。

7.101 等电位联结端子应用 GB/T 5465.2(idt IEC 60417-1)规定的符号 5021 标明。

这些标志不应标在螺钉、可取下的垫圈或进行导线连接时可能被取下的其他零件上。

通过视检来确定是否合格。

7.102 清洗时准备部分浸入水中的器具或其可拆卸的电气部件，应划出一条线，清楚表明浸入水中的最大深度，并另加如下警告内容：

浸水勿超过此线。

如果有任何一处接缝或密封装置，致使器具或其部件不能经受 15.102 规定的处理方式，则当器具或部件处于清洗位置时，浸水线应在任何此类接缝或密封装置以下至少 50 mm。

通过视检或测量来确定是否合格。

7.103 用手或人工操作开关注水的器具应标明标示液位。

通过视检来确定是否合格。

8 对触及带电部件的防护

GB 4706.1—2005 的该章内容均适用。

9 电动器具的启动

9.101 为符合第11章要求用于降温的风扇电动机应能在实际使用中可能出现的所有电压条件下启动。

是否合格通过在0.85倍额定电压下启动电动机三次来检查。试验开始时电动机应处于室温状态。

每次启动都应在电动机准备开始正常工作的条件下进行，对于自动器具，则应在正常工作周期开始的条件下进行。在连续两次启动之间，使电动机能达到静止状态。配备的电动机装的不是离心启动开关时，器具应在1.06倍额定电压下重复进行上述试验。

在上述所有情况下，电动机都应能启动，并应以不影响安全的方式运行，其过载保护装置不应动作。

注：试验期间，电源电压降不应超过1%。

10 输入功率和电流

GB 4706.1—2005的该章除下述内容外，均适用。

10.1 本条增加下述内容：

注101：对于具有一个以上加热元件的器具，其总输入功率可通过分别测量各个加热元件的输入功率来确定(见3.1.4)。

11 发热

GB 4706.1—2005的该章除下述内容外，均适用。

11.2 本条增加下述内容：

打算固定在地面上的器具和质量大于40 kg而未装配滚轮、脚轮或类似装置的器具，按照制造厂的说明书进行安装。如未提供说明书，则认为这些器具通常是放置在地面上使用的。

11.4 本条用下述内容代替：

器具在正常工作条件下运行，使其总输入功率为额定输入功率的1.15倍。如果不可能同时接通所有加热元件，在开关配置允许的条件下对每一组合进行试验，试验时，线路中应接以每一开关配置中可能达到的最高负载。

如果器具上带有限制总输入功率的控制器，则借助此控制器可能选择的能施加最严酷条件的任何一种加热元件组合，来进行试验。

如果电动机、变压器或电子电路的温升超过限值，则器具在1.06倍额定电压下重复进行试验。此时只测量电动机、变压器或电子电路的温升。

11.7 本条用下述内容代替：

使器具连续工作直至建立稳定状态。

注101：该试验持续时间应包括一个以上的工作周期。

12 空章

13 工作温度下的泄漏电流和电气强度

GB 4706.1—2005的该章除下述内容外，均适用。

13.2 本条内容做下述修改：

用下述内容代替Ⅰ类驻立式器具泄漏电流的容许值：

——对软线和插头连接的器具：按器具额定输入功率1 mA/kW，最大限值10 mA；

——对其他器具：按器具额定输入功率1 mA/kW，无最大限值。

14 瞬态过电压

GB 4706.1—2005 的该章内容均适用。

15 耐潮湿

GB 4706.1—2005 的该章除下述内容外,均适用。

15.1 本条增加下述内容:

清洗时部分或全部浸入水中的器具或可拆卸电气部件还要经受 15.102 的试验。

注 101:未标有最高浸水线,或在说明书中未提出警告阻止部分或全部浸水的非驻立式器具或任何可拆卸电气部件,均视为本来是要全部浸入水中清洗的器具。

15.1.1 本条增加下述内容:

此外,IPX0、IPX1、IPX2、IPX3 和 IPX4 器具都要经受下述的溅水试验 5 min。

试验用图 101 所示装置进行。试验期间,水压应调整到使水从碗底溅起 150 mm。对通常在地面上使用的器具,碗放在地面上;而对所有其他器具,碗放在一个低于器具最低边 50 mm 的水平支承面上,然后使碗围绕器具移动,以便使水能从各个方向溅到器具上。应注意水流不得直接向器具喷射。

15.1.2 本条内容做下述修改:

通常在桌面上使用的器具,要放在一个支承面上,该支承面每边尺寸比器具在支承面上的正投影尺寸大 15 cm±5 cm。

15.2 本条用下述内容代替:

器具的结构应使其在正常使用中液体的溢出不会影响其电气绝缘。

通过以下试验来确定是否合格:

X 型连接的器具,除装有专门制备的软线者以外,都应装有容许的最轻型软缆,或 26.6 规定的最小横截面积的软线,其他器具按交货状态进行试验。

带有器具输入插口的器具,试验时可将配用的连接器插装到位或不插装,取较为不利的方式。

取下可拆卸部件。

将人工注水的器具的水槽和蒸汽发生器用约含 1% 氯化钠(NaCl)的水完全注满,再将等于容器容量 15% 但不多于 10 L 的增加量,用 1 min 的时间,均匀注入。

将干热式保温器的各食品容器注满水后放入器具内,然后再向每个容器注入 1 L 的增加量。

将使用人工操作开关或自动操作阀门注水的器具连接到符合制造厂需要的最大供水压力的水源上。控制进水的装置保持全部开放,在一出现溢水现象后再继续注水 1 min,或直到另外的保护装置动作使进水停止为止。

然后器具应立即经受 16.3 的电气强度试验,并且视检应证明绝缘上没有能够导致爬电距离和电气间隙减少到低于第 29 章规定值的水迹。

15.3 本条增加下述内容:

注 101:如果不可能把整台器具放入潮湿箱内,则包含有电气元件的部件单独进行试验,但要重视器具内出现的情况。

15.101 为注水或清洗而配备水开关的器具,在结构上应使从水开关流出的水不能接触带电部件。

通过以下试验来确定是否合格:

将器具连接到具有制造厂需要的最大供水压力的水源上,进水开关全部打开 1 min。可倾斜和可移动部件,包括盖子,都斜置或放置在最不利的位置。将水开关的可旋转出水管如此定位:使水流向会产生最不利结果的那些部件。紧接上述处理,器具应经受 16.3 规定的电气强度试验。

15.102 部分或全部浸入水中清洗的器具或可拆卸电气部件,应有防备浸水影响的充分保护。

通过以下试验来确定是否合格:

样品在正常工作条件下运行，电源电压应使器具的输入功率为额定输入功率的 1.15 倍，直至达到稳定状态。

然后把连接器脱开或者关掉电源，如果适当，立即把样品腾空，接着完全浸入温度在 10 ℃～25 ℃之间的水中，如标有浸水线，则浸到标示的深度。

浸水 1 h 后，把样品从水中取出并干燥，注意确保将器具输入插脚附近绝缘体上的全部水分除掉。然后按 16.2 所述方法在装配好的器具上测量泄漏电流。

泄漏电流不应超过 16.2 规定的限值。

在上述处理和测量泄漏电流之后，样品应经受 16.3 规定的电气强度试验，但试验电压降到 1 000 V。

然后样品如上工作 10 d(240 h)。在此期间，让样品按有规律的时间间隔 5 次冷却到接近室温。

在此之后，把样品的连接器脱开或关掉电源并立即把样品腾空，如上再一次浸入水中 1 h。然后将样品干燥，按 16.2 所述方法再次测量泄漏电流。

泄漏电流不应超过 16.2 规定的限值。

然后样品应按前述规定经受电气强度试验，视检应证明水并未明显地进入器具内。

注：在视检器具内是否进水时，应特别注意器具带有电气元件的部位。

16 泄漏电流和电气强度

GB 4706.1—2005 的该章除下述内容外，均适用。

16.2 本条内容做下述修改：

用下述内容代替Ⅰ类驻立式器具泄漏电流的容许值：

——对软线和插头连接的器具：按器具额定输入功率 1 mA/kW，最大限值 10 mA；

——对其他器具：按器具额定输入功率 1 mA/kW，无最大限值。

本条增加下述内容：

注 101：对于与连接器一起使用并在清洗时部分或全部浸入水中的器具，在施加试验电压之前，应将器具的输入插口干燥，例如用吸水纸，否则器具将难以承受本试验。

17 变压器和相关电路的过载保护

GB 4706.1—2005 的该章内容均适用。

18 耐久性

GB 4706.1—2005 的该章内容均适用。

19 非正常工作

GB 4706.1—2005 的该章除下述内容外，均适用。

19.1 本条增加下述内容：

不论制造厂的说明书如何规定，应将用于调整不同设定值的控制器或开关调整到最不利位置。不同设定值与器具相同部分的不同功能相对应。不同功能由不同的标准所规定，同制造厂的说明书无关。

19.2 本条增加下述内容：

器具在无水状态下试验，自动注水的器具试验时应将水源切断。

19.4 本条增加下述内容：

注 101：正常使用时用来接通或断开加热元件的接触器主触头锁定在“通(ON)”的位置。如果两个接触器彼此独立工作，或者一个接触器控制两组独立的主触头，则这些触头轮流锁定在“通(ON)”的位置。

20 稳定性和机械危险

GB 4706.1—2005 的该章除下述内容外，均适用。

20.1 本条增加下述内容：

包括盖子在内的可移动部件均置于最不利位置。

注 101：任何液体的溢出可以忽略。

21 机械强度

GB 4706.1—2005 的该章内容均适用。

22 结构

GB 4706.1—2005 的该章除下述内容外，均适用。

22.15 本条增加下述内容：

运送食品或其他物品的器具，应安装适当装置，以保护电源软线在运送过程中不致损坏。

22.101 对于三相器具，用于保护带有电热元件的电路和保护意外启动会引起危险的电动机电路的热断路器，应为非自动复位、自动脱扣类型，并应能从电源全极断开。

对于单相器具和连接在一条相线和中线或相线和相线之间的单相电热元件和/或电动机，用于保护带有电热元件的电路和保护意外启动会引起危险的电动机电路的热断路器，应为非自动复位、自动脱扣类型，并应至少断开一极。

如果非自复位热断路器只有在借助工具拆除部件后触及，则不要求自动脱扣类型。

注 1：自动脱扣类型的热断路器具有自动动作，带有一个复位机构，其结构使自动动作不受复位机构的动作或位置所支配。

在第 19 章试验期间动作的球头型和毛细管型热断路器，应当是毛细管的断裂不得影响器具符合 19.13 的要求。

通过视检、手动试验和折断毛细管来确定是否合格。

注 2：注意确保折断时不使毛细管封闭。

22.102 指示危险、报警或类似情况的信号灯、开关或按钮只应是红色的。

通过视检来确定是否合格。

22.103 装有轮子或类似装置的器具停留时，应有有效的锁紧机构。

通过视检和以下试验来确定是否合格：

使器具按照制造厂说明书满载。若无说明书，则将随同器具交货的容器加满水。若未提供容器，用合适的容器作试验。

器具按照制造厂说明书满载。器具放在涂有一层氧化铝的纸上（粒度为 80）且与水平面成 10°角的倾斜平面上并锁定锁紧机构，器具移动不应超过 100 mm。

22.104 热水的排放塞和其他排放装置的结构应使其不能被意外打开。而且，应不可能意外拔出排放塞子。

通过视检和手动试验来确定是否合格。

注：阀门手柄放开时，可自动回到关闭位置，或者阀门手柄为轮型或装在凹进处，就满足了此要求。

22.105 为水浴保温器的水槽或蒸汽发生器设置的排水装置，在排水时不应影响电气绝缘。

通过视检和手动试验来确定是否合格。

22.106 人工注水器具的水位标志应放置在注水时容易看到的位置。

通过视检确定是否合格。

22.107 便携式器具的底面不能有通孔，以防止小物体穿透并触及带电部件。

通过视检以及经由通孔测量带电部件与支撑面的距离来确定是否合格;对无支脚的器具而言,该距离不少于 6 mm;对装有支脚并打算放在桌面上使用的器具,此距离加长到 10 mm;对打算放在地面上使用的器具,则加长到 20 mm。

23 内部布线

GB 4706.1—2005 的该章除下述内容外,均适用。

23.3 本条增加下述内容:

温控器的毛细管在正常使用中有弯曲的倾向时,适用下述各条:

——毛细管作为内部布线的部件装配时,第一部分适用;

——单独的毛细管,应以每分钟不超过 30 次的速率弯曲 1 000 次。

注 101:在以上情况下,如果由于部件的质量等原因,不可能按照给定速率移动器具的活动部件,则弯曲速率可以降低。

在弯曲试验之后,毛细管不应有本部分含义内的损伤痕迹和影响其进一步使用的损坏。

但是,若毛细管的一处损坏就使器具不能工作(失效保护),则单独的毛细管就不再进行试验,而作为内部布线的部件安装的毛细管,也不进行是否符合要求的检查。

通过折断毛细管来确定是否合格。

注 102:注意确保折断时不使毛细管封闭。

24 元件

GB 4706.1—2005 的该章除下述内容外,均适用。

24.101 装配在器具上的连接器不应包含温控器。

通过视检来确定是否合格。

25 电源连接和外部软线

GB 4706.1—2005 的该章除下述内容外,均适用。

25.3 本条增加下述内容:

固定式器具和质量大于 40 kg 且未装配滚轮、脚轮或类似装置的器具,其结构应允许器具按照制造厂的说明书安装后,再连接电源软线。

用于电缆同固定布线永久连接的接线端子,也可能适用于电源软线的 X 型连接。在此情况下,器具应装有符合 25.16 要求的软线固定装置。

如果器具装有可连接软线的一组接线端子,则这些接线端子应适合于软线的 X 型连接。

在上述两种情况下,说明书应提供电源软线的详尽资料。

嵌装式器具电源软线的连接,可以在器具安装前完成。

通过视检来确定是否合格。

25.7 本条内容作下述修改:

用下述内容代替规定的电源软线类型:

电源软线应为耐油柔性护套电缆,不轻于普通氯丁橡胶或其他等效的合成橡胶护套软线[指定牌号 GB/T 5013.1(IEC 60245,IDT)的 57 号线]。

26 外部导线用接线端子

GB 4706.1—2005 的该章内容均适用。

27 接地措施

GB 4706.1—2005 的该章除下述内容外,均适用。

27.2 本条增加下述内容:

驻立式器具应装配一接线端子以便连接外部等电位导体。该接线端子应与器具所有固定的外露金属部件保持有效的电气接触，并且应能与标称横截面积高达 10 mm² 的导线连接。接线端子应设置在器具安装后便于与结合导体连接的位置。

注 101：小型固定的外露金属部件，例如铭牌等，无需与接线端子形成电气接触。

28 螺钉和连接

GB 4706.1—2005 的该章内容均适用。

29 电气间隙、爬电距离和固体绝缘

GB 4706.1—2005 的该章除下述内容外，均适用。

29.2 该条增加下述内容：

微观环境为 3 级污染，相对漏电起痕指数(CTI)应不低于 250，除非绝缘被封闭或者其放置位置能保证在器具正常使用过程中绝缘不可能受到污染。

30 耐热和耐燃

GB 4706.1—2005 的该章除下述内容外，均适用。

30.2.1 本条内容作下述修改：

灼热丝试验的试验温度为 650 ℃。

30.2.2 该条不适用。

31 防锈

GB 4706.1—2005 的该章内容均适用。

32 辐射、毒性和类似危险

GB 4706.1—2005 的该章内容均适用。

单位为毫米

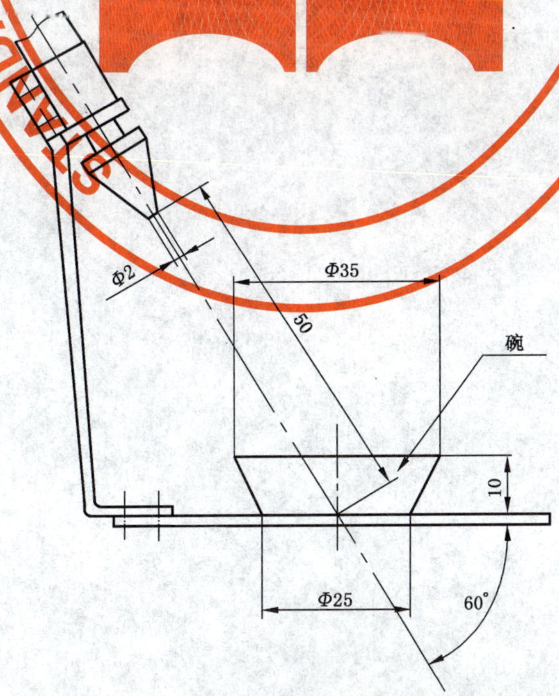

图 101 溅水装置

附　录

GB 4706.1—2005 中的附录除下述内容外，均适用。

附　录　N
（规范性附录）
耐漏电起痕试验

6.3　该条增加下述内容：

规定电压列表中增加 250 V。

参 考 文 献

GB 4706.1—2005 的参考文献均适用。

ICS 13.120
Y 62

中华人民共和国国家标准

GB 4706.63—2008/IEC 60335-2-62:2002
代替 GB 4706.63—2003

家用和类似用途电器的安全 商用电漂洗槽的特殊要求

Household and similar electrical appliances—Safety—
Particular requirements for commercial electric rinsing sinks

(IEC 60335-2-62:2002,IDT)

2008-12-30 发布 2010-04-01 实施

中华人民共和国国家质量监督检验检疫总局
中国国家标准化管理委员会 发布

前　言

本部分的全部技术内容为强制性。

GB 4706《家用和类似用途电器的安全》由若干部分组成，第1部分为通用要求，其他部分为特殊要求。

本部分应与GB 4706.1—2005《家用和类似用途电器的安全　第1部分：通用要求》配合使用。

本部分等同采用IEC 60335-2-62:2002《家用和类似用途电器的安全　第2部分：商用电漂洗槽的特殊要求》及其修改件第1号(Ed 3.0,2008-02)。

为便于使用，本部分对IEC 60335-2-62做了下列编辑性修改：

a) "第1部分"一词改为"GB 4706.1—2005"；

b) 用小数点"."代替用做小数点的","。

本部分代替GB 4706.63—2003《家用和类似用途电器的安全　商用电漂洗槽的特殊要求》。

本部分与GB 4706.63—2003的主要差异如下：

——取消了6.2中的注101，增加了"在桌面上使用的器具至少为IPX3，其他器具至少为IPX4"的要求；

——取消了6.101；

——增加了7.12、7.12.4、7.15；

——11.7中增加了注101；

——修改了16.2中泄漏电流的限值；

——第18章不适用改为适用；

——修改了22.101的相关内容；

——增加了29.2；

——取消了30.3。

本部分的附录N为规范性附录。

本部分由中国轻工业联合会提出。

本部分由全国家用电器标准化技术委员会(SAC/TC 46)归口。

本部分主要起草单位：浙江工商大学、北京市服务机械研究所、商业科技质量中心。

本部分主要起草人：傅玉颖、张春生、李继萍、刘洪伟、王玉波、陈广杰、尚卫东。

本部分的历次版本发布情况为：

——GB 4706.63—2003。

IEC 前言

1) IEC(国际电工委员会)是由所有国家的电工委员会(IEC 国家委员会)组成的世界范围内的标准化组织。IEC 的宗旨就是促进各国在电气和电子标准化领域的全面合作。鉴于以上的目的并考虑到其他活动的需要,IEC 还出版国际标准、技术规范、技术报告、公共可用规范(PAS)、导则(以下统称为 IEC 出版物)。整个制定工作由技术委员会来完成。任何对此技术问题感兴趣的 IEC 国家委员会都可以参加制定工作。与国际电工委员会有联系的国际、政府及非政府组织也可以参加这项工作。IEC 根据其与 ISO 达成的协议,与 ISO 在工作上紧密合作。
2) 因为每个技术委员会都有来自于各个对有关技术问题感兴趣的 IEC 国家委员会的代表,所以 IEC 对有关技术问题的正式决议或协议都尽可能的表达了国际性的一致意见。
3) IEC 出版物以推荐性的方式供国际上使用,并在此意义上被各国家委员会接受。在为了确保 IEC 出版物技术内容的准确性而做出任何合理的努力时,IEC 对其出版物被使用的方式以及任何最终用户(读者)的误解不负有任何责任。
4) 为了促进国际上的统一,IEC 希望各国委员会在本国情况允许的范围内采用 IEC 出版物的内容作为他们国家或地区的出版物。IEC 出版物与相应的国家或地区的出版物有差异的,应尽可能在后者中明确地指出。
5) IEC 规定了表示其认可的无标志程序,但并不表示对某一设备声称符合某一 IEC 出版物承担责任。
6) 所有的使用者应确保持有该出版物的最新版本。
7) IEC 或其管理者、雇员、服务人员或代理(包括独立专家、IEC 技术委员会和 IEC 国家委员会的成员)不应对使用或依靠本 IEC 出版物或其他 IEC 出版物造成的任何直接的或间接的人身伤害、财产损失或其他任何性质的伤害,以及源于本出版物之外的成本(包括法律费用)和支出承担责任。
8) 应注意在本出版物中列出的规范性引用文件。对于正确使用本出版物来讲,使用规范性引用文件是不可缺少的。
9) 本 IEC 出版物中的某些内容有可能涉及一些专利权问题,对此应引起注意。IEC 组织不负责识别任一或所有该类专利权问题。

IEC 60335 系列标准的本部分是由 IEC 第 61“家用和类似用途电器的安全”技术委员会所属第 61E“商用电气饮食加工服务设备的安全”分委员会制定。

本部分的第三版对 1996 年的第二版和其修改件 1(1998)、修改件 2(2000)进行了删除和替代的技术修订。

该双语版本(2005 年 7 月)替代英文版本。

IEC 60335 系列标准的本部分内容以下述文件为依据:

FDIS	表决报告
61E/407/FDIS	61E/419/RVD

本增补件以下述文件为依据:

FDIS	表决报告
61E/599/FDIS	61E/614/RVD

关于表决批准本部分的详细情况,可在上表中指出的表决报告中查明。

本部分的法文版本未经表决。

本部分与 IEC 60335-1 及其修正件的最新版本配合使用。本部分是根据 IEC 60335-1 的第 4 版(2001)制定的。

注 1:本部分中提到的“第 1 部分”是指 IEC 60335-1。

本部分对 IEC 60335-1 的相应条款进行了补充或修改,将其转化成 IEC 标准:商用电漂洗槽的安全要求。

如第 1 部分的个别条款在本部分未提到时,如果合理,该条款仍然适用。在本部分中说明“增加”、“修改”或“代替”时,第 1 部分中有关正文应作相应修改。

注 2:采用下述编号系统:

——对第 1 部分增加的条款、注释和图表应自 101 起开始编号。

——除新条款的注释或第 1 部分中涉及的注释外,包括代替条款或分条款在内的所有注释均应自 101 起开始编号。

——增加的附录用 AA,BB 等字母标明。

注 3:在本部分中采用下列印刷体:

——正文要求:印刷体;

——试验规范:斜体;

——注释内容:小写印刷体。

正文中的黑体字在第 3 章中定义。当对一个形容词进行定义时,该形容词与有关名词也应使用黑体。

一些国家存在下述差异:

——6.1:0I 类器具被承认(日本);

——6.2:打算安装在厨房中的器具,根据其安装高度,要求具有阻挡有害进水的适当防护等级(法国);

——13.2:泄漏电流的限值是不同的(日本);

——16.2:泄漏电流的限值是不同的(日本);

——第 21 章:对于打算安装在厨房中的器具,根据冲击点的高度,采用不同的冲击能量值(法国)。

委员会决定,在 IEC 网站“http://webstore.iec.ch”指定的保持结果日期之前,基本出版物和其增补件的相关内容中与特殊出版物有关的数据保持不变。在此日期,出版物将:

- 重新确认;
- 废止;
- 由修订版替代,或者
- 增补。

引 言

在起草本部分时已假定，由取得适当资格并富有经验的人来执行本部分的各项条款。

本部分所认可的是家用和类似用途电器在注意到制造商使用说明的条件下按正常使用时，对器具的电气、机械、热、火灾以及辐射等危险防护的一个国际可接受水平，它也包括了使用中预计可能出现的非正常情况，并且考虑电磁干扰对于器具安全运行的影响方式。

在制定本部分时已经尽可能地考虑了 GB 16895 中规定的要求，以使得器具在连接到电网时与电气布线规则的要求协调一致。

如果一台器具的多项功能涉及到 GB 4706 特殊要求部分中不同的特殊要求，则只要是在合理的情况下，相关的特殊要求标准要分别应用于每一功能。如果适用，应考虑到一种功能对其他功能的影响。

当特殊要求不包括第 1 部分中有关危险的附加要求时，第 1 部分适用。

注 1：意思是特殊要求的技术委员会已经决定通用要求没有必要在特殊要求中重新规定。

本部分是一个涉及器具安全的产品族标准，并在覆盖相同主题的同一水平与同一类别的标准中处于优先地位。

注 2：当应用关于通用要求和特殊要求的 GB 4706 系列标准时，覆盖危险的同水平和同类别标准不适用于已经在通用要求中已经考虑的部分。例如，就关于很多器具表面温度的要求来说，同类标准，如 ISO 13732-1 关于热表面的要求，不适用于除第 1 部分或特殊要求以外的标准。

一个符合本部分文本的器具，当进行检查和试验时，发现该器具的其他特性会损害本部分要求所涉及的安全水平时，则将未必判定其符合本部分中的各项安全准则。

产品使用了本部分要求中规定以外的各种材料或各种结构形式时，则该产品可以按照本部分中这些要求的意图进行检查和试验。如果查明其基本等效，则可以判定其符合本部分要求。

家用和类似用途电器的安全 商用电漂洗槽的特殊要求

1 范围

GB 4706.1—2005 中的该章用下述内容代替：

GB 4706 的本部分涉及非专供家庭使用的商用电漂洗槽的安全。对于连接一条相线和中线的单相器具，其额定电压不超过 250 V，其他器具不超过 480 V。

注 101：这些器具用于如餐馆、食品店、医院和诸如面包房、肉食店之类的商业企业。

利用其他能源形式的器具，其电气部分也在本部分范围之内。

本部分涉及这类器具所引起的常见危险。

注 102：以下情况应予注意：

——对于打算专供在车辆、船舶或航空器上使用的器具，允许有必需的附加要求；

——对于打算专供在热带国家使用的器具，允许有必需的特殊要求；

——在许多国家还应考虑国家卫生、劳动保护、供水和其他类似权力机构所规定的附加要求。

注 103：本部分不适用于：

——主要为消毒达到临床标准而设计的器具；

——洗碗机(GB 4706.50)；

——专为工业用途而设计的器具；

——打算供经常出现特殊状态如存在腐蚀性或爆炸性空气(粉尘、蒸气或可燃气)等场所使用的器具。

2 规范性引用文件

GB 4706.1—2005 中的该章内容均适用。

3 定义

下列术语和定义适用于本部分。

GB 4706.1—2005 中的该章除下述内容外，均适用。

3.1.4 该条增加下述内容：

注 101：额定输入功率是器具内可以同时工作的所有单个元件输入功率的总和；可能存在几种这样的组合时，用最大输入功率组合来确定额定输入功率。

3.1.9 该条用下述内容代替：

正常工作 normal operation

器具在下列条件下工作：

器具按照使用说明书工作，把供用户操作的所有控制器调整到它们的最高设定值。如果有罩或盖，均放置在它们的正常位置。

打算用手或用人工操作的开关注入液体的器具，应注满到标示液位。

当标明几个液位时，应选用能给出最不利条件的液位。

自动注水的器具，应连接到符合制造厂规定压力的水源上。

当制造厂列出一组压力时，则应调整到能给出最不利条件的那个压力。

供水的温度为 15 ℃±5 ℃。

安装在器具里的电动机，在考虑到使用说明书认为正常使用时可能发生的最恶劣条件下，按预期的方式运行。

3.101

漂洗槽　rinsing sink

一种在器具内部加热的水漂洗陶器、刀叉餐具和炊具的器具。

3.102

标示液位　indicated level

为正确操作而在器具上标明的最高液位标记。

3.103

安装墙　installation wall

一种包含供应设施的专用固定式构筑物，供应设施用于与构筑物连同安装的器具。

4　一般要求

GB 4706.1—2005 中的该章内容均适用。

5　试验的一般条件

GB 4706.1—2005 中的该章除下述内容外，均适用。

5.10　该条增加下述内容：

当器具与其他器具组合安装或固定在安装墙上时，应采取围护措施以防电击或有害进水，并达到使用说明书上所标明的防护要求。

注 101：可能需要适当的围栏或附加器具供试验之用。

5.101　器具即使装有电动机也仍然作为电热器具进行试验。

5.102　与其他器具联合组装或装有其他器具的器具，按照本部分的要求进行试验。其他器具则按有关标准的要求同时工作。

6　分类

GB 4706.1—2005 中的该章除下述内容外，均适用。

6.1　该条用下述内容代替：

关于电击防护类别，器具应属Ⅰ类。

通过视检和有关试验来确定是否合格。

6.2　该条增加下述内容：

在桌面上使用的器具至少为 IPX3，其他器具至少为 IPX4。

7　标志和说明

GB 4706.1—2005 中的该章除下述内容外，均适用。

7.1　该条增加下述内容：

器具应标明打算与水源连接的器具，其水压或压力范围用 kPa 表示，但已在说明书内注明者除外。

7.6　该条增加下述内容：

　GB/T 5465.2(idt IEC 60417-1)-5021　等电位

7.12　该条增加下述内容：

如果器具上标注了 GB/T 5465.2(idt IEC 60417-1)规定的符号 5021，应说明其含义。

对于身体、感官或智力上有缺陷，或经验和知识有欠缺的人（包括儿童），此说明书不适用。

7.12.1　该条用下述内容代替：

器具应附有说明书，详细说明安装时必需的专门预防措施。对于打算与其他器具组合安装或固定在安装墙上的器具，应提供详细的防护措施和要求，以防备电击和有害进水。如将一台以上器具的控制装置组合在一处单独的外壳内，应提供详细的安装说明。用户维护保养，如清洗等，也应提供说明。说明书中应说明器具不得使用喷射水流清洗。

对于与固定布线永久连接且其泄漏电流可能超过 10 mA 的器具，尤其是长期处于断开状态或停用，或初次安装时，说明书应提供关于打算安装的保护装置（如接地漏电保护继电器）额定值的建议。

通过视检来确定是否合格。

7.12.4　该条增加下述内容：

具有供若干台器具使用的独立控制盘的嵌装式器具，其使用说明书应说明：该控制盘只可同指定的器具相连接，以避免可能的危险。

7.15　该条增加下述内容：

如果不能设置固定式器具的标志使安装完毕后可以看到，则相应的信息也应写进使用说明书内或外加的标签上，该标签能固定在安装完毕的器具附近。

注 101：嵌装式器具是这种器具的一个例子。

7.101　等电位联结端子应用 GB/T 5465.2(idt IEC 60417-1)规定的符号 5021 标明。

这些标志不应放在螺钉、可拆下的垫圈或进行导线连接时可能被拆下的其他部件上。

通过视检来确定是否合格。

7.102　用手或人工操作开关注水的器具应标明标示液位。

通过视检来确定是否合格。

8　对触及带电部件的防护

GB 4706.1—2005 中的该章内容均适用。

9　电动器具的启动

GB 4706.1—2005 中的该章除下述内容外，均适用。

9.101　为符合第 11 章要求用于降温的风扇电动机，应能在实际使用中可能出现的所有电压条件下启动。

是否合格通过在 0.85 倍额定电压下启动电动机三次来检查。试验开始时电动机处于室温状态。

每次启动都在电动机准备开始正常工作的条件下进行，对于自动器具，则在正常的工作周期开始的条件下进行，在连续两次启动之间，使电动机能达到静止状态。配备的电动机装的不是离心启动开关时，在 1.06 倍额定电压下重复进行上述试验。

在上述所有情况下，电动机都应能启动，并应以不影响安全的方式运行，其过载保护装置不应动作。

注：在试验期间，电源电压降不应超过 1%。

10　输入功率和电流

GB 4706.1—2005 中的该章除下述内容外，均适用。

10.1　该条增加下述内容：

注 101：对于具有一个以上电热元件的器具，其总输入功率可通过分别测量各电热元件的输入功率来确定(见 3.1.4)。

11　发热

GB 4706.1—2005 中的该章除下述内容外，均适用。

11.2　该条增加下述内容：

固定在地面上的器具和质量大于 40 kg 而未装配滚轮、脚轮或类似装置的器具,按照制造厂的说明书进行安装。如未提供说明书,则认为这些器具通常是放置在地面上使用的。

11.4 该条用下述内容代替:

器具在正常工作条件下运行,使其总输入功率为额定输入功率的 1.15 倍。如果不可能同时接通所有加热元件,在开关配置允许的条件下对每一组合进行试验,试验时,线路中应接以每一开关配置中可能达到的最高负载。

如果器具上带有限制总输入功率的控制器,则借助此控制器可能选择的能施加最严酷条件的任何一种加热元件组合来进行试验。

如果电动机、变压器或电子电路的温升超过限值,则器具在 1.06 倍额定电压下重复进行试验。此时只测量电动机、变压器或电子电路的温升。

注:见 11.7。

11.7 该条用下述内容代替:

使器具连续工作直至建立稳定状态。

注 101:该试验持续时间应包括一个以上的工作周期。

12 空章

13 工作温度下的泄漏电流和电气强度

GB 4706.1—2005 中的该章除下述内容外,均适用。

13.2 该条内容作下述修改:

用下述内容代替Ⅰ类驻立式器具泄漏电流的允许值:

——对软线和插头连接的器具:按器具额定输入功率 1 mA/kW,最大限值 10 mA;

——对其他器具:按器具额定输入功率 1 mA/kW,无最大限值。

14 瞬态过电压

GB 4706.1—2005 中的该章内容均适用。

15 耐潮湿

GB 4706.1—2005 中的该章除下述内容外,均适用。

15.1.1 该条增加下述内容:

此外,IPX0、IPX1、IPX2、IPX3 和 IPX4 器具均应经受下述溅水试验 5 min。

采用图 101 所示的装置。试验期间,水压应调整到使水从碗底溅起 150 mm。对通常在地面上使用的器具,碗放在地面上。对所有其他器具,碗放在一个低于器具最低边 50 mm 的水平支承面上,使碗围绕器具移动,以便使水能从各个方向溅到器具上。应注意水流不得直接向器具喷射。

15.1.2 该条内容作下述修改:

通常在桌面上使用的器具,要放在一个支承面上,该支承面每边尺寸比器具在支承面上的正投影尺寸大 15 cm±5 cm。

15.2 该条用下述内容代替:

器具的结构应使其在正常使用中液体的溢出不会影响其电气绝缘。

通过以下试验来确定是否合格:

X 型连接的器具,除装有专门制备的软线者以外,都应装上容许的最轻型软电缆,或 26.6 规定的最小横截面积的软线,其他器具按交货状态进行试验。

取下可拆卸部件。

将人工注水的器具的容器用约含1%氯化钠(NaCl)的水注满,再将等于容器容量15%但不多于10 L的增加量,用1 min的时间,均匀注人。

将使用人工操作开关或自动操作阀门注水的器具连接到具有制造厂需要的最大供水压力的水源上。控制进水的装置保持全部打开,在一出现溢水现象后再继续注水1 min,或直到另外的保护装置动作使进水停止为止。

然后器具应立即经受16.3的电气强度试验,并且视检应证明绝缘上没有能够导致电气间隙和爬电距离减少到低于第29章规定值的水迹。

15.3 该条增加下述内容:

注101:如果不可能将整台器具放进潮湿箱内,则含有电气元件的部分进行单独试验,但要注意器具内出现的情况。

15.101 为注水或清洗之用而配备了水开关的器具,在结构上应保证从水开关流出的水不能接触带电部件。

通过以下试验来确定是否合格:

将器具连接到具有制造厂需要的最大供水压力的水源上,控制进水的装置全部打开1 min。可倾斜和可移动部件,包括盖子,都斜置或放置在最不利位置。将水开关的可旋转出水管如此定位:使水流到会产生最不利结果的那些部件上。

紧接着器具应经受16.3规定的电气强度试验。

16 泄漏电流和电气强度

GB 4706.1—2005中的该章除下述内容外,均适用。

16.2 该条内容作下述修改:

用下述内容代替Ⅰ类驻立式器具泄漏电流的允许值:

——对软线和插头连接的器具:按器具额定输入功率1 mA/kW,最大限值10 mA;

——对其他器具:按器具额定输入功率1 mA/kW,无最大限值。

17 变压器和相关电路的过载保护

GB 4706.1—2005中的该章内容均适用。

18 耐久性

GB 4706.1—2005中的该章内容均适用。

19 非正常工作

GB 4706.1—2005中的该章除下述内容外,均适用。

19.1 该条增加下述内容:

应将用于调整不同设定值的控制器或开关调整到最不利的位置。不同设定值与器具相同部分的不同功能相对应。不同功能由不同的标准所规定,同制造厂的说明书无关。

19.2 该条增加下述内容:

器具在无水状态下试验,自动注水的器具试验时应将水源切断。

19.4 该条增加下述内容:

注101:正常使用时,用来接通或断开电热元件的接触器主触头锁定在"通(ON)"的位置。如果两个接触器彼此独立工作,或者一个接触器控制两组独立的主触头,则这些触头轮流锁定在"通(ON)"的位置。

20 稳定性和机械危险

GB 4706.1—2005中的该章除下述内容外,均适用。

20.1 该条增加下述内容：

罩、盖和附件均置于最不利的位置。

注 101：任何液体的溢出可以忽略。

21 机械强度

GB 4706.1—2005 中的该章内容均适用。

22 结构

GB 4706.1—2005 中的该章除下述内容外，均适用。

22.101 对于三相器具，用于保护带有电热元件的电路和保护意外启动会引起危险的电动机电路的热断路器，应为非自动复位、自动脱扣类型，并应能从电源全极断开。

对于单相器具和连接在一条相线和中线或相线和相线之间的单相电热元件和/或电动机，用于保护带有电热元件的电路和保护意外启动会引起危险的电动机电路的热断路器，应为非自动复位、自动脱扣类型，并应至少断开一极。

如果非自复位热断路器只有在借助工具拆除部件后触及，则不要求自动脱扣类型。

注 1：自动脱扣类型的热断路器具有自动动作，带有一个复位机构，其结构使自动动作不受复位机构的动作或位置所支配。

在第 19 章试验期间动作的球头型和毛细管型热断路器，应当是毛细管的断裂不得影响器具符合 19.13 的要求。

通过视检、手动试验和折断毛细管来确定是否合格。

注 2：注意确保折断时不使毛细管封闭。

22.102 指示危险、报警或类似情况的信号灯、开关或按钮只应是红色的。

通过视检来确定是否合格。

22.103 热水的排放塞和其他排放装置的结构，应不能被意外地打开，而且应当不可能意外拔掉排放塞。

通过视检和手动试验来确定是否合格。

注：例如，当阀门手柄松开时，能自动回到关闭位置，或者阀门手柄为轮型或装在凹进处，就满足了此项要求。

22.104 为从器具排出液体而设置的装置，应在排放液体时不得影响电气绝缘。

通过视检和手动试验来确定是否合格。

22.105 便携式器具的底面不应有允许小物体穿透并触及带电部件的孔。

通过视检和经过孔测得的支撑面与带电部件之间的距离来确定是否合格。该距离至少为 6 mm；然而，对装有支脚并打算放在桌面上使用的器具，此距离加长到 10 mm；对打算放在地面上使用的器具，则加长到 20 mm。

22.106 人工注水器具必须达到的水位标志，应放在注水时容易看到的位置。

通过视检来确定是否合格。

23 内部布线

GB 4706.1—2005 中的该章除下述内容外，均适用。

23.3 该条增加下述内容：

温控器的毛细管在正常使用中有弯曲倾向时，下述内容适用：

——毛细管作为内部布线的部件装配时，GB 4706.1—2005 适用；

——单独的毛细管应以不超过 30 次/min 的速率弯曲 1 000 次。

注 101：在上述任何一种情况下，如果由于部件的质量等原因，不可能按照给定的速率移动器具的活动部件，则弯曲速率可以降低。

试验之后，毛细管不应有本部分含义内的损伤痕迹和影响其进一步使用的损坏。

但是，如果毛细管的一处损坏就使器具不能工作（失效保护），则单独的毛细管就不再进行试验，而作为内部布线的部件安装的毛细管，也不进行是否符合要求的检查。

通过折断毛细管来检验是否合格。

注 102：注意确保折断时不使毛细管封闭。

24 元件

GB 4706.1—2005 中的该章内容均适用。

25 电源连接和外部软线

GB 4706.1—2005 中的该章除下述内容外，均适用。

25.1 该条内容作下述修改：

器具不应配备器具输入插口。

25.3 该条增加下述内容：

固定式器具和质量大于 40 kg 且未装配滚轮、脚轮或类似装置的器具，其结构应允许器具按照制造厂的说明书安装后，再连接电源软线。

用于电缆与固定布线永久连接的接线端子，也可以适用于电源软线的 X 型连接，在此情况下，器具应装有符合 25.16 要求的软线固定装置。

如果器具装有可连接软线的一组接线端子，则这些接线端子应适用于软线的 X 型连接。

在上述两种情况下，说明书应提供电源软线的详尽资料。

嵌装式器具可以在被安装前进行电源线连接。

通过视检来确定是否合格。

25.7 该条内容作下述修改：

用下述内容代替规定的电源软线类型：

电源软线应为耐油柔性护套电缆，不轻于普通氯丁橡胶或其他等效的合成橡胶护套软线[指定牌号 GB/T 5013.1(IEC 60245,IDT)的 57 号线]。

26 外部导线用接线端子

GB 4706.1—2005 中的该章内容均适用。

27 接地措施

GB 4706.1—2005 中的该章除下述内容外，均适用。

27.2 该条增加下述内容：

驻立式器具应装配一接线端子以便连接外部等电位导体。该接线端子应与器具所有固定的外露金属部件保持有效的电气接触，并且应能与标称横截面积高达 10 mm^2 的导线连接。接线端子应设置在器具安装后便于与结合导体连接的位置。

注 101：小型固定的外露金属部件，例如铭牌等，无需与接线端子形成电气接触。

28 螺钉和连接

GB 4706.1—2005 中的该章内容均适用。

29 电气间隙、爬电距离和固体绝缘

GB 4706.1—2005 中的该章除下述内容外，均适用。

29.2　该条增加下述内容：

微观环境为3级污染，相对漏电起痕指数(CTI)应不低于250，除非绝缘被封闭或者其放置位置能保证在器具正常使用过程中绝缘不可能受到污染。

30　耐热和耐燃

GB 4706.1—2005中的该章除下述内容外，均适用。

30.2.1　该条内容作下述修改：

灼热丝试验在650 ℃的温度下进行。

30.2.2　该条不适用。

31　防锈

GB4706.1—2005中的该章内容均适用。

32　辐射、毒性和类似危险

GB4706.1—2005中的该章内容均适用。

单位为毫米

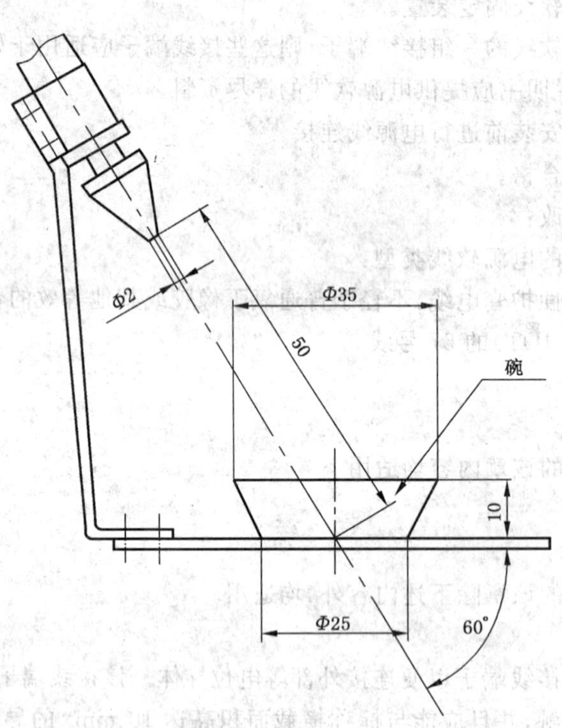

图101　溅水装置

附　录

GB 4706.1—2005 中的附录除下述内容外，均适用。

附　录　N
（规范性附录）
耐漏电起痕试验

6.3　该条增加下述内容：

规定电压列表中增加 250 V。

参 考 文 献

GB 4706.1—2005 的参考文献除下述内容外，均适用。

增加参考文献：

GB 4706.50 家用和类似用途电器的安全 商用电动洗碗机的特殊要求(GB 4706.50—2008，IEC 60335-2-58:2002，IDT)

ISO 13732-1 热环境的人类工效学与表面接触时人的反应的评定方法 第1部分：热表面

ICS 97.180
Y 69

中华人民共和国国家标准

GB 4706.66—2008/IEC 60335-2-41:2004(Ed3.1)
代替 GB 4706.66—2003

家用和类似用途电器的安全 泵的特殊要求

Household and similar electrical appliance—Safety—Particular requirements for pumps

(IEC 60335-2-41:2004(Ed3.1),IDT)

2008-12-31 发布　　2010-02-01 实施

中华人民共和国国家质量监督检验检疫总局
中国国家标准化管理委员会　发布

前 言

本部分的全部技术内容为强制性。

GB 4706《家用和类似用途电器的安全》由若干部分组成，第1部分为通用要求，其他部分为特殊要求。

本部分应与GB 4706.1—2005《家用和类似用途电器的安全 第1部分：通用要求》配合使用。

本部分等同采用IEC 60335-2-41:2004《家用和类似用途电器的安全 第2-41部分：泵的特殊要求》。

为便于使用，本部分对IEC 60335-2-41作了下列编辑性修改：

a) “第1部分”一词改为“GB 4706.1—2005”；

b) 用小数点“.”代替作为小数点的逗号“,”。

本部分代替GB 4706.66—2003《家用和类似用途电器的安全 泵的特殊要求》。

本部分与GB 4706.66—2003相比，主要差异如下：

——第1章注1范围增加了淋浴推进泵和搁置式喷泉泵；

——第2章增加了规范性引用文件；

——第3章增加了3.104淋浴推进泵的定义；

——6.1增加了搁置式喷泉泵的器具类型；

——6.2、11.7、15.1.1、22.6增加了淋浴推进泵的相关内容；

——增加了21.1、22.106条款。

本部分由中国轻工业联合会提出。

本部分由全国家用电器标准化技术委员会(SAC/TC 46)归口。

本部分主要起草单位：中国家用电器研究院、广东振华电器有限公司、广东中山创星电器有限公司、广东博宇水族实业有限公司、广东海利集团有限公司、广东省家用电器行业协会、宁波市产品质量监督检验所。

本部分主要起草人：李一、邱远锐、郭续荣、赖梓源、张志炜、孙圣来、鲍俊。

本部分所代替的标准的历次版本发布情况为：

——GB 4706.66—2003。

IEC 前言

1） 国际电工委员会(IEC)是由所有的国家电工委员会(IEC NC)组成的国际范围的标准化组织。其宗旨是促进在电气和电子领域有关标准化问题上的国际间合作。为此，IEC 开展相关活动，并出版国际标准、技术规范、技术报告、公共可用规范(PAS)、指南(以后统称为 IEC 出版物)。这些标准的制定委托各技术委员会完成。任何对该技术问题感兴趣的 IEC 国家委员会均可参加制定工作。与 IEC 有联系的国际、政府及非政府组织也可以参加标准的制定工作。IEC 与国际标准化组织(ISO)在两个组织协议的基础上密切合作。

2） IEC 在技术方面的正式决议或协议，是由对其感兴趣的所有国家委员会参加的技术委员会制定的。因此，这些决议或协议都尽可能表述了相关问题在国际上的一致意见。

3） IEC 标准以推荐性的方式供国际使用，并在此意义上被各国家委员会接受。在为了确保 IEC 出版物技术内容的准确性而做出任何合理的努力时，IEC 对其标准被使用的方式以及任何最终用户的误解不负有任何责任。

4） 为了促进国际上的统一，各国家委员会要保证在其国家或区域标准中最大限度地采用国际标准。IEC 标准与相应的国家或区域标准之间的任何差异必须清楚地在后者中表明。

5） IEC 规定了表示其认可的无标志程序，但并不表示对某一设备声称符合某一标准承担责任。

6） 所有的使用者应确保他们拥有本部分的最新版本。

7） IEC 或其管理者、雇员、后勤人员或代理(包括独立专家和技术委员会的成员)和 IEC 国家委员会不应对使用或依靠本 IEC 出版物或其他 IEC 出版物造成的任何个人伤害、财产损失或其他任何属性的直接或间接损失，或源于本出版物之外的成本(包括法律费用)和支出承担责任。

8） 应注意在本部分中罗列的引用标准(规范性引用文件)。对于正确使用本部分来讲，使用引用标准(规范性引用文件)是不可缺少的。

9） 应注意本国际标准的某些条款可能涉及专利权的内容，IEC 将不承担确认专利权的责任。

本部分由 IEC 第 61 技术委员会(家用和类似用途电器的安全)制定。

本出版物的双语版本(2005-06)代替英文版。

经过整理的 IEC 60335-2-41 的本版本是基于第三版(2002)[文件 61/2217/FDIS 和 61/2292/RVD]和它的第 1 增补件(2004)[文件 61/2537/FDIS 和 61/2581/RVD]形成的。

本部分的版本号为 3.1。

页边空白处的竖线表示在该处基本版已经被第 1 增补件修改。

本部分的法文版未进行投票表决。

本第二部分与 IEC 60335-1 的最新版本及其修正件一起使用。本部分是在 IEC 60335-1 第四版(2001)的基础上建立起来的。

注 1：本部分中提到的“第一部分”是指 IEC 60335-1。

本部分对 IEC 60335-1 的相应条款进行了补充或修改，将其转化成 IEC 标准：电泵的安全要求。

凡第一部分中的特别条款没有在第二部分中提及的，只要合理，即应采用。本部分写明“增加”、“修改”或“替代”时，第一部分中的有关内容须作相应修改。

注 2：采用下述编号系统：

——从 101 开始编号的条款、表格和图是对第一部分增加的；

——除在新条款中的注或第一部分涉及的注外，注都从 101 开始编号，包括被替代章或条款中的注；

——增加的附录以字母 AA、BB 等编码。

注 3：采用下列字体：

——要求正文：罗马字体；

——试验技术规范：斜体字；

——注释：小罗马字体。

正文中用黑体印刷的词在第 3 章中给出定义。当一个定义涉及一个形容词时，则该形容词和相关的名词也是黑体字。

委员会决定，在 IEC 网站“http://webstore.iec.ch”指定的保持结果日期之前，基本出版物和其增补件的相关内容中与特殊出版物有关的数据保持不变。在此日期，出版物将被：

- 重新确认；
- 废止；
- 被修订版替代，或
- 被修正。

在一些国家中存在下述差异：

——6.1　对于打算在游泳池、花园池塘和类似地方使用的泵或打算在靠近游泳池、花园池塘和类似地方使用的泵，如果它们的电源电路通过一个剩余电流装置加以保护，可以为 0Ⅰ类，其他泵可以为 0 类(日本)；

——6.1　供水族馆用的泵允许为 0 类(美国)；

——7.12.1　没有装保护装置的驻立式泵应标出安装在固定布线中的装置的性能参数(美国)；

——15.1.1　试验不同(美国)；

——20.1　仅对喷水池用的泵进行本试验，角度为 15°(美国)；

——22.105　试验不同(美国)。

家用和类似用途电器的安全
泵的特殊要求

1 范围

GB 4706.1—2005 的该章用下述内容代替：

本部分涉及家用和类似用途的温度不超过 90 ℃的液体电泵的安全。单相额定电压不大于 250 V；其他额定电压不大于 480 V。

注 1：本部分范围内的器具有：

——水族箱泵；

——花园池塘泵；

——淋浴推进泵；

——污水泵；

——潜水泵；

——搁置式喷泉泵；

——立式排水泵。

不打算作为一般家用，但对公众仍可能构成危险源的器具，例如：在商店、轻工行业以及在农场中由非专业人员使用的器具，也包括在本部分的范围内。

就实际而言，本部分涉及在住宅内和住宅周围所有人员可能遇到的由器具产生的普通危险。

本部分通常不考虑：

——由无人照管的幼儿和残疾人使用器具的情况；

——幼儿玩耍器具的情况。

注 2：注意下述情况：

——打算用在车辆、船舶或航空器上的器具，可能需要附加要求；

——在许多国家附加要求是由国家公共卫生部门、劳动保护部门和类似的部门来制定的。

注 3：本部分不适用于：

——供热和供水设备用的固定循环泵(GB 4706.71/IEC 60335-2-51)；

——供可燃液体用的泵；

——专为工业用途设计的泵；

——打算用在有腐蚀性或爆炸性的特殊条件(如粉尘、蒸气或可燃气)场所的泵；

——带有电解型加氯装置的泵。

注 4：装在器具内的泵不在本部分范围内，除非另制定一个特殊标准。

2 规范性引用文件

GB 4706.1—2005 的该章除下述内容外，均适用：

增加：

GB 16895.13—2002 建筑物电气装置 第 7 部分：特殊装置或场所的要求 第 701 节：装有浴盆或淋浴盆的场所(IEC 60364-7-701:1984,IDT)

3 定义

GB 4706.1—2005 的该章除下述内容外，均适用：

3.1.9 代替：

正常工作 normal operation

器具在下述条件下工作：

泵的进水口处于无压力的液体中，且工作在最大和最小总水头之间，并使其达到最大输入功率。

注：总水头在进水口和出水口之间测得。

污水泵带水工作。

3.101

潜水泵 submersible pump

电气部件在正常工作期间完全或部分浸入在液体中的泵。

注：电机绕组可以是干的、浸在油中或浸在被泵吸入的液体中。

3.102

立式排水泵 vertical wet pit pump

电气部件与液压部件隔离，且在正常使用期间不浸入液体中的泵。

注：控制器例如水位开关等可以被浸入在液体中。

3.103

污水泵 sludge pump

打算用于运送水和细小的固体颗粒混合物的泵。

注：污水泵可以是潜水泵或是立式排水泵。

3.104

淋浴推进泵 shower-boost pump

安装在供水系统为淋浴增加水流和压力的泵。

4 一般要求

GB 4706.1—2005 中的该章适用。

5 试验的一般条件

GB 4706.1—2005 的该章除下述内容外，均适用：

5.7 该条增加下述内容：

把液体温度维持在泵标注温度的 0 ℃～－5 ℃范围内。

5.101 泵作为便携式器具进行试验，除非是固定安装的器具。

5.102 没有安装保护装置的使用三相电机的驻立式泵，应按说明书要求用一个合适的装置安装。

6 分类

GB 4706.1—2005 的该章除下述内容外，均适用：

6.1 代替：

在游泳池内有人的情况下使用的潜水泵应是Ⅲ类，且额定电压应不超过 12 V。

在水中和其他导电液体中使用的其他潜水泵应是Ⅰ类或Ⅲ类，而供水族箱用的泵可以是Ⅱ类。

用于室内的且额定输入功率不超过 25 W 搁置式喷泉泵也可以是Ⅱ类。

供游泳池清洁和其他维护用的便携式泵应是Ⅰ类或Ⅲ类。

其他泵应是Ⅰ类、Ⅱ类或Ⅲ类。

6.2 增加：

潜水泵应是 IPX8。

供游泳池清洁及其他维护用的便携式泵至少应是 IPX7。

安装在区域 1 或 2(根据 GB 16895.13 中规定)外部的淋浴推进泵,应至少是 IPX2。

其他泵至少应是 IPX4。

7 标志和说明

GB 4706.1—2005 的该章除下述内容外,均适用:

7.1 增加:

额定输入功率超过 50 W 的泵应标出下述内容:

——如果总水头大于零,应标出最小总水头(单位:m);

——对于潜水泵,应标出最大工作深度,最小为 1 m(单位:m)。

注:最大工作深度的标志紧跟在 IP 数字的后面。

——对于使用三相电机的泵,应标出旋转方向。

应在泵上标出最高液体温度,该温度应不低于 35 ℃。如果温度超过 35 ℃,应标出最长工作周期时间,除非此泵用于连续工作。

7.6 增加:

H_{min} …………………………………………………………………………………………………… 最小总水头

$\frac{\triangledown}{\cdots m}$ ………………………………………………………………………………………………… 最大工作深度

7.12 增加:

供游泳池清洁及其他维护用的Ⅰ类便携式泵的使用说明书应包括下述内容:

——当有人在水中时,不能使用此泵;

——应使泵通过一个额定剩余动作电流不超过 30 mA 的剩余电流装置(RCD)供电。

标志温度超过 35 ℃的泵的使用说明书应说明最长工作周期时间和最短间歇时间,除非此泵预定在此温度下连续工作。

7.12.1 增加:

安装说明书应给出对电气安装所规定的详细要求,并应包括符合国家布线标准的布线要求,如果布线要求是对多区域提出的,则应包括对应的线路图。

安装说明书中还应包括下述的内容:

——对于额定输入功率超过 50W 的泵,应标出最大总水头(单位:m)。

——对于含有润滑油的潜水泵和立式排水泵,应说明由于润滑油的泄漏,可能会发生液体污染。

——没有安装保护装置的使用三相电机的驻立式泵,应在说明书中指出在固定布线中安装一个保护装置。

打算用于户外的花园池塘和类似的地方的搁置式喷泉泵,以及供游泳池使用的Ⅰ类泵的安装说明书中应说明泵必须经一个额定剩余动作电流不超过 30 mA 的剩余电流装置(RCD)供电。

供游泳池使用的Ⅰ类泵的安装说明书中应说明泵必须经一个隔离变压器供电、或经一个额定剩余动作电流不超过 30 mA 的剩余电流保护装置(RCD)供电。

对于打算用于游泳池的区域 0 的Ⅲ类泵,其安装说明书中应说明必须把变压器固定在区域 1 以外。

对于打算用于游泳池的区域 1、花园池塘旁边或类似场所的Ⅱ类泵,安装说明书中应规定泵必须固定在不发生浸渍的地方。

注 1:区域的定义见:GB 16895.19—2002/IEC 60364-7-702:1997(建筑物电气装置 第 7 部分:特殊装置或场所的要求 第 702 节:游泳池和其他水池)。

注 2:没有适当的液体排泄口的液槽被认为是可能发生浸渍的地方。

8 对触及带电部件的防护

GB 4706.1—2005 的该章适用。

9 电动器具的启动

GB 4706.1—2005 的该章不适用。

10 输入功率和电流

GB 4706.1—2005 的该章适用。

11 发热

GB 4706.1—2005 的该章除下述内容外，均适用：

11.7 代替：

泵保持在标记的液体温度下工作，直至稳定状态建立为止，除非泵上标记有最长工作周期时间。

在泵上标记有最长工作周期时间的情况下，泵按标志的最长工作周期工作，然后按使用说明书的规定停歇，试验进行三个循环工作周期。也能提供冷水的淋浴推进泵用(15±2)℃的冷水进行工作。

除淋浴推进泵外，标记有最长工作周期时间的泵还需在 35 ℃的液体中工作，直到稳定状态建立。

11.8 增加：

对于标注液体温度超过 35 ℃的泵，不测量外壳温升。

12 空章

13 工作温度下的泄漏电流和电气强度

GB 4706.1—2005 的该章适用。

14 瞬态过电压

GB 4706.1—2005 的该章适用。

15 耐潮湿

GB 4706.1—2005 的该章除下述内容外，均适用：

15.1.1 增加：

淋浴推进泵还应经受 GB 4208(IEC 60529)的相应测试，分别在停歇状态和以额定电压供电的工作状态下进行测试。

15.1.2 增加：

IPX4 的泵由一条充满水的管把入口连接到出口的情况下进行试验。泵施加额定电压，并把管定位，以使泵在最小总水头和最大总水头之间的任意值下工作。

把潜水泵放在温度为(30±5)℃、约含 1%氯化钠(NaCl)的盐水中浸没 24 h，泵外壳的水压应等于：

——当最大工作深度不超过 10 m 时，取在最大工作深度时出现的压力的 1.5 倍；

——取在最大工作深度或在 15 m 深时出现的压力的 1.3 倍，两者取较大者。

在试验前，应把泵的温度升高至水温的 5 K 范围内。

15.3 增加：

潜水泵不经受本试验。

16 泄漏电流和电气强度

GB 4706.1—2005 的该章适用。

17 变压器和相关电路的过载保护

GB 4706.1—2005 的该章适用。

18 耐久性

GB 4706.1—2005 的该章不适用。

19 非正常工作

GB 4706.1—2005 的该章除下述内容外，均适用：

19.1 增加：

泵应经受 19.101 和 19.102 的试验来确定是否合格。

19.9 该条的内容不适用。

19.101 给泵施加额定电压，并在约二分之一的最大总水头上工作 5 min，接着把入口从液体中取出，并连续工作 7 h，然后，泵在约二分之一的最大总水头上再次工作 5 min。

如果在试验期间泵出现不工作，则应使泵断开电源并充满水。

19.102 对标出最长工作周期时间的泵施加额定电压，并在正常工作状态下工作直至稳定状态。

20 稳定性和机械危险

GB 4706.1—2005 的该章除下述内容外，均适用：

20.1 该条增加下述内容：

潜水泵不经受本试验。

21 机械强度

GB 4706.1—2005 的该章除下述内容外，均适用：

21.1 修改：

除淋浴推进泵外的其他泵，冲击能量增加至 1.0 J。

22 结构

GB 4706.1—2005 的该章除下述内容外，均适用：

22.6 增加：

去掉Ⅱ类泵的主轴密封。给泵施加额定电压，并在可达到的最大总水头处工作 10 min。

如果出现静态压力，则试验在对应于最大总水头时的压力下重做。

然后，泵应经受 16.3 的电气强度试验。

带有一个可分离外罩的淋浴推进泵，除非正常使用时水不能积聚在外壳内，否则应在外壳上设置排水孔，使进入外壳的水能泄出外面，以防止积水影响绝缘性能。孔的直径至少 5 mm，或者面积至少为 20 mm^2 范围的槽孔（槽孔最小宽度应大于 3 mm）。

22.18 增加：

注：应避免铜和铝或其他合金的直接接触而可能导致腐蚀。

22.40 增加：

本要求对潜水泵和立式排水泵不适用。

22.101 泵应经受得住在正常使用中出现的静态压力。

可通过下述试验来确定是否合格：

使泵注满水，确保排去全部空气，用水压的方法把压力升至在最大总水头时出现的压力的 1.2 倍，持续 1 min。

视检应表明在能引起其爬电距离和电气间隙降低到低于 29.1 中规定值的绝缘处没有水痕迹。

潜水泵和立式排水泵不经受本试验。

注：潜水泵已经通过 15.1.2 的试验来检验，立式排水泵的结构决定了电动机不会承受到压力。

22.102 泵的材料不应受泵所运送液体的影响而引起危险。

通过视检来确定是否合格。

22.103 潜水泵和立式排水泵的结构应使得：尽可能防止润滑油污染液体。

可通过视检来确定是否合格。

22.104 质量超过 3 kg 的潜水泵和立式排水泵的结构应使得：能够连接升降装置。

可通过视检来确定是否合格。

22.105 塑料外壳的Ⅰ类潜水泵的结构应使得：液体渗入到电机里不会产生危险。

可通过下述的试验来确定是否合格：

在塑料外壳上开一个孔。

把泵放置在说明书给出的最不利的位置上，把约含 1% 氯化钠（NaCl）的盐水以约 100 mL/min 的流速灌入外壳内，灌入时应避开带电部件，积聚的水应在接触带电部件之前先接触到接地金属。

22.106 淋浴推进的泵的结构应能永久地被连接到供水系统中。

对于墙壁安装的淋浴推进泵，其结构应使安装固定可靠，且符合连接供水的要求。

通过视检来确定是否合格。

注：如果没有任何附加措施防止泵被无意从墙壁上取下，则锁眼槽、钩子、吸盘和类似方法就不能作为可靠固定泵的方式。

23 内部布线

GB 4706.1—2005 的该章适用。

24 元件

GB 4706.1—2005 的该章除下述内容外，均适用：

24.1.3 增加：

水位开关应经受 50 000 个工作循环的试验。

24.2 修改：

水位开关可以装在互连软线上。

25 电源连接和外部软线

GB 4706.1—2005 的该章除下述内容外，均适用：

25.1 修改：

非Ⅲ类的潜水泵应装有带插头的电源软线。

25.3 修改：

非Ⅲ类的潜水泵应装上柔性软线。

25.5 增加：

X 型连接不允许用在潜水泵上。

Z 型连接允许用在：

——额定输入功率不超过 100 W 的泵；

——供花园池塘用的泵。

25.7 增加：

除Ⅲ类泵外，对于户外使用的泵和在游泳池里使用的泵，其电源软线应为氯丁橡胶护套或等效的合成橡胶，不得轻于重型氯丁橡胶护套软线[GB 5013.4 中的 YCW 型线(IEC 60245 的 66 号线)]。但是，对于额定输入功率不超过 1 kW 的驻立式泵和质量不超过 5 kg 的便携式泵，可以使用普通的氯丁橡胶护套软线[GB 5013.4 中的 YZW 型线(IEC 60245 的 57 号线)]。

注：泵的质量是在泵里没有水和没有电源软线的情况下测定的。

对于户内使用的泵，除搁置式喷泉泵、水族箱泵、淋浴推进泵和Ⅲ类泵外，其电源软线应为氯丁橡胶护套或等效的合成橡胶，不得轻于普通的氯丁橡胶护套软线[GB 5013.4 中的 YZW 型线(IEC 60245 的 57 号线)]。

25.8 增加：

除Ⅲ类泵外，对于打算在户外使用的潜水泵的电源软线，其长度至少应为 10 m。

25.14 增加：

除水族箱泵和搁置式喷泉泵外的所有便携式泵都应经受本试验。

26 外部导线用接线端子

GB 4706.1—2005 的该章适用。

27 接地措施

GB 4706.1—2005 的该章适用。

28 螺钉和连接

GB 4706.1—2005 的该章适用。

29 电气间隙、爬电距离和固体绝缘

GB 4706.1—2005 的该章适用。

30 耐热和耐燃

GB 4706.1—2005 的该章除下述内容外，均适用：

30.2.2 该条的内容不适用。

31 防锈

GB 4706.1—2005 的该章适用。

32 辐射、毒性和类似危险

GB 4706.1—2005 的该章适用。

附　录

GB 4706.1—2005 的附录均适用。

参　考　文　献

GB 4706.1—2005 的参考文献除下述内容外，均适用。

该条增加下述内容：

GB 4706.71(idt IEC 60335-2-51)　家用和类似用途电器的安全　供热和供水装置固定循环泵的特殊要求

GB 16895.19(idt IEC 60364-7-702)　建筑物电气装置　第 7 部分：特殊装置或场所的要求　第702 节：游泳池和其他水池

ICS 97.020
Y 69

中华人民共和国国家标准

GB 4706.67—2008/IEC 60335-2-55:2005
代替 GB 4706.67—2003

家用和类似用途电器的安全 水族箱和花园池塘用电器的特殊要求

Household and similar electrical appliances—Safety—Particular requirements for electrical appliances for use with aquariums and garden ponds

(IEC 60335-2-55:2005,IDT)

2008-12-15 发布　　　　2010-01-01 实施

中华人民共和国国家质量监督检验检疫总局
中国国家标准化管理委员会　发布

前　言

本部分的全部技术内容为强制性。

GB 4706《家用和类似用途电器的安全》由若干部分组成，第 1 部分为通用要求，其他部分为特殊要求。

本部分应与 GB 4706.1—2005《家用和类似用途电器的安全　第 1 部分：通用要求》配合使用。

本部分等同采用国际电工委员会 IEC 60335-2-55:2005《家用和类似用途电器的安全　第 2-55 部分：水族箱和花园池塘用电器的特殊要求》。

为便于使用，本部分对 IEC 6033-2-55 作了下列编辑性修改：

a）“第 1 部分”一词改为“GB 4706.1”；

b）用小数点“.”代替用做小数点的“，”。

本部分代替 GB 4706.67—2003《家用和类似用途电器的安全　水族箱和花园池塘用电器的特殊要求》。

本部分与 GB 4706.67—2003 的主要差异如下：

——第 1 章注 1 的适用范围进行了调整；

——15.1.2 中 IPX8 器具修改为“在水中使用的器具”。

本部分由中国轻工业联合会提出。

本部分由全国家用电器标注化技术委员会(SAC/TC 46)归口。

本部分起草单位：中国家用电器研究院，广东博宇水族实业有限公司，广东海利集团有限公司，宁波市产品质量监督检验所，广东省家用电器协会，广东振华电器有限公司，广东中山创星电器有限公司。

本部分主要起草人：李一、赖梓源、麦振强、邱远锐、罗虹、郭继荣、孙圣来、鲍俊。

本部分所代替的标准的历次版本发布情况为：

——GB 4706.67—2003。

IEC 前言

1) 国际电工委员会（IEC）是由所有的国家电工委员会(IEC NC)组成的国际范围的标准化组织。其宗旨是促进在电气和电子领域有关标准化问题上的国际间合作。为此，IEC 开展相关活动，并出版国际标准、技术规范、技术报告、公共可用规范(PAS)、指南(以后统称为 IEC 出版物)。这些标准的制定委托各技术委员会完成。任何对该技术问题感兴趣的 IEC 国家委员会均可参加制定工作。与 IEC 有联系的国际、政府及非政府组织也可以参加标准的制定工作。IEC 与国际标准化组织(ISO)在两个组织协议的基础上密切合作。
2) IEC 在技术方面的正式决议或协议，是由对其感兴趣的所有国家委员会参加的技术委员会制定的。因此，这些决议或协议都尽可能表述了相关问题在国际上的一致意见。
3) IEC 标准以推荐性的方式供国际使用，并在此意义上被各国家委员会接受。在为了确保 IEC 出版物技术内容的准确性而做出任何合理的努力时，IEC 对其标准被使用的方式以及任何最终用户的误解不负有任何责任。
4) 为了促进国际上的统一，各国家委员会要保证在其国家或区域标准中最大限度地采用国际标准。IEC 标准与相应的国家或区域标准之间的任何差异必须清楚地在后者中表明。
5) IEC 规定了表示其认可的无标志程序，但并不表示对某一设备声称符合某一标准承担责任。
6) 所有的使用者应确保他们拥有本部分的最新版本。
7) IEC 或其管理者、雇员、后勤人员或代理(包括独立专家和技术委员会的成员)和 IEC 国家委员会不应对使用或依靠本 IEC 出版物或其他 IEC 出版物造成的任何个人伤害、财产损失或其他任何属性的直接或间接损失，或源于本出版物之外的成本(包括法律费用)和支出承担责任。
8) 应注意在本部分中罗列的引用标准(规范性引用文件)。对于正确使用本部分来讲，使用引用标准(规范性引用文件)是不可缺少的。
9) 应注意本国际标准的某些条款可能涉及专利权的内容，IEC 将不承担确认专利权的责任。

本部分由 IEC 第 61 技术委员会(家用和类似用途电器的安全)制定。

本部分第三版废止并替代 1997 年出版的第二版。它构成一次技术修订。

本部分的双语版本(2005-10)替代了英语版本。

本部分以下述文件为依据。

FDIS	表决报告
61/2222/FDIS	61/2297/RVD

有关本部分通过时的全部材料可在以上所示的表决报告中找到。

本部分的法文版未进行投票表决。

本第二部分与 IEC 60335-1 的最新版本及其增补件一起使用。本部分是在 IEC 60335-1 第四版(2001)的基础上建立起来的。

注 1：本部分中提到的"第一部分"是指 IEC 60335-1。

本部分对 IEC 60335-1 的相应条款进行了补充或修改，将其转化成 IEC 标准：供热和供水装置固定循环泵的安全要求。

凡第一部分中的条款没有在本部分中特别提及的，只要合理，即应采用。本部分写明"增加"、"修改"或"替代"时，第一部分中的有关内容须作相应修改。

注 2：采用下述编号系统：

——从 101 开始编号的条款、表格和图是对第一部分增加的；

——除在新条款中的注或第一部分涉及的注外，注都从 101 开始编号，包括被替代章或条款中的注；

——增加的附录以字母 AA、BB 等编码。

注 3：采用下列字体：

——要求正文：罗马字体；

——试验技术规范：斜体字；

——注释：小罗马字体。

正文中用黑体印刷的词在第 3 章中给出定义。当一个定义涉及一个形容词时，则该形容词和相关的名词也是黑体字。

在下述国家存在着下列差异。

——3.1.9：正常工作的定义是不同的(美国)。

——6.1：器具可以为 0I 类(日本)。

——7.12.1：需要增加说明内容(美国)。

——21 章：试验是不同的(美国)。

——25.7：允许使用普通聚氯乙烯护套的软线(澳大利亚和新西兰)。

委员会决定，在 IEC 网站“http://webstore.iec.ch”指定的保持结果日期之前，基本出版物和其增补件的相关内容中与特殊出版物有关的数据保持不变。在此日期，出版物将被：

- 重新确认；
- 废止；
- 被修订版替代，或
- 被修正。

家用和类似用途电器的安全 水族箱和花园池塘用电器的特殊要求

1 范围

GB 4706.1—2005 中的该章用下述内容代替：

本部分涉及家用和类似用途，额定电压不超过 250 V 的水族箱和花园池塘用电器的安全。

注 1：适用于本部分范围的器具举例：

——增氧器；

——水族箱用加热器；

——自动喂食机；

——淤泥抽吸器具。

不作为一般家用，但对公众仍可能引起危险的的器具，例如打算在商店、轻工业和农场中由非专业的人员使用的器具也属于本部分的范围。

就实际情况而言，本部分所涉及的器具存在的普通危险，是在住宅和住宅周围环境中所有的人可能会遇到的。

本部分一般没考虑：

——无人照看的幼儿和残疾人使用器具时的危险；

——幼儿玩耍器具的情况。

注 2：注意下述情况：

——对于打算用在车辆、船舶或航空器上的空气净化器，可能需要附加要求；

——在许多国家中，全国性的卫生保健部门、全国性劳动保护部门以及类似的部门都对器具规定了附加要求。

注 3：标准不适用于：

——由电力驱动的泵(GB 4706.66，idt IEC 60335-2-41)；

——其他便携式浸入加热器(GB 4706.77，idt IEC 60335-2-74)；

——水族箱和花园池塘使用的照明器具(IEC 60598-2-11)；

——打算在户外使用并且额定输入功率超过 100 W 的器具；

——专为专业使用而设计的器具；

——打算使用在经常发生腐蚀性或爆炸性气体(如灰尘、蒸汽或瓦斯气体等)特殊环境场所的器具。

2 规范性引用文件

GB 4706.1—2005 中的该章适用。

3 定义

GB 4706.1—2005 中的该章除下述内容外，均适用。

3.1.9 代替：

正常工作 normal operation

器具按下述状态工作。

增氧器使其出气口浸没于水深 1 m 或者最大工作深度，选择导致较高输入功率的状态。

淤泥抽吸器具使其进气口浸没于水深 1 m 或者最大工作深度，选择导致较高输入功率的状态。

自动喂食机在加满最大食物量的最初工作状态。

加热器在足够量的水中工作，在温控器不循环动作且水温保持在 20 ℃到 25 ℃之间。

3.101

增氧器　aerator

通过将空气泵入水中来增加水中氧气含量的器具。

3.102

淤泥抽吸器具　slude-suction appliance

用于清除水族箱和池塘内的沉积物的手持式器具。

4　一般要求

GB 4706.1—2005 中的该章除下述内容外，均适用。

5　试验的一般条件

GB 4706.1—2005 中的该章除下述内容外，均适用。

5.2　增加：

注 101：如进行 21.103 的试验，需要增加一个器具样品。

6　分类

GB 4706.1—2005 中的该章除下述内容外，均适用。

6.2　增加：

在水中使用的器具应为 IPX8。

在水面上方使用的器具至少应为 IPX7，除非器具打算固定使用，在这种情况下应至少为 IPX4。

其他器具应至少为 IPX4。

这些要求不适用于Ⅲ类器具。

7　标志和说明

GB 4706.1—2005 中的该章除下述内容外，均适用。

7.1　增加：

在水中工作的器具如果工作深度超过 1 m，应标出其最大工作深度。

7.6　增加：

$\frac{\nabla}{\cdots \mathrm{m}}$ 最大工作深度

7.12　增加：

使用说明书应包括以下详细内容：

——器具的操作；

——不能在水中使用器具的预防方法；

——器具的维护。

完全浸入水中使用的器具，其说明书中应写明最大工作深度。

除了Ⅲ类器具，使用说明书中应包括下列内容：

警告：在维护保养前，应将水族箱或花园池塘中所有器具的电源插头拔掉或者将电源开关断开。

7.12.1　增加：

对于在水面上方使用的器具，安装说明书中应详细阐述如何固定器具，除非它们至少是 IPX7 的器具。

对于在户外使用的器具，安装说明书中应指出器具应通过一个剩余电流装置(RCD)连接到电源上，且其额定剩余动作电流不超过 30 mA。

对于Ⅲ类器具的安装，说明书中应包括固定和放置安全隔离变压器的详细方法，防止安全隔离变压器掉入水中或受到水的影响。

8 对触及带电部件的防护

GB 4706.1—2005 中的该章适用。

9 电动器具的启动

GB 4706.1—2005 中的该章不适用。

10 输入功率和电流

GB 4706.1—2005 中的该章适用。

11 发热

GB 4706.1—2005 中的该章除下述内容外，均适用。

11.7 该条用下述内容代替：

器具工作至稳定状态建立。

12 空章

13 工作温度下的泄漏电流和电气强度

GB 4706.1—2005 中的该章适用。

14 瞬态过电压

GB 4706.1—2005 中的该章适用。

15 耐潮湿

GB 4706.1—2005 中的该章除下述内容外，均适用。

15.1.2 该条增加下述内容：

在水中使用的器具在温度为(15±5)℃，含有约 1%氯化钠(NaCl)的溶液中浸没 24 h。器具按照说明书中的要求放置在正常使用位置，并按下述要求浸没在水中：

——如果器具的高度小于 0.85 m，那么器具放置在其最低点距离水面 1 m 处；

——对于其他器具，放置在其最高点距离水面 0.15 m 处。

如果器具上标志有最大工作深度，那么它的最低点应该放置在此深度。

在浸没期间，器具在额定电压下循环工作，每个周期包括通电 1 h 和断电 1 h。

15.3 该条增加下述内容：

此试验不适用于 IPX8 器具。

16 泄漏电流和电气强度

GB 4706.1—2005 中的该章适用。

17 变压器和相关电路的过载保护

GB 4706.1—2005 中的该章适用。

18 耐久性

GB 4706.1—2005 中的该章不适用。

19 非正常工作

GB 4706.1—2005 中的该章除下述内容外，均适用。

19.1 该条增加下述内容：

增氧器还应经受 19.101 的试验。

19.2 该条增加下述内容：

加热器按照其正常工作位置安装，但不浸入水中。

19.101 在水中使用的增氧器在额定电压下按正常状态工作，直至建立稳定状态。运行中使器具上的阀依次失效和在任意组合下失效。在器具冷却后，将其从水中取出。

通过视检，水不应进入到电气元件所在的部位。19.13 的要求不适用。

其他增氧器在额定电压下工作 5 min，在此过程中增氧器和它的出口放置在和水位有关的最不利位置上。运行中使器具上的阀依次失效和在任意组合下失效。

注：这类增氧器不放置在水中。

20 稳定性和机械危险

GB 4706.1—2005 中的该章适用。

21 机械强度

GB 4706.1—2005 中的该章除下述内容外，均适用。

该章增加下述内容：

在经受冲击锤冲击后，在水中使用的增氧器应进行 21.101 的试验。

带有玻璃外壳的水族箱用加热器，冲击能量减少到 0.2 Nm，并且对玻璃外壳的三个薄弱点各进行一次冲击试验。

注：注意确保玻璃外壳的全部长度都和聚酰胺衬底相接触。

加热器然后应经受 21.102 的试验。

在水中使用的Ⅱ类器具应在一个新的器具上进行 21.103 的试验。

21.101 在水中使用的增氧器放到 1 m 深或者最大工作深度的水中，两者中取较大者，增氧器在额定电压下工作，直到稳定状态建立。将增氧器电源断开，冷却后，从水中取出。

通过视检，水应不进入到电气元件所在的部位。

21.102 带有玻璃外壳的加热器垂直完全浸没水中。容器中的水量应这样确定，平均每瓦额定输入功率对应 0.33 L～0.5 L 水。加热器在额定电压下工作，并使水温保持在 20 ℃～25 ℃之间。然后将水排出直至玻璃外壳的一半长度露出水面。当加热器在控温器循环工作期间达到最大温度时，将容器重新灌满(15±2)℃的水。

通过视检，水应不进入到电气元件所在的部位。

注：此试验对于放置在水族箱底部的加热器不适用。

21.103 在水中使用的Ⅱ类器具在额定电压下正常工作直至稳定状态建立。

如果器具的外壳或者密封在冲击试验中损坏，则视其无效。

此后器具被放在温度为(20±5)℃，含有约 1%氯化钠(NaCl)的溶液中。样品的最高点处在溶液液面下150 mm处。

30 s后，按13.2的要求，在电源的各极与浸入溶液中的表面尺寸为250 mm×50 mm的矩形不锈钢电极之间测量器具的泄漏电流。

泄漏电流应不超过3 mA。

22 结构

GB 4706.1—2005中的该章除下述内容外，均适用。

22.33 增加：

带有玻璃外壳的水族箱用加热器的加强绝缘部分可与水接触。

22.101 除了至少为IPX7器具外，打算在水面上方使用的器具，则应确保被可靠地固定在支架上。

通过视检，检查其是否合格。

注：如果没有任何附加措施防止器具被无意从支架上取下，则锁眼槽、钩子、吸盘和类似方法就不能作为可靠固定器具的方式。

23 内部布线

GB 4706.1—2005中的该章适用。

24 元件

GB 4706.1—2005中的该章适用。

25 电源连接和外部软线

GB 4706.1—2005中的该章除下述内容外，均适用。

25.5 修改：

IPX7和IPX8的器具不能使用X型连接。

其他器具允许使用Z型连接。

25.7 增加：

除Ⅲ类器具外，打算在户外使用的器具的电源线，不应轻于普通聚氯乙烯护套软线(IEC 60245的57号线)。

26 外部导线用接线端子

GB 4706.1—2005中的该章适用。

27 接地措施

GB 4706.1—2005中的该章适用。

28 螺钉和连接

GB 4706.1—2005中的该章适用。

29 电气间隙、爬电距离和固体绝缘

GB 4706.1—2005中的该章适用。

30 耐热和耐燃

GB 4706.1—2005 中的该章除下述内容外，均适用。

30.2 增加：

对于淤泥抽取器具，30.2.2 适用。对于其他器具，30.2.3 适用。

31 防锈

GB 4706.1—2005 中的该章适用。

32 辐射、毒性和类似危险

GB 4706.1—2005 中的该章适用。

附　录

GB 4706.1—2005 中的附录均适用。

参 考 文 献

GB 4706.1—2005 的参考文献除下述内容外，均适用。

增加：

GB 4706.66(idt IEC 60335-2-41) 家用和类似用途电器的安全 泵的特殊要求

GB 4706.77(idt IEC 60335-2-74) 家用和类似用途电器的安全 便携浸入式加热器的特殊要求

GB 7000.8(idt IEC 60598-2-18) 游泳池和类似场所用灯具安全要求

ICS 91.090
Y 09

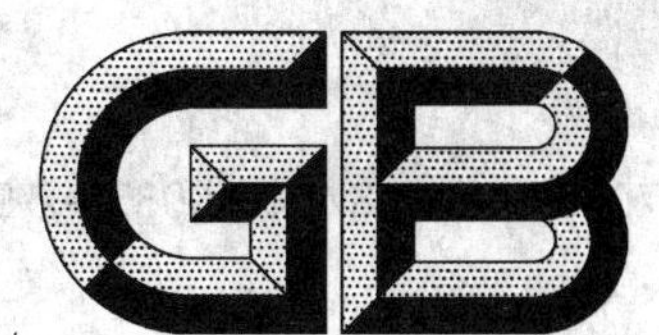

中华人民共和国国家标准

GB 4706.68—2008/IEC 60335-2-95:2005
代替 GB 4706.68—2003

家用和类似用途电器的安全 住宅用垂直运动车库门的驱动装置的特殊要求

Household and similar electrical appliances—Safety—Particular requirements for drives for vertically moving garage doors for residential use

(IEC 60335-2-95:2005,IDT)

2008-11-13 发布　　2009-11-01 实施

中华人民共和国国家质量监督检验检疫总局
中国国家标准化管理委员会　发布

前　言

本部分的全部技术内容为强制性。

GB 4706《家用和类似用途电器的安全》由若干部分组成,第1部分为通用要求,其他部分为特殊要求。

本部分应与GB 4706.1—2005《家用和类似用途电器的安全　第1部分:通用要求》配合使用。

本部分等同采用IEC 60335-2-95:2005《家用和类似用途电器的安全　第2-95部分:住宅用垂直运动车库门的驱动装置的特殊要求》。

本部分代替GB 4706.68—2003《家用和类似用途电器的安全　住宅用垂直运动车库门的驱动装置的特殊要求》。

本部分与GB 4706.68—2003的主要差异如下:

——本部分第1章注106中适用范围增加了自动驱动装置。

——本部分的第2章为规范性引用文件。GB 4706.68—2003该章为空章。

——第3章定义删除了内置防夹保护系统和非内置防夹保护装置的定义,增加防夹保护系统定义;3.103增加自动驱动装置定义。

——本部分的第5章为试验的一般条件。GB 4706.68—2003该章为空章。

——7.1中额定负载修改为额定输入功率;7.12中增加自动驱动装置警告标识;7.101中对于自动驱动装置应增加相应的标识内容;7.104增加对由用户安装的驱动装置的标识要求。

——11.7增加分别对连续运动和自动驱动装置运行要求。

——增加15.1.1和15.1.2。

——增加19.10和19.101。

——第20章修改了20.102～20.108,20.110。

——第22章修改了22.103～22.104;22.106～22.108。

——修改了图101和图102。

本部分由中国轻工业联合会提出。

本部分由全国家用电器标准化技术委员会(SAC/TC 46)归口。

本部分主要起草单位:中华人民共和国深圳出入境检验检疫局、中国家用电器研究院、宁波市产品质量监督检验所。

本部分主要起草人:谢晋雄、吴蒙、鲍俊、卢勇、董夫银。

本部分所代替标准的历次版本的发布情况为:

——GB 4706.68—2003。

IEC 前言

1） IEC（国际电工委员会）是由各国家电工委员会（IEC 国家委员会）组成的世界性标准化组织。IEC 的宗旨是促进在与电工和电子领域标准化有关问题上的国际合作。为此目的，IEC 除了开展其他活动之外，还出版国际标准、技术规范、技术报告、公开使用规范（PAS）和导则（以下通称为 IEC 出版物）。它们的制定通过委托各技术委员会来完成。IEC 的成员各国家委员会，只要对制定的标准感兴趣，均可参加其制定工作。与 IEC 联络的国际、政府和非政府组织亦可参加标准制定工作。IEC 和世界标准化组织（ISO）遵照双方协议规定的条件密切合作。

2） IEC 有关技术问题的决议或协议是由所有对此问题感兴趣的国家委员会参加的技术委员会制定的，并尽可能表述对所涉及的问题在国际上的一致意见。

3） IEC 的出版物以推荐性的方式供国际使用，并在此意义上为各国家委员会所接受。IEC 以尽可能合理的努力来保证 IEC 出版物的正确性，但不对用户的使用以及误解负责。

4） 为了促进国际上的统一，IEC 各国家委员会应明确地、最大限度地将 IEC 出版物转化为国家或地区性标准。IEC 标准和相应的国家或地区性标准之间如有任何差异应在国家标准或地区性标准中清楚地注明。

5） IEC 并未制定任何认可标志的程序，当某一设备宣称其符合 IEC 的某一项标准时，IEC 对此不负任何责任。

6） 所有使用者应确保拥有所用标准的最新版本。

7） IEC 及其主管、雇员、后勤人员、代理机构包括独立的专家、技术委员会委员及各 IEC 国家委员会，对使用或依靠 IEC 出版物及任何 IEC 其他出版物过程中造成的各类直接或间接的人身伤害、财产损失及任何自然消耗、各类费用（包括法律费用）和出版增值，都不负有直接或间接的责任。

8） 注意本部分中的参考标准，使用参考标准对本部分的正确使用是必要的。

9） 本 IEC 出版物中的某些内容有可能涉及一些专利权问题，对此应引起注意。IEC 组织不负责识别任一或所有该类专利权问题。

本部分由 IEC 第 61 技术委员会（家用和类似用途电器的安全）制定。

本合订版标准 IEC 60335-2-95 由第 2 版（2002）（文件 61/2229/FDI S 和 61/2304/RVD）以及其增补件 1（2006）（文件 61/2745/FDI S 和 61/2790/RVD）构成。

本部分的版本号为 2.1。

页边距上的垂直线表示原标准被增补件 1 修改。

本部分的法语版本尚未表决。

本部分的双语版本（2005-07）代替英语版本。

本部分依据 IEC 60335-1 第四版（2001）制定，应与 IEC 60335-1 及其增补件的最新版配合使用。

注 1：在本部分中提到“第一部分”时，它是指 IEC 60335-1。

本部分增补或修改了 IEC 60335-1 中的相应条款，从而将其转化为 IEC 标准：住宅用垂直运动车库门的电驱动装置的安全要求。

本部分中未涉及的 IEC 60335-1 的条款在合理情况下适用。本部分中如标有“增加”、“修改”或“代替”，则应对 IEC 60335-1 的相关条款进行相应修改。

注 2：在本部分中使用下述编号体系：

——从 101 开始编号的条款、表格和插图是对第一部分相应内容的补充。

——除非注释是在新的条款中或包括了"第一部分"的注释，否则，包括在代替的章或条款中的注释应从101开始编号。

——增加的附录从AA，BB等开始编号。

注3：本部分中使用下列印刷字体：

——要求：罗马字体；

——测试方法：斜体；

——注：小号罗马字体。

黑体字在第三章中定义。当第一部分的定义涉及到形容词时，形容词和所修饰的名词也要用黑体字。

注4：对第一部分增加的条款和图从101开始编号。

一些国家存在下列差异：

——6.1：允许0I类器具(日本)。

——7.1：要求有附加标志(加拿大和美国)。

——7.12.1：要求附加的警告和说明(加拿大和美国)。

——11.7：试验条件不同(美国)。

——19.9：要求进行运行过载试验(美国)。

——20.101：不进行试验(美国)。

委员会决定在IEC网站上与特殊标准有关的数据库内的维护结果日期到达前，基础标准及其增补件的内容保持不变。在日期到达后，本出版物将：

· 重新确认

· 取消

· 由修订的版本代替或

· 增补。

家用和类似用途电器的安全 住宅用垂直运动车库门的驱动装置的特殊要求

1 范围

GB 4706.1—2005 的该章由下列内容代替：

本部分涉及住宅用垂直开启和关闭的车库门的电驱动装置的安全。其额定电压对于单相器具不超过 250 V；对于其他器具不超过 480 V。本部分也包含与电动车库门的运动有关的附加危险。

注 1：在垂直方向开启和关闭的车库门的实例如图 101 所示。

注 2：驱动装置可以随车库门一起提供。

注 3：本部分也适用于与驱动装置一起使用的防夹保护装置。本部分不适用于与门自身的机械结构有关的危险。

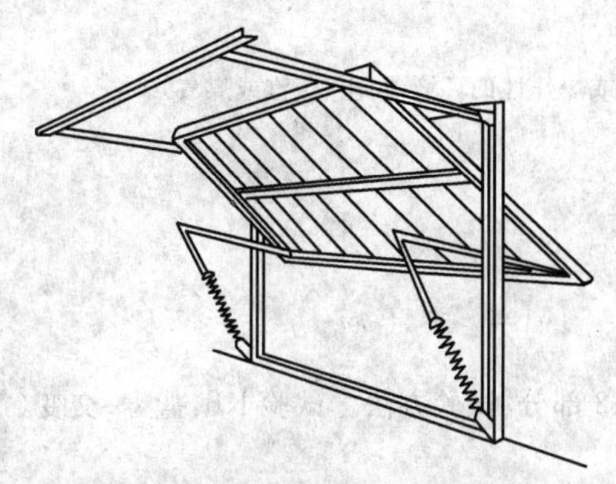

带水平导轨的单扇门

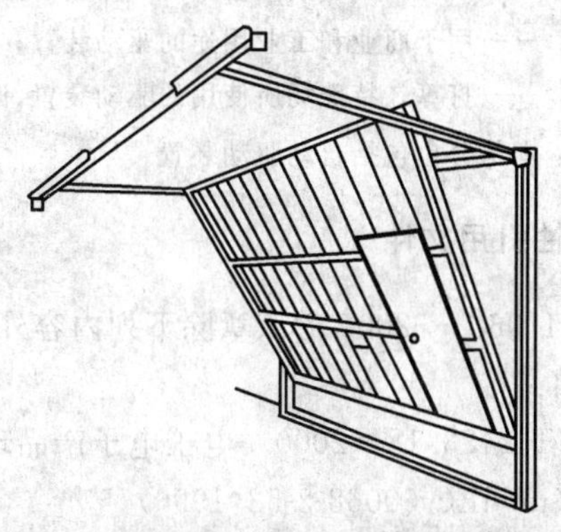

带垂直和水平导轨且带有便门的单扇门

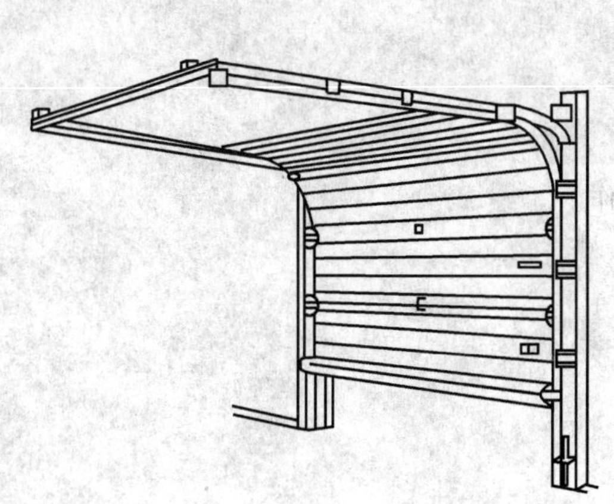

带水平和垂直导轨的分节门

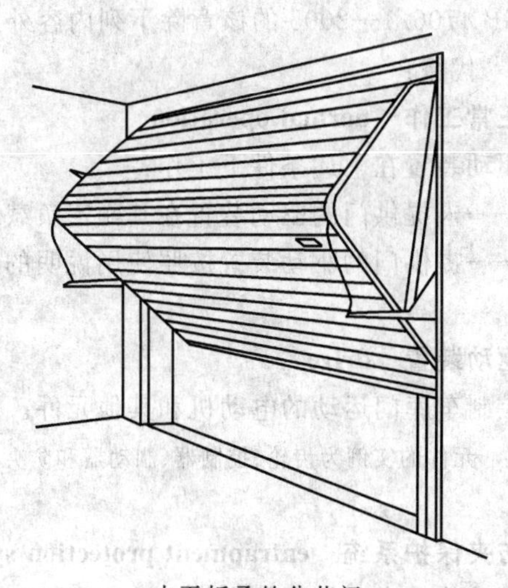

水平折叠的分节门

图 101 各种车库门的示例

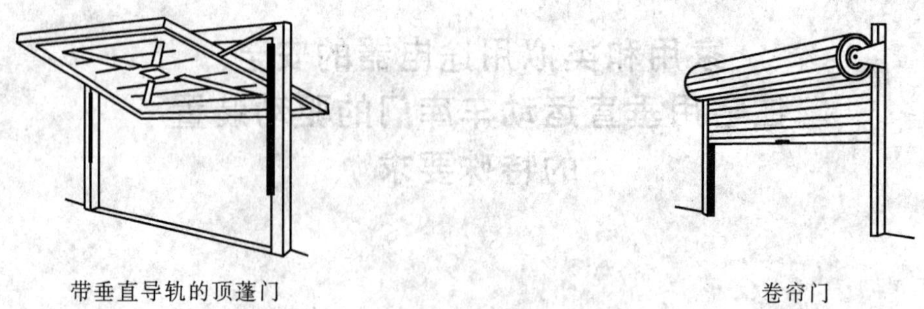

带垂直导轨的顶蓬门　　　　　　卷帘门

图 101（续）

就实际而言，本部分涉及到住宅内和住宅周围所有人员遇到的由器具产生的共同危险。

本部分一般未考虑幼儿玩耍器具的情况，但考虑到儿童可能接近车库门。

注 4：注意下述情况：

——在许多国家，附加要求由负责劳动保护的国家部门和类似部门规定。

注 5：本部分不适用于：

——卷动百叶窗、遮阳蓬、遮帘和类似设备的驱动装置（IEC 60335-2-97）；

——由一个以上家庭使用的车库门的驱动装置（IEC 60335-2-103）；

——用于商业和工业用途的驱动装置；

——打算在特殊场所使用的驱动装置，诸如存在腐蚀性或爆炸性的环境（粉尘、蒸汽或煤气）。

注 6：本部分也包括自动驱动装置。

2　规范性引用文件

GB 4706.1—2005 的该章除下列内容外适用。

增加：

GB/T 2423.18—2000　电工电子产品环境试验　第 2 部分：试验方法　试验 Kb：盐雾，交变（氯化钠溶液）（idt IEC 60068-2-52:1996）

3　定义

GB 4706.1—2005 的该章除下列内容外适用。

3.1.9　代替：

正常工作　normal operation

驱动装置在下述条件下工作：

——未提供门的驱动装置在其额定负载下工作；

——提供门的驱动装置按照使用说明的要求带门工作。

3.101

驱动装置　drive

控制车库门运动的电动机和其他元件。

注：元件的实例为齿轮、控制器、制动器和防夹保护系统。

3.102

防夹保护系统　entrapment protection system

驱动装置中用于保护人体不被车库门挤压和碾碎的部分。

注 1：车库中的危险包含于 20.109 中的手动释放。

注 2：防夹保护系统可与电动机安装在一起也可单独安装。它可由一个或多个装置组成，例如压力敏感边，被动式红外装置和主动式光电感应装置或自动关断开关。

3.103

自动驱动装置　automatic drive

不经使用者有意驱动，能够操纵车库门至少在一个方向运动的驱动装置。

3.104

自动关断开关　biased-off switch

当动作构件释放时，自动返回断开位置的开关。

3.105

额定负载　rated load

由制造厂对驱动装置指定的力或力矩。

4　一般要求

GB 4706.1—2005 的该章适用。

5　试验的一般条件

GB 4706.1—2005 的该章除下列内容外适用。

5.2　增加：

如果试验必须带门进行，应选用适于与驱动装置安装的最不利类型的门。在一些试验中，人工替代负载可用于模拟车库门。驱动装置按照使用说明进行调整。

5.5　增加：

使门在试验期间保持关闭。

6　分类

GB 4706.1—2005 的该章除下列内容外适用。

6.1　修改：

在电击防护方面，驱动装置应属于Ⅰ类、Ⅱ类或Ⅲ类。

6.2　增加：

规定暴露于户外的驱动装置应至少为 IPX4。

7　标志和说明

GB 4706.1—2005 的该章除下列内容外适用。

7.1　修改：

驱动装置应标出额定输入功率。

增加：

不提供门的驱动装置应用 N 或 Nm 标出其额定负载。

7.12　增加：

使用说明应规定下述内容：

重要安全说明

警告——必须遵循所有的说明以保障人身安全

保存这些说明

使用说明应包括下述内容：

——不允许儿童玩耍门控制器，将控制器放置在远离儿童的地方；

——注意并远离运动中的门,直至其完全开启或关闭(对于自动驱动装置不必要);

——在门开着的时候,门可能会由于弹簧不牢固或断裂、或由于门不平衡而迅速下落,因此在操作手动释放装置时应小心;

——应经常检查设备,特别是电缆、弹簧和安装件,是否存在磨损、损坏或不平衡的迹象。如果需要修理或调整,则不应使用,因为设备故障或未正确平衡的门会导致伤害;

——每月检查当门触及置于地面上高 40 mm 的物体时,驱动装置是否能反向运动。如有必要应进行调整并重新检查,因为调整不当会导致危险;

——如何使用手动释放装置的详细内容;

——适用时,有关调整门和驱动装置的资料;

——当清洗或进行其他保养时切断供电。

自动驱动装置的使用说明应包括下述内容:

警告:自动门——门可能会有不可预期的运动,所以不允许任何东西放置在门运动的路径上。

7.12.1 增加:

安装说明应规定下述内容:

安装的重要安全说明

警告——不正确的安装会导致严重的伤人事故

遵循所有的安装说明

安装说明应包括安装驱动装置及其相关元件的详细资料。

对于不提供车库门的驱动装置,安装说明应标明准备使用驱动装置的门的类型、规格和质量。

安装说明应包括下述内容:

——在安装驱动装置前,清除所有不必要的绳索和链条并禁用所有通电工作不需要的设备,如锁;

——在安装驱动装置前,应确认门处于良好的机械状态且正确平衡,并能正常开启和关闭;

——手动释放装置的动作构件的安装高度应低于 1.8 m;

——所有的固定式控制器应安装在门的视线范围内并远离运动部件,安装高度不低于少 1.5 m;

注 1:对于用钥匙操作的开关,不要求规定最小高度。

——将防夹警告标记永久性地固定在明显的位置或靠近任何固定控制器的地方;

——将手动释放装置的有关标记永久性地固定在动作构件的附近;

——在安装后,应确保机械结构正确调整,并且当门触及置于地面 40 mm 高的物体时,驱动装置应反向运动;

——净重超 20 kg 的驱动装置的安全搬运的必要信息。信息中应描述如何使用搬运工具,例如吊钩和绳子。

——驱动装置不能用于装有便门的车库门(除非在便门开启状态下驱动装置无法运行);

——在安装后,应确保门的各部分没有延伸到公用过道和道路上。

7.101 驱动装置应提供适于永久固定的标签。对于自动驱动装置,标签应包含下述内容:

警告:自动驱动装置——远离门所在区域,因为门会有不可预期的运动。

对于其他驱动装置,标签应包括一个高度不小于 60 mm 的警告图形。标签还应包括下述内容:

警告:使儿童远离运动中的门。

注:图 102 所示图形为适宜的警告图形的一种。

注：形状和颜色参照 GB/T 2893.1—2004（ISO 3864-1:2002，MOD）。

图 102 防止儿童被夹的图形示例

通过视检和测量检查其是否合格。

7.102 采用接触感应装置作为防夹保护系统的驱动装置，应提供包含下述警告的标签：

警告——夹持危险

定期检查并在必要时进行调整

确保门在触及地面上 40 mm 高的物体时能反向运动或该物体可被释放

通过视检检查其是否合格。

7.103 驱动装置应提供适于永久固定的描述如何使用手动释放装置的标签。

通过视检检查其是否合格。

7.104 如果驱动装置准备由用户安装，包装应该标出准备使用该驱动装置的门的类型、规格和质量。如果适用，驱动装置

——规定安装在离地面或其他入门面不小于 2.5 m 的地方；

——能够用于有直径大于 50 mm 的开口的门；

——用于自动运行。

通过视检检查其是否合格。

8 对触及带电部件的防护

GB 4706.1—2005 的该章除下列内容外适用。

8.2 修改：

仅当调整机构需要使用工具才能接触时，基本绝缘和用基本绝缘与带电部件隔开的部件才可以在调整时触及。

9 电动器具的启动

GB 4706.1—2005 的该章不适用。

10 输入功率和电流

GB 4706.1—2005 的该章除下列内容外适用。

10.1 修改：

输入功率由测得的最大值而不是平均值确定，瞬间起动电流的影响忽略不计。

10.2 修改：

电流由测得的最大值而不是平均值确定，瞬间起动电流忽略不计。

11 发热

GB 4706.1—2005 的该章除下列内容外适用。

11.7 代替：

对连续运行的驱动装置，要持续操作使其循环运行直至稳定状态建立。

自动驱动装置应无间断运行 3 个周期或 4 min，二者取时间长者。

注：周期是指驱动装置使用最大规格的门来确定。

其他驱动装置应遵循以下内容运行：

——不提供门的驱动装置应无间断运行至少 2 min，除非额定运行时间更长；

——提供门的驱动装置应无间断运行 3 个周期。

12 空章

13 工作温度下的泄漏电流和电气强度

GB 4706.1—2005 的该章适用。

14 瞬态过电压

GB 4706.1—2005 的该章适用。

15 耐潮湿

GB 4706.1—2005 的该章除下列内容外适用。

15.1.1 增加：

规定暴露在户外的驱动装置的部件进行 IPX4 的试验。

15.1.2 增加：

IPX4 管状驱动装置被安装在两端开口并且具有使用说明中指定最大直径的管子中。此管的长度是电机长度的两倍，并且被安装在支架上以正常使用。支架以 1 r/min 的速度旋转。

16 泄漏电流和电气强度

GB 4706.1—2005 的该章适用。

17 变压器和相关电路的过载保护

GB 4706.1—2005 的该章适用。

18 耐久性

GB 4706.1—2005 的该章不适用。

19 非正常工作

GB 4706.1—2005 的该章除下列内容外适用。

19.1 增加：

驱动装置也进行 19.101 的试验。

19.9 不适用。

19.10 增加:

对于有手动释放装置的驱动装置,要对释放状态下的驱动装置进行重复试验。

如果运行周期超过 1 min,试验要持续一个运行周期。

19.13 增加:

对于 19.11.2 中的每一个故障条件,如果器具仍能够工作,它应符合 20.102 至 20.106 的要求。

19.101 除用作连续运行以外的驱动装置以额定电压供电,并在正常工作状态下连续使用。

20 稳定性和机械危险

GB 4706.1—2005 的该章除下列内容外适用。

20.2 增加:

注 1:打算安装在 2.5 m 以上的驱动装置的运动部件无需保护。

注 2:移动速度小于 0.2 m/s 的锁链不属于危险移动部件。

20.101 驱动装置应能防止门在正常使用中的意外关闭。

通过下述试验检查其是否合格。

驱动装置以额定电压供电但不工作,用 1.2 倍的额定负载施加 30 min。如果门随驱动装置提供,则负载施加到门上,其大小等于门所施加的最大力。应使自动驱动装置的自动运行失效。

除了系统中由任意操作而产生的初始移动外,应无其他运动。

注:最大力应在门处于最不利位置且驱动装置不通电的情况下测量。

分别在驱动装置以 0.85 倍额定电压供电和断开电源的情况下重复试验。

20.102 由自动关断开关控制的驱动装置在开关动作构件释放时应停止。

通过下述试验检查其是否合格。

驱动装置带门安装,输入电压为额定电压的 0.94 至 1.06 倍之间的最不利电压。操作驱动装置关闭门。当开关动作构件释放时:

——如果用 20.104.1 中的方法测量出门施加的关门压力不超过 150 N,那么门的底边应该停止;

——如果用 20.104.1 中的方法测量出门施加的关门压力超过 150 N,那么门的底边应该在其垂直运动超过 50 mm 前停止;

当门开启移动时重复上述试验。

20.103 带有防止门接触障碍物的感应装置的防夹保护系统的驱动装置应保证运动中的门不会造成伤害。

通过下述试验检查其是否合格。

驱动装置带门安装,由驱动装置施加的压力设置为说明中的最大值,输入电压为驱动装置额定电压的 0.94 倍到 1.06 倍之间的最不利电压。

长 300 mm、宽 80 mm、高 100 mm 的障碍物置于地面且 300 mm 的边的中心横跨开启的门。分别操纵驱动装置从 100 mm、1 000 mm 以及门充分开启的高度关闭门。门应不动或只向开启的方向移动。

注:障碍物应按规范由粗糙的木头制成,涂成白色,其他材料和颜色也可用来模拟最不利条件。

障碍物置于开启的门中央位置,然后沿着门向上提升,每次不超过 300 mm,总高度不超过 2.5 m。对于提升的每个高度,操纵驱动装置关闭门。门的运动应在 50 mm 的距离内停止或反向运动而不接触障碍物。

直径 50 mm,长 850 mm 的圆柱形障碍物垂直悬置于开启的门中轴线上。障碍物其上表面距地面 900 mm。

操纵驱动装置关闭门,圆柱体以 45°角开始摆动跨越门。防夹保护系统应使门反向运动。

依次将障碍物在距门开启的两端各 100 mm 分别放置,从门的充分开启位置重复上述试验。

试验中,所有自动关断开关都保持关闭的状态。

20.104　带有依赖门接触障碍物的感应装置的防夹保护系统的驱动装置应保证运动中的门不会造成伤害。

通过20.104.1的试验检查其是否合格。对于自动驱动装置和关闭压力超过400 N的驱动装置，还需通过20.104.2的关闭移动试验检查其是否合格。

驱动装置带门安装，由驱动装置施加的力设置为使用说明中的最大值，输入电压为驱动装置额定电压的0.94倍到1.06倍之间的最不利电压。

试验中，所有自动关断开关都保持关闭的状态。

20.104.1　所有非接触防夹保护系统置于失效状态。

操纵驱动装置使门从充分开启的位置进行关闭，防夹保护系统的平均关闭压力的垂直分量应限制在以下数值：

——150 N　压力超过25 N后的第一个5 s内；且

——25 N　之后；

或者

——400 N　压力超过150 N后的第一个0.75 s内；

——150 N　之后的4.25 s内，

——25 N　之后；

或者

——800 N　对于不向外摆动的门，压力超过150 N后的第一个2 s内；

——600 N　对于向外摆动的门，压力超过150 N后的第一个2 s内；

——150 N　之后3 s内；

——25 N　之后。

压力测量使用装有弹性系数为(500±50) N/mm的弹簧的测量仪器，该仪器被固定在直径80 mm的刚性托盘上。弹簧作用于传感元件，传感元件与放大器连接，放大器的上升与下降时间不超过5 ms。测量仪器的误差小于5%。

分别在门的底边高于地面如下高度的情况下测量压力：

——50 mm；

——300 mm；

——500 mm；

——2 500 mm，或者当门的最大开启高度小于2 800 mm时，低于最大开启高度300 mm。

在每个高度，在下述位置测量压力：

——门底边中心；

——距门底边每一端200 mm处。

试验进行三次，在每个位置均需计算关闭压力的算术平均值。

注：门可能在接触障碍物时反向运动。

20.104.2　长300 mm、宽80 mm、高100 mm的障碍物置于地面且300 mm的边的中心横跨开启的门。分别操纵驱动装置从100 mm、1 000 mm以及门充分开启的高度关闭门。门应不动或只向开启的方向移动。

依次将障碍物在距门开启的两端各100 mm分别放置，从门的充分开启位置重复上述试验。

直径50 mm，长850 mm的圆柱形障碍物垂直悬置于开启的门中轴线上。障碍物其上表面距地面900 mm。

操纵驱动装置关闭门，圆柱体以45°角开始摆动跨越门。防夹保护系统应使门反向运动。

20.105　驱动装置应在门开启方向防夹。

通过下述试验检查其是否合格。

驱动装置施加的力依据使用说明设置为最大值。将长 300 mm、宽 200 mm、高 700 mm、质量为(20±0.5)kg的试验块固定在门外侧中心，其 300 mm 的边贴近门底边。

驱动装置在以额定电压 0.94 倍到 1.06 倍之间的最不利电压供电的条件下操纵门开启。门应在试验块接触到门楣前停止运动。

20.106 防夹保护系统应提供充分的保护以防止系统安装线路中出现故障。

通过下述试验检查其是否合格，除非防夹保护系统是自动关断开关。

驱动装置带门安装，以额定电压供电。操纵驱动装置关闭门。在移动过程中，系统安装线路模拟短路或开路的情况。

如果防夹保护系统不能继续正常工作，门应停止移动或反向移动并停止在充分开启的位置。在完成移动后，门可以由辅助的自动关断开关控制。

如果防夹保护系统继续正常工作，模拟增加一个故障情况重复进行试验。

在门的开启移动过程中重复试验。

20.107 驱动装置的机械故障不应导致危险情形。

通过视检检查其是否合格，必要时进行试验。

视检应评估哪些部件能影响运行安全以及这些部分是否可能损坏或松动。这些部件可能在驱动装置内部，或用于将驱动装置连接到门上。

注：需要评估的部件例如螺钉、螺栓、轴、轮、链以及支撑部件。

如果视检无法判断在部件失灵时驱动装置将继续正常工作还是停止移动，进行以下试验。

驱动装置带门安装，由驱动装置施加的压力设置为使用说明中的最大值，输入电压为驱动装置额定电压的 0.94 倍到 1.06 倍之间的最不利电压。

每次设置一个故障，并且按照正常使用条件操纵驱动装置。

如果驱动装置和门不能继续正常工作，

——驱动装置在一个操作过程结束时应停止工作，并且

——应不能继续工作，并且

——门的速度增量不应超过 20%。

20.108 在驱动装置向任一方向运动的期间，如果没有单独按钮使其停止，操作手动控制器应能使其停止。

如果控制器只有一个按钮控制门的运动，则再按 下按钮应使门反向运动。

如果控制器有三个按钮控制门的运动，其中一个按钮应是停止按钮。

通过手动试验检查其是否合格。

注：可以不带门进行试验。

20.109 器具应装有手动释放装置以使门能够手动操作。手动释放装置的动作不应引起驱动装置的反冲或意外动作等危险。

在关门期间，用障碍物在不同的高度堵住门，操作手动释放装置，以检查其是否合格。释放装置应可用不超过 220 N 的力或不超过 1.6 Nm 的扭矩操作。

试验在防夹保护装置处于不工作状态时进行，然后在驱动装置不供能的情况下进行。

20.110 运动意外停止后，驱动装置不应自动重新启动。

注 1：意外停止可能是由电源中断或热断路器动作引起的。

通过下述试验检查其是否合格。

器具以额定电压供电并在正常工作状态下工作。然后，将电源中断至少 2 s。在电源恢复后，驱动装置不应自动重新启动。然而，对于自动驱动装置，如果还能够正常运行，则允许重新启动。

器具再次工作并模拟热断路器动作。在排除故障条件后，驱动装置不应自动重新启动。然而，对于自动驱动装置，如果还能够正常运行，则允许重新启动。

注 2：可以不带门进行试验。

21 机械强度

GB 4706.1—2005 的该章适用。

22 结构

GB 4706.1—2005 的该章除下列内容外适用。

22.40 不适用。

22.101 只有使用工具才能调整驱动装置。

通过视检检查其是否合格。

22.102 驱动装置应配备符合本部分所需的所有相关元件。

通过视检检查其是否合格。

22.103 如果防夹保护系统是一个自动关断开关,应该只有在看得见车库门的地方操纵开关才可以启动驱动装置。

通过视检和测量检查其是否合格。

22.104 驱动装置不应带有使防夹保护系统处于失效状态的控制器。有故障的防夹保护系统只能由在看得见车库门的地方的自动关断开关超控,但自动关断开关的第一次激励时不超控。

注 1:自动关断开关可以作为操作驱动装置正常使用的控制器。

通过视检和以下试验检查其是否合格。

对每个防夹保护系统进行正常运行的测试,并且当防夹保护系统全部功能正常时不被超控。在每个试验中都有一个故障被引入到防夹保护系统。自动关断开关应该保证第一次激励时不对出故障的防夹保护系统超控。

要对便携式遥控器进行检查以保证它们不会对出故障的防夹保护系统超控,除非它们只能在看得见车库门的地方启动驱动装置。

注 2:释放自动关断开关等于引进了一个阻碍。

注 3:不在起阻碍作用的第一次激励时,而是在第二次激励时自动关断开关对出故障的防夹保护系统实施超控是可以接受的。

22.105 手动释放装置的动作构件应为红色。

通过视检检查其是否合格。

22.106 所有操纵车库门的手动控制器均应带有相同的标识以显示其功能。

通过视检检查其是否合格。

注 1:控制器可以遥控操作或安装于墙壁。

22.107 只有使用手动控制器才能开门或关门,除非提供自动驱动装置。

通过视检检查其是否合格。

22.108 如果车库门装有便门,其驱动装置应该具备这样的构造,以使在便门开启时,驱动装置不能运行。

通过视检和以下试验检查其是否合格。

驱动装置随装有便门的车库门安装,并以额定电压供电。便门开启时,操纵驱动装置开启车库门,车库门不应开启。

23 内部布线

GB 4706.1—2005 的该章适用。

24 元件

GB 4706.1—2005 的该章除下列内容外适用。

24.1.3 增加：

对于手动释放装置动作时可切断器具电源的开关，其工作循环次数为300次。

25 电源连接和外部软线

GB 4706.1—2005的该章除下列内容外适用。

25.7 增加：

室外使用的驱动装置的电源软线应是氯丁橡胶护套的，并且不应轻于普通氯丁护套软线(GB 5013.1,idt IEC 60245 IEC 57号线)。

26 外部导线用接线端子

GB 4706.1—2005的该章适用。

27 接地措施

GB 4706.1—2005的该章适用。

28 螺钉和连接

GB 4706.1—2005的该章适用。

29 电气间隙、爬电距离和固体绝缘

GB 4706.1—2005的该章除下列内容外适用。

29.2 增加：

微环境为3级污染，除非绝缘被密封或固定使得器具在正常使用时不可能暴露在污染中。

30 耐热和耐燃

GB 4706.1—2005的该章除下列内容外适用。

30.2.2 不适用。

31 防锈

GB 4706.1—2005的该章除下列内容外适用。

增加：

对于安装在室外的部件，通过GB/T 2423.18—2000(IEC 60068-2-52:1996,IDT)中严酷等级为2级的盐雾试验检查其是否合格。

在试验前，用淬硬的钢针刻划涂层。钢针的端部呈顶角为40°的锥形，其尖端倒圆半径为(0.25±0.02)mm。对钢针施加适当的负载，以使其沿轴向施加的力为(10±0.5)N。沿着涂层表面以约20 mm/s的速度拖动钢针，刻划五条划痕，划痕间距至少5 mm，且距边缘至少5 mm。

试验后，器具不应损坏到影响其符合标准的程度，特别是第8章和第27章。涂层不应破裂或从金属表面松动。

32 辐射、毒性和类似危险

GB 4706.1—2005的该章适用。

附　录

GB 4706.1—2005 的附录适用。

参　考　文　献

GB 4706.1—2005 的参考文献除下列内容外适用：

增加：

IEC 60335-2-97，家用和类似用途电器的安全　卷动百叶窗、遮阳蓬、遮帘和类似设备驱动装置的特殊要求

IEC 60335-2-103，家用和类似用途电器的安全　大门、房门和窗户的驱动装置的特殊要求

GB/T 2893.1—2004　图形符号　安全色和安全标志　第 1 部分：工作场所和公共区域中安全标志的设计原则（ISO 3864-1:2002，MOD）

ICS 97.200.40
Y 69

中华人民共和国国家标准

GB 4706.69—2008/IEC 60335-2-82:2005
代替 GB 4706.69—2003

家用和类似用途电器的安全 服务和娱乐器具的特殊要求

Household and similar electrical appliances—Safety—Particular requirements for service machines and amusement machines

(IEC 60335-2-82:2005,IDT)

2008-12-15 发布　　　　2010-01-01 实施

中华人民共和国国家质量监督检验检疫总局
中国国家标准化管理委员会　发布

前　言

本部分的全部内容为强制性。

GB 4706《家用和类似用途电器的安全》由若干部分组成，第 1 部分为通用要求，其他部分为特殊要求。

本部分应与 GB 4706.1—2005《家用和类似用途电器的安全　第 1 部分：通用要求》配合使用。

本部分等同采用 IEC 60335-2-82:2005《家用和类似用途电器的安全　第 2-82 部分：服务和娱乐器具的特殊要求》。

为便于使用，做了下列编辑性修改：

a） “第 1 部分”一词改为“GB 4706.1—2005”；

b） 用小数点“.”代替用作小数点的逗号“，”。

本部分代替 GB 4706.69—2003《家用和类似用途电器的安全　服务和娱乐器具的特殊要求》。

本部分与 GB 4706.69—2003 的主要差异如下：

——范围中的注 4 示例增加了“专门用于露天场所的设备，如：酒会设备。”

——定义中“超驰键”改变为“超控键”。

——增加了规范性引用文件；

——3.6.2 增加了注 1，注 2。

——删除了 GB 4706.69—2003 的 4.3。

——7.12 中的有关内容的阐述进行了调整。

——11.2 中器具放置方式进行了修改。

——15.2 增加了“还需用含约 1%氯化钠(NaCl)的水溶液通过 15.2.101 至 15.2.104 试验来检查其合格性”的说明。

——将原来的 19.102 要求放入第 15 章考核。

——删除了 GB 4706.69—2003 的 30.3。

本部分由中国轻工业联合会提出。

本部分由全国家用电器标准化技术委员会(SAC/TC 46)归口。

本部分起草单位：宁波市产品质量监督检验所、中国家用电器研究院、佛山市质量计量监督检测中心。

本部分主要起草人：鲍俊、黄慧珍、邓哲、曲宗峰、葛丰亮。

本部分历次版本的发布情况为：

——GB 4706.69—2003。

IEC 前言

1) IEC(国际电工委员会)是由各国家电工委员会(IEC 国家委员会)组成的世界性标准化组织。IEC 的宗旨是促进在与电工和电子领域标准化有关问题上的国际合作。为此目的,IEC 除了开展其他活动之外,还出版国际标准、技术规范、技术报告、公开使用规范(PAS)和导则(以下通称为 IEC 出版物)。它们的制定通过委托各技术委员会来完成。IEC 的成员各国家委员会,只要对制定的标准感兴趣,均可参加其制定工作。与 IEC 联络的国际、政府和非政府组织亦可参加标准制定工作。IEC 和世界标准化组织(ISO)遵照双方协议规定的条件密切合作。
2) IEC 有关技术问题的决议或协议是由所有对此问题感兴趣的国家委员会参加的技术委员会制定的,并尽可能表述对所涉及的问题在国际上的一致意见。
3) IEC 的出版物以推荐性的方式供国际使用,并在此意义上为各国家委员会所接受。IEC 以尽可能合理的努力来保证 IEC 出版物的正确性,但不对用户的使用以及误解负责。
4) 为了促进国际上的统一,IEC 各国家委员会应明确地、最大限度地将 IEC 出版物转化为国家或地区性标准。IEC 标准和相应的国家或地区性标准之间如有任何差异应在国家标准或地区性标准中清楚地注明。
5) IEC 并未制定任何认可标志的程序,当某一设备宣称其符合 IEC 的某一项标准时,IEC 对此不负任何责任。
6) 所有使用者应确保拥有所用标准的最新版本。
7) IEC 及其主管、雇员、后勤人员、代理机构包括独立的专家、技术委员会委员及各 IEC 国家委员会,对使用或依靠 IEC 出版物及任何 IEC 其他出版物过程中造成的各类直接或间接的人身伤害、财产损失及任何自然消耗、各类费用(包括法律费用)和出版增值,都不负有直接或间接的责任。
8) 注意本部分中的参考标准,使用参考标准对本部分的正确使用是必要的。
9) 本 IEC 出版物中的某些内容有可能涉及一些专利权问题,对此应引起注意。IEC 组织不负责识别任一或所有该类专利权问题。

IEC 60335 的标准由 IEC 第 61 技术委员会:“家用和类似用途电器的安全”制定。

本部分第二版废止并替代 1999 年出版的第一版。它构成一次技术修订。

本出版物的双语版本(2005-06)代替英文版。

IEC 60335 的标准的正文以下述文件为依据:

最后的国际标准草案	表决报告
61/2226/FDIS	61/2301/RVD

有关本部分表决通过的详细资料,请见上表所列的表决报告。

本部分的法语版尚未表决。

本第二部分与 IEC 60335-1 的最新版本及其修正件一起使用。本部分是在 IEC 60335-1 第四版(2001)的基础上建立起来的。

注 1:本部分中提到的“第一部分”是指 IEC 60335-1。

本部分对 IEC 60335-1 的相应条款进行了补充或修改,将其转化成 IEC 标准:服务和娱乐器具的安全要求。

凡第一部分中的特别条款没有在第二部分中提及的,只要合理,即应采用。本部分写明“增加”、“修改”或“替代”时,第一部分中的有关内容须作相应修改。

注2：采用下述编号系统：

——从101开始编号的条款、表格和图是对第一部分增加的；

——除在新条款中的注或第一部分涉及的注外，注都从101开始编号，包括被替代章或条款中的注；

——增加的附录以字母AA、BB等编码。

注3：采用下列字体：

——要求正文：罗马字体

——试验技术规范：斜体字

——注释：小罗马字体

正文中用黑体印刷的词在第3章中给出定义。当一个定义涉及一个形容词时，则该形容词和相关的名词也是黑体字。

在某些国家中存在下列差异：

——第1章：游戏机必须符合IEC 60950(南非)

——6.1：对于额定电压不超过150V的器具，允许0类器具(日本和美国)。

——6.1：0I类器具是允许的(日本)。

——19.101：接触器锁定在接通位置的失效条件是不适用的(美国)。

——20.1：试验是不同的(美国)。

——第21章：冲击能量是不同的(美国)。

——25.7：允许较轻型电源线(美国)。

——25.7：电源线的要求是不同的。要求电源线的附加保护(澳大利亚)。

委员会决定，在IEC网站“http://webstore.iec.ch”指定的保持结果日期之前，基本出版物和其增补件的相关内容中与特殊出版物有关的数据保持不变。在此日期，出版物将被：

- 重新确认；
- 废止；
- 被修订版替代，或
- 被修正。

家用和类似用途电器的安全
服务和娱乐器具的特殊要求

1 范围

GB 4706.1—2005 的该章用下述内容代替：

GB 4706 涉及个人服务和商用用途娱乐器具的安全，单相器具的额定电压不超过 250 V；其他器具的额定电压不超过 480 V。

注 1：属于范围的器具示例：

a) 娱乐器具：

——台球案；

——保龄机；

——飞镖板激光；

——模拟驾驶器；

——游戏机；

——玩具马；

——射击机；

——乒乓机；

——电视游戏机。

b) 个人服务器具：

——皮鞋上光机；

——个人称重机；

——锁行李器；

——现金提款机；

——卡片充值机。

注 2：如果器具的某部分涉及 GB 8898 和 GB 4943 的要求范围，则该部分应符合相应的标准。

就实际情况而言，涉及器具出现的普通危险，而这些危险是用户和维护人员都能遇到的。

注 3：提请注意下述情况：

——对于准备在车辆、船舶或飞机上使用的器具可能需要增加附加要求；

——许多国家的卫生部门、劳动保护部门和类似部门还制定有附加要求。

注 4：不适用于：

——专门用于家庭用途的器具；

——专门用于工业用途的器具；

——准备用在特殊场所的器具，如：存在有腐蚀性和爆炸性气体的地方（灰尘、蒸气或煤气）；

——洗车器具；

——计量器和售卖机（IEC 60335-2-75）；

——在 GB 8898 范围内的器具，如：投币自动电唱机和家用电视游戏机；

——在 GB 4943 范围内的器具，如：复印机、打票机和自动应答机；

——受过训练的服务员在场时使用的器具，如：虚拟系统；

——专门用于露天场所的设备，如：酒会设备。

2 规范性引用文件

GB 4706.1—2005 的该章除下述外均适用：

增加：

GB/T 2423.18—2000　电工电子产品环境试验　第2部分：试验　Kb试验：盐雾循环(氯化钠溶液)

GB 8898—2001　音频、视频及类似电子设备安全要求

3　定义

GB 4706.1—2005的该章除下述内容外，均适用。

3.1.9　代替：

正常工作　normal operation

器具在下述条件下工作：

器具在待机状态下工作直到稳态建立，然后，器具在正常使用的最不利条件下工作。

在有必要时，器具根据使用说明书或维护说明书的要求，进行重新补充并且尽快地开始下一段工作。

在正常使用时支撑人的器具要按下述要求加载：

——玩具马，每一个坐骑位置50 kg；

——其他器具，对于第一个坐骑位置100 kg，每一个增加的坐骑位置75 kg。

注1：坐骑位置可以为坐着或站着。

如果说明书规定允许较高的载荷，则器具要根据情况加载。

音频放大器根据GB 8898规定的正常工作条件工作。

3.6.2　代替：

可拆卸部件　detachable part

不使用工具就可以拆除的部件，根据使用或维护说明书，即使需要工具或进入键才可以拆除的部件或者不满足22.11条试验要求的部件。

注1：为了安装必须取下的部件，即使说明书声明可取下它，也不认为该部件是可拆卸的。

注2：可以打开的部分被认为是可以拆除的部件。

3.7.3　代替：

热断路器　thermal cut-out

在非正常工作期间，通过自动断开电路或减少电流来限制所控制部件温度的装置，其结构要使得其整定值不能由用户或维护人员调整。

3.8.5　代替：

维护操作　maintenance operation

根据使用说明书，维护说明书的说明或器具上的标示，设计由用户或维护人员完成的操作。

注101：在器具上标示的或随机提供的维护说明书仅适用于用户区域和维护区域。

注102：维护操作包括将器具预置为新的运行方式，维护操作不包括在维修区域内完成的操作。

3.101

待机状态　stand-by mode

根据说明书，器具处于准备使用、通电和完全充满时的状态。现金箱处于倒空状态。

3.102

进入键　access key

进入维护区域但不能进入维修区域的键或其他装置。

注："其他装置"包括工具、条码运行、由光源或电磁源产生的信号。

3.103

超控键　override key

用于使互锁装置不工作的键或其他装置。

3.104

维护说明书 instruction for maintenance

解释如何完成清洗、重新充填、硬币收集、控制器整定和类似操作的说明书。

3.105

维护人员 maintenance person

根据维护说明书进行器具维护的人员。

3.106

用户区域 user area

不使用进入键或工具就可以进入的区域。

3.107

维护区域 maintenance aera

仅能够使用进入键才可以进入的区域。

3.108

维修区域 service area

单独使用进入键不能进入的区域。

3.109

玩具马 kiddie ride

在成年人的监护下，由年龄介于3～10岁间的1～2名儿童使用的，带有固定基座的运动器具。

4 一般要求

GB 4706.1—2005的该章内容适用。

5 试验的一般条件

GB 4706.1—2005的该章除下述内容外，均适用。

5.6 增加：

用户区域内的控制器或开关装置要调整到最不利的整定值。

维护区域内的控制器、开关装置或其他部件要调整到维护说明书规定限值范围内的最不利的整定值。

注101：维修区域内的控制器或开关装置不调整。

5.9 增加：

当制造厂可以提供不同的软件时，器具应在软件给出最不利的结果时进行试验。

5.101 当随机提供维护说明书时，本部分中有关维护区域的内容适用。如果用超控键能进入维护区域，且该种情况较严酷时，则应在试验前使用超控键。

5.102 当涉及使用B型试验探棒时，IEC 61032的18号试验探棒也适用于用户区域。

5.103 装有变压器、电子线路和灯的器具应按照电动器具进行试验，除非装有发热元件，在这种情况下，对其按照组合型器具进行试验。

6 分类

GB 4706.1—2005的该章除下述内容外，均适用。

6.1 修改：

器具应是Ⅰ类，Ⅱ类或Ⅲ类。

6.2 增加：

设计用于户外的器具至少应是IPX4。

可能由喷射水清洗或安装在有可能使用喷射水的地方的器具至少应是 IPX5。

在正常使用条件下使用喷射水的器具至少应是 IPX5，除非喷射水不可能直接射向电气部件的外壳，在这种情况下，器具可以是 IPX4。

7 标志和说明

GB 4706.1—2005 的该章除下述内容外，均适用。

7.1 增加：

具有输出插口的器具，其电压、电源性质和电流或者输出功率都应标在输出插口的附近。

7.3 增加：

对调整必须由维护人员进行的情况，本要求也适用。

7.12.1 增加：

安装说明书应规定器具是否适合于户外使用。

对于防护等级低于 IPX5 的器具，说明书应规定器具不适于安装在可能发生水喷射的地方。

运动坐骑器具的安装说明书应规定围绕器具安全工作必需的自由空间。

玩具马的安装说明应规定安装剩余电流装置(RCD)，其额定剩余动作电流建议不超过 30 mA。

7.12.101 如果有必要采取特殊的措施进行安装或维护操作，则应提供详细的内容。维护说明应指出如何进入维护区域。该说明书中不应涉及如何进入维修区域。

通过视检来确定其是否合格。

7.12.101.1 对于装有一个器具输入插口并且设计成部分或全部浸入水中进行清洗的器具，其维护说明书应指出连接器必须在器具清洗前拆掉，并且器具的输入插口必须在器具重新使用前弄干。

如果器具的防护等级低于 IPX5，则维护说明书应规定器具不得用喷射水进行清洗。

通过视检来确定其是否合格。

7.12.101.2 如果使用超控键允许触及运动部件，则应在维护说明书中给出适当的警告内容。

通过视检来确定其是否合格。

7.12.101.3 维护说明书应列出可能与器具一起使用的任何附件。

通过视检来确定其是否合格。

7.12.101.4 对于使用水的器具，维护说明书应给出如何防止冰冻或如何确保在冰冻出现时安全工作的详细内容。

通过视检来确定其是否合格。

8 对触及带电部件的防护

GB 4706.1—2005 的该章内容适用。

9 电动器具的启动

GB 4706.1—2005 的该章不适用。

10 输入功率和电流

GB 4706.1—2005 的该章内容适用。

11 发热

GB 4706.1—2005 的该章除下述内容外，均适用。

11.2 修改：

——通常固定到地板上或质量大于 40 kg，并且不带有滑轮和滚轮的器具，应按照安装说明书进行安装；

注 101：如果没有给出说明书，则器具要放置在地板上并尽可能地靠近边壁。

——除固定式器具外的其他器具要放置在地板上并尽可能地靠近边壁。

11.7 代替：

器具要在正常工作条件下工作直到稳态建立。

11.8 增加：

在正常使用中连续握持的手柄和类似部件的温升限值也适用于座位。在用户区域内的其他表面温升不应超过对手柄和在正常使用过程中短时握持的类似部件的规定温升限值。

注 101：设计不能由用户触及的玻璃或塑料的装饰表面被认为处于用户区域的外边。

12 空章

13 工作温度下的泄漏电流和电气强度

GB 4706.1—2005 的该章内容适用。

14 瞬态过电压

GB 4706.1—2005 的该章内容适用。

15 耐潮湿

GB 4706.1—2005 的该章除下述外均适用：

15.2 增加：

还需用含约 1%氯化钠(NaCl)的水溶液通过 15.2.101 至 15.2.104 的试验来检查其合格性。

15.2.101 如果器具的外表面是在地面以上 2 m 以内，且器具上可能放置诸如杯子类的容器时，则要在其上快速倾倒 0.5L 的盐水溶液来进行试验。

注：如果有一个以上的表面，则应依次进行试验。

15.2.102 器具带有易触及开口，且开口位于地面上 2 m 以内，则要通过在每一个开口上缓慢倾倒 0.25 L 含约 1%的 NaCl 溶液来完成试验。如果开口位于垂直表面，则溶液要直接倒向开口。

注：易触及开口包括硬币槽或信用卡槽。

15.2.103 维护说明书中包含使用液体时，试验要进行 3 次。

15.2.104 用一块 150 mm×75 mm×50 mm 蘸盐水溶液的海绵擦拭可能会被清洗的部件。每个表面用海绵以不明显的力轻擦约 10 s。

注：试验不适用于给出清洗说明的维护区域的表面。

15.3 增加：

注 101：如果器具不可能放置在潮湿箱内，则电气部件可单独试验。

16 泄漏电流和电气强度

GB 4706.1—2005 的该章内容适用。

17 变压器和相关电路的过载保护

GB 4706.1—2005 的该章内容适用。

18 耐久性

GB 4706.1—2005 的该章不适用。

19 非正常工作

GB 4706.1—2005 的该章除下述外均适用。

19.1 增加：

器具也要承受 19.101 的试验。

在用户区域内的可拆卸部件要放置在最不利的位置或拆掉。

在维护区域内的可拆卸部件按照维护操作放置在正常位置。

容器要充填到最不利的位置。

19.2 增加：

注 101：限制热量散发的示例：

——无水工作；

——断开风扇；

——覆盖通风口。

19.4 增加：

注 101：如果控制器还要完成其他功能，则仅使控制温度的部件处于短路状态。

19.7 增加：

在试验条件下，器具要在使电动机处于最不利的循环下工作。

19.9 增加：

本试验适用于玩具马，而不考虑它们的控制方法。

19.11.2 修改：

模拟故障条件，直到稳态建立。

19.13 增加：

在试验期间，不应冒出熔化的塑料。

在试验后，不应出现影响符合 15.1 和 15.2 要求的损害。

19.101 器具要在额定电压下供电并在正常条件下工作。施加任何可能在正常使用过程中出现的故障或意外操作。

注 101：在每次试验后，可以更换损坏的元件或部件。

注 102：故障或意外操作的示例：

器具内的故障：

——程控器停在某一位置；

——在程序的任一阶段，电源一相或多相的断开及重新连接；

——元件的开路或短路；

——如果接触器的主触头用于控制发热元件，锁定接触器的主触头在“接通”位置。但是，如果带有至少两组独立的触头，则该项故障不施加。该种情况可以通过两个彼此独立动作的接触器或一个具有两个独立电枢驱动两组独立主触头的接触器来获得；

——气压或液压控制器失灵；

——堵塞硬币槽或奖品槽。

用户或维护人员操作失误：

——旋钮、手柄、开关或按钮不正确的启动；

——门或盖不正确的开启或关闭；

——维护说明书的不正确使用；

——将控制器、开关或程控器设定在最不利的位置；

——不正确的加载；

——不正确的硬币收集；

用户的误用：

——堵塞开口；

——锁住运动部件。

注 103：通常，将试验限制到能给出最不利结果的故障条件。

20 稳定性和机械危险

GB 4706.1—2005 的该章除下述外均适用。

20.1 修改：

器具试验时要使维护区域内门、盖和类似部件处于正常位置。玩具马和模拟驾驶器应按正常工作加载。

玩具马和模拟驾驶器放置在倾斜 10°的平面上，在额定电压下供电并在正常工作条件下工作。

器具不进行倾斜 15°的试验。

增加：

将维护区域内门、盖和类似部件处在最不利的位置，器具进行重复试验，但器具仅倾斜 5°。

20.2 增加：

动能超过 4 J 的运动部件上的盖子应是互锁的，以使得当部件处在静止状态时才可以拆掉，除非盖子只能借助于工具才可以拆掉。

对于玩具马，也需通过施加一个直径为 150 mm 的球形探棒来确定其是否合格。探棒不应被任何部件的运动所阻挡。

21 机械强度

GB 4706.1—2005 的该章除下述外均适用：

增加：

将 0.5 J 的冲击能量施加在维护区域。

在用户区域，该值增加到：

——2.0 J，对地板安放式器具。

——1.0 J，对其他器具。

22 结构

GB 4706.1—2005 的该章除下述外均适用。

22.7 增加：

在没有通常只能从制造厂获得的工具的情况下，压力释放装置的结构应使其不可能被调整至不工作状态或者设定在一个较高的压力值。

通过视检来确定其是否合格。

22.14 增加：

要求也适用于在维护区域内实施维护操作中可能被触及的部件。

22.101 如果为符合标准必须有互锁装置，则器具的结构应使得如果没有使用超控键，互锁装置不能被调整为不工作状态。

不能从用户区域使热断路器复位。

通过视检、手动试验和施加 IEC 61032 的 B 型试验探棒确定其是否合格。

22.102 仅使用在维护区域使用的进入键应不可能进入维修区域。

通过视检和手动试验来确定其是否合格。

22.103 装有激光器的器具应符合 GB 8898—2001 中 6.2 的要求。

通过视检及相关试验来确定其是否合格。

22.104 硬币箱和其他支付方式的收集器的放置或保护应使得过充填不可能导致危险。

通过视检来确定其是否合格。

22.105 玩具马的座位不应能调整到高于地面 1.5 m 以上。带有可调座位的玩具马应带有束缚乘客的装置。为此目的而提供的栅栏槽宽应在 60 mm～75 mm 之间。

注：束缚装置的示例为把手、脚挡、座位安全带和折叠棒。

通过视检和测量来确定其是否合格。

23 内部布线

GB 4706.1—2005 的该章除下述外均适用：

23.3 增加：

要求也适用于维护操作。

200 000 次，在正常使用时弯曲的导线。

10 000 次，在维护操作期间弯曲的导线。

23.101 易于更换的内部布线固定装置的结构和放置应使得：

——如果夹紧螺钉可以触及，则布线不应触及到固定装置的夹紧螺钉，除非它们是由附加绝缘将其与易触及的金属部件隔开；

——布线不应直接由金属螺钉夹紧；

——对于Ⅰ类器具，固定装置应为绝缘材料或带有绝缘衬垫，除非布线绝缘的失效不可能使可触及金属部件带电；

——对于Ⅱ类器具，固定装置应为绝缘材料，或如果是金属的，则要将其用附加绝缘与易触及的金属部件隔开。

通过视检来确定其是否合格。

23.102 在维护区域内的易触及内部布线和在正常使用时被移动的内部布线也应符合 25.13、25.14、25.15 和 25.21 的规定。

通过相关的试验来确定其是否合格。

24 元件

GB 4706.1—2005 的该章除下述外均适用。

24.2 修改：

在安全特低电压下工作的开关和自动控制器可以装在维护区域的互连软线上。

24.101 如果互连软线的连接装置可与器具内的其他装置互换，且互换会导致危险，则互连软线的连接装置应是可识别的。

注：颜色符号可用于识别。

24.102 互锁开关应尽可能合理地符合 GB 15092.1，并且应确保全极断开。但对机械危险保护而言，允许单极断开。

根据 GB 15092.1 的相应条款来对开关进行试验以确定其是否合格，第 17 章的试验循环次数为 10 000 次。但是，如果开关每个工作循环中动作一次，则工作循环数为 100 000 次。

注：本要求仅适用于为符合本部分而必须设置的互锁开关。

24.103 为符合第 19 章要求用于断开发热元件的热断路器应带有自动跳闸机构并且是非自复位的。

通过视检和手动试验来确定其是否合格。

25 电源连接和外部软线

GB 4706.1—2005 的该章除下述外均适用：

25.7 增加：

设计户外使用的器具其电源软线应为氯丁橡胶护套且不应轻于普通氯丁橡胶护套软线(GB 5013.1 的 57 号线)。但是，如果器具是设计放置在地上使用，则电源线应不轻于重型氯丁橡胶护套软线(GB 5013.1 的 66 号线)。

25.15 增加：

当试验是在内部布线上进行时，施加的拉力为 30 N，扭矩为 0.1 N·m，不考虑器具的质量。

对于内部布线，当将线推入器具时其推力为 30 N。

26 外部导线用接线端子

GB 4706.1—2005 的该章内容适用。

27 接地措施

GB 4706.1—2005 的该章内容适用。

28 螺钉和连接

GB 4706.1—2005 的该章除下述外均适用。

28.1 增加：

本要求也适用于在维护操作期间拆掉的螺钉。

试验也适用于在维护操作期间可能被拧紧的螺钉。

28.3 增加：

本要求也适用于由维护人员操作的螺钉。

29 爬电距离、电气间隙及固体绝缘

GB 4706.1—2005 的该章除下述外均适用：

29.1 修改：

施加在可触及表面上的力要增加到 100 N。

29.2 修改：

施加在可触及表面上的力要增加到 100 N。

30 耐热和耐燃

GB 4706.1—2005 的该章除下述外均适用。

30.2.2 不适用。

31 防锈

GB 4706.1—2005 的该章除下述外均适用。

增加：

对于设计在户外使用的器具，通过进行 GB/T 2423.18 的盐雾试验确定其是否合格。适用严酷等级 2。

在试验前，要使用夹角为40°的尖顶硬钢针划刻。其顶部半径应是(0.25±0.02)mm的圆形。施加钢针，其轴向施加力为(10±0.5)N。通过在涂层上用钢针以大约20 mm/s的速度来获得划痕。五个划痕间的距离为5 mm，划痕距边缘的距离至少为5 mm。

试验后，器具不应损坏到影响其符合本部分的程度，特别是不能影响到符合第8章和第27章。涂层不应破裂，也不应从金属表面脱落。

32 辐射、毒性和类似的危险

GB 4706.1—2005的该章内容适用。

附 录

GB 4706.1—2005 中的附录内容,均适用。

参 考 文 献

GB 4706.1—2005 的参考文献除下述外,均适用:

IEC 60335-2-75　家用及类似用途电器的安全　商用计量器具和自动售货机的特殊要求

ICS 39.040.20
Y 11

中华人民共和国国家标准

GB 4706.70—2008/IEC 60335-2-26:2005
代替 GB 4706.70—2003

家用和类似用途电器的安全 时钟的特殊要求

Household and similar electrical appliances—Safety—Particular requirements for clocks

(IEC 60335-2-26:2005,IDT)

2008-12-15 发布　　2010-01-01 实施

中华人民共和国国家质量监督检验检疫总局
中国国家标准化管理委员会　发布

前言

本部分的全部技术内容为强制性。

GB 4706《家用和类似用途电器的安全》由若干部分组成，第1部分为通用要求，其他部分为特殊要求。

本部分应与GB 4706.1—2005《家用和类似用途电器的安全　第1部分：通用要求》配合使用。

本部分等同采用国际电工委员会IEC 60335-2-26:2005(第四版)《家用和类似用途电器的安全　第2-26部分：时钟的特殊要求》。

为便于使用，本部分做了下列编辑性修改：

a) “第1部分”一词改为“GB 4706.1”；

b) 用小数点“.”代替用做小数点的“,”。

本部分代替GB 4706.70—2003《家用和类似用途电器的安全　第2部分：时钟的特殊要求》。

本部分与GB 4706.70—2003的主要差异如下：

——25.5中，增加了“允许Z型连接。”

——25.7中，增加了“电源线可以是扁平无护套软线(GB 5023.5—1997中规定的3扁平无护套软线)。”

本部分由中国轻工业联合会提出。

本部分由全国家用电器标准化技术委员会(SAC/TC 46)归口。

本部分起草单位：广东出入境检验检疫技术中心、中国家用电器研究院、昆山创新科技检测仪器有限公司、天津海鸥表业集团有限公司。

本部分主要起草人：姚木周、罗虹、陶泽成、张芳、黄宇斌。

本部分所代替的标准的历次版本发布情况为：

——GB 4706.70—2003。

IEC 前言

1） IEC(国际电工委员会)是由各国家电工委员会(IEC 国家委员会)组成的世界性标准化组织。IEC 的宗旨是促进在与电工和电子领域标准化有关问题上的国际合作。为此目的，IEC 除了开展其他活动之外，还出版国际标准、技术规范、技术报告、公开使用规范(PAS)和导则(以下通称为 IEC 出版物)。它们的制定通过委托各技术委员会来完成。IEC 的成员各国家委员会，只要对制定的标准感兴趣，均可参加其制定工作。与 IEC 联络的国际、政府和非政府组织亦可参加标准制定工作。IEC 和世界标准化组织(ISO)遵照双方协议规定的条件密切合作。

2） IEC 有关技术问题的决议或协议是由所有对此问题感兴趣的国家委员会参加的技术委员会制定的，并尽可能表述对所涉及的问题在国际上的一致意见。

3） IEC 的出版物以推荐性的方式供国际使用，并在此意义上为各国家委员会所接受。IEC 以尽可能合理的努力来保证 IEC 出版物的正确性，但不对用户的使用以及误解负责。

4） 为了促进国际上的统一，IEC 各国家委员会应明确地、最大限度地将 IEC 出版物转化为国家或地区性标准。IEC 标准和相应的国家或地区性标准之间如有任何差异应在国家标准或地区性标准中清楚地注明。

5） IEC 并未制定任何认可标志的程序，当某一设备宣称其符合 IEC 的某一项标准时，IEC 对此不负任何责任。

6） 所有使用者应确保拥有所用标准的最新版本。

7） IEC 及其主管、雇员、后勤人员、代理机构包括独立的专家、技术委员会委员及各 IEC 国家委员会，对使用或依靠 IEC 出版物及任何 IEC 其他出版物过程中造成的各类直接或间接的人身伤害、财产损失及任何自然消耗、各类费用(包括法律费用)和出版增值，都不负有直接或间接的责任。

8） 注意本部分中的参考标准，使用参考标准对本部分的正确使用是必要的。

9） 本 IEC 出版物中的某些内容有可能涉及一些专利权问题，对此应引起注意。IEC 组织不负责识别任一或所有该类专利权问题。

本部分是由 IEC 第 61 技术委员会“家用和类似用途电器的安全技术委员会”制定的。

本部分组成 IEC 60335-2-26 的第四版并取代了 1994 年发布的第三版。它包含了一个技术修订。

本部分的双语版本(2005-04)替代了英语版本。

本部分是以下述文件为基础的：

FDIS	投票报告
61/2203/FDIS	61/2284/RVD

有关本部分表决情况的更进一步的材料可从上表的表决报告中查找。

本部分法语版本未经投票表决。

本部分要与 IEC 60335-1 的最新版本及其增补件一起配合使用。本部分是以 IEC 60335-1 第四版标准(2001)和其增补件为基础的。

注 1：本部分中提及的“第 1 部分”是指 IEC 60335-1。

为了转化成：“时钟的安全要求”这一 IEC 标准。本内容对 IEC 60335-1 的对应条款作了补充和修改。

如果“第一部分”中的某特殊条款在“第二部分”中没有提及，则“第一部分”中的该条款可以合理地使用。如果在本部分中标明“增加”、“修改”或“代替”，则“第一部分”中对应的内容都要做相应的修改。

注2：在本部分中采用下列编号方式：

——对第1部分增加的条款、表格、图形从101开始编号；

——除了在新增条款中的注和第1部分包含的注外，新增的注从101开始编号，包括那些代替的章节或条款；

——增加的附录用字母编号AA、BB等等。

注3：在本部分中采用下列印刷体：

——正文要求：印刷体；

——试验规范：斜体；

——注释内容：小写印刷体。

正文中的黑体字在第3章中有定义，当IEC 60335-1的定义涉及到形容词时，形容词和对应名词也采用黑体字。

在某些国家存在下述差异：

——20.1：本要求仅适用于落地式时钟，测试时倾斜8°(美国)。

——21.1：进行不同的冲击试验(美国)。

——25.7：允许较轻型电源线(美国)。

技术委员会决定：本出版物将保持不变，直至在IEC网页“http://webstore.iec.ch”说明的修订日期生效时以相关出版物的数据修改。在此日期，本部分将被：

a) 重新确认；

b) 废止；

c) 由修订版代替，或者

d) 增补。

家用及类似用途电器的安全
时钟的特殊要求

1 范围

GB 4706.1—2005 的该章由下述内容代替。

本部分适用于额定电压不超过 250 V 的电时钟的安全。

注 1：属于本部分范围内器具的举例：

——闹钟；

——具有电驱动绕组机构的弹簧驱动时钟；

——装有除电动机外的其他驱动装置的时钟。

就实际情况而言，本部分所涉及的器具存在的普通危险，是在住宅和住宅周围环境中所有人可能会遇到的。

然而，一般说来本部分并未涉及：

——无人照看的幼儿和残疾人使用器具时的危险；

——幼儿玩耍器具的情况。

注 2：注意下述情况：

——对于打算用在车辆、船舶或航空器上的器具，可能需要附加要求。

——在许多国家中，全国性的卫生保健部门、全国性劳动保护部门和类似的部门都对器具规定了附加要求。

注 3：本部分不适用于：

——电池驱动的器具；

——打算用于工业用途的器具；

——打算使用在经常产生腐蚀性或爆炸性气体(如灰尘、蒸气或瓦斯气体)特殊环境场所的器具；

——具有其他功能的器具(带有或不带有时间显示)，诸如：用于炊具、洗衣机和类似用途器具的主控时钟和定时器；

——用于“自动计时”用途的器具；

——仅装有电子线路的器具(GB 8898)。

2 规范性引用文件

GB 4706.1—2005 的该章适用。

3 定义

GB 4706.1—2005 的该章除下述内容外适用。

3.1.9 代替：

正常工作 normal operation

时钟在下述条件下工作：

装有电驱动绕组机构的弹簧驱动时钟在正常条件下工作；

其他时钟在转子堵转时工作。

4 一般要求

GB 4706.1—2005 的该章适用。

5 试验的一般条件

GB 4706.1—2005 的该章适用。

6 分类

GB 4706.1—2005 的该章适用。

7 标志和说明

GB 4706.1—2005 的该章适用。

8 对触及带电部件的防护

GB 4706.1—2005 的该章适用。

9 电动器具的启动

GB 4706.1—2005 的该章不适用。

10 输入功率和电流

GB 4706.1—2005 的该章适用。

11 发热

GB 4706.1—2005 的该章适用。

12 空章

13 工作温度下的泄漏电流和电气强度

GB 4706.1—2005 的该章适用。

14 瞬态过电压

GB 4706.1—2005 的该章适用。

15 耐潮湿

GB 4706.1—2005 的该章适用。

16 泄漏电流和电气强度

GB 4706.1—2005 的该章适用。

17 变压器和相关电路的过载保护

GB 4706.1—2005 的该章适用。

18 耐久性

GB 4706.1—2005 的该章不适用。

19 非正常工作

GB 4706.1—2005 的该章除下述内容外，均适用。

19.7 增加：

对于弹簧驱动时钟，在电驱动绕组机构中装有电容或电阻以降低电机电压的，进行堵转试验时，短路电容或电阻，每次只短路一个。

20 稳定性和机械危险

GB 4706.1—2005 的该章适用。

21 机械强度

GB 4706.1—2005 的该章除下述内容外，均适用。

修改：

冲击能量减少至 0.20 J。

冲击不适用于指针轴。

如果时钟在刻度盘玻璃面移去后没有满足 8.1 试验，则冲击仅适用于刻度盘玻璃面。

22 结构

GB 4706.1—2005 的该章除下述内容外，均适用。

22.35 增加：

注 1：调节指针的轴在正常工作时，是不动作的，除非是要设定时间。

23 内部布线

GB 4706.1—2005 的该章适用。

24 元件

GB 4706.1—2005 的该章适用。

25 电源连接和外部软线

GB 4706.1—2005 的该章除下述内容外，均适用。

25.3 修改：

时钟的固定布线可以在时钟固定在其支撑物上之前进行连接，除非其防水等级至少为 IPX1。

25.5 增加：

允许 Z 型连接。

25.7 增加：

电源线可以是扁平无护套软线(GB 5023.5—1997 中规定的 3 扁平无护套软线)。

25.19 修改：

允许将聚氯乙烯绝缘线绕着光滑的销钉打简单的结。

26 外部导线用接线端子

GB 4706.1—2005 的该章适用。

27 接地措施

GB 4706.1—2005 的该章适用。

28 螺钉和连接

GB 4706.1—2005 的该章适用。

29 电气间隙、爬电距离和固体绝缘

GB 4706.1—2005 的该章适用。

30 耐热和耐燃

GB 4706.1—2005 的该章除下述内容外,均适用。

30.2.2 该条内容不适用。

31 防锈

GB 4706.1—2005 的该章适用。

32 辐射、毒性和类似危险

GB 4706.1—2005 的该章适用。

附 录

GB 4706.1—2005 中的附录内容,均适用。

参 考 文 献

GB 4706.1—2005 中的参考文献,均适用。

ICS 91.140.10
Y 63

中华人民共和国国家标准

GB 4706.71—2008/IEC 60335-2-51:2005
代替 GB 4706.71—2003

家用和类似用途电器的安全 供热和供水装置固定循环泵的特殊要求

Household and similar electrical appliances—Safety—Particular requirements for stationary circulation pumps for heating and service water installations

(IEC 60335-2-51:2005,IDT)

2008-12-15 发布　　　　2010-01-01 实施

中华人民共和国国家质量监督检验检疫总局
中国国家标准化管理委员会　发布

前　言

本部分的全部技术内容为强制性。

GB 4706《家用和类似用途电器的安全》由若干部分组成，第1部分为通用要求，其他部分为特殊要求。

本部分应与GB 4706.1—2005《家用和类似用途电器的安全　第1部分：通用要求》配合使用。

本部分等同采用IEC 60335-2-51:2005《家用和类似用途电器的安全　第2-51部分：供热和供水装置固定循环泵的特殊要求》。

为便于使用，本部分作了下列编辑性修改：

a）“第1部分”一词改为“GB 4706.1—2005”；

b）用小数点“.”代替作为小数点的逗号“,”。

本部分代替GB 4706.71—2003《家用和类似用途电器的安全　加热和供水装置固定循环泵的特殊要求》。

本部分与GB 4706.71—2003的主要差异如下：

——第1章删去了热带地区使用的注意情况；

——24.1.3修改为“设计仅用于泵安装期间工作的开关应经受100次的操作循环试验。”

本部分由中国轻工业联合会提出。

本部分由全国家用电器标准化技术委员会(SAC/TC 46)归口。

本部分主要起草单位：宁波市产品质量监督检验所、中国家用电器研究院、广东省家用电器协会、广东海利集团有限公司、广东博宇水族实业有限公司、广东振华电器有限公司。

本部分主要起草人：鲍俊、郭续荣、郑宋生、赖梓源、余彬、闫凌。

本部分历次版本的发布情况为：

——GB 4706.71—2003。

IEC 前言

1) 国际电工委员会(IEC)是由所有的国家电工委员会(IEC NC)组成的国际范围的标准化组织。其宗旨是促进在电气和电子领域有关标准化问题上的国际间合作。为此,IEC 开展相关活动,并出版国际标准、技术规范、技术报告、公共可用规范(PAS)、指南(以后统称为 IEC 出版物)。这些标准的制定委托各技术委员会完成。任何对该技术问题感兴趣的 IEC 国家委员会均可参加制定工作。与 IEC 有联系的国际、政府及非政府组织也可以参加标准的制定工作。IEC 与国际标准化组织(ISO)在两个组织协议的基础上密切合作。
2) IEC 在技术方面的正式决议或协议,是由对其感兴趣的所有国家委员会参加的技术委员会制定的。因此,这些决议或协议都尽可能表述了相关问题在国际上的一致意见。
3) IEC 标准以推荐性的方式供国际使用,并在此意义上被各国家委员会接受。在为了确保 IEC 出版物技术内容的准确性而做出任何合理的努力时,IEC 对其标准被使用的方式以及任何最终用户的误解不负有任何责任。
4) 为了促进国际上的统一,各国家委员会要保证在其国家或区域标准中最大限度地采用国际标准。IEC 标准与相应的国家或区域标准之间的任何差异必须清楚地在后者中表明。
5) IEC 规定了表示其认可的无标志程序,但并不表示对某一设备声称符合某一标准承担责任。
6) 所有的使用者应确保他们拥有本部分的最新版本。
7) IEC 或其管理者、雇员、后勤人员或代理(包括独立专家和技术委员会的成员)和 IEC 国家委员会不应对使用或依靠本 IEC 出版物或其他 IEC 出版物造成的任何个人伤害、财产损失或其他任何属性的直接或间接损失,或源于本出版物之外的成本(包括法律费用)和支出承担责任。
8) 应注意在本部分中罗列的引用标准(规范性引用文件)。对于正确使用本部分来讲,使用引用标准(规范性引用文件)是不可缺少的。
9) 应注意本国际标准的某些条款可能涉及专利权的内容,IEC 将不承担确认专利权的责任。

本部分由 IEC 第 61 技术委员会(家用和类似用途电器的安全)制定。

本部分第三版废止并替代 1997 年出版的第二版。它构成一次技术修订。

本出版物的双语版本(2005-09)代替英文版。

IEC 60335 的本部分标准的正文以下述文件为依据:

FDIS	表决报告
61/2220/FDIS	61/2295/RVD

有关本部分表决通过的详细资料,请见上表所列的表决报告。

本部分的法语版尚未表决。

本第二部分与 IEC 60335-1 的最新版本及其增补件一起使用。本部分是在 IEC 60335-1 第四版(2001)的基础上建立起来的。

注 1:本部分中提到的“第一部分”是指 IEC 60335-1。

本部分对 IEC 60335-1 的相应条款进行了补充或修改,将其转化成 IEC 标准:供热和供水装置固定循环泵的安全要求。

凡第一部分中的条款没有在本部分中特别提及的,只要合理,即应采用。本部分写明“增加”、“修改”或“替代”时,第一部分中的有关内容须作相应修改。

注 2:采用下述编号系统:

——从101开始编号的条款、表格和图是对第一部分增加的；

——除在新条款中的注或第一部分涉及的注外，注都从101开始编号，包括被替代章或条款中的注；

——增加的附录以字母AA、BB等编码。

注3：采用下列字体：

——要求正文：罗马字体；

——试验技术规范：斜体字；

——注释：小罗马字体。

正文中用黑体印刷的词在第3章中给出定义。当一个定义涉及一个形容词时，则该形容词和相关的名词也是黑体字。

在下述国家存在着下列差异：

——6.1 0I类器具是允许的（日本）。

委员会决定，在IEC网站"http://webstore.iec.ch"指定的保持结果日期之前，基本出版物和其增补件的相关内容中与特殊出版物有关的数据保持不变。在此日期，出版物将被：

- 重新确认；
- 废止；
- 被修订版替代，或
- 被修正。

家用和类似用途电器的安全
供热和供水装置固定循环泵的
特殊要求

1 范围

GB 4706.1—2005 的该章用下述内容代替：

本部分涉及额定输入功率不超过 300 W，单相器具额定电压不超过 250 V，其他器具额定电压不超过 480 V 的用于供热系统或供水系统中固定循环泵的安全。

注 1：泵的水压部分和电气部分可以在同一外壳内，或相互分离，以便水流过电动机时作为冷却剂。

不作为一般家用，但对公众仍可能引起危险的器具，例如打算在商店、轻工业和农场中由非专业的人员使用的器具也属于本部分的范围。

就实际情况而言，本部分所涉及的器具存在的普通危险，是在住宅和住宅周围环境中所有的人可能会遇到的。

然而，一般来说本部分并未涉及：

——无人照看的幼儿和残疾人使用器具时的危险；

——幼儿玩耍器具的情况。

注 2：注意下述情况：

——对于打算用在车辆、船舶或航空器上的空气净化器，可能需要附加要求；

——在许多国家中，全国性的卫生保健部门、全国性劳动保护部门以及类似的部门都对器具规定了附加要求。

注 3：本部分不适用于：

——除水以外的液体循环泵；

——除循环泵以外的其他泵(GB 4706.66，idt IEC 60335-2-41)；

——专门用于工业用途的循环泵；

——打算使用在经常产生腐蚀性或爆炸性气体(如灰尘、蒸气或瓦斯气体)特殊环境场所的循环泵。

2 规范性引用文件

GB 4706.1—2005 中的该章适用。

3 定义

GB 4706.1—2005 的该章除下列内容外，均适用：

3.1.9 代替：

正常工作 normal operation

按照规定的限值，调整循环泵的水压和流速，以获得最高输入功率进行工作。

4 一般要求

GB 4706.1—2005 中的该章适用。

5 试验的一般条件

GB 4706.1—2005 的该章除下列内容外，均适用：

5.7 增加：

泵进水口的水温要与泵的 TF 等级相符，偏差应在－5 ℃～0 ℃之间。

打算安装在锅炉罩壳内的循环泵，其第 10 章、第 11 章和第 13 章试验应在 55 ℃环境温度下进行，或按使用说明书规定的温度下进行，二者取其较高者。

5.101 带有未装保护装置的三相电动机的循环泵，应按照使用说明书的要求用一个适当装置安装。

6 分类

GB 4706.1—2005 的该章除下述内容外，均适用：

6.1 代替：

循环泵应是Ⅰ类、Ⅱ类或Ⅲ类器具。

6.2 增加：

循环泵应至少为 IPX2。

6.101 循环泵的分类应是表 101 所示等级之一。

表 101 循环泵的温度分类

等　级	循环水的最高温度/℃
TF 60	60
TF 95	95
TF 110	110

通过视检来确定其是否合格。

7 标志和说明

GB 4706.1—2005 的该章除下述内容外，均适用：

7.1 增加：

循环泵应标有：

——TF 级；

——水流方向；

——旋转方向(带有三相电动机的泵)；

——额定电流(带有三相电动机的泵，如果有保护装置，必须安装在固定布线中)。

7.12.1 增加：

安装说明书应包含下述内容：

——最大流速或总水头；

——泵的最高使用环境温度；

——系统最高压力。

注 101：系统最高压力应不小于：

- 用于供热系统的泵，0.6 MPa；
- 用于供水系统的泵，1.0 MPa；

——泵的朝向；

——保护装置要安装在固定布线中的应给出保护装置的特性(对于带有未装有保护装置三相电动机的泵)。

8 对触及带电部件的防护

GB 4706.1—2005 中的该章适用。

9 电动器具的启动

GB 4706.1—2005 的该章内容不适用。

10 输入功率和电流

GB 4706.1—2005 中的该章适用。

11 发热

GB 4706.1—2005 的该章除下述内容外，均适用。

11.2 增加：

仅由水管固定的循环泵应通过一个垂直支撑件安置。

11.3 增加：

注 1011：注 4 中所指的 t_1、t_2，是指泵安装处的环境温度，例如锅炉罩壳内部。

11.7 代替：

循环泵工作至稳定状态。

11.8 增加：

安装在锅炉罩壳内的循环泵，其温升限值要减去在试验时的环境温度和 25 ℃的差值。

外壳的温升不测量。

对于水流过电动机的循环泵，绕组的温升限值要增加 5 K。温升限值可进一步增加：

——如果绕组是 B 级绝缘，5 K；

——如果绕组是 F 级或 H 级绝缘，10 K。

注 101：对于水流过电动机的循环泵，表 3 所允许的 5 K 温升增加值不适用。

12 空章

13 工作温度下的泄漏电流和电气强度

GB 4706.1—2005 中的该章适用。

14 瞬态过电压

GB 4706.1—2005 中的该章适用。

15 耐潮湿

GB 4706.1—2005 中的该章适用。

16 泄漏电流和电气强度

GB 4706.1—2005 中的该章适用。

17 变压器和相关电路的过载保护

GB 4706.1—2005 中的该章适用。

18 耐久性

GB 4706.1—2005 的该章内容不适用。

19 非正常工作

GB 4706.1—2005 的该章除下述内容外，均适用：

19.1 增加：

循环泵也需经受 19.101 的试验。

19.7 增加：

试验要在水流停止或流速降至 5 L/min 时进行，取其较不利者。

19.101 循环泵施加额定电压，在约为一半最大系统压力下运行 5 min，接着，将水排干后连续运行7 h。然后，系统再次充水，并在约为一半最大系统压力下再运行 5 min。

如果泵在试验期间出现不工作，则将系统断电并充满水。

20 稳定性和机械危险

GB 4706.1—2005 中的该章适用。

21 机械强度

GB 4706.1—2005 中的该章适用。

22 结构

GB 4706.1—2005 的该章除下述内容外，均适用：

22.101 循环泵应能承受正常使用时出现的水压。

通过使泵承受 1.2 倍最大系统压力 1 min 确定其是否合格。

泵不应泄漏。

23 内部布线

GB 4706.1—2005 中的该章适用。

24 元件

GB 4706.1—2005 的该章除下述内容外，均适用：

24.1.3 修改：

设计仅用于泵安装期间工作的开关应经受 100 次的操作循环试验。

25 电源连接和外部软线

GB 4706.1—2005 的该章除下述内容外，均适用：

25.5 增加：

允许 Z 型连接。

26 外部导线用接线端子

GB 4706.1—2005 中的该章适用。

27 接地措施

GB 4706.1—2005 中的该章适用。

28 螺钉和连接

GB 4706.1—2005 中的该章适用。

29 电气间隙、爬电距离和固体绝缘

GB 4706.1—2005 中的该章适用。

30 耐热和耐燃

GB 4706.1—2005 的该章除下述内容外，均适用：

30.2.2 该条内容不适用。

31 防锈

GB 4706.1—2005 中的该章适用。

32 辐射、毒性和类似危险

GB 4706.1—2005 中的该章适用。

附　　录

GB 4706.1—2005 的附录内容，均适用。

参 考 文 献

GB 4706.1—2005 的参考文献除下述内容外，均适用。

增加：

GB 4706.66(idt IEC 60335-2-41)　家用和类似用途电器的安全　泵的特殊要求

ICS 13.120
Y 69

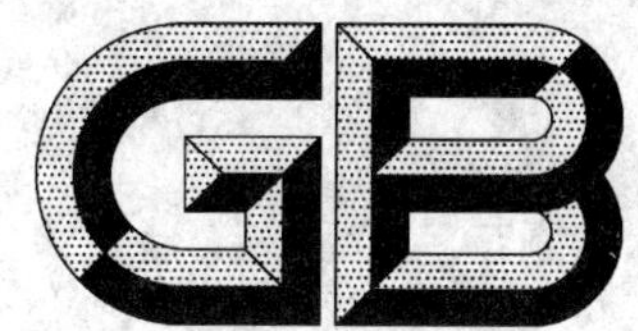

中华人民共和国国家标准

GB 4706.72—2008/IEC 60335-2-75:2002
代替 GB 4706.72—2003

家用和类似用途电器的安全 商用售卖机的特殊要求

Household and similar electrical appliances—Safety—Particular requirements for commercial dispensing appliances and vending machines

(IEC 60335-2-75:2002,IDT)

2008-12-30 发布　　2010-04-01 实施

中华人民共和国国家质量监督检验检疫总局
中国国家标准化管理委员会　发布

前　言

本部分的全部技术内容为强制性。

GB 4706《家用和类似用途电器的安全》由若干部分组成，第1部分为通用要求，其他部分为特殊要求。

本部分应与GB 4706.1—2005《家用和类似用途电器的安全　第1部分：通用要求》配合使用。

本部分等同采用国际电工委员会IEC 60335-2-75:2002《家用和类似用途电器的安全　第2-75部分：商用售卖机的特殊要求》及其增补件1(2004)。

为便于使用，本部分对IEC 60335-2-75做了下列编辑性修改：

a)　"第一部分"一词改为"GB 4706.1"；

b)　用小数点"."代替用作小数点的","。

本部分代替GB 4706.72—2003《家用和类似用途电器的安全　商用售卖机的特殊要求》。

本部分与GB 4706.72—2003的主要差异如下：

——第1章注101增加了咖啡研磨器，删除了GB 4706.72—2003注3的内容，删除了GB 4706.72—2003注4中"对于准备在热带国家使用的器具可能需要特殊要求。"，注104增加了专门用于工业用途的器具；

——3.8.5修改了维护操作的定义及注释；

——3.114增加了潜在危险的食物的定义及注1、注2、注3，GB 4706.72—2003该章无上述条款要求；

——5.2增加了"如果进行15.102试验则需要3个附加样品。"，删除了原来的内容；

——7.1删除了GB 4706.72—2003中器具的额定压力和最大静态水压标示单位bar；

——7.12.1为增加内容，GB 4706.72—2003的该条款为代替内容；

——7.12.1中增加了"安装说明应提供适合工作的最大和最小环境温度"；

——7.12.101增加了"包括如何使用进入键和超驰键"；

——7.12.101.1增加了"维护说明应提供详细的清洗的方法和频率"，"推荐列出清洗或消毒的药剂"；

——增加了7.12.101.6的内容，GB 4706.72—2003该章无上述条款要求；

——增加了7.12.101.7的内容，GB 4706.72—2003该章无上述条款要求；

——增加了7.12.102的内容，GB 4706.72—2003该章无上述条款要求；

——11.2删除了GB 4706.72—2003中嵌入型器具及通常固定到某一边壁上的器具的安装要求；

——11.101删除了GB 4706.72—2003中"非制冷部分要在待机状态下工作"；

——15.2.102将冲灌时间修改为1 min；

——15.2.107将倾倒方式改为"快速"；

——15.2.108增加开口器具的试验要求；

——15.2.109将倾倒方式改为"快速"；

——15.102增加了"通过在3个附加样品上进行下述试验来确定是否合格"，并修改了试验内容；

——19.6删除了GB 4706.72—2003中PTC发热元件的试验内容，保留注释部分；

——19.101注2中增加了"如果连接器的主触头用于激发电热元件，则将它锁定在接通位置"，GB 4706.72—2003该章无上述条款要求；

——删除了GB 4706.72—2003中的19.102；

——21.1 将用户区域冲击能量修改为 1.0 J；

——22.7 删除了 GB 4706.72—2003 中的注 3；

——删除了 GB 4706.72—2003 中的 22.106；

——增加了 22.111～22.113 的内容，GB 4706.72—2003 该章无上述条款要求；

——增加了 29.2 的内容，GB 4706.72—2003 该章无上述条款要求；

——删除了 GB 4706.72—2003 中的 30.3。

本部分的附录 AA 为规范性附录。

本部分由中国轻工业联合会提出。

本部分由全国家用电器标准化技术委员会(SAC/TC 46)归口。

本部分起草单位：中国家用电器研究院、广州威凯检测技术研究所。

本部分主要起草人：马德军、李滟、李云美、胡志强。

本部分的历次版本发布情况为：

——GB 4706.72—2003。

IEC 前言

1) IEC(国际电工委员会)是由所有国家的电工委员会(IEC 国家委员会)组成的世界范围内的标准化组织。IEC 的宗旨就是促进各国在电气和电子标准化领域的全面合作。鉴于以上的目的并考虑到其他活动的需要,IEC 还出版国际标准、技术规范、技术报告、公共可用规范(PAS)、导则(以下统称为 IEC 出版物)。整个制定工作由技术委员会来完成。任何对此技术问题感兴趣的 IEC 国家委员会都可以参加制定工作。与国际电工委员会有联系的国际、政府及非政府组织也可以参加这项工作。IEC 根据其与 ISO 达成的协议,与 ISO 在工作上紧密合作。
2) 因为每个技术委员会都有来自于各个对有关技术问题感兴趣的 IEC 国家委员会的代表,所以 IEC 对有关技术问题的正式决议或协议都尽可能的表达了国际性的一致意见。
3) IEC 出版物以推荐性的方式供国际上使用,并在此意义上被各国家委员会接受。在为了确保 IEC 出版物技术内容的准确性而做出任何合理的努力时,IEC 对其出版物被使用的方式以及任何最终用户(读者)的误解不负有任何责任。
4) 为了促进国际上的统一,IEC 希望各国委员会在本国情况允许的范围内采用 IEC 出版物的内容作为他们国家或地区的出版物。IEC 出版物与相应的国家或地区的出版物有差异的,应尽可能在后者中明确地指出。
5) IEC 规定了表示其认可的无标志程序,但并不表示对某一设备声称符合某一 IEC 出版物承担责任。
6) 所有的使用者应确保持有该出版物的最新版本。
7) IEC 或其管理者、雇员、服务人员或代理(包括独立专家、IEC 技术委员会和 IEC 国家委员会的成员)不应对使用或依靠本 IEC 出版物或其他 IEC 出版物造成的任何直接的或间接的人身伤害、财产损失或其他任何性质的伤害,以及源于本出版物之外的成本(包括法律费用)和支出承担责任。
8) 应注意在本出版物中列出的规范性引用文件。对于正确使用本出版物来讲,使用规范性引用文件是不可缺少的。
9) 本 IEC 出版物中的某些内容有可能涉及一些专利权问题,对此应引起注意。IEC 组织不负责识别任一或所有该类专利权问题。

国际标准 IEC 60335 的本部分由 IEC 第 61 技术委员会“家用和类似用途电器的安全”制定。

本部分的第二版取消并取代 1995 年的第一版及其增补件(1998)。它构成了一个技术上的修订本。

本部分以下述文件为依据:

FDIS	表决报告
61/2224/FDIS	61/2299/RVD

本增补件以下述文件为依据:

FDIS	表决报告
61/2743/FDIS	61/2795/RVD

有关本部分和增补件表决通过时的全部资料可从上面所示的表决报告中查找。

本部分应与 IEC 60335-1 的最新版本及其增补件共同使用。本部分是基于 IEC 60335-1 的第 4 版制定的。

注 1:本部分中提及的“第一部分”,均指 IEC 60335-1。

本部分中未提到的第一部分的条款，应尽可能合理地使用。本部分中标有“增加”、“修改”或“代替”是对第一部分相应内容的调整。

注 2：标准中采用下述编号方式：

——子条款、表、图从“101”开始编号的部分是对第一部分的补充；

——除非注解在新的子条款中或是第一部分包含注解，否则一律从 101 开始编号，包括被替代的章节和条款中的注解；

——新增的附录以 AA、BB 等编号。

注 3：标准中使用下述字体：

——标准要求，roman 正体；

——试验规范，*roman* 斜体；

——注解，小号 roman 正体。

正文中的黑体字在第三章中定义，当定义中有形容词时，该形容词和所修饰的名词也应用黑体字。

IEC 委员会声明，本出版物内容在 2004 年之前保持不变。届时，本出版物将被：

——重新确认；

——废止；

——修订版本替代；

——修改。

在某些国家中存在下列差异：

——6.1：对于室内使用的额定电压不超过 150 V 的器具允许是 0I 类器具(日本)；

——11.7：规定售卖循环次数以确定试验的持续时间(美国)；

——13.2：泄漏电流的限值是不同的(日本)；

——16.2：泄漏电流的限值是不同的(日本)；

——20.1：试验是不同的(美国)；

——第 21 章：金属外壳不经受试验(美国)；

——22.7：在超过容器的额定压力前，压力释放装置要动作(美国)；

——22.7：试验压力是额定压力的 5 倍(美国)；

——24.103：如果自复位热断路器已经过可靠性评价，则允许使用；

——25.7：允许使用普通的聚氯乙烯护套线(澳大利亚和新西兰)；

——25.7：允许使用较轻的电源线(美国)；

——27.2：此项增加条款不适用(美国)；

——附录 AA：合成橡胶部件的评估是不同的(美国)。

此出版物的双语版将稍后发布。

家用和类似用途电器的安全 商用售卖机的特殊要求

1 范围

GB 4706.1—2005 的该章用下述内容代替：

GB 4706 的本部分规定了家用和类似用途商用售卖机的安全。

本部分适用于单相器具额定电压不超过 250 V，其他器具不超过 480 V 的用于制备或交付食品、饮料和消费品的商用售卖机。

注 101：本部分范围所覆盖的器具示例为：

——块茶或咖啡酿造机；

——香烟售卖机；

——商用液体加热器；

——蒸馏咖啡器；

——冷热饮售卖机；

——热水售卖机；

——冰淇淋机和冰淇淋搅拌机；

——冰块售卖机；

——报纸，声像录像(音)带或录像(音)盘售卖机；

——包装食品和饮料售卖机；

——冷冻商品售卖机；

——咖啡研磨机。

器具可以有一个以上的上述功能。

注 102：其他的"第二部分"可能会适用于某些功能，诸如：

——制冷(GB 4706.13)；

——微波加热(GB 4706.21)；

——研磨咖啡(GB 4706.38)。

本部分也适用于器具的卫生方面。

本部分适用于器具出现的一般危险，而这些危险是用户和维修人员都能遇到的。通常，本部分没有考虑儿童玩耍的器具。

注 103：注意下述情况：

——对于打算用于车辆、船舶或航空器上的器具，可能需要附加要求；

——在许多国家中，对于装有压力容器的器具规定了附加要求；

——许多国家中，全国性的卫生保健部门、全国性劳动保护部门、全国性供水管理部门及类似部门都对器具规定了附加要求。

注 104：本部分不适用于：

——专门用于家用用途的器具；

——专门用于工业用途的器具；

——准备用在特殊场所的器具，诸如存在腐蚀性和爆炸性气体的地方(尘埃、蒸气或燃气)。

——商用电煮锅(GB 4706.35)；

——商用水浴器(GB 4706.62)；

——服务和娱乐器具(GB 4706.69)；

——专门用于提款的器具；

——展示柜；

——装有电极型水加热器的器具。

2 规范性引用文件

下列文件中的条款通过GB 4706的本部分的引用而成为本部分的条款。凡是注明日期的引用文件，其随后所有的修改单(不包括勘误的内容)或修订版均不适用于本部分，然而，鼓励根据本部分达成协议的各方研究是否使用这些文件的最新版本。凡是不注日期的引用文件，其最新版本适用于本部分。

GB 4706.1—2005的该章除下述内容外，均适用。

增加：

GB/T 1690 硫化橡胶或热塑性橡胶耐液体试验方法(GB/T 1690—2006,ISO 1817:2005,MOD)

GB 4706.17 家用和类似用途电器的安全 电动机-压缩机的特殊要求(GB 4706.17—2004,IEC 60335-2-34 :1999,IDT)

GB/T 5465.2 电气设备用图形符号 第2部分:图形符号(GB/T 5465.2—2008,IEC 60417 DB:2007,IDT)

GB 15092.1 器具开关 第1部分:通用要求(GB 15092.1—2003,IEC 61058-1:2001,IDT)

GB/T 16842 外壳对人和设备的防护 检验用试具(GB/T 16842—2008,IEC 61032:1997,IDT)

3 定义

下列术语和定义适用于本部分：

GB 4706.1—2005的该章除下述内容外，均适用：

3.1.9 代替：

正常工作 normal operation

器具在下述条件下工作：

——器具在待机状态下工作至稳定状态建立，然后在最不利的售卖状态下工作。在有必要时，器具根据使用说明或维护说明的要求，进行重新充灌并且尽快地开始下一阶段工作；

——专业型和监督型器具的盖和罩要处于其设计位置。

3.6.2 代替：

可拆部件 detachable part

不使用工具就可以拆掉的部件，根据使用或维护说明(即使需要工具或进入键)可以拆掉的部件或者不符合22.11试验的部件。

注101：如果是出于安装目的必须拆下的部件，即使说明它是可拆的，该类部件也不能被认为是可拆部件。

注102：能够被打开的部件认为是能被拆下的部件。

3.7.3 代替：

热断路器 thermal cut-out

在非正常工作期间，通过自动断开电路或减少电流来限制所控制部件温度的装置，其结构要使得其整定值不能由用户或维护人员调整。

3.8.5 代替：

维护操作 maintenance operation

在维护区域或用户区域实施的操作，例如准备新产品或新的操作方法、清洗、价格变化、补充商品、硬币收集和控制器整定或类似操作。

注101：维护操作不包括在维修区域实施的操作。

3.101

额定压力 rated pressure

制造厂对器具承压部件规定的压力。

3.102

待机状态 standby mode

根据说明,器具充满所需的物料或成品,通电并处于准备使用的状态。现金箱和溢流容器处于倒空状态。

3.103

进入键 access key

进入维护区域但不能进入维修区域的键或其他方式。

注:"其他方式"包括工具、条码运行、由光源或电磁源产生的信号。

3.104

超驰键 override key

用于使互锁装置不工作的键或其他方式。

3.105

售卖机 dispensing appliance

打算用于交付或获得食品、饮料或其他消费品的器具。

注1:器具也可以制备产品。

注2:售卖工作可以是手动启动或使用硬币或信用卡驱动。

3.106

自动售卖机 vending machine

由硬币、信用卡或其他支付方式驱动的售卖机。

3.107

维护说明 instruction for Maintenance

叙述如何完成清洗、补充商品、硬币收集、控制器整定和类似操作的说明。

3.108

维护人员 maintenance person

根据维护说明进行器具维护的人员。

3.109

用户区域 user area

不使用进入键或工具就可以进入的区域。

注1:监督型器具的用户区域通过判断可拆部件和其他运动部件,如门和盖,是否按正常使用的要求处于指定位置来确定。

注2:专业型器具没有用户区域。

3.110

维护区域 maintenance aera

仅能够使用进入键才可以进入的区域。

3.111

维修区域 service area

单独使用进入键不能进入的区域。

3.112

专业型器具 appliance of the professional type

打算仅由受过训练的人员使用的售卖机,如:厨房或酒吧的工作人员。

3.113

监督型器具 appliance of supervised type

打算由受过训练的人员维护,但由其他人员现场监督使用的售卖机。

注:监督场合的示例为饭馆中的餐厅。

3.114

潜在危险的食物 potentially hazardous food

含有自然或人造成分,它们可以快速且不断增加病原和毒素来制造微生物的食物。

注1:潜在危险的食物的例子有牛奶、鸡蛋、肉、家禽、贝类海产、甲壳类动物,它们可以是未加工的产品也可以是经过热加工的产品,也包括准备用于消耗而不必进一步配置或加工的源自植物的食物。

注2:在加工过程中,食物可以变成潜在危险的食物,例如当粉状成分与水混合或在不适宜的温度下储藏食物。

注3:潜在危险的食物不包括:

——糖果、坚果、口香糖和类似甜食;

——饼干、薄饼和类似烤制食品;

——速溶咖啡、巧克力、可可和糖;

——pH值不大于4.6或25 ℃下水分活性(AW)值不大于0.85的食物;

——制造商说明不超过5 ℃的温度下食物的储藏周期,不超过5 d;

——65 ℃以上或−18 ℃以下温度储藏的食物;

——密封容器中储藏的食物;

——防止变质处理的食物。

4 一般要求

GB 4706.1—2005中的该章内容,均适用。

5 试验的一般条件

GB 4706.1—2005中的该章除下述内容外,均适用。

5.2 增加:

注101:如果进行15.102试验则需要3个附加样品。

5.6 代替:

在用户区域内的控制器或开关装置要调整到最不利的整定值。

在维护区域内的控制器,开关装置或其他部件要调整到维护说明规定限值范围内的最不利的整定值。

注101:不调整维修区域内的控制器或开关装置。

5.9 增加:

当器具制造商制造有效的供选择的软件时,器具带有给出最不利结果的软件进行试验。

5.10 增加:

注101:进入键和超驰键可以与器具分开提供。

在试验前,器具要按照器具提供的使用说明进行安装。

如果使用说明规定器具可以与其他的器具安装在一起,则应考虑这种组合带来的影响。

5.101 打算与水源连接的器具,要在温度为15 ℃±5 ℃且安装说明规定的最不利压力下供水。对于手工加水的器具,水温为15 ℃±5 ℃。

对于打算冷却水的器具,水温为25 ℃±5 ℃。

5.102 当提供维护说明时,本部分中有关维护区域的要求适用。如果使用超驰键进入维护区域,且该种情况较严酷时,则应在进行试验之前使用它。

5.103 当采用B型试验探棒作为参考时GB/T 16842的18号试验探棒也用于用户区域。

5.104 即使专业型器具和监督型器具装有电动机,它们也要按照电热器具进行试验。

注:如果这些器具不装有发热元件,则它们要按照电动器具进行试验。

6 分类

GB 4706.1—2005中的该章除下述内容外,均适用。

6.1 修改：

器具应是Ⅰ类，Ⅱ类或Ⅲ类。

6.2 增加：

打算用于户外的器具至少应是 IPX4 型器具。

可以喷水清洗或安装在有可能水喷溅到的地方所使用的器具至少应是 IPX5。

7 标志和说明

GB 4706.1—2005 中的该章除下述内容外，均适用。

7.1 增加：

器具应标有下述内容

——额定压力 MPa，如果适用；

——打算与水源连接的器具，最大静态水压 MPa。

打算手工充灌的器具为了达到操作要求应有适合的水位指示方法。

注 101：水位标志或声、视信号是适合的方式。

带有输出插口的器具，其电压、电源性质和电流或者输出功率都应标在输出插口的附近。

打算部分浸入水中进行清洗的器具应标注最深的浸入水位及下述内容：

“不要浸入到该水位以下”。

7.3 增加：

当必须由维护人员进行整定时，此要求也适用。

7.6 增加：

等电位(GB/T 5465.2 中的 5021)

7.8 增加：

等电位连接的端子应采用 GB/T 5465.2 中的 5021 电位符号标示。

此标示不应被放置在螺钉、可拆的垫圈或进行导线连接时能被拆除的其他元件上。

7.12.1 增加：

打算与水源连接的器具其安装说明应规定连接方式和引用可能适用的国家法规。

安装说明应指出器具是否适用于室外使用。

安装说明应提供适合工作的最大和最小环境温度。

对于没有达到 IPX5 的器具，说明应指出器具不适合安装在可能有水喷溅的地方。

安装说明应指出器具安全工作的最大倾斜度。

注 101：小于 2°的倾斜不必说明。说明中的“器具必须在水平位置使用”内容足以满足要求。

专业型器具的安装说明应说明该器具仅能安装在被限制为仅由受过训练的人员使用和维护的场合。

监督型器具的安装说明应说明该器具仅能安装在有受过训练的人员监督的场合。

打算永久连接到固定布线的Ⅰ类专业型器具，当其泄漏电流可能超过 10 mA 时，安装说明应说明，安装一个剩余工作电流不大于 30 mA 的漏电流保护装置(RCD)是可行的。

7.12.101 在维护操作期间，如果有必要采取特殊的预防措施，则应提供详细的内容。维护说明应指出如何进入维护区域，包括如何使用进入键和超驰键。该内容不应包括如何进入维修区域。

通过视检来确定其是否合格。

7.12.101.1 如果适用，维护说明应提供详细的清洗的方法和周期，它们应包括除锈、消毒、冲洗和从器具上除去清洁剂残留物、消毒剂或锈斑的详细说明，应对清洗或消毒的药剂给出规定。

注 101：药剂可由它们的化学名称来识别。

如果器具没有达到IPX5,则维护说明应指出不能用喷溅水清洗器具。

对于装有一个器具输入插口,并且打算部分或全部浸入水中进行清洗的器具,其维护说明应指出连接器必须在器具清洗前拆掉,并且器具的输入插口必须在器具重新使用前擦干。

通过视检来确定其是否合格。

7.12.101.2 如果使用超驰键允许其接触运动部件,则应在维护说明中给出适当的警告内容。

通过视检来确定其是否合格。

7.12.101.3 维护说明应列出可能与器具一起使用的所有附件。

通过视检来确定其是否合格。

7.12.101.4 维护说明应指出正确工作的最高和最低环境温度。

对于使用水的器具,维护说明应给出如何防止冻结或在冻结出现时如何确保安全工作的详细内容。

通过视检来确定其是否合格。

7.12.101.5 对于装有压缩燃气的器具,维护说明应给出受压容器和燃气安全搬运的详细说明。

通过视检来确定其是否合格。

7.12.101.6 维护说明应包括器具适合的食品种类,并且给出如何确保卫生操作的详细内容。

通过视检来确定其是否合格。

7.12.101.7 打算售卖潜在危险的食物的器具,当食物安全依赖于储藏温度和周期时,其维护说明应包括安全放置食物的详细要求。

通过视检来确定其是否合格。

7.12.102 说明应指出进入维修区域的人员应严格限制为具有专业知识和器具实际经验的人员,尤其进一步考虑安全性和卫生。

通过视检来确定其是否合格。

8 对触及带电部件的防护

GB 4706.1—2005中的该章内容,均适用。

9 电动器具的启动

GB 4706.1—2005中的该章内容,不适用。

10 输入功率和电流

GB 4706.1—2005中的该章内容,均适用。

11 发热

GB 4706.1—2005中的该章除下述内容外,均适用。

11.2 修改:

对于通常固定到地面上的器具和质量大于40 kg且没有滑轮或滚轮的器具,要按照说明进行安装;

注101:如果没有提供说明,则器具应尽可能靠边壁放置在地面上。

除固定式器具外的其他器具应尽可能靠边壁放置在地面上。

11.4 增加:

如果装有电动机、变压器或电子线路的器具温升超过规定限值,且如果输入功率小于额定输入功率,则试验要在器具以1.06倍的额定电压供电重复进行试验。

11.7 代替:

器具在正常工作条件下工作至稳定状态建立,必要时器具要重新充灌。

注101:重新充灌可能需要使用进入键。

11.8 增加:

用户区域表面的温升不应超过按钮、手柄和类似仅短时握持部件所规定的限值。

注 101:本要求不适用于为了实现器具功能而必须加热的部件表面。

当器具以 1.15 倍的额定输入功率供电时,电动机、变压器或电子线路元件及直接受它们影响的部件的温升可能会超过规定限值。

11.101 装有制冷设备并且所带的电动机-压缩机不符合 GB 4706.17 的器具,在下面环境温度下重复试验:

——温带国家:32 ℃;

——热带国家:43 ℃。

器具的其他部件在制冷系统最不利的条件下工作。

除电动机-压缩机以外,器具其他部件的温升不进行测定。

电动机-压缩机的绕组温度和壳体温度不应超过:

——电动机-压缩机绕组材料为合成绝缘:140 ℃;

——电动机-压缩机绕组材料为纤维绝缘:130 ℃;

——电动机-压缩机壳体:150 ℃。

12 空章

13 工作温度下的泄漏电流和电气强度

GB 4706.1—2005 中的该章除下述内容外,均适用。

13.2 修改:

固定式 I 类电热器具的泄漏电流不应超过下面的规定限值:

——对于打算永久地连接到固定布线的专业型器具:1 mA/kW(器具额定输入功率),无最大值;

——对于其他专业型器具:1 mA/kW(器具额定输入功率),最大值 10 mA;

——对于其他电热器具:0.75 mA 或 0.75 mA/kW(器具额定输入功率),取其较大者,最大值 5 mA。

14 瞬态过电压

GB 4706.1—2005 中的该章内容,均适用。

15 耐潮湿

GB 4706.1—2005 中的该章除下述内容外,均适用。

15.1.1 增加:

分类为 IPX3 或更低等级且打算放置在厨房地面上的专业型器具,应承受直接溅到器具上的水压试验。图 101 为溅水装置示意图。将碗放置到地面上并且调整水压以使水喷溅到碗底上方 150 mm。围绕器具转动装置以便能从各个方向喷溅器具 5 min。

15.2 代替:

在正常使用时经受液体或固体喷溅的器具,其结构应使得喷溅不会影响它们的电气绝缘。电气绝缘同样也不应受到清洗、消毒、除锈和类似操作的影响。

通过 15.2.101~15.2.113 的试验来确定其是否合格。

试验用水应为含有约 1% NaCl 的溶液。

X 型连接的器具,除了特殊制备的导线外,其余应装有表 11 规定的具有最小横截面积的最轻型软线。

装有器具输入插口的器具要在相应连接器在位或不在位时进行试验,取其较不利者。

在每项试验前,器具要在待机状态下工作。与水源连接的器具要充灌 NaCl 溶液。

在每次溢流或使用了液体后,器具应承受 16.3 的试验并且视检应显示在绝缘上没有可导致爬电距离和电气间隙减少到第 29 章规定值以下的液体或固体痕迹。然后,除去所有的残余物并将器具擦干。

将用户区域内的可拆部件拆掉或保持在最不利的位置上。

将维护区域内的可拆部件按维护操作放置在正常位置。

15.2.101 盛放粉状或粒状物配料或制成物的容器用干白糖进行充灌,忽略任何量位指示。然后,将 15%容器容量的干白糖在至少 1 min 的时间内均匀地倒入容器内。

打算在器具外充灌的容器要进行更换,更换时不要将容器中多余的糖取出。在溢流后,更换盖子。

15.2.102 手工充灌的液体容器要充灌 NaCl 溶液,每一容器总容量 15%的水或 0.25 L,取其较大者,在至少 1 min 的时间内均匀地倒入容器中。

15.2.103 液体混合容器的出口要堵住并充灌 NaCl 溶液。每一容器总容量 15%或 0.25 L,取其较大者,在至少 15 s 的时间内均匀地倒入容器中。

注:如果容器有一个以上的独立出口,则应将其依次堵住。

15.2.104 堵住容器残液排放口且容器中充灌 NaCl 溶液。每一容器总容量 15%或 0.25 L,取其较大者,在至少 15 s 的时间内均匀地倒入容器中。

注 1:如果容器有一个以上的独立出口,则应将其依次堵住。

注 2:如果有一个以上的容器,则它们应依次进行试验。

15.2.105 在维护操作中的容器排放龙头要依次调整到最不利的位置。器具要在额定电压下供电并在正常条件下工作,直到 NaCl 溶液稳定地流出来。

15.2.106 连接水源的器具的进水阀被模拟失效。在出现首次溢流后,允许水继续流淌 1 min,直到给水自动停止。

注:一次仅测试一个装置的失灵情况。

15.2.107 器具将售卖液体放入到如杯或壶的服务容器,通过在用户充灌、传递和拿走的表面上快速倾倒 0.5 L 的 NaCl 溶液来进行试验。

15.2.108 除了专业型器具和监督型器具外,将 0.25 L 的 NaCl 溶液缓慢的倒入带有可进入的开口的器具的每个开口进行试验。如果开口位于垂直表面,则溶液要朝向开口倾倒。

注:可进入的开口包括硬币投币口或卡槽。

15.2.109 如果器具带有放置如杯或壶的容器的外表面,则要通过在该表面上快速倾倒 0.5 L 的 NaCl 溶液进行试验。对于最高表面低于 1.5 m 的专业型器具,NaCl 溶液要增加到 5 L。

注 1:即使器具不售卖液体也要进行试验。

注 2:如果有一个以上的表面,则应依次进行试验。

15.2.110 交付预包装产品的器具进行试验,以模拟在储存或运输的任何区域内预包装产品泄漏。

通过快速倾倒器具可交付最大预包装产品容量的盐水溶液,以模拟液体产品的泄漏。

通过快速地倾倒容量等于器具可交付最大预包装产品容量的干白糖 ,以模拟干品的泄漏。

注:本试验不适用于仅打算交付固体产品的器具,例如:报纸、胶卷或香烟。

15.2.111 维护操作涉及使用液体时要进行 3 次试验。

15.2.112 用一块 150 mm×75 mm×50 mm 的蘸水海绵擦拭易于清洗的部件。用海绵对每面施加不明显的力轻擦约 10 s。

注:不适用于给出清洗说明的维护区域的表面。

15.2.113 承受除锈的器具要按照维护说明进行 10 次除锈。然后,器具在待机状态下工作。

15.3 增加:

注 101:如果不可能将器具放置在潮态箱内,则电气部件要单独进行试验。

15.101 如果器具带有可以充灌或清洗的水龙头,则器具结构应使得水不可能接触到带电部件或影响器具的电气绝缘。

通过下述试验来确定其是否合格。

将器具连接水源，将压力调整到器具所标定的最大静态水压。可倾斜的部件或运动部件，包括盖子，放置到最不利的位置。龙头要完全打开 1 min，旋转出口被调整到使水流射向最不利的方向。然后，器具要经受 16.3 的电气强度试验。

15.102 打算部分或全部浸入水中清洗的器具应具有足够的防护措施以避免水的浸入影响。

通过在 3 个附加样品上进行下述试验来确定其是否合格。

器具在正常工作条件下，以 1.15 倍的额定输入功率工作，直到温控器第一次动作为止。不带温控器的器具工作至稳定状态建立。从电源断电的器具，应断开连接器。然后使器具完全浸入到温度为 10 ℃～25 ℃，NaCl 浓度为 1%的水中，除非器具标有最大的浸入水位，否则将器具浸入到该水位以下 50 mm。

1 h 以后，将器具从 NaCl 溶液中取出，擦干并经受 16.2 的泄漏电流试验。

注：必须注意确保从器具输入插口插片周围的绝缘上去除所有的潮湿。

进行四次以上的试验，之后，器具应经受 16.3 的电气强度试验，电压值列在表 4 中。

在第五次浸入后断开带有最大泄漏电流的器具，并且视检应显示出在绝缘上没有可导致爬电距离和电气间隙减少到第 29 章规定值以下的水迹。

保留两个样品在正常工作条件下，以 1.15 倍额定输入功率工作 240 h。在这个阶段过后，将器具从电源断开并再次浸入 1 h。然后擦干器具并经受 16.3 的电气强度试验，电压值列在表 4 中。

视检应显示出在绝缘上没有可导致爬电距离和电气间隙减少到第 29 章规定值以下的水迹。

16 泄漏电流和电气强度

GB 4706.1—2005 中的该章除下述内容外，均适用。

16.2 修改：

固定式Ⅰ类电热器具的泄漏电流不应超过下面的规定限值：

——对于打算永久地连接到固定布线上的专业型器具：2 mA/kW（器具额定输入功率），无最大值；

——对于其他专业型器具：2 mA/kW （器具额定输入功率），最大值 10 mA；

——对于其他电热器具：0.75 mA 或 0.75 mA/kW（器具额定输入功率），取其较大者，最大值 5 mA。

17 变压器和相关电路的过载保护

GB 4706.1—2005 中的该章内容，均适用。

18 耐久性

GB 4706.1—2005 中的该章内容，不适用。

19 非正常工作

GB 4706.1—2005 中的该章除下述内容外，均适用。

19.1 增加：

如果适用，器具也要经受 19.101～19.102 的试验。

在用户区域内的可拆部件要被拆除或放置在最不利的位置。

在维护区域内的可拆部件要按照维护操作放置在正常位置上。

容器要充灌到最不利的位置。

装有在第 11 章试验期间动作的限压控制器的器具要在该控制器处于不工作状态时经受 19.4 的

试验。

19.2 增加：

注 101：严格限制热量散失的事例：

——无水工作；

——断开风扇；

——覆盖通风口。

19.4 增加：

注 101：如果控制器还要运行其他功能，则仅使控制温度或压力的部件处于不工作状态。

19.6 增加：

注 101：必需注意器具的其他部件不会由于在试验期间所施加的电压而损坏。在 PTC 发热元件上施加的电压可以由一个单独的电源供电。

19.7 增加：

下述试验中，器具要在电动机处于最不利的售卖循环下工作。

19.11.2 修改：

模拟故障条件直到达到稳定状态。

19.13 增加：

在试验期间，不应流出融熔的塑料。

温度超过 80 ℃的液体、蒸汽或固体物质不应以一种会伤人的方式从不可预料的地方喷射出来。

在试验后，不应影响符合 15.1 和 15.2 的要求。

注 101：在每次试验后，如果预计到电气绝缘会受到影响，则可能要进行电气强度试验。

19.101 器具要在额定电压下供电并在正常条件下工作。应施加任何可能在器具使用过程中出现的故障条件或意外运行。

注 1：在每次试验后，可能要更换损坏的元件或部件。

注 2：失效条件的事例：

——器具内的缺陷：

- 程序器停在某一位置；
- 程序器的任何部位断开或重新连接电源的一相或多相；
- 元件的开路或短路；
- 主触头或在正常使用时接通或断开发热元件的接触器锁定在“接通”位置，除非器具带有至少两组串联的触头。如果连接器的主触头用于激发电热元件，则将它锁定在接通位置。然而，如果至少提供两组独立动作的触头，则不会引起故障；
- 电磁阀失效；
- 气压或水压控制器失灵；
- 堵塞硬币或奖品槽。如果可以从器具的外边注意到堵塞情况，则不再进行进一步的交货。否则器具要工作到不可能进一步交货为止。必需考虑导电材料作为产品包装的情况；

——用户或维护人员操作失误：

- 手柄、开关或推进开关不正确的启动；
- 用可获得的设备中断售卖工作；
- 不正确的开启或关闭门或盖；
- 错误的使用维护说明；
- 不正确的例行清洗。在用户区域内所有表面上进行 15.2.112 的海绵试验，除非清洗说明有要求，否则维护区域的所有表面也进行试验；
- 控制器，开关或程序器设置在最不利的位置；
- 不正确的加载；
- 不正确的硬币收集；

——用户的误使用：

- 堵塞售卖口；
- 堵塞运动部件。

注 3：如果器具的无水工作可以认为是一种较为严重的工况，则试验要在关闭水源的情况下进行。在售卖工作时不应关闭。

注 4：一般情况，限制试验的故障条件到预测的最不利结果为止。

19.102 装有毛细管型热断路器的器具要在毛细管破裂时进行19.4的试验。

20 稳定性和机械危险

GB 4706.1—2005的该章除下述内容外，均适用。

20.1 修改：

器具带有放置在维护区域中的正常使用位置的门、盖和类似部件进行试验。

器具不进行倾斜15°的试验。

增加：

器具带有放置在维护区域中最不利位置的门、盖和类似部件进行试验，然而，器具仅倾斜5°。

20.2 增加：

运动部件上动能超过4 J的盖子应是互锁的，以使当部件处在固定状态时才可以拆掉或仅应借助于工具才可以拆掉。

21 机械强度

GB 4706.1—2005中的该章除下述内容外，均适用。

21.1 增加：

将0.5 J的冲击能量施加在维护区域。在用户区域，冲击能量为1.0J。

22 结构

GB 4706.1—2005中的该章除下述内容外，均适用。

22.6 增加：

注 101：不能认为经受附录AA老化试验的部件是可能发生泄漏的部件。

22.7 增加：

压力释放装置应不会失效或不借助通常仅由制造商使用的工具就无法设置最高压力。

装有压力系统的器具要经受下述试验：

所有压力控制装置不工作，并且在系统中要充满水。然后，将压力缓慢地升高，直到压力释放装置动作。

压力不应超过1.2倍的额定压力，并且器具应适于进一步的使用。然后，压力释放装置处于不工作状态，并且将压力再次升高达到两倍的额定压力。压力在该值保持5 min。

系统不应破裂并且不能有永久性的变形。然而，只要不引起危险，则在达到1.5倍的额定压力后，设置的薄弱部件可能会破裂。在这种情况下，要更换薄弱部件并重复试验。破裂应以相同的方式出现。

然后，器具应经受16.3的电气强度试验。

注 101：如果液体不能通过压力系统自由地循环，则可能会在系统独立的部件上分别进行试验。

注 102：如果在系统的同一部件上有一个以上的压力释放装置，则它们应一起处于不工作状态。

注 103：在制冷系统上不进行该试验。

22.14 增加：

此要求同样也适用在维护区域中维护操作期间易于触及的部件。

22.33 增加：

配料和制成品不应直接与带电部件接触或与Ⅱ类结构的基本绝缘接触。

22.101 如果必须符合本部分,则器具的结构应使得只有使用超驰键才能使互锁装置处于不工作状态。

通过视检、手动试验并施加 GB/T 16842 的 B 型试验探棒来确定其是否合格。

22.102 仅在维护区域使用的进入键应不可能进入维修区域。

通过视检和手动试验来确定其是否合格。

22.103 器具的结构应使得打开盖子时避免蒸汽烫伤。

通过视检和第 19 章的试验来确定其是否合格。

22.104 器具的结构应使售卖的商品不受到如润滑油和腐质的污染。

通过视检来确定其是否合格。

22.105 器具的结构应使得其不可能无意打开排放龙头和排放阀或拔出排放塞。

通过视检和手动试验来确定其是否合格。

注:当释放时阀能够自动恢复到关闭位置,轮型阀或放置在凹槽中的阀也被认为符合要求。

22.106 硬币箱和其他支付方式的收集器应被放置或保护使得过量充填不可能导致危险。

通过视检来确定其是否合格。

22.107 打算与水源连接的器具结构应使得静压不会超过 0.6 MPa。

通过视检来确定其是否合格。

22.108 器具的防护应使得潮湿、润滑油和器具内使用的产品集聚不会影响电气间隙和爬电距离的值。

通过视检来确定其是否合格。

22.109 指示危险警告的灯应仅是红色的。

通过视检来确定其是否合格。

22.110 装有压力容器的器具结构应使得当容器内的压力超过规定值时,盖子不能被移开。器具应装有阀类的压力释放装置使盖能安全地移动。

通过下述试验来确定其是否合格。

器具在第 11 章规定的条件下工作,直到压力调节器首次动作。

将器具从电源上断开,并使容器内的压力减至 4 kPa。将 100 N 的力施加在盖或能被握持把手的最不利的位置上。应不可能移动盖子。

逐步降低内部压力,并保持 100 N 的力。当压力释放时,移动盖子不应有危险。

本试验不适用于盖子被螺钉夹紧的器具,或其他确保容器内的压力在盖子能被移动前,用控制的方式自动降低压力的器具。

22.111 用于售卖潜在危险的食物的器具,应包括禁止售卖由于温度储存或处理不当带来不利影响的食物。

通过视检来确定其是否合格。

22.112 食物表面区域和喷溅区域应可以清洗。如果必要,食物区域应可以被消毒。

注:食物区域包括食物表面和准备食物时可以接触的食物表面。喷溅区域包括正常使用中可以喷溅或流动的食物部分表面,但这些食物不成为产品部分。

通过正常使用中器具工作和按维护说明清洗或消毒后确定器具是否合格。

22.113 售卖机的食物区域不完全独立于非食物区域,其结构应可以阻止潮气或其他多余东西、虫子进入其中。当这些情况不可避免时,可以按 22.112 清洗非食物区域表面。

注 1:非食物区域不包括喷溅区域。

注 2:此要求不适用于售卖密封容器例如罐头和瓶装食品的器具。

通过视检来确定其是否合格。

23 内部布线

GB 4706.1—2005 中的该章除下述内容外,均适用。

23.3 修改：

要求也适用于维护操作。

弯曲次数是：

——正常使用时承受弯曲的导线：200 000 次；

——在维护操作期间弯曲的导线：10 000 次。

23.101 易于更换的内部布线固定装置的结构和放置应使得：

——如果夹紧螺钉可以触及，则布线不应能触及固定装置的夹紧螺钉，除非它们通过附加绝缘与易触及的金属部件隔开。

——内部布线不应直接由金属螺钉夹紧。

——对于Ⅰ类器具，固定装置是绝缘材料或带有绝缘衬垫的，除非布线绝缘失效不可能触及带电的金属部件。

——对于Ⅱ类器具，固定装置是绝缘材料，否则如果是金属的，则要将其用附加绝缘与易触及的金属部件隔开。

通过视检来确定其是否合格。

23.102 在维护区域内的易触及内部布线和在正常使用中移动的内部布线也应符合 GB 4706.1—2005 中 25.13、25.14、25.15 和 25.21 的规定。

通过相关试验来确定其是否合格。

24 元件

GB 4706.1—2005 中的该章除下述内容外，均适用。

24.1.5 增加：

装有温控器、热断路器的器具耦合器或装在连接器中的熔断器应符合 GB 17465.1 的要求，除非：

——如果接地触头在连接器插入或拔出时不可能被握持，则连接器的接地触头允许被触及；

——第 18 章试验所要求的温度就是在第 11 章试验期间测得的器具输入插口的插片处的温度；

——采用器具的输入插口进行第 19 章的分断能力试验；

——不测定第 21 章规定的载流部件的温升。

注 101：在符合 GB 17465.1 的连接器中不允许有热控制器。

24.2 增加：

在安全特低电压下工作的开关和自动控制器，可以装在维护区域的内部连线上。

24.101 如果内部连接导线的连接装置可与器具内的其他装置互换，且互换会导致危险，则内部连接导线的连接装置应是可识别的。

注：颜色符号可用于识别。

通过视检来确定其是否合格。

24.102 互锁开关应尽可能合理地符合 GB 15092.1，并且应确保全极断开。但对机械保护而言，允许单极断开。

根据 GB 15092.1 的相应条款来对开关进行试验以确定其是否合格，第 17 章的试验循环次数为 10 000 次。但是，如果开关每个工作循环动作一次，则工作循环数 100 000 次。

注：本要求仅适用于符合本部分的互锁开关。

24.103 器具带有符合第 19 章的热断路器应是非自复位热断路器。如果热断路器能断开发热元件或电动机，切断可能对用户或维护人员造成危险的非预期启动，则它们应带有自动跳闸机构。

通过视检和手动试验来确定其是否合格。

25 电源连接及外部软线

GB 4706.1—2005 的该章下述内容，均适用。

25.7 增加：

打算用于户外使用的器具，电源线应是氯丁橡胶护套线且不应轻于普通的氯丁橡胶护套软线（GB 5013.1 中规定的 57 号线）。

25.15 增加：

当试验是在内部布线上进行时，施加的拉力为 30 N，扭矩为 0.1 N·m，不考虑器具的质量。

对于该类布线，施加 30 N 推力把线推进器具中。

26 外部导线用接线端子

GB 4706.1—2005 中的该章内容，均适用。

27 接地措施

GB 4706.1—2005 中的该章除下述内容外，均适用。

27.2 增加：

打算安装在厨房的固定式Ⅰ类专业型器具，应装有一个用于连接外部等电势导线的端子。该端子应连接到器具的所有易触及金属部件上，并且应允许连接标称横截面积为 2.5 mm^2～10 mm^2 的导线。端子的位置应使得在器具安装后能进行导线的连接。

注 101：本要求不适用于小部件，如：铭牌。

28 螺钉和连接

GB 4706.1—2005 中的该章除下述内容外，均适用。

28.1 增加：

本要求也适用于在维护操作期间可能拆掉的螺钉。

试验也适用于在维护操作期间可能拧紧的螺钉。

28.3 增加：

本要求也适用于由维护人员操作的螺钉。

29 电气间隙、爬电距离和固体绝缘

GB 4706.1—2005 中的该章除下述内容外，均适用。

29.2 增加：

除非绝缘被盖上或被放置使得正常使用中的器具不会暴露在污染中，否则微环境的污染等级为 3 级。

——器具产生的蒸汽导致的污染；

——液体或固体导致的污染，例如：原料、产品或清洁除垢剂。

30 耐热和耐燃

GB 4706.1—2005 中的该章除下述内容外，均适用。

30.2.2 不适用。

31 防锈

GB 4706.1—2005 中的该章内容，均适用。

32 辐射、毒性和类似危险

GB 4706.1—2005 中的该章内容，均适用。

单位为毫米

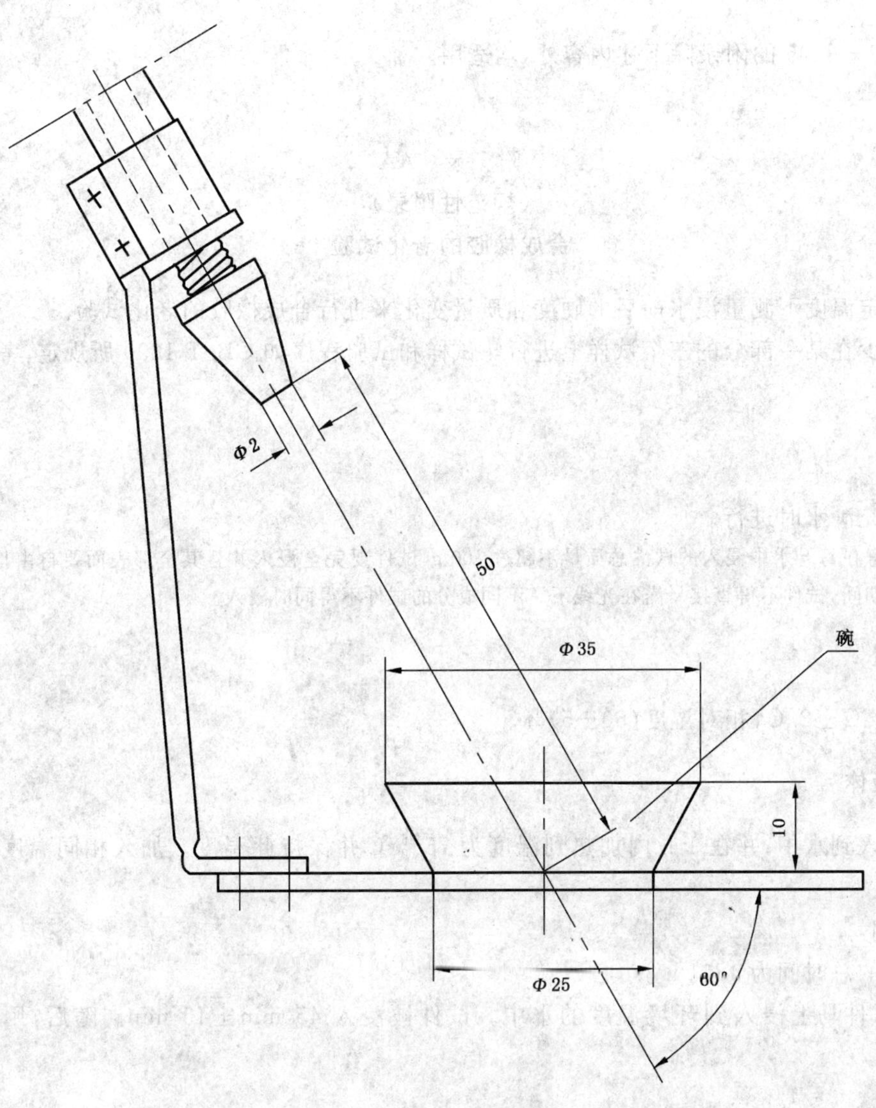

图 101 喷溅装置

附　录

GB 4706.1—2005 的附录除下述内容外，均适用。

附　录　AA
（规范性附录）
合成橡胶的老化试验

通过在评定温度下测量浸水前后的硬度和质量变化来进行合成橡胶的老化试验。

试验要至少在某一部分的三个试样上进行。试样和试验程序如 GB/T 1690 所规定，考虑下述修改的条款。

4　试验液体

试验在有充满水时进行。

注：必须注意在每升水中浸入的试件总质量不超过 100 g，试件要完全浸入并且其全部表面要自由地暴露在水中。在试验期间，试件不得直接暴露在光线下。不同成分的试件不得同时浸入。

5　试件的处置

温度为 23 ℃±2 ℃，相对湿度(50±5)%。

6　浸入试验液体

将试件浸入到水中，并在 1 h 内加热到温度为 75^{+5}_{0} ℃并保持此温度。加入相同温度的水以补偿蒸发。

6.2　浸入时间

试件浸入的总时间为 48^{+1}_{0} h。

然后，将试件马上浸入到环境温度的水中。试件被浸入 45 min±15 min。随后，用吸墨纸将水吸干。

7　步骤

7.2　改变质量

试件质量的增加不应超过浸入前测定值的 10%。

7.6　改变硬度

显微硬度试验适用。

试件的硬度变化不应超过 8IRHD。它们的表面不应变黏，并且不应有肉眼可见的裂纹或任何其他变形。

参 考 文 献

GB 4706.1—2005 的该章除下述内容外,均适用。

增加:

GB 4706.13 家用和类似用途电器的安全 制冷器具、冰淇淋机和制冰机的特殊要求(GB 4706.13—2008,IEC 60335-2-24:2007,IDT)

GB 4706.21 家用和类似用途电器的安全 微波炉的特殊要求(GB 4706.21—2008,IEC 60335-2-25:2006,IDT)

GB 4706.35 家用和类似用途电器的安全 商用电煮锅的特殊要求(GB 4706.35—2008,IEC 60335-2-47:2002,IDT)

GB 4706.38 家用及类似用途电器的安全 商用电动饮食加工机械的特殊要求(GB 4706.38—2008,IEC 60335-2-64:2002,IDT)

GB 4706.69 家用和类似用途电器的安全 服务和娱乐器具的特殊要求(GB 4706.69—2008,IEC 60335-2-82:2005,IDT)

IEC 60335-2-50 家用和类似用途电器的安全 第 2-50 部分:商用双层电蒸锅的特殊要求

ICS 97.170
Y 64

中华人民共和国国家标准

GB 4706.73—2008/IEC 60335-2-60:2005(Ed 3.1)
代替 GB 4706.73—2004

家用和类似用途电器的安全 涡流浴缸和涡流水疗器具的特殊要求

Household and similar electrical appliances—Safety—Particular requirements for whirlpool baths and whirlpool spas

(IEC 60335-2-60:2005(Ed 3.1),IDT)

2008-12-15 发布　　　　2010-01-01 实施

中华人民共和国国家质量监督检验检疫总局
中国国家标准化管理委员会　发布

前　言

本部分的全部技术内容为强制性。

GB 4706《家用和类似用途电器的安全》由若干部分组成，第1部分为通用要求，其他部分为特殊要求。

本部分应与GB 4706.1—2005《家用和类似用途电器的安全　第1部分：通用要求》配合使用。

本部分等同采用IEC 60335-2-60:2005《家用和类似用途电器的安全　第2-60部分：涡流浴缸和涡流水疗器具的特殊要求》。

为便于使用，本部分对IEC 60335-2-60作了下列编辑性修改：

——“第1部分”一词改为“GB 4706.1—2005”。

本部分代替GB 4706.73—2004《家用和类似用途电器的安全　涡流浴缸和涡流水疗器具的特殊要求》。

本部分与GB 4706.73—2004的主要差异如下：

——本部分增加了涡流水疗器具；

——增加了3.101涡流浴缸的定义；

——增加了3.102涡流水疗器具的定义；

——7.12中增加了涡流水疗器具使用说明和安装说明的内容；

——17章增加了装有氯化单元的器具的试验要求；

——增加了19.13对进水口温度的要求。

本部分由中国轻工业联合会提出。

本部分由全国家用电器标准化技术委员会(SAC/TC 46)归口。

本部分主要起草单位：中国家用电器研究院、中国电器科学研究院、上海出入境检验检疫局、佛山市质量计量监督检测中心、中国质量认证中心。

本部分主要起草人：鲁建国、章稼新、许振刚、陈兰娟、黄慧珍、闵静。

本部分的历次版本发布情况为：

——GB 4706.73—2004。

IEC 前言

1）国际电工委员会（IEC）是由所有的国家电工委员会(IEC NC)组成的国际范围的标准化组织。其宗旨是促进在电气和电子领域有关标准化问题上的国际间合作。为此，IEC 开展相关活动，并出版国际标准、技术规范、技术报告、公共可用规范(PAS)、指南(以后统称为 IEC 出版物)。这些标准的制定委托各技术委员会完成。任何对该技术问题感兴趣的 IEC 国家委员会均可参加制定工作。与 IEC 有联系的国际、政府及非政府组织也可以参加标准的制定工作。IEC 与国际标准化组织(ISO)在两个组织协议的基础上密切合作。

2）IEC 在技术方面的正式决议或协议，是由对其感兴趣的所有国家委员会参加的技术委员会制定的。因此，这些决议或协议都尽可能表述了相关问题在国际上的一致意见。

3）IEC 标准以推荐性的方式供国际使用，并在此意义上被各国家委员会接受。在为了确保 IEC 出版物技术内容的准确性而做出任何合理的努力时，IEC 对其标准被使用的方式以及任何最终用户的误解不负有任何责任。

4）为了促进国际上的统一，各国家委员会要保证在其国家或区域标准中最大限度地采用国际标准。IEC 标准与相应的国家或区域标准之间的任何差异必须清楚地在后者中表明。

5）IEC 规定了表示其认可的无标志程序，但并不表示对某一设备声称符合某一标准承担责任。

6）所有的使用者应确保他们拥有本部分的最新版本。

7）IEC 或其管理者、雇员、后勤人员或代理(包括独立专家和技术委员会的成员)和 IEC 国家委员会不应对使用或依靠本 IEC 出版物或其他 IEC 出版物造成的任何个人伤害、财产损失或其他任何属性的直接或间接损失，或源于本出版物之外的成本(包括法律费用)和支出承担责任。

8）应注意在本部分中罗列的引用标准(规范性引用文件)。对于正确使用本部分来讲，使用引用标准(规范性引用文件)是不可缺少的。

9）应注意本国际标准的某些条款可能涉及专利权的内容，IEC 将不承担确认专利权的责任。

国际标准 IEC 60335 的本部分由 IEC 第 61 技术委员会“家用和类似用途电器的安全”制定。

此整理稿 IEC 60335-2-60 包含第 3 版(2002)[文件 61/2223/FDIS 和 61/2298/RVD]和它的增补件 1(2004)[文件 61/2742/FDIS 和 61/2799/RVD]。

因此本技术内容统一于它的基础版本和它的修正版本及为用户使用方便作了准备。

本版本号为 3.1。

边缘垂直线所划出的部分是由增补件 1 所修改的标准。

旁注的法语译文未经过投票。

本双语译文(2005-09)替代了英文。

本第二部分与 IEC 60335-1 的最新版本及其修正件一起使用。本部分是在 IEC 60335-1:2001(第四版)的基础上建立起来的。

注 1：本部分中提到的“第一部分”是指 IEC 60335-1。

本第二部分增补及修正了 IEC 60335-1 中相应的条款，转换为 IEC 标准出版：电涡流浴缸和涡流水疗器具的安全要求。

凡第一部分中的条款没有在本部分中特别提及的，只要合理，即应采用。本部分写明“增加”、“修改”或“替代”时，第一部分中的有关内容须作相应修改。

注 2：采用下列编号：

——对 IEC 60335-1 增加的条款、表格和图从 101 开始编号；

——除非注在新条款中或包含在第1部分的注中，否则他们应从101开始编号，包括代替的章节或条款；

——增加的附录使用字母AA，BB等编码。

注3：采用下列字体：

——要求：罗马字体；

——试验技术规范：斜体字；

——注释：小写罗马字体。

正文中用黑体印刷的词在第3章中给出定义。当一个定义涉及一个形容词时，则该形容词和相关的名词也是黑体。

委员会决定，在IEC网站“http://webstore.iec.ch”指定的保持结果日期之前，基本出版物和其增补件的相关内容中与特殊出版物有关的数据保持不变。在此日期，出版物将：

- 重新确认；
- 撤消；
- 被一个修订版标准取代；
- 被修正。

在下述国家存在着下列差异。

——6.1：允许0Ⅰ类器具(日本)。

——6.1：允许Ⅰ类便携式器具(澳大利亚、加拿大、日本、瑞士和美国)。

——7.12.1：不需要有关接地器具的说明(澳大利亚、日本、瑞士和美国)。

——22.35：用电流限值替代电压限值(加拿大和美国)。

——22.101：试验不同(美国)。

——22.103：试验进行十次(美国)。

——25.1：Ⅰ类器具可以有一个带插头的电源软线(澳大利亚、加拿大、日本、瑞士和美国)。

家用和类似用途电器的安全 涡流浴缸和涡流水疗器具的特殊要求

1 范围

GB 4706.1—2005 中的该章由下述内容代替：

本部分涉及单相器具额定电压不超过 250 V，其他器具额定电压不超过 480 V 的家用和类似用途室内用电涡流浴缸和涡流水疗器具的安全。

本部分还适用于在传统浴缸内使空气或水产生循环流动的器具。

不打算作为一般家用但对公众仍可以构成危险源的器具，例如：打算在酒店、健身中心和类似场所由非专业人员使用的器具，属于本部分的范围。

就实际情况而言，本部分所涉及的涡流浴缸和涡流水疗器具存在的普通危险，是在住宅和住宅周围环境中所有的人可能会遇到的。

然而，一般来说本部分并未涉及：

——无人照看的幼儿和残疾人使用器具时的危险；

——幼儿玩耍器具的情况

注 1：注意下述情况：

——对于打算用在车辆、船舶或航空器上的涡流浴缸和涡流水疗器具，可能需要附加要求；

——在许多国家中，全国性的卫生保健部门、全国性劳动保护部门、全国性供水管理部门以及类似的部门都对器具规定了附加要求。

注 2：本部分不适用于：

——游泳池和运动训练池中使水产生循环流动的器具；

——游泳池的清洁器具；

——医用电气设备(GB 9706.1)；

——打算使用在经常产生腐蚀性或爆炸性气体(如灰尘、蒸气或瓦斯气体)特殊环境场所的器具。

2 规范性引用文件

GB 4706.1—2005 中的该章适用。

3 定义

GB 4706.1—2005 中的该章除下述内容外，均适用。

3.1.9 代替：

正常工作 normal operation

器具要在下述条件下工作。

户内使用的涡流浴缸和涡流水疗器具注入水，并达到器具结构所允许的最高水位。

对于打算与传统浴缸一起使用的分离式器具，浴缸加水深度约为 200 mm，或者达到使用说明书中规定的最高水位，两者选较不利的情况。

3.6.4 修改：

注 1：即使部件符合 8.1.4，也被认为是带电部件。

3.101

涡流浴缸 whirlpool bath

使用者可浸入水中，混合提供气流或水流并可能提供水加热功能的器具，此器具打算在在使用之后排水。

3.102

涡流水疗器具　whirlpool spa

一个或多个使用者可同时浸入水中，混合提供气流或水流并具有水加热功能的器具，此器具未打算在使用之后排水。

4　一般要求

GB 4706.1—2005 中的该章适用。

5　试验的一般条件

GB 4706.1—2005 中的该章除下述内容外，均适用。

5.7　增加：

如果试验受水温影响，则水温要保持 40 ℃或控制器允许的最高温度，两者取较大值。

6　分类

GB 4706.1—2005 中的该章除下述内容外，均适用。

6.1　修改：

便携式器具应为Ⅱ类或Ⅲ类，驻立式器具应为Ⅰ类、Ⅱ类或Ⅲ类。

6.2　增加：

涡流浴缸和涡流水疗器具至少为 IPX5，其他器具至少为 IPX4。

注：打算安装在浴室外器具的部件可以是 IPX0。

7　标志和说明

GB 4706.1—2005 中的该章除下述内容外，均适用。

7.12　增加：

使用说明书应包含有关清洁和其他维护方面的详细说明。

便携式器具使用说明书应指出，在使用过程中器具任何一部分都不要置于浴缸的上方。

涡流水疗器具的使用说明书应包括以下信息：

——水可维持的纯净程度，特别是水的 pH 值和氯的浓度；

——清洁和消毒；

——顶盖的使用和安装；

——水的处理；

——防止由于水结冰而造成损坏的警示；

——防止由于器具长期空置而造成损坏的警示。

7.12.1　增加：

安装说明书应包含下述内容：

——除由不超过 12 V 的安全特低电压供电的部分外，在浴缸内的人必须无法触及到含有带电部件的部分；

——接地连接器具必须永久连接到固定布线上；

——装有电气元件的部件，除遥控装置外，必须适当放置或固定，使它们不会掉入浴缸内；

——应通过一个额定剩余工作电流不超过 30 mA 的剩余电流装置(RCD)给器具供电。

安装说明书应详细说明如何做到符合布线规则，例如，详细规定部件安装在正确的区域，并进行等电位的连接。

如果器具打算用螺钉或其他永久固定方式进行固定，则安装说明书应详细说明如何对器具进行固定。

注 101：如果固定方式是明显的，则不需要本说明。

涡流水疗器具的安装说明应规定以下内容：

——地板必须有足够的承重；

——需要提供适当的排水系统来处理溢出的水。

8 对触及带电部件的防护

GB 4706.1—2005 中的该章除下述内容外，均适用。

8.1.4 修改：

所有通电部件均被认为是带电部件。

9 电动器具的启动

GB 4706.1—2005 中的该章不适用。

10 输入功率和电流

GB 4706.1—2005 中的该章适用。

11 发热

GB 4706.1—2005 中的该章除下述内容外，均适用。

11.8 增加：

如果器具装有一个加热元件，则浴缸或水疗器具入口处的水温不应超过 50 ℃。

12 空章

13 工作温度下的泄漏电流和电气强度

GB 4706.1—2005 中的该章适用。

14 瞬态过电压

GB 4706.1—2005 中的该章适用。

15 耐潮湿

GB 4706.1—2005 中的该章除下述内容外，均适用。

15.1 增加：

由不超过 12 V 的安全特低电压供电的部件绝缘表面存在水迹可以忽略。

15.1.2 增加：

涡流浴缸和涡流水疗器具试验时，器具上不安装侧板，除非侧板与器具是一体的。

16 泄漏电流和电气强度

GB 4706.1—2005 中的该章适用。

17 变压器和相关电路的过载保护

GB 4706.1—2005 中的该章除下述内容外，均适用。

增加：

装有氯化单元的器具重复本试验，试验电流为使保护装置动作最低电流的95%，试验到稳定状态。

18 耐久性

GB 4706.1—2005 中的该章不适用。

19 非正常工作

GB 4706.1—2005 中的该章除下述内容外，均适用。

19.2 增加：

对于水在内部循环的器具，在开关断开和排空浴缸的水之后，浴缸或水疗器具进水并让器具工作，发热元件通电，如果可能，泵处于工作或不工作状态，两者取较不利的情况。

对于空气在其内部循环的器具，堵塞空气入口和出口。然后发热元件通电，如果可能，让风机工作。

19.7 增加：

试验时浴缸或水疗器具装有正常工作时所规定的水量。

19.13 增加：

按照第11章要求测量时，有加热装置的涡流浴缸和涡流水疗器进水口水温不应超过55 ℃。

20 稳定性和机械危险

GB 4706.1—2005 中的该章适用。

21 机械强度

GB 4706.1—2005 中的该章除下述内容外，均适用。

21.1 增加：

除非器具仅在室内使用，涡流水疗器具在－10 ℃环境中保持24 h后进行冲击试验。

注101：如果器具相对于环境试验室过大，器具部件可以分开进行试验。在这种情况下，冲击试验需在环境试验后立即进行，且不重新组装。

对于易触及带电部件提供保护的水容器，冲击能量为1 J。

22 结构

GB 4706.1—2005 中的该章除下述内容外，均适用。

22.33 增加：

导电液体若与带电部件直接接触，此带电部件应由不超过12 V的安全特低电压供电。

注：不允许直接触及第8章禁止的带电部件。

如果开关和控制装置为涡流浴缸和涡流水疗器具易触及部件，则仅使用低于12 V的安全特低电压供电。

22.101 空气在其内部循环的器具，其结构应保证水不渗入电机且不接触到带电部件或基本绝缘。

通过下述试验确定是否合格。

堵住涡流浴缸或涡流水疗器具的溢流出口，使浴缸加水直到水溢出。每次试验使一个单向阀不工作。

除便携式地垫置于装有水的浴缸内之外，打算与常规浴缸一起使用的独立式器具置于地板上，然后将地垫抬高到器具结构所允许的最不利位置，但高度不超过2 m。每次试验使一个单向阀不工作。

注：在所有可能的软管连接方式下进行试验。

试验后，绝缘表面没有使电气间隙和爬电距离减小到第29章规定值以下的水迹。

22.102 涡流浴缸的结构应保证：排空浴缸后留存在器具内下次使用被再次循环的水量，不超过0.5 L或浴缸容量的0.2%，两者取较小值。

注：浴缸容量被认为是给浴缸加水到水开始流出溢流口时所需要水的体积。

通过任何适当的方法确定是否合格，如使用化学稀释剂进行测量、称重或测定体积。

22.103 如果毛发被吸入孔口会导致危险时，涡流浴缸或涡流水疗器具的结构应保证不能由于水的抽吸使毛发被吸入孔口。

通过下述试验确定是否合格。

给器具充满正常工作所规定水量。

将总质量为50 g的中等或细的天然头发附着到一根直径为25 mm的木棒上，头发的自由端长度为400 mm，此棒有足够的长度使头发达到抽吸开口，头发放在水中至少2 min，充分浸透。

器具在额定电压下工作，将头发的自由端放到抽吸口上。在2.5 min内使头发从一边移动到另一边，试图使头发被完全吸入到开口内。

拉木棒使头发从水中抽出，并在下述条件下测量拉力：

——垂直方向拉木棒；

——与垂直方向成约40°角拉木棒。

拉力不超过20 N。

如果浴缸或水疗器具带有一个可拆卸盖子用于覆盖抽吸开口，将盖子置于安装位置进行试验。试验过程中，使头发掠过盖子试图将盖子移开。

试验进行5次。

注1：如果浴缸或水疗器具有一个以上的抽吸开口，则依次进行试验。

注2：周期性地用刷子刷头发，使头发保持不缠结。

22.104 便携式器具的底面不应有使小的物体进入并触及带电部件的开口。

通过视检以及穿过开口测量支撑表面和带电部件的距离确定是否合格。该距离应至少为20 mm。

22.105 涡流水疗器具可与水过滤系统结合使用，使水的纯净程度达到要求。

注：这并不意味着过滤系统需自动控制水的pH值。

通过视检确定是否合格。

23 内部布线

GB 4706.1—2005中的该章适用。

24 元件

GB 4706.1—2005中的该章除下述内容外，均适用。

24.101 为符合19.4而装在器具内的热断路器不应是自复位的。

通过视检确定是否合格。

24.102 Ⅲ类器具应装有一个防水等级至少为IPX4的安全隔离变压器。

通过视检确定是否合格。

25 电源连接和外部软线

GB 4706.1—2005中的该章除下述内容外，均适用。

25.1 修改：

Ⅰ类器具应仅装有与固定布线作永久连接的供电装置。

26 外部导线用接线端子

GB 4706.1—2005中的该章适用。

27 接地措施

GB 4706.1—2005 中的该章除下述内容外,均适用。

27.2 增加:

Ⅰ类器具应装有一个用于连接外部等电位导体的端子。

28 螺钉和连接

GB 4706.1—2005 中的该章适用。

29 电气间隙、爬电距离和固体绝缘

GB 4706.1—2005 中的该章除下述内容外,均适用。

29.2 增加:

微环境是 3 级污染,除非绝缘被封闭或者其放置位置能保证在器具正常使用过程中绝缘不可能受到污染。

30 耐热和耐燃

GB 4706.1—2005 中的该章除下述内容外,均适用。

30.2.2 不适用。

31 防锈

GB 4706.1—2005 中的该章适用。

32 辐射、毒性和类似危险

GB 4706.1—2005 中的该章适用。

附　录

GB 4706.1—2005 中的附录适用。

参 考 文 献

GB 4706.1—2005 中的参考文献适用。

ICS 97.080
Y 61

中华人民共和国国家标准

GB 4706.74—2008/IEC 60335-2-28:2005
代替 GB 4706.74—2004

家用和类似用途电器的安全 缝纫机的特殊要求

Household and similar electrical appliances—Safety—Particular requirements for sewing machines

(IEC 60335-2-28:2005,IDT)

2008-12-15 发布　　2010-01-01 实施

中华人民共和国国家质量监督检验检疫总局
中国国家标准化管理委员会　发布

前　言

本部分的全部技术内容为强制性。

GB 4706《家用和类似用途电器的安全》由若干部分组成，第1部分为通用要求，其他部分为特殊要求。

本部分应与GB 4706.1—2005《家用和类似用途电器的安全　第1部分：通用要求》配合使用。

本部分等同采用国际电工委员会IEC 60335-2-28:2005(第三版)《家用和类似用途电器的安全　第2-28部分：缝纫机的特殊要求》。

本部分代替GB 4706.74—2004《家用和类似用途电器的安全　缝纫机的特殊要求》。

本部分与GB 4706.74—2004的主要差异如下：

——3定义，对于正常工作、电动组件和包缝机的定义进行了代替；

——7标志和说明，对说明书的内容增加了一些要求；

——20稳定性和机械危险，对于包缝机的轮辐、切割刀片以及传动皮带与手轮增加了相应的要求。

本部分由中国轻工业联合会提出。

本部分由全国家用电器标准化技术委员会(SAC/TC 46)归口。

本部分起草单位：广东出入境检验检疫技术中心、中国家用电器研究院、飞跃集团有限公司。

本部分主要起草人：武政、罗虹、叶普昌、裴晓波、葛丰亮。

本部分所代替标准的历次版本发布情况为：

——GB 4706.74—2004。

IEC 前言

1) IEC(国际电工委员会)是由各国家电工委员会(IEC 国家委员会)组成的世界性标准化组织。IEC 的宗旨是促进在与电工和电子领域标准化有关问题上的国际合作。为此目的,IEC 除了开展其他活动之外,还出版国际标准、技术规范、技术报告、公开使用规范(PAS)和导则(以下通称为 IEC 出版物)。它们的制定通过委托各技术委员会来完成。IEC 的成员各国家委员会,只要对制定的标准感兴趣,均可参加其制定工作。与 IEC 联络的国际、政府和非政府组织亦可参加标准制定工作。IEC 和世界标准化组织(ISO)遵照双方协议规定的条件密切合作。

2) IEC 有关技术问题的决议或协议是由所有对此问题感兴趣的国家委员会参加的技术委员会制定的,并尽可能表述对所涉及的问题在国际上的一致意见。

3) IEC 的出版物以推荐性的方式供国际使用,并在此意义上为各国家委员会所接受。IEC 以尽可能合理的努力来保证 IEC 出版物的正确性,但不对用户的使用以及误解负责。

4) 为了促进国际上的统一,IEC 各国家委员会应明确地、最大限度地将 IEC 出版物转化为国家或地区性标准。IEC 标准和相应的国家或地区性标准之间如有任何差异应在国家标准或地区性标准中清楚地注明。

5) IEC 并未制定任何认可标志的程序,当某一设备宣称其符合 IEC 的某一项标准时,IEC 对此不负任何责任。

6) 所有使用者应确保拥有所用标准的最新版本。

7) IEC 及其主管、雇员、后勤人员、代理机构包括独立的专家、技术委员会委员及各 IEC 国家委员会,对使用或依靠 IEC 出版物及任何 IEC 其他出版物过程中造成的各类直接或间接的人身伤害、财产损失及任何自然消耗、各类费用(包括法律费用)和出版增值,都不负有直接或间接的责任。

8) 注意本部分中的参考标准,使用参考标准对本部分的正确使用是必要的。

9) 本 IEC 出版物中的某些内容有可能涉及一些专利权问题,对此应引起注意。IEC 组织不负责识别任一或所有该类专利权问题。

本部分是由 IEC 第 61 技术委员会“家用和类似用途电器的安全技术委员会”制定的。

本部分组成 IEC 60335-2-28 的第四版并取代了 1994 年发布的第三版。

本部分的正文以下述文件为依据:

FDIS	表决报告
61/2204/FDIS	61/2285/RVD

有关本部分表决情况的更进一步的材料可从上表的表决报告中查找。

本部分要与 IEC 60335-1 的最新版本及其增补件一起配合使用。本部分是以 IEC 60335-1 第四版标准(2001)为基础的。

注 1:本部分中提及的“第 1 部分”是指 IEC 60335-1。

为了转化成:“电动缝纫机的安全要求”这一 IEC 标准。本内容对 IEC 60335-1 的对应条款作了补充和修改。

如果“第一部分”中的某特殊条款在“第二部分”中没有提及,则“第一部分”中的该条款可以合理地使用。如果在本部分中标明“增加”、“修改”或“代替”,则“第一部分”中对应的内容都要做相应的修改。

注 2:在本部分中采用下列编号方式:

——对第 1 部分增加的条款、表格、图形从 101 开始编号;

——除了在新增条款中的注和第 1 部分包含的注外，新增的注从 101 开始编号，包括那些代替的章节或条款；

——增加的附录用字母编号 AA，BB，等等。

注 3：在本部分中采用下列印刷体：

——正文要求：印刷体；

——*试验规范：斜体；*

——注释内容：小写印刷体。

正文中的黑体字在第 3 章中有定义，当 IEC 60335-1 的定义涉及到形容词时，形容词和对应名词也采用黑体字。

在某些国家存在下列差异：

——第 1 章：电动装置不适合安装在非电动家用型缝纫机上(美国)。

——6.1：电动机控制器不分 0 类、0Ⅰ类或Ⅰ类结构(挪威)。

——6.1：只允许Ⅱ类器具和Ⅲ类器具在家庭使用(荷兰)。

——11.7：规定不同的循环周期(美国)。

——19.7：家用缝纫机不进行该试验(美国)。

——25.7：允许使用轻型电源线(美国)。

技术委员会决定：本出版物将保持不变，直至在 IEC 网页“http://webstore.iec.ch”说明的修订日期生效时以相关出版物的数据修改。在此日期，本部分将被：

a) 重新确认；

b) 废止；

c) 由修订版代替，或者

d) 增补。

家用和类似用途电器的安全 缝纫机的特殊要求

1 范围

GB 4706.1—2005 的该章由下述内容代替。

本部分涉及在家庭及类似场合使用的电动缝纫机，其单相额定电压不超过 250 V，其他器具电压不超过 480 V。

包缝机和电动组件也在本部分范围之内。

不使用于家庭的器具，但用于对公众构成危险的场所的器具也在本部分范围之内。例如，在商店及轻工业企业由非专业人员使用的器具。

就实际情况而言，本部分所涉及的各种器具存在的普通危险，是在住宅和住宅周围环境中所有的人可能会遇到的。

然而，一般说来本部分并未涉及：

——无人照看的幼儿和残疾人使用器具时的危险；

——幼儿玩耍器具的情况。

注 1：注意下述情况：

——对于打算用在车辆、船舶或航空器上的器具，可能需要附加要求；

——在许多国家中，全国性的卫生保健部门，全国性劳动保护部门对器具规定了附加要求。

注 2：本部分不涉及：

——专为工业用而设计的器具；

——打算使用在经常发生腐蚀性或爆炸性气体（如灰尘、蒸气或瓦斯气体等）特殊场所的器具。

2 规范性引用文件

GB 4706.1—2005 的该章除下述内容外适用。

增加：

IEC 60320-2-1　家用和类似用途通用电器连接器　第二部分：缝纫机连接器

3 定义

GB 4706.1—2005 的该章除下述内容外适用。

3.1.9 代替：

正常工作　normal operation

缝纫机没有线和织物时，压脚处于抬起位置，且线轴卷绕装置空载。针脚长度和之字形针脚的宽度调至最大负载处。

注：最大负载通过调节针脚长度和之字形针脚的宽度至最大值时获得。

3.101

电动组件　electrical set

安装在非电动缝纫机上含有一个电动机和控制器的组件。

注：电动组件可配有电灯。

3.102

包缝机 overlock machine

具有一根以上的机针，可以缝料、修边的缝纫机。

4 一般要求

GB 4706.1—2005 的该章适用。

5 试验的一般条件

GB 4706.1—2005 的该章除下述内容外适用。

5.101 装配在缝纫机上的电动装置要按使用说明书中最不利的情况进行安装。

5.102 放置在桌子上使用的缝纫机按便携式器具试验。

6 分类

GB 4706.1—2005 的该章适用。

7 标志和说明

GB 4706.1—2005 的该章除下述内容外适用。

7.1 增加：

缝纫机应按如下所示在灯座上或附近标出可更换照明灯的最大输入功率：

"灯 最大 W"

"灯"可以用 GB/T 5465.2—1996 中 5012 标识替代。

如果灯的额定电压比缝纫机的额定电压低，则应标出灯的额定电压。

7.10 增加：

该条不适用于灯的控制开关。

7.11 增加：

该条不适用于电动机控制器。

7.12 增加：

使用说明书应给出每一只灯的最大输入功率，如果灯的额定电压比缝纫机的额定电压低，则也应标出灯的额定电压。

使用说明书应包括以下内容：

——当缝纫机无人照看时，应关掉开关或拔下电源插头；

——在维护缝纫机或更换灯前，应拔下电源插头。

7.12.1 增加：

说明书中应说明电动组件在缝纫机中的功能及正确的安装方法。

7.101 电动组件应标出如下内容：

——额定电压(单位：V)；

——额定电流(单位：A)；

——制造厂或责任承销商的名称、商标或识别标记；

——型号或规格。

通过视检检查其是否合乎要求。

8 对触及带电部件的防护

GB 4706.1—2005 的该章适用。

9 电动器具的启动

GB 4706.1—2005 的该章不适用。

10 输入功率和电流

GB 4706.1—2005 的该章适用。

11 发热

GB 4706.1—2005 的该章除下述内容外适用。

11.7 代替：

电动机的控制器按周期性循环工作，直到器具至稳定状态。每个周期包括：

——从启动到全速运行 2.5 s；

——全速运行 5.0 s；

——间隙 7.5 s。

11.8 增加：

注：电动机控制器的启动部件可认为是一个短时握持的手柄。

12 空章

13 工作温度下的泄漏电流和电气强度

GB 4706.1—2005 的该章适用。

14 瞬态过电压

GB 4706.1—2005 的该章适用。

15 耐潮湿

GB 4706.1—2005 的该章适用。

16 泄漏电流和电气强度

GB 4706.1—2005 的该章适用。

17 变压器和相关电路的过载保护

GB 4706.1—2005 的该章适用。

18 耐久性

GB 4706.1—2005 的该章不适用。

19 非正常工作

GB 4706.1—2005 的该章除下述内容外适用。

19.7 修改：

锁住转子堵转，持续时间 15 s。

19.9 不适用。

20 稳定性和机械危险

GB 4706.1—2005 的该章除下述内容外适用。

20.2 增加：

包缝机的轮辐、切割刀片以及传动皮带与手轮的切入点都要进行足够的保护。

21 机械强度

GB 4706.1—2005 的该章适用。

22 结构

GB 4706.1—2005 的该章除下述内容外适用。

22.14 增加：

注 1：应考虑直线针脚和之字型针脚缝纫送料时的危险。压脚尖处向上弯曲至少 6 mm 或增加金属丝防护网，可认为是安全的。

注 2：本要求不适用于锁扣眼等特殊操作时的踏板以及附件。本要求也不适用于机针、针杆、线轴卷绕装置和松紧杆等运动部件，这些部件在操作和维修缝纫机时是易触及的。

22.101 额定电压比缝纫机的额定电压低的灯应由隔离变压器供电。

通过视检，检查其合格性。

23 内部布线

GB 4706.1—2005 的该章适用。

24 元件

GB 4706.1—2005 的该章除下述内容外适用。

24.1.3 增加：

注：电动机控制器不认为是开关。

24.1.5 增加：

与电动机控制器连接的耦合器应符合 IEC 60320-2-1。

25 电源连接和外部软线

GB 4706.1—2005 的该章除下述内容外适用。

25.5 增加：

电动机控制器和缝纫机的连接允许采用 Z 型连接。

25.7 增加：

可以使用轻型聚氯乙烯护套软线(GB 5023.5—1997 的轻型聚氯乙烯护套软线)，而不必考虑器具的质量。

26 外部导线用接线端子

GB 4706.1—2005 的该章适用。

27 接地措施

GB 4706.1—2005 的该章适用。

28 螺钉和连接

GB 4706.1 的该章适用。

29 电气间隙、爬电距离和固体绝缘

GB 4706.1—2005 的该章适用。

30 耐热和耐燃

GB 4706.1—2005 的该章除下述内容外适用。

30.2.3 该条内容不适用。

31 防锈

GB 4706.1—2005 的该章适用。

32 辐射、毒性和类似危险

GB 4706.1—2005 的该章适用。

附 录

GB 4706.1—2005 中的附录内容,均适用。

参 考 文 献

GB 4706.1—2005 中的参考文献，均适用。

ICS 91.140.65
Y 63

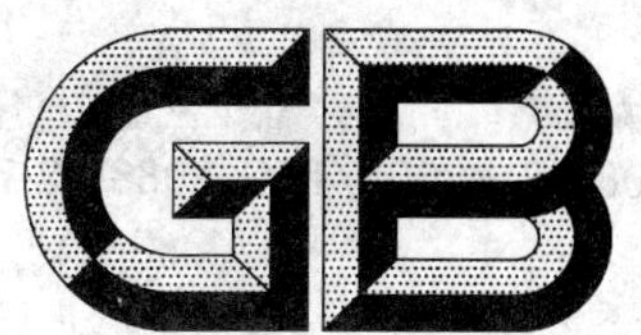

中华人民共和国国家标准

GB 4706.75—2008/IEC 60335-2-73:2002
代替 GB 4706.75—2004

家用和类似用途电器的安全 固定浸入式加热器的特殊要求

Household and similar electrical appliances—Safety—Particular requirements for fixed immersion heaters

(IEC 60335-2-73:2002,IDT)

2008-12-15 发布　　2010-01-01 实施

中华人民共和国国家质量监督检验检疫总局
中国国家标准化管理委员会　发布

前　言

本部分的全部技术内容为强制性。

GB 4706《家用和类似用途电器的安全》由若干部分组成，第1部分为通用要求，其他部分为特殊要求。

本部分应与GB 4706.1—2005《家用和类似用途电器的安全　第1部分：通用要求》配合使用。

本部分等同采用IEC 60335-2-73:2002+A1:2006《家用和类似用途电器的安全　第2-73部分：固定浸入式加热器的特殊要求》。

为便于使用，本部分作了下列编辑性修改：

a) "第1部分"一词改为"GB 4706.1—2005"；

b) 用小数点"."代替作为小数点的逗号","。

本部分代替GB 4706.75—2004《家用和类似用途电器的安全　固定浸入式加热器的特殊要求》。

本部分与GB 4706.75—2004的主要差异如下：

——范围中的表述有所不同。

——增加了规范性引用文件。

——取消了GB 4706.75—2004标准中的6.2。

——7.12.1增加了对仅只能安装在加热元件总是在水面以下系统中浸入式加热器的提示。

——19.2中试验的器具范围不同。

本部分由中国轻工业联合会提出。

本部分由全国家用电器标准化技术委员会(SAC/TC 46)归口。

本部分起草单位：宁波市产品质量监督检验所、宁波市塞纳电热电器有限公司、中国家用电器研究院、深圳出入境检验检疫局、浙江康泉电器有限公司。

本部分主要起草人：鲍俊、马德军、李一、章国庆、谢晋雄、徐忠、张文浩。

本部分所代替标准的历次版本发布情况为：

——GB 4706.75—2004。

IEC 前言

1） 国际电工委员会（IEC）是由所有的国家电工委员会(IEC NC)组成的国际范围的标准化组织。其宗旨是促进在电气和电子领域有关标准化问题上的国际间合作。为此，IEC 开展相关活动，并出版国际标准、技术规范、技术报告、公共可用规范(PAS)、指南(以后统称为 IEC 出版物)。这些标准的制定委托各技术委员会完成。任何对该技术问题感兴趣的 IEC 国家委员会均可参加制定工作。与 IEC 有联系的国际、政府及非政府组织也可以参加标准的制定工作。IEC 与国际标准化组织(ISO)在两个组织协议的基础上密切合作。

2） IEC 在技术方面的正式决议或协议，是由对其感兴趣的所有国家委员会参加的技术委员会制定的。因此，这些决议或协议都尽可能表述了相关问题在国际上的一致意见。

3） IEC 标准以推荐性的方式供国际使用，并在此意义上被各国家委员会接受。在为了确保 IEC 出版物技术内容的准确性而做出任何合理的努力时，IEC 对其标准被使用的方式以及任何最终用户的误解不负有任何责任。

4） 为了促进国际上的统一，各国家委员会要保证在其国家或区域标准中最大限度地采用国际标准。IEC 标准与相应的国家或区域标准之间的任何差异必须清楚地在后者中表明。

5） IEC 规定了表示其认可的无标志程序，但并不表示对某一设备声称符合某一标准承担责任。

6） 所有的使用者应确保他们拥有本部分的最新版本。

7） IEC 或其管理者、雇员、后勤人员或代理(包括独立专家和技术委员会的成员)和 IEC 国家委员会不应对使用或依靠本 IEC 出版物或其他 IEC 出版物造成的任何个人伤害、财产损失或其他任何属性的直接或间接损失，或源于本出版物之外的成本(包括法律费用)和支出承担责任。

8） 应注意在本部分中罗列的引用标准(规范性引用文件)。对于正确使用本部分来讲，使用引用标准(规范性引用文件)是不可缺少的。

9） 应注意本国际标准的某些条款可能涉及专利权的内容，IEC 将不承担确认专利权的责任。

IEC 60335 的本部分标准由 IEC 第 61 技术委员会："家用和类似用途电器的安全"制定。

经过整理的 IEC 60335-2-73 的本版本是基于第二版(2002)[文件 61/2176/FDIS 和 61/2257/RVD]和它的第 1 增补件(2006)[文件 61/2957/FDIS 和 61/2987/RVD]形成的。

本部分的版本号为 2.1。

页边空白处的竖线表示在该处基本版已经被第 1 增补件修改。

本部分的法文版未进行投票表决。

本第二部分与 IEC 60335-1 的最新版本及其修正件一起使用。本部分是在 IEC 60335-1 第四版(2001)的基础上建立起来的。

注 1：本部分中提到的"第一部分"是指 IEC 60335-1。

本部分对 IEC 60335-1 的相应条款进行了补充或修改，将其转化成 IEC 标准：固定浸入式加热器的安全要求。

凡第一部分中的条款没有在本部分中特别提及的，只要合理，即应采用。本部分写明"增加"、"修改"或"替代"时，第一部分中的有关内容须作相应修改。

注 2：采用下述编号系统：

——从 101 开始编号的条款、表格和图是对第一部分增加的；

——除在新条款中的注或第一部分涉及的注外，注都从 101 开始编号，包括被替代章或条款中的注；

——增加的附录以字母 AA、BB 等编码。

注 3：采用下列字体：

——要求正文：罗马字体；

——试验技术规范：斜体字；

——注释：小罗马字体。

正文中用黑体印刷的词在第 3 章中给出定义。当一个定义涉及一个形容词时，则该形容词和相关的名词也是黑体字。

在下述国家存在着下列差异：

——3.1.9：正常工作定义是不同的（美国）。

——6.1：允许 0I 类器具（日本）。

——24.101：本要求不适用（美国）。

委员会决定，在 IEC 网站"http://webstore.iec.ch"指定的保持结果日期之前，基本出版物和其增补件的相关内容中与特殊出版物有关的数据保持不变。在此日期，出版物将被：

- 重新确认；
- 废止；
- 被修订版替代，或
- 被修正。

家用和类似用途电器的安全
固定浸入式加热器的特殊要求

1 范围

GB 4706.1—2005 以下述内容代替：

GB 4706 本部分涉及预定安装在与大气相通的水箱中，用于将水加热至沸点以下温度的家用和类似用途固定浸入式电加热器的安全。单相器具额定电压不超过 250 V，其他器具不超过 480 V。

注 1：可以用其他方式给水箱中的水加热，例如由独立锅炉提供循环热水。

注 2：中心加热锅炉中作为可替代加热源，其额定输入功率不超过 25 kW 的浸入式加热器也在本部分范围内。

不打算作为一般家用但对公众仍可以构成危险源的器具，例如：打算在商店、轻工业和农场中由非电专业人员使用的器具，也在本部分的范围之内。

就实际情况而言，本部分涉及器具出现的普通危险，而这些危险是在住宅和住宅周围环境中所有的人可能碰到的。

本部分一般没考虑：

——无人照看的幼儿和残疾人对器具的使用；

——幼儿玩耍器具的情况。

注 3：注意以下情况：

——对于打算用在车辆、船舶或航空器上的器具，可能需要一些附加要求；

——在许多国家，国家卫生部门、负责劳动保护部门和类似部门规定了一些附加要求。

注 4：本部分不适用于：

——专门为工业用途设计的器具；

——打算专门使用在经常产生诸如腐蚀性或爆炸性气体（如灰尘、蒸汽或瓦斯气体）特殊环境场所的器具；

——用于下述器具中的加热元件：

- 液体加热器具(GB 4706.19/IEC 60335-2-15)；
- 储水式热水器(GB 4706.12/IEC 60335-2-21)；
- 快热式热水器(GB 4706.11/IEC 60335-2-35)。

——水族箱加热器(GB 4706.67/IEC 60335-2-55)；

——便携浸入式加热器 (GB 4706.77/IEC 60335-2-74)；

——轿车和公共汽车等的引擎预热器。

2 规范性引用文件

GB 4706.1—2005 的该章内容适用。

3 定义

GB 4706.1—2005 的该章除下列内容外适用：

3.1.9 代替：

正常工作 normal operation

浸入式加热器安装在规定的最小水箱中，水箱应隔热并且其中注满水。

注 1：浸入式加热器的易触及部件是不隔热的。

4 一般要求

GB 4706.1—2005 的该章内容适用。

5 试验的一般条件

GB 4706.1—2005 的该章除下列内容外适用：

5.2 增加：

注 101：进行第 19 章的试验时，可能需要增加浸入式加热器样品。

6 分类

GB 4706.1—2005 的该章除下列内容外适用：

6.1 增加：

浸入式加热器应是Ⅰ类、Ⅱ类或Ⅲ类器具。

7 标志和说明

GB 4706.1—2005 的该章除下列内容外适用：

7.1 修改：

多电源供电的浸入式加热器的每个电路都应分别标出额定输入功率。

增加：

浸入式加热器应标出“不得覆盖”。

7.12.1 增加：

安装说明(书)应包括下述内容：

——可安装此浸入式加热器的水箱的类型和尺寸；

——浸入式加热器在水箱中的位置；

——在第一次接通浸入式加热器前，安装者必须检查水箱有水的提示；

——如果适用，浸入式加热器仅只能安装在加热元件总是在水面以下系统中的提示，例如在蓄/给水箱中。

8 对触及带电部件的防护

GB 4706.1—2005 的该章内容适用。

9 电动器具的启动

GB 4706.1—2005 的该章不适用。

10 输入功率和电流

GB 4706.1—2005 的该章内容适用。

11 发热

GB 4706.1—2005 的该章除下列内容外适用：

11.7 增加：

浸入式加热器工作直至稳态建立。但是，如果温度控制器已经动作，该试验在 24 h 后结束。

12 空章

13 工作温度下的泄漏电流和电气强度

GB 4706.1—2005 的该章内容适用。

14 瞬态过电压

GB 4706.1—2005 的该章内容适用。

15 耐潮湿

GB 4706.1—2005 的该章内容适用。

16 泄漏电流和电气强度

GB 4706.1—2005 的该章内容适用。

17 变压器和相关电路的过载保护

GB 4706.1—2005 的该章内容适用。

18 耐久性

GB 4706.1—2005 的该章不适用。

19 非正常工作

GB 4706.1—2005 的该章除下列内容外适用：

19.2 增加：

浸入式加热器在无水状态下工作，并将在第 11 章试验期间动作的所有温度控制器短路。

注 101：如果在第 11 章试验期间有一个以上温度控制器动作，则将它们依次短路。

对只能安装在加热元件总是在水面以下系统中使用的浸入式加热器，本试验不适用，例如在蓄/给水箱中。

19.4 修改：

在水箱中注水，其水位至少比加热元件最高位置高出 10 mm，或水箱结构允许的最高水位。

水温不得超过 98 ℃。

20 稳定性和机械危险

GB 4706.1—2005 的该章内容适用。

21 机械强度

GB 4706.1—2005 的该章内容适用。

22 结构

GB 4706.1—2005 的该章除下列内容外适用：

22.101 浸入式加热器应带有密封或类似装置，以确保安装后水箱无泄漏。

在第 11 章试验期间通过视检确定其合格性。

22.102 电源接线盒相对于浸入式加热器固定部件的旋转应不能超过 180°。

通过视检，检查其合格性。

23 内部布线

GB 4706.1—2005 的该章内容适用。

24 元件

GB 4706.1—2005 的该章内容适用。

24.101 为符合第19章试验而配置的热断路器应不能自复位。其动作应与温控器无关。

通过视检,检查其合格性。

25 电源连接和外部软线

GB 4706.1—2005 的该章内容适用。

26 外部导线用接线端子

GB 4706.1—2005 的该章内容适用。

27 接地措施

GB 4706.1—2005 的该章除下列内容外适用:

27.1 增加:

Ⅰ类浸入式加热器中与水接触的金属部件,应与接地端子永久连接。

28 螺钉和连接

GB 4706.1—2005 的该章内容适用。

29 电气间隙、爬电距离和固体绝缘

GB 4706.1—2005 的该章内容适用。

30 耐热和耐燃

GB 4706.1—2005 的该章除下列内容外适用:

30.2.2 不适用。

31 防锈

GB 4706.1—2005 的该章内容适用。

32 辐射、毒性和类似危险

GB 4706.1—2005 的该章内容适用。

附　录

GB 4706.1—2005 的附录均适用。

参 考 文 献

GB 4706.1—2005 的参考文献除下列内容外适用：

增加：

GB 4706.19　家用和类似用途电器的安全　液体加热器的特殊要求
GB 4706.12　家用和类似用途电器的安全　储水式热水器的特殊要求
GB 4706.11　家用和类似用途电器的安全　快热式热水器的特殊要求
GB 4706.67　家用和类似用途电器的安全　水族箱和花园池塘用电器的特殊要求
GB 4706.77　家用和类似用途电器的安全　便携浸入式加热器的特殊要求

ICS 97.180
Y 69

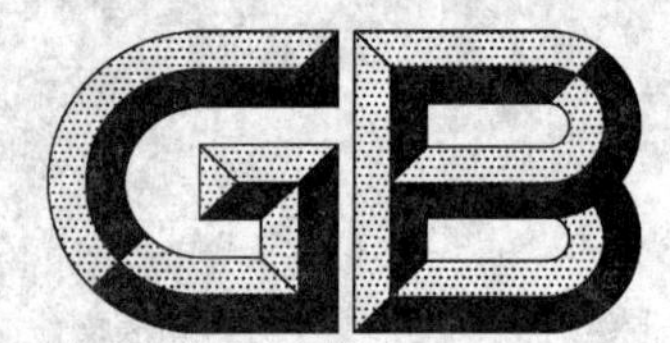

中华人民共和国国家标准

GB 4706.76—2008/IEC 60335-2-59:2006(Ed 3.1)
代替 GB 4706.76—2004

家用和类似用途电器的安全 灭虫器的特殊要求

Household and similar electrical appliances—Safety—Particular requirements for insect killers

(IEC 60335-2-59:2006(Ed3.1),IDT)

2008-07-31 发布　　2009-09-01 实施

中华人民共和国国家质量监督检验检疫总局
中国国家标准化管理委员会　发布

前　言

本部分的全部内容为强制性。

本部分等同采用 IEC 60335-2-59:2006(Ed 3.1)《家用和类似用途电器的安全　第2部分:灭虫器的特殊要求》。本部分应与 GB 4706.1—2005《家用和类似用途电器的安全　第1部分:通用要求》配合使用。

本部分中写明“适用”的部分,表示 GB 4706.1—2005 中的相应条文适用于本部分;本部分写明“代替”的部分,则以本部分中的条文为准;本部分写明“增加”的部分,表示除要符合 GB 4706.1—2005 中的相应条文外,还必须符合本部分条文中所增加的条文。

为便于使用,本部分对 IEC 60335-2-59 作了下列编辑性修改:

1)　“第1部分”一词改为“GB 4706.1—2005”;

2)　用小数点“.”代替用做小数点的“,”。

本部分代替 GB 4706.76—2004《家用和类似用途电器的安全　灭虫器的特殊要求》。

本部分与 GB 4706.76—2004 的主要变化如下:

——引用 GB 4706.1 加上年代号。

——增加了规范性引用文件。

本部分由中国轻工业联合会提出。

本部分由全国家用电器标准化技术委员会归口。

本部分起草单位:中国家用电器研究院,深圳出入境检验检疫局,宁波市产品质量监督检验所,佛山市质量计量监督检测中心。

本部分起草人:马德军、谢晋雄、鲍俊、黄慧珍、邓哲。

本部分于2004年首次发布,本次为第一次修订。

IEC 前言

1) 国际电工委员会(IEC)是由所有的国家电工委员会(IEC NC)组成的国际范围的标准化组织。其宗旨是促进在电气和电子领域有关标准化问题上的国际间合作。为此,IEC开展相关活动,并出版国际标准、技术规范、技术报告、公共可用规范(PAS)、指南(以后统称为IEC出版物)。这些标准的制定委托各技术委员会完成。任何对该技术问题感兴趣的IEC国家委员会均可参加制定工作。与IEC有联系的国际、政府及非政府组织也可以参加标准的制定工作。IEC与国际标准化组织(ISO)在两个组织协议的基础上密切合作。
2) IEC在技术方面的正式决议或协议,是由对其感兴趣的所有国家委员会参加的技术委员会制定的。因此,这些决议或协议都尽可能表述了相关问题在国际上的一致意见。
3) IEC标准以推荐性的方式供国际使用,并在此意义上被各国家委员会接受。在为了确保IEC出版物技术内容的准确性而做出任何合理的努力时,IEC对其标准被使用的方式以及任何最终用户的误解不负有任何责任。
4) 为了促进国际上的统一,各国家委员会要保证在其国家或区域标准中最大限度地采用国际标准。IEC标准与相应的国家或区域标准之间的任何差异必须清楚地在后者中表明。
5) IEC规定了表示其认可的无标志程序,但并不表示对某一设备声称符合某一标准承担责任。
6) 所有的使用者应确保他们拥有本部分的最新版本。
7) IEC或其管理者、雇员、后勤人员或代理(包括独立专家和技术委员会的成员)和IEC国家委员会不应对使用或依靠本IEC出版物或其他IEC出版物造成的任何个人伤害、财产损失或其他任何属性的直接或间接损失,或源于本出版物之外的成本(包括法律费用)和支出承担责任。
8) 应注意在本部分中罗列的引用标准(规范性引用文件)。对于正确使用本部分来讲,使用引用标准(规范性引用文件)是不可缺少的。
9) 应注意本国际标准的某些条款可能涉及专利权的内容,IEC将不承担确认专利权的责任。

国际标准IEC 60335的本部分由IEC第61技术委员会“家用和类似用途电器的安全”制定。本部分形成了IEC 60335-2-59的第三版并取代1997年出版的第二版及第一次修正件(2000)。本部分为技术修订版本。

本部分的正文是以下列文件为依据的:

最后的国际标准草案	表决报告
61/2958/FDIS	61/2988/RVD

有关本部分表决通过的详细资料,请见上表所列的表决报告。

本部分与IEC 60335-1的最新版本及其修正件一起使用。本部分是在IEC 60335-1第四版(2001)的基础上建立起来的。

注1:本部分中提及的“第一部分”指IEC 60335-1。

本部分对IEC 60335-1的相应条款进行了补充或修改,将其转化成IEC标准:灭虫器的安全要求。

凡第一部分中的条款没有在本部分中特别提及的,只要合理,即应采用。本部分中写明“增加”、“修改”、“代替”的部分,第一部分中的有关内容须作相应修改。

注2:采用下列编号方法:

——从101开始编号的条款、表格和图是相对于第一部分增加的;

——除新条款中的注或包含在第一部分中的注外,注都从101开始编号,包括被代替的章或条中的注;

——增加的附录使用字母AA、BB等编码。

注 3:采用下列字体:

——要求正文:罗马字体;

——试验技术规范:斜体字;

——注释事项:小罗马字体;

正文中用黑体印刷的词在第三章中给以定义。当第一部分中的一个定义涉及一个形容词时,则该形容词和相关的名词也用黑体。

在某些国家中存在下述差异:

——6.1:0 类器具和室内使用的额定电压不超过 150 V 的 0 类器具是允许的(日本)。

——6.1:0 类器具仅允许用于室内(美国)。

——7.1:需要增加标志(美国)。

——16.101:试验是不同的(美国)。

——第 22 章:高压必须由隔离变压器获得(加拿大、日本和美国)。

——第 22 章:变压器的次级电路不允许接地(日本)。

——24.1.3:联锁开关工作 6 000 次(加拿大和美国)。

——24.101:触点开距不需符合 IEC 61058-1(美国)。

——25.7:允许其他类型的电源线(澳大利亚和美国)。

——30.101:属于 V-2 分类的外壳部件不进行该试验(美国)。

——第 31 章:试验是不同的(加拿大和美国)。

技术委员会决定,本出版物的内容和它的校正将依然不变,直到修改结果日期被表明在 IECweb 站点(http://webstore.iec.ch)上。届时标准将被:

- 重新确认;
- 废止;
- 由修订版替代,或者
- 增补。

引　　言

在起草本部分时已假定,由取得适当资格并富有经验的人来执行本部分的各项条款。

本部分所认可的是家用和类似用途电器在注意到制造商使用说明的条件下按正常使用时,对器具的电气、机械、热、火灾以及辐射等危险防护的一个国际可接受水平,它也包括了使用中预计可能出现的非正常情况,并且考虑电磁干扰对于器具的安全运行的影响方式。

在制定本部分时已经尽可能地考虑了 GB 16895 中规定的要求,以使得器具在连接到电网时与电气布线规则的要求协调一致。

如果一台器具的多项功能涉及到 GB 4706 的第 2 部分中不同的特殊要求,则只要是在合理的情况下,相关的第 2 部分特殊要求标准要分别应用于每一功能。如果适用,应考虑到一种功能对其他功能的影响。

本部分是一个涉及器具安全的产品族标准,并在覆盖相同主题的同一水平和同一类别的标准中处于优先地位。

一个符合本部分文本的器具,当进行检查和试验时,发现该器具的其他特性会损害本部分要求所涉及的安全水平时,则将未必判定其符合本部分中的各项安全准则。

产品使用了本部分要求中规定以外的各种材料或各种结构形式时,则该产品可以按照本部分中这些要求的意图进行检查和试验。如果查明其基本等效,则可以判定其符合本部分要求。

家用和类似用途电器的安全
灭虫器的特殊要求

1 范围

GB 4706.1—2005 中的该章用下述内容代替:

本部分涉及额定电压不超过 250 V 的家用和类似用途电灭虫器的安全。

不作为一般家用,但对公众仍可能引起危险的空气净化器,例如打算在商店、轻工业和农场中由非专业的人员使用的器具也属于本部分的范围。

就实际情况而言,本部分所涉及的各种器具存在的普通危险,是在住宅和住宅周围环境中所有的人可能会遇到的。

然而,一般来说本部分并未涉及:

——无人照看的幼儿和残疾人使用器具时的危险;

——幼儿玩耍器具的情况。

注 101:注意下述情况:

——对于打算用在车辆、船舶或航空器上的空气净化器,可能需要附加要求;

——在许多国家中,全国性的卫生保健部门、全国性劳动保护部门以及类似的部门都对器具规定了附加要求。

注 102:本部分不适用于:

——带喷出蒸发化学药品的器具;

——发射超声波的器具;

——准备用在特殊场所的器具,如存在腐蚀性和爆炸性气体(如灰尘、蒸汽或可燃气体)的地方。

注 103:对带有放电灯和钨丝灯的器具,就其合理性而言 GB 7000.1(idt IEC 60598-1)也适用。

2 规范性引用文件

增加:

GB/T 2423.18—2000 电工电子产品环境试验 第 2 部分:试验 Kb 试验:盐雾循环(氯化钠溶液)

3 术语和定义

GB 4706.1—2005 中的该章除下述内容外,均适用。

3.1.9 代替:

正常工作 normal operation

器具按下述条件工作:

——输出电路短路;

——格栅间距加大至可以保持电弧的最大距离,器具循环工作,每个循环包括工作 1 s、停 2 s。

——将阻性负载连接在放电格栅之间并调节电阻至得到最大电流的阻值。

3.101

灭虫器 insect killer

在两个或多个格栅之间施加电压,使昆虫触电致死的器具。

3.102

有效辐射度 effective irradiance

按照规定的作用曲线进行加权的电磁辐射的辐射度。

4 一般要求

GB 4706.1—2005 中的该章适用。

5 试验的一般条件

GB 4706.1—2005 中的该章除下述内容外，均适用。

5.101 每次试验均在 3.1.9 规定的最不利条件下进行。

5.102 灭虫器按电动器具进行试验。

6 分类

GB 4706.1—2005 中的该章除下述内容外，均适用。

6.1 修改：

灭虫器应是Ⅰ类或Ⅱ类。

6.2 增加：

打算在室外使用的灭虫器防水等级至少应为 IPX4。

7 标志和说明

GB 4706.1—2005 中的该章除下述内容外，均适用。

7.1 增加：

器具应标有 IEC 60417-1 的 5036 号标志或下述警告语：

危险：高压

带有可更换光源的器具应标出光源的参考型号。

7.6 增加：

(IEC 60417-1 的 5036 号标志)危险电压

7.12 增加：

使用说明(书)应说明器具是否仅用于室内或适用于室外。

仅用于室内的器具的使用说明(书)应说明器具不适用于谷仓、牲畜棚和类似场所。

打算用于室外的器具的使用说明(书)应包括下列内容：

警告：如果花园软管的水直接洒向灭虫器会发生电击危险。

当使用加长电线时，保持电源输出插座远离潮湿并避免损坏电线。

使用说明(书)应包括下列内容：

——该器具要远离儿童；

——该器具不能用于可能存在易燃气体或易爆粉尘的地方。

使用说明(书)应详细说明：

——清洗的方法、周期及其预防措施；

——更换光源和启动器的注意事项(如果适用)。

如果使用 IEC 60417-1 的 5036 号标志，应解释其含义。

7.14 增加：

IEC 60417-1 的 5036 号标志高度至少应为 10 mm。

与高压有关的警告语字符高度至少为 3 mm。

是否符合，通过测量检查。

8 对触及带电部件的防护

GB 4706.1—2005 中的该章除下述内容外,均适用。

8.1.1 增加:

当格栅电压由隔离变压器提供时,试验棒可以触及次级电路中的接地部件。

9 电动器具的启动

GB 4706.1—2005 中的该章不适用。

10 输入功率和电流

GB 4706.1—2005 中的该章适用。

11 发热

GB 4706.1—2005 中的该章除下述内容外,均适用。

11.7 代替:

器具工作到稳定状态建立。

11.8 增加:

可能收集尘埃或昆虫的表面其温升不应超过 60 K。

注 101:与水平面夹角至少为 60°的倾斜表面和直径小于 10 mm 的部件不认为可能收集尘埃或昆虫。

12 空章

13 工作温度下的泄漏电流和电气强度

GB 4706.1—2005 中的该章适用。

14 瞬态过电压

GB 4706.1—2005 中的该章适用。

15 耐潮湿

GB 4706.1—2005 中的该章除下述内容外,均适用。

15.1 增加:

格栅上的水不考虑。

16 泄漏电流和电气强度

GB 4706.1—2005 中的该章除下述内容外,均适用。

16.101 变压器应有足够的内部绝缘。

是否符合,通过下述试验检查。

在变压器的初级施加大于额定频率的正弦波电压,使变压器次级线圈通过感应产生两倍的工作电压。

试验持续时间为:

——对不超过两倍额定频率,60 s,或

——对更高的频率,[120×(额定频率/试验频率)]s,最小值为 15 s。

注:试验电压的频率要高于额定频率以避免过大的励磁电流。

先施加不超过试验电压 1/3 的电压,然后在不产生瞬变的情况下快速提高。断电结束试验前,电压以类似的方式约减至总值的 1/3。

绕组间或同一绕组紧挨的两匝间不应击穿。

17 变压器和相关电路的过载保护

GB 4706.1—2005 中的该章适用。

18 耐久性

GB 4706.1—2005 中的该章不适用。

19 非正常工作

GB 4706.1—2005 中的该章适用。

20 稳定性和机械危险

GB 4706.1—2005 中的该章适用。

21 机械强度

GB 4706.1—2005 中的该章适用。

22 结构

GB 4706.1—2005 中的该章除下述内容外,均适用。

22.6 增加:

排水孔的直径至少应为 5 mm 或其面积至少应为 20 mm^2 且宽度至少为 3 mm。

22.101 在使用者维护期间防止触及带电部件的联锁开关应连接在输入电路,锁定开关的位置应防止意外的动作。

是否符合,通过观察和用 IEC 61032 B 型试验棒检查。

22.102 带有水平形式格栅、且变压器输出端一极与易触及部件相连的器具,应使其最低的格栅接地。

是否符合,通过视检检查。

22.103 器具的结构应使得使用者在维护期间触及格栅时无电击危险。

是否符合,通过下述试验检查。

器具以额定电压供电。然后断开电源。断开电源 1 s 后,用不影响测量值的仪器测量格栅间的电压。

电压不应超过 34 V。

22.104 输出电路的短路电流不应过大。

是否符合,通过下述试验检查。

器具以额定电压供电,在两个格栅之间及每一格栅对地之间测量短路电流。

短路电流不应超过 10 mA。

23 内部布线

GB 4706.1—2005 中的该章除下述内容外,均适用。

23.5 增加:

对电压超过 1 000 V 的电路,试验电压为$(\sqrt{2}U+750)$V,持续 1 min。

注 101:U 为工作电压的峰值。

注 102:试验仅在怀疑时进行。

24 元件

GB 4706.1—2005 中的该章除下述内容外，均适用。

24.1.3 增加：

联锁开关工作 1 000 次。

24.2 增加：

仅在室内使用的器具允许在柔性软线上装有开关。

24.101 在使用者维护期间防止触及带电部件的联锁开关应为：

——全极断开，除非次级电路由隔离变压器供电；

——全极断开的触点开距符合 GB 15092.1(idt IEC 61058-1)要求。

是否符合，通过视检检查。

25 电源连接和外部软线

GB 4706.1—2005 中的该章除下述内容外，均适用。

25.7 增加：

打算在室外使用的器具和带有紫外线灯的器具，其电源软线应为氯丁橡胶护套线，且规格不轻于普通氯丁橡胶护套线(GB 5013:1997 的 YZW 线，相当于 IEC 60245 的 57 号线)。

26 外部导线用接线端子

GB 4706.1—2005 中的该章适用。

27 接地措施

GB 4706.1—2005 中的该章适用。

28 螺钉和连接

GB 4706.1—2005 中的该章适用。

29 电气间隙、爬电距离和固体绝缘

GB 4706.1—2005 中的该章除下述内容外，均适用。

29.2 增加：

微环境为 3 级污染，除非绝缘被密封或其固定位置在器具正常使用时不可能暴露在污染中。

30 耐热和耐燃

GB 4706.1—2005 中的该章除下述内容外，均适用。

30.2.2 不适用。

30.101 包围或支撑格栅的非金属部件和打算收集昆虫的非金属盘应是耐燃的。本要求也适用于盘子上方 50 mm 内的部件。

输出电路中表面面积超过 25 cm^2 的印刷电路板应是耐燃的，除非它们装在金属外壳内。

是否符合，通过附录 E 的针焰试验检查。

按 GB/T 5169.16(idt IEC 60695-11-10)分类，由 V-0 和 V-1 两种材料制成的部件如果被测试样的厚度不超过相关部件，则不进行针焰试验。

31 防锈

GB 4706.1—2005 中的该章除下述内容外，均适用。

增加：

打算在室外使用的器具，是否符合，通过 GB/T 2423.18(idt IEC 60068-2-52)的盐雾试验检查，严酷程度 2 适用。

试验前，用硬钢钉在涂层上刮擦，钢钉末端为 40°的锥体、顶端圆角半径为 0.25 mm±0.02 mm。给钉施加负载，使其沿轴线施加的力为 10 N±0.5 N。以约 20 mm/s 的速度沿涂层表面刮擦。刮擦 5 次，每次刮痕间隔至少 5 mm，距边缘至少 5 mm。

试验后，器具的腐蚀不应达到损害对本标准符合性的程度，特别是第 8 章和第 27 章的符合性。表面涂层不应开裂且不应从金属表面脱落。

32 辐射、毒性和类似危险

GB 4706.1—2005 中的该章除下述内容外，均适用。

增加：

对带有紫外线辐射灯的器具，是否符合，通过下述试验检查。

器具以额定电压供电，在正常工作条件下工作。在距离 1 m 处测量辐射度，测量仪器的放置应能记录到最大辐射。

注 101：测量仪器用于测量直径不超过 20 mm 圆形区域的平均辐射度。仪器的响应与入射辐射线和圆形区域法线夹角的余弦成正比。光谱分布用带宽不超过 2.5 nm 的分光光度计以 1 nm 的间隔测量。

注 102：总有效辐射度由下式计算：

$$E = \sum_{250\ \mathrm{nm}}^{400\ \mathrm{nm}} S_\lambda E_\lambda \Delta_\lambda \qquad \cdots\cdots(1)$$

式中：

E——有效辐射度；

S_λ——按照表 101 确定的相对频谱权重因数；

E_λ——光谱辐照度($W/m^2\,nm$)；

Δ_λ——带宽(nm)。

光谱辐照度测量时，辐射需要稳定的光源。

每个波长的有效辐射度按表 101 所示的紫外线(UV)作用频谱计算。

测定总有效辐射度，且不应超过 1 mW/m^2。

表 101 不同波长的频谱权重因数

波长/nm	频谱权重因数 (S_λ)	波长/nm	频谱有效因数 (S_λ)	波长/nm	频谱有效因数 (S_λ)
250	0.430	308	0.026	335	0.000 34
254	0.500	310	0.015	340	0.000 28
255	0.520	313	0.006	345	0.000 24
260	0.650	315	0.003	350	0.000 20
265	0.810	316	0.002 4	355	0.000 16
270	1.000	317	0.002 0	360	0.000 13
275	0.960	318	0.001 6	365	0.000 11
280	0.880	319	0.001 2	370	0.000 093
285	0.770	320	0.001 0	375	0.000 077
290	0.640	322	0.000 67	380	0.000 064
295	0.540	323	0.000 54	385	0.000 053
297	0.460	325	0.000 50	390	0.000 044
300	0.300	328	0.000 44	395	0.000 036
303	0.120	330	0.000 41	400	0.000 030
305	0.060	333	0.000 37		
注：中间波长的频谱权重因数由插值法得出。					

附 录

GB 4706.1—2005 的附录适用。

参 考 文 献

GB 4706.1—2005 的参考文献适用。

ICS 97.040.50
Y 68

中华人民共和国国家标准

GB 4706.77—2008/IEC 60335-2-74:2006
代替 GB 4706.77—2004

家用和类似用途电器的安全 便携浸入式加热器的特殊要求

Household and similar electrical appliances—Safety—Particular requirements for portable immersion heaters

(IEC 60335-2-74:2006,IDT)

2008-12-31 发布 2010-02-01 实施

中华人民共和国国家质量监督检验检疫总局
中国国家标准化管理委员会 发布

前　言

本部分的全部技术内容为强制性。

GB 4706《家用和类似用途电器的安全》由若干部分组成，第 1 部分为通用要求，其他部分为特殊要求。

本部分应与 GB 4706.1—2005《家用和类似用途电器的安全　第 1 部分：通用要求》配合使用。

本部分等同采用 IEC 60335-2-74:2006《家用和类似用途电器的安全　第 2-74 部分：便携浸入式加热器的特殊要求》。

为便于使用，本部分做了下列编辑性修改：

a）“第 1 部分”一词改为“GB 4706.1—2005”；

b）用小数点“.”代替用作小数点的逗号“,”。

本部分代替 GB 4706.77—2004《家用和类似用途电器的安全　便携浸入式加热器的特殊要求》。

本部分与 GB 4706.77—2004 的主要差异如下：

——IEC 前言内容变化。

——7.12 增加了说明书的内容。

——在 21.1 增加了跌落试验内容。

本部分由中国轻工业联合会提出。

本部分由全国家用电器标准化技术委员会(SAC/TC 46)归口。

本部分起草单位：宁波市产品质量监督检验所，宁波市塞纳电热电器有限公司，中国家用电器研究院、深圳出入境检验检疫局、浙江康泉电器有限公司。

本部分主要起草人：马德军、李一、鲍俊、章国庆、谢晋雄、张文浩、徐忠。

本部分历次版本的发布情况：

——GB 4706.77—2004。

IEC 前言

1) 国际电工委员会（IEC)是由所有的国家电工委员会(IEC NC)组成的国际范围的标准化组织。其宗旨是促进在电气和电子领域有关标准化问题上的国际间合作。为此，IEC 开展相关活动，并出版国际标准、技术规范、技术报告、公共可用规范(PAS)、指南(以后统称为 IEC 出版物)。这些标准的制定委托各技术委员会完成。任何对该技术问题感兴趣的 IEC 国家委员会均可参加制定工作。与 IEC 有联系的国际、政府及非政府组织也可以参加标准的制定工作。IEC 与国际标准化组织(ISO)在两个组织协议的基础上密切合作。
2) IEC 在技术方面的正式决议或协议，是由对其感兴趣的所有国家委员会参加的技术委员会制定的。因此，这些决议或协议都尽可能表述了相关问题在国际上的一致意见。
3) IEC 标准以推荐性的方式供国际使用，并在此意义上被各国家委员会接受。在为了确保 IEC 出版物技术内容的准确性而做出任何合理的努力时，IEC 对其标准被使用的方式以及任何最终用户的误解不负有任何责任。
4) 为了促进国际上的统一，各国家委员会要保证在其国家或区域标准中最大限度地采用国际标准。IEC 标准与相应的国家或区域标准之间的任何差异必须清楚地在后者中表明。
5) IEC 规定了表示其认可的无标志程序，但并不表示对某一设备声称符合某一标准承担责任。
6) 所有的使用者应确保他们拥有本部分的最新版本。
7) IEC 或其管理者、雇员、后勤人员或代理(包括独立专家和技术委员会的成员)和 IEC 国家委员会不应对使用或依靠本 IEC 出版物或其他 IEC 出版物造成的任何个人伤害、财产损失或其他任何属性的直接或间接损失，或源于本出版物之外的成本(包括法律费用)和支出承担责任。
8) 应注意在本部分中罗列的引用标准(规范性引用文件)。对于正确使用本部分来讲，使用引用标准(规范性引用文件)是不可缺少的。
9) 应注意本国际标准的某些条款可能涉及专利权的内容，IEC 将不承担确认专利权的责任。

IEC 60335 的本部分标准由 IEC 第 61 技术委员会："家用和类似用途电器的安全"制定。

经过整理的 IEC 60335-2-74 的本版本是基于第二版(2002)[文件 61/2177/FDIS 和 61/2258/RVD]和它的第 1 增补件(2006)[文件 61/2962/FDIS 和 61/3028/RVD]形成的。

本部分的版本号为 2.1。

页边空白处的竖线表示在该处基本版已经被第 1 增补件修改。

本部分的法文版未进行投票表决。

本第二部分与 IEC 60335-1 的最新版本及其修正件一起使用。本部分是在 IEC 60335-1 第四版(2001)的基础上建立起来的。

注 1：本部分中提到的"第一部分"是指 IEC 60335-1。

本部分对 IEC 60335-1 的相应条款进行了补充或修改，将其转化成 IEC 标准：便携浸入式加热器的安全要求。

凡第一部分中的特别条款没有在第二部分中提及的，只要合理，即应采用。本部分写明"增加"、"修改"或"替代"时，第一部分中的有关内容须作相应修改。

注 2：采用下述编号系统：

——从 101 开始编号的条款、表格和图是对第一部分增加的；

——除在新条款中的注或第一部分涉及的注外，注都从 101 开始编号，包括被替代章或条款中的注；

——增加的附录以字母 AA、BB 等编码。

注 3：采用下列字体：

——要求正文：罗马字体；

——试验技术规范：斜体字；

——注释：小罗马字体。

正文中用黑体印刷的词在第 3 章中给出定义。当一个定义涉及一个形容词时，则该形容词和相关的名词也是黑体字。

在下述国家存在着下列差异。

——19.2：试验时器具用它的电源软线悬挂着（波兰）。

——第 21 章：只有在具有非金属外壳的器具上才进行增加的试验（美国）。

——24.101：本要求不适用（美国）。

委员会决定，在 IEC 网站"http://webstore.iec.ch"指定的保持结果日期之前，基本出版物和其增补件的相关内容中与特殊出版物有关的数据保持不变。在此日期，出版物将被：

- 重新确认；
- 废止；
- 被修订版替代，或
- 被修正。

家用和类似用途电器的安全 便携浸入式加热器的特殊要求

1 范围

GB 4706.1—2005 的该章由下述内容代替：

GB 4706 本部分涉及额定电压不超过 250 V 的家用和类似用途的便携浸入式加热器的安全。

不打算作为一般家用但对公众仍可以构成危险源的器具，例如：打算在商店、轻工部门和农场中由非电专业人员使用的器具，在本部分的范围之内。

就实际而言，本部分涉及在住宅内和住宅周围所有人员遇到的而由器具所表现出来的普通危险。但是，本部分一般不考虑：

——无人照看的幼儿和残疾人对器具的使用；

——幼儿拿器具玩耍的情况。

注 1：注意下述情况：

——对于打算用于车辆、船舶或航空器上的器具，可能需要一些附加要求；

——在许多国家，附加要求由国家卫生保健部门、负责劳动保护的部门和类似部门来规定。

注 2：本部分不适用于：

——仅打算工业用途的器具；

——准备用在特殊场所的器具，如存在腐蚀性和爆炸性气体（灰尘、蒸气或煤气）的地方；

——装在便携式器具中的发热元件，如加热液体的器具（GB 4706.19/IEC 60335-2-15）；

——水族箱加热器（GB 4706.67/IEC 60335-2-55）；

——固定浸入式加热器（GB 4706.75/IEC 60335-2-73）。

2 规范性引用文件

GB 4706.1—2005 的该章内容适用。

3 定义

GB 4706.1—2005 的该章除下述内容外，均适用。

3.1.9

代替：

正常工作

器具在装有浸入最小深度的水的容器中工作。

4 一般要求

GB 4706.1—2005 的该章内容适用。

5 试验的一般条件

GB 4706.1—2005 的该章除下述内容外，均适用。

5.3 增加：

第 21 章增加的试验在第 8 章试验前进行。

6 分类

GB 4706.1—2005 的该章除下述内容外，均适用。

6.2 增加：

浸入式加热器应至少是 IPX7。

7 标志和说明

GB 4706.1—2005 的该章除下述内容外，均适用。

7.1 增加：

器具应标明可浸入的最大和最小深度。

注 101：浸入深度如果仅用水平线表示，应在使用说明书中给以说明。

注 102：打算漂浮使用的器具不需要标志。

7.12 增加：

使用说明书应包含下述内容：

——详细说明适合使用的容器；

——在把浸入式加热器从液体中取出前应拔掉器具的插头；

——拔掉插头后，发热元件尚有余热，请不要触摸发热元件或将其放置在可燃性表面上。

说明书应指出器具不打算通过一个外部定时器或单独的遥控系统进行运行。

8 对触及带电部件的防护

GB 4706.1—2005 的该章内容适用。

9 电动器具的启动

GB 4706.1—2005 的该章不适用。

10 输入功率和电流

GB 4706.1—2005 的该章内容适用。

11 发热

GB 4706.1—2005 的该章除下述内容外，均适用。

11.7 增加：

水温升到 95 ℃以后，器具工作 15 min。但是，如果达不到该温度，则在水温稳定以后或者温控器动作以后，浸入式加热器再工作 15 min。

12 空章

13 工作温度下的泄漏电流和电气强度

GB 4706.1—2005 的该章内容适用。

14 瞬态过电压

GB 4706.1—2005 的该章内容适用。

15 耐潮湿

GB 4706.1—2005 的该章内容适用。

16 泄漏电流和电气强度

GB 4706.1—2005 的该章内容适用。

17 变压器和相关电路的过载保护

GB 4706.1—2005 的该章内容适用。

18 耐久性

GB 4706.1—2005 的该章不适用。

19 非正常工作

GB 4706.1—2005 的该章除下述内容外，均适用。

19.1 增加：

只有打算用于防止动物水槽冻结的器具才经受 19.4 和 19.5 的试验。

19.2 增加：

将器具以最不利的位置放置在测试角的底板上。

19.13 增加：

在工作的第一分钟期间允许测试角的边壁和底板有 200 K 的温升。

20 稳定性和机械危险

GB 4706.1—2005 的该章内容适用。

21 机械强度

GB 4706.1—2005 的该章除下述内容外，均适用。

21.1 增加：

器具从 1 m 高度跌落到厚度为 50 mm 的硬木板上。共跌落四次，一次在手柄上，一次在发热元件的端部，另两次是从水平的位置跌落。

22 结构

GB 4706.1—2005 的该章内容适用。

23 内部布线

GB 4706.1—2005 的该章内容适用。

24 元件

GB 4706.1—2005 的该章除下述内容外，均适用。

24.101 为满足第 19 章的要求而在器具中安装的热断路器，应是非自复位的。

是否合格，通过视检检查。

25 电源连接和外部软线

GB 4706.1—2005 的该章除下述内容外，均适用。

25.5 修改：

器具不应采用 X 型连接。

允许采用Z型连接。

26 外部导线用接线端子

GB 4706.1—2005 的该章内容适用。

27 接地措施

GB 4706.1—2005 的该章内容适用。

28 螺钉和连接

GB 4706.1—2005 的该章内容适用。

29 电气间隙、爬电距离和固体绝缘

GB 4706.1—2005 的该章内容适用。

30 耐热和耐燃

GB 4706.1—2005 的该章除下述内容外，均适用。

30.2 增加：

对于打算用于防止动物水槽冻结的器具，30.2.3 适用。对于其他器具，30.2.2 适用。

31 防锈

GB 4706.1—2005 的该章内容适用。

32 辐射、毒性和类似危险

GB 4706.1—2005 的该章内容适用。

附　录

GB 4706.1—2005 的附录适用。

参 考 文 献

GB 4706.1—2005 的参考文献除下述外，均适用。

增加：

GB 4706.19　家用和类似用途电器的安全　液体加热器的特殊要求
GB 4706.67　家用和类似用途电器的安全　水族箱和花园水池使用的器具的特殊要求
GB 4706.75　家用和类似用途电器的安全　固定浸入式加热器的特殊要求

ICS 97.170
Y 64

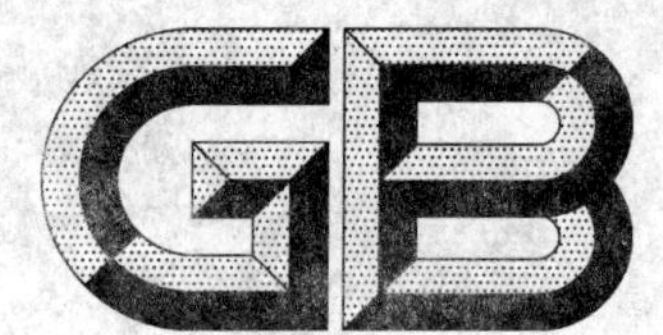

中华人民共和国国家标准

GB 4706.85—2008/IEC 60335-2-27:2004(Ed4.1)

家用和类似用途电器的安全 紫外线和红外线辐射皮肤器具的特殊要求

Household and similar electrical appliances—Safety—
Particular requirements for skin exposure to ultraviolet and infrared radiation

(IEC 60335-2-27:2004(Ed4.1),IDT)

2008-04-11 发布　　2009-01-01 实施

中华人民共和国国家质量监督检验检疫总局
中国国家标准化管理委员会　发布

前　言

本部分的全部技术内容为强制性。

GB 4706 是家用和类似用途电器的安全的系列标准，分为以下几部分：

第 1 部分：通用要求；

第 2 部分：特殊要求。

本部分是家用和类似用途的紫外线和红外线辐射皮肤器具的特殊安全要求，本部分等同采用 IEC 60335-2-27:2004(Ed4.1)《家用和类似用途电器的安全　紫外线和红外线辐射皮肤器具的特殊要求》(英文版)。

本部分应与 GB 4706.1—2005《家用和类似用途电器的安全　第 1 部分　通用要求》配合使用。

本部分是通过增补或修改 GB 4706.1—2005 而形成的。本部分中写明"适用"的部分，表示 GB 4706.1—2005 中的相应条文适用于本部分；本部分中写明"代替"的部分，则以本部分的条文为准；本部分中写明"增加"的部分，表示除要符合 GB 4706.1—2005 相应条文外，还必须符合本部分所增加的条文。

为便于使用，本部分做了下列编辑性修改：

a) "第 1 部分"一词改为"GB 4706.1—2005"；

b) 用小数点"."代替用作小数点的逗号","。

本部分由中国轻工业联合会提出。

本部分由全国家用电器标准化技术委员会归口。

本部分起草单位：广州电器科学研究院、香港飞利浦电子有限公司、广州日用电器检测所。

本部分主要起草人：黄文秀、彭咏添、陈子良、凌宏浩。

IEC 前言

1） IEC(国际电工委员会)是由各国家电工委员会(IEC 国家委员会)组成的世界性标准化组织。IEC 的宗旨是促进在与电工和电子领域标准化有关问题上的国际合作。为此目的,IEC 除了开展其他活动之外,还出版国际标准。这些标准的制定是委托各技术委员会来完成的。IEC 的成员各国家委员会,只要对制定的标准感兴趣,均可参加其制定工作。与 IEC 联络的国际、政府和非政府组织亦可参加标准制定工作。IEC 和世界标准化组织(ISO)遵照双方协议规定的条件密切合作。

2） IEC 对有关技术问题的正式决议或协议尽可能表达了对所涉及的问题在国际上的一致意见,因为所有感兴趣的国家委员会都参加。

3） 这些正式决议或协议具有推荐给国际上使用的形式,以标准、技术规范、技术报告或导则的形式出版,并在此意义上为各国家委员会所接受。

4） 为了促进国际上的统一,IEC 各国家委员会应明确地、最大限度地将 IEC 国际标准转化为国家或地区性标准。IEC 标准和相应的国家或地区性标准之间如有任何差异应在国家标准或地区性标准中清楚地注明。

5） IEC 并未制定任何认可标志的程序,当某一设备宣称其符合 IEC 的某一项标准时,IEC 对此不负任何责任。

6） 所有使用者都应保证他们拥有本出版物的最新版本。

7） 由于对本 IEC 出版物或其他任何 IEC 出版物的使用或依赖,而造成的任何人员伤害、财产损坏或任何形式的破坏(不论是直接还是间接的)或者成本(包括法律费用)和支出,IEC 或其理事会、雇员、服务人员或代理,包括其技术委员会及 IEC 国家委员会的专家和委员,对此不负任何责任。

8） 要注意本出版物所引用的参考标准。为了正确地应用本出版物,使用这些被引用的出版物是必不可少的。

9） 要注意本国际标准的某些成分可能是专利权的对象。IEC 应没有责任确认任何或所有这样的专利权。

IEC 60335 的本部分标准由 IEC 第 61 技术委员会:“家用和类似用途电器的安全”制定。

本加强版是基于 IEC 60335-2-27 的 2002 年第四版(依据 61/2181/FDIS 和 61/2262/RVD 文件)及其 2004 年第一次修改(依据 61/2688/FDIS 和 61/2262/RVD 文件)。它构成 4.1 版。

正文空白处的一条竖直线表示基础出版物已被第一次修改件所修改。

本第 2 部分与 IEC 60335-1 的最新版本及其修正件一起使用。本标准是在 IEC 60335-1 第四版(2001)的基础上建立起来的。

注 1:本标准中提到的“第 1 部分”是指 IEC 60335-1。

本标准对 IEC 60335-1 的相应条款进行了补充或修改,将其转化成 IEC 标准:紫外线和红外线辐射皮肤器具的安全要求。

凡第 1 部分中的条款没有在本标准中特别提及的,只要合理,即应采用。本标准写明“增加”、“修改”或“替代”时,第 1 部分中的有关内容须作相应修改。

注 2:采用下述编号系统:

——从 101 开始编号的条款、表格和图是对第 1 部分增加的;

——除在新条款中的注或第 1 部分涉及的注外,注都从 101 开始编号,包括被替代章或条款中的注;

——增加的附录以字母 AA、BB 等编码。

注 3:采用下列字体:

——要求正文：罗马字体；

——试验技术规范：斜体字；

——注释：小罗马字体。

正文中用黑体印刷的词在第3章中给出定义。当一个定义涉及一个形容词时，则该形容词和相关的名词也是黑体字。

委员会已经决定本出版物的基础标准及其修改件的内容在IEC网站(http://webstore.iec.ch)指出的维护日期前保持不变，到该日期时，本出版物将被：

• 重新确认；

• 废止；

• 被修订版替代，或

• 被修正。

在下述国家存在着下列差异。

——7.1：标志不同(美国)。

——10.1：偏差不同(美国)。

——10.2：偏差不同(美国)。

——19.101：试验不同(美国)。

——20.1：试验在8°角度下进行(美国)。

——第22章：在某些UV发射器中要装入串联电阻(澳大利亚)。

——22.107：该要求不适用(美国)。

——22.108：定时器最大设定时间稍短(美国)。

——32.101：辐射度限值及试验不同(美国)。

——32.102：对护目镜的要求不同(美国)。

引　　言

在起草本部分时已经假设，本部分内容的实施是委托有适当资格及有经验的人来执行。

本部分承认国际上认可的对器具在考虑到制造商的使用说明的条件下正常使用工作时所带来的诸如电气、机械、热、着火及辐射等危险的防护水平。本部分还覆盖了在实际中可预期的非正常情况，并将电磁现象影响器具安全工作的方式也给予考虑。

本部分尽可能地考虑了 GB 16895 的要求，以便在器具与电源连接时符合布线规则。

如果本部分范围内的器具还含有 GB 4706 的第 2 部分的另一个标准所覆盖的功能，则该相关的第 2 部分标准只要合理应分别适用于每个功能。如果适用，一个功能对其他功能的影响也应考虑。

本部分是一个涉及器具安全的家用产品标准，并在覆盖相同主题的同一水平和类别的标准中处于优先地位。

符合本部分正文的器具在进行检查和试验时，如果发现其具有的其他特性会损害这些要求所覆盖的安全水平时，则未必认为其符合本部分的安全原则。

使用不同于本部分要求规定的材料或结构形式的器具，可以按照这些要求的意图来检查和试验，如果发现实质上是等效的，则可以认为其符合本要求。

家用和类似用途电器的安全
紫外线和红外线辐射皮肤器具的特殊要求

1 范围

GB 4706.1—2005 的该章由下述内容代替：

本部分涉及单相器具额定电压不超过 250 V，其他器具额定电压不超过 480 V 的家用和类似用途的装有向皮肤辐射紫外线和红外线的发射器的电器的安全。

不作为一般家用，但对公众仍可能引起危险的器具，例如打算在皮肤晒黑店、美容店及类似场所使用的器具也属于本部分的范围。

就实际情况而言，本部分所涉及的各种器具存在的普通危险，是在住宅内和住宅周围环境中所有的人可能会遇到的。

然而，一般说来本部分并未涉及：

——无人照看的幼儿和残疾人使用器具时的危险；

——幼儿玩耍器具的情况。

注 101：注意下述情况：

——对于打算用于车辆、船舶或航空器上的器具，可能需要一些附加要求；

——在许多国家，附加要求由国家卫生保健部门、负责劳动保护的部门和类似部门来规定。

——只要合理，GB 7000.1—2007(idt IEC 60598-1:2003)适用。

注 102：本部分不适用于：

——医用器具；

——打算使用在经常产生腐蚀性或爆炸性气体(灰尘、蒸气或瓦斯气体)特殊环境场所的器具。

2 规范性引用文件

GB 4706.1 2005 的该章适用。

3 定义

GB 4706.1—2005 的该章除下述内容外均适用。

3.101

紫外线发射器 ultraviolet emitter;UV emitter

是一种辐射源，设计成能发射 400 nm 或以下波长的非离子状态的电磁能量。

3.102

红外线发射器 infrared emitter;IR emitter

是一种辐射源，设计成能发射 800 nm 或以上波长的电磁能量。

3.103

有效辐射度 effective irradiance

按照规定的作用频谱进行加权的电磁辐射的辐射度。

4 一般要求

GB 4706.1—2005 的该章适用。

5 试验的一般条件

GB 4706.1—2005 的该章除下述内容外均适用。

5.1 增加：

装有 UV 发射器的器具按照电动器具进行试验。

装有 IR 发射器的器具按照电热器具进行试验。

6 分类

GB 4706.1—2005 的该章除下述内容外均适用。

6.101

UV 器具应按照紫外线发射分类为下述类别中的一种：

——用作家用的器具；

——仅作商用的器具。

注 1：用作家用的器具也可以用作商用，如在皮肤晒黑店、美容店和类似场所使用。

注 2：器具的详细分类见附录 BB。

是否合格，通过视检及相关的试验来检查。

7 标志和说明

GB 4706.1—2005 的该章除下述内容外均适用。

7.1 增加：

打算用在皮肤晒黑店、美容店和类似场所的 UV 器具应标有 7.6 所示的“不用作家用”标志，或标有下述内容：

不用作家用

装有可更换的 UV 发射器的器具应标明推荐使用的发射器类型。

装有 UV 发射器的器具应标有下述内容：

警告：紫外线照射可导致对眼睛和皮肤的损害，如皮肤老化甚至皮肤癌。仔细阅读使用说明书。戴上随产品提供的护目镜。某些药物和化妆品可能增加感光性。

注 102：对于打算用在皮肤晒黑店、美容店及类似场所的装有 UV 发射器的器具，该警告可在打算固定在邻近 UV 器具的墙壁上的一个永久标签上给出。“仔细阅读使用说明书”这句话可用“进一步的详情请查阅本产品的附件”替代。

装有光度超过 100 000 cd/m^2 的 UV 发射器的器具应标有下述内容：

警告：光度太强，不要盯视发射器。

注 103：附录 AA 中给出测量光度的方法。

注 104：如果这些警告语句结合使用的话，则不需要重复使用“警告”这个词。

7.6 增加：

不用作家用

注 101：本标志结合了 ISO 3864 的禁止符号。

7.12 增加：

使用说明书应清楚地给出正确使用器具的有关事项。

装有 UV 发射器的器具的使用说明书应包含下述内容：

——指出下述人不要使用UV器具：被太阳照射时皮肤未晒成褐色反而晒伤的人、皮肤有晒伤的人、小孩、目前患有或以前患过皮肤癌的人或易患皮肤癌的人；

——指出如果在第一阶段照射后的48 h内出现意外的反应如发痒等，则要在医生建议下才能使用UV器具；

——有关预期照射距离的说明(该距离由UV器具结构决定的除外)；

——推荐的照射时间表，指出照射持续时间和间隔(根据UV发射器的特点、照射距离以及皮肤敏感性)；

注101：对于未晒黑过的皮肤第一阶段照射推荐照射时间是对应于不超过100 J/m² 的照射剂量，并按图101所示的红斑作用光谱加权，或者依据在一小块面积皮肤上的试验结果。

——一年内不应超过的照射次数推荐值；

注102：对身体各部分推荐的照射次数，是依据最大年照射剂量25 kJ/m²，按照图101所示的非黑色素皮肤癌作用光谱加权并考虑到推荐的照射时间表而确定的。

——指出在定时器出现故障或过滤器破裂或被拆除时，一定不要使用本器具；

——标识出可能影响紫外线辐射的替代部件，如过滤器和反射器；

——标识出可更换的UV发射器，并说明只能用器具上标明的UV发射器类型进行替换，或者指出必须在接受了经授权的维修代理的建议后才能对灯泡进行更换。

装有UV发射器的器具的使用说明书应包括下述信息及预防措施的内容：

——来自太阳或UV器具的紫外线辐射可导致对皮肤及眼睛的损害。这些生物效应取决于辐射的质量和数量以及个体皮肤及眼睛的敏感性；

——过量照射后，皮肤可能出现晒伤。过多反复地受到来自太阳或UV器具的紫外线辐射可导致皮肤过早老化以及增加出现皮肤肿瘤的危险；

——照射时，如未给眼睛提供防护，则可能出现表面发炎，在某些情况下例如白内障手术后，眼睛受到过度照射后可能造成对视网膜的损害。多次反复照射后可能引发白内障；

——在个体对紫外线有明显的敏感性情况下以及在使用某些药物或化妆品的情况下，需要特殊防护；

——必须采取下述预防措施：

• 每次照射时都要使用随产品提供的护目镜；
• 在照射前，彻底清除化妆，不要涂覆防晒品；
• 在服用导致对紫外线敏感性增加的药物时不要进行照射。如有怀疑，请医生指导；
• 在最初的两次照射之间至少有48 h的间歇；
• 在同一天不要既晒日光浴又使用本器具；
• 遵照有关照射持续时间、照射间隔和与照射灯距离的推荐值；
• 如果皮肤上出现持续的肿块或疼痛，或在色素摩尔方面发生变化，则向医生咨询。

对于装有在正常使用中必须打开的盖子的器具，使用说明书应包括一条警告，内容是：盖子处于关闭状态时一定不要接通器具，并且必须在器具从电源断开并冷却后才能关闭盖子收藏起来。

注103：如果器具符合19.2和19.3的试验，则不需要该警告。

装有IR发射器的器具的使用说明书应包含保护眼睛防止受红外线照射的忠告，并应建议必须采取足够的预防措施保护使用者避免过度照射的危险。

如果使用“不用作家用”标志，则应说明它的含义。

7.14 增加：

“不用作家用”标志的高度应至少为10 mm。

通过测量来检查是否合格。

7.15 增加：

在器具安装后且没有移开外罩的情况下，7.1规定的警告应是可见的。

8 对触及带电部件的防护

GB 4706.1—2005 的该章除下述内容外均适用。

注 101：在更换发射器过程中要符合 GB 7000.1—2007 第 8 章的相关要求，除非使用说明书指出禁止用户自行更换且更换时需要工具。

8.1.3 不适用。

9 电动器具的启动

GB 4706.1—2005 的该章不适用。

10 输入功率和电流

GB 4706.1—2005 的该章除下述内容外均适用。

10.1 修改：

下述偏差适用：

——对仅装有 UV 发射器的器具：　　+10%；

——其他器具：　　$^{+5}_{-10}\%$

10.2 修改：

下述偏差适用：

——对仅装有 UV 发射器的器具：　　+10%；

——其他器具：　　$^{+5}_{-10}\%$

11 发热

GB 4706.1—2005 的该章除下述内容外均适用。

11.2 修改：

正常置于地面或桌面上使用的器具，放置在测试角的底板上，器具的背面尽可能靠近测试角的一边壁而远离另一边壁。

如果辐射的方向是可调的，则将器具调整到正常使用中出现的最不利的位置。

11.7 代替：

器具工作到稳定状态建立。

注 101：如有必要，立即将定时器复位。

在打算墙壁安装或天花板安装的器具中，由电机驱动的部件完全上升和下降五次，中间不停歇，或者完全上升和下降 5 min，两种情况取时间较短的。

11.8 增加：

在规定条件下测量时，镇流器绕组及相关布线的温度不应超过 GB 7000.1—2007(idt IEC 60598-1:2003)的 12.4 规定的数值。

与皮肤接触的表面温升不应超过为连续握持的手柄规定的数值。

12 空章

13 工作温度下的泄漏电流和电气强度

GB 4706.1—2005 的该章适用。

14 瞬态过电压

GB 4706.1—2005 的该章适用。

15 耐潮湿

GB 4706.1—2005 的该章适用。

16 泄漏电流和电气强度

GB 4706.1—2005 的该章适用。

17 变压器和相关电路的过载保护

GB 4706.1—2005 的该章适用。

18 耐久性

GB 4706.1—2005 的该章不适用。

19 非正常工作

GB 4706.1—2005 的该章除下述内容外均适用。

19.1 修改：

取代 GB 4706.1—2005 该条所列出的试验。如适用，器具要经受 19.4 至 19.12、19.101 和 19.102 的试验。

此外，19.2 和 19.3 还适用于装有盖子但使用说明书中没有关于盖子关闭时不要接通器具的警告的器具。

19.2 代替：

装有在正常使用时打开的盖子的器具，试验时盖子处于关闭状态。

在第 11 章规定的条件下进行试验。给装有 UV 发射器的器具供以 0.94 倍额定电压，其他器具在 0.85 倍额定输入功率下工作。

19.3 代替：

重复 19.2 的试验，但给装有 UV 发射器的器具供以 1.1 倍额定电压，其他器具在 1.24 倍额定输入功率下工作。

19.9 不适用。

19.101 除那些安装位置高出地面 1.8 m 以上的器具外，给器具供以额定电压，并按第 11 章的规定工作。当稳定状态建立时，取一块密度为 130 g/m² 至 165 g/m²，宽度为 100 mm，长度足够从器具的正面绕过的干燥漂白棉绒布，将该绒布覆盖在器具最不利的位置上。

10 s 内绒布不应冒烟或起火燃烧。

注：如果已经开始冒烟燃烧，那么在材料上将会形成一个小孔，孔边缘红热。变黑但没冒烟燃烧的情况可忽略。

19.102 装有发射灯泡的器具在 GB 7000.1—2007(idt IEC 60598-1:2003)的 12.5.1 的 a)、d)和 e)中规定的故障条件下工作，给器具供以额定电压。

镇流器或变压器绕组的温度不应超过 GB 7000.1—2007(idt IEC 60598-1:2003)的 12.5 规定的数值。

20 稳定性和机械危险

GB 4706.1—2005 的该章适用。

21 机械强度

GB 4706.1—2005 的该章除下述内容外均适用。

21.1 增加：

对于发射器，包括邻近的玻璃部件和任何突出壳外的透镜，冲击能量减少到 0.35 J。

注 101：在发射器上以及器具跌落时不会碰击到地面的玻璃部件上进行该试验。

21.101 用于防止可燃材料意外着火燃烧的保护装置应有足够的机械强度。

是否合格，通过下述试验检查。

器具的放置使保护装置的中心部分处于水平。然后把一个直径为 10 cm、质量为 2.5 kg 的平圆盘放在保护装置的中心，保持 1 min。

试验后，保护装置不应表现出明显的永久变形。

21.102 器具中打算支撑人的部件应有足够的机械强度。

是否合格，通过下述试验检查。

将一块质量为 135 kg、均匀分布在 30 cm×50 cm 面积上的重物，放置到打算支撑人的表面上，保持 1 min。

取下负载后，器具不应有本标准意义内的损坏，尤其是对第 29 章的符合程度不应受到损害。

注：在有怀疑的情况下，附加绝缘和加强绝缘要经受 16.3 的电气强度试验。

22 结构

GB 4706.1—2005 的该章除下述内容外均适用。

22.24 代替：

裸露的发热元件应给以支撑，防止在正常使用过程中出现过度位移。发热元件的断裂不应产生危险。

是否合格，通过视检和下述试验检查。

在最不利的位置切断发热元件，导体不应接触到易触及的金属部件或从器具中掉出。

22.35 修改：

对驻立式器具的放松要求不适用。

22.101 装有在正常使用中必须打开的盖子的器具，其结构应保证盖子不能意外关闭。

是否合格，通过下述试验检查。

器具以正常使用的任一位置，放置在一个与水平面成 15°的倾斜平面上。

盖子应保持打开状态。

22.102 包含有悬臂装置或包含有打算在人上方升降的部件的器具，应装有一个安全装置，在悬臂装置失效或部件过分位移时防止造成损害。

是否合格，通过视检和手动试验来检查。

22.103 打算照射全身并在人上方使用的 UV 发射器应有保护装置防止意外损坏。

是否合格，通过视检和下述试验检查。

用 5 N 力作用到一根直径为 100 mm±1 mm 且一端为半球形的圆柱棒上。

棒不应碰触到发射器。

22.104 打算在人上方使用的固定式器具应有防止松脱的紧固装置。

是否合格，通过视检和手动试验检查。

22.105 装有 UV 发射器并打算人躺着使用的器具，其结构应保证如果定时器失效，紫外线的辐射要自动停止。

是否合格，通过下述试验检查。

给器具供以额定电压并在正常工作条件下工作。模拟定时器出现故障。在照射时间超过 110%设定值之前，紫外线的辐射应停止。

注：装有 UV 发射器并打算在与竖直面的夹角超过 35°的倾斜面上使用的器具，被认为是人躺着使用的器具。

22.106 UV 器具应提供一个定时器，用于终止紫外线的辐射。该定时器应置于器具内，或对于打算永久连接到固定布线上的器具则应将其安装到布线系统上。

定时器上标注的设定值应与推荐照射时间表中规定的时间值一致，而最高设定值提供的照射剂量不超过 800 J/m^2。

是否合格，通过视检、测量以及依据 32.101 试验过程中确定的总体有效辐射度（按照图 101 的红斑作用光谱加权）计算的剂量来检查。

注：对于打算与固定布线永久连接的器具，定时器可以装在布线系统中。

22.107 在正常使用中与皮肤接触并支撑身体的金属部件不应接地。

注：在安装及拆卸过程中能被触及的壳体铰链及其他部件可以接地。

是否合格，通过视检和为双重绝缘或加强绝缘规定的试验来检查。

22.108 打算利用螺钉或其他永久固定装置固定到墙壁上的器具，其结构应保证固定方式是明显的，或是安装说明书中规定的。

是否合格，通过视检检查。

22.109 用于防止可燃材料意外着火燃烧的保护装置应可靠地固定到器具上，不借助工具不可能将它们完全拆卸。

是否合格，通过视检和手动试验检查。

22.110 UV 器具应包含一个控制器，用于终止射线的发射。在照射过程中使用者应易于接近该控制器，并通过触摸及视觉易于辨认。

是否合格，通过视检检查。

23 内部布线

GB 4706.1—2005 的该章除下述内容外均适用。

23.3 增加：

仅在器具收藏时才被弯曲的导线的弯曲次数为 5 000 次，在正常使用中被弯曲的导线的弯曲次数增加至 50 000 次。

24 元件

GB 4706.1—2005 的该章除下述内容外均适用。

24.1 增加：

如果流经灯座或镇流器端子的电流超过额定值，则端子应符合 GB 7000.1—2007(idt IEC 60598-1:2003)的 15.6。试验电流是器具在额定电压下工作时被测电流的 1.1 倍。

24.2 修改：

驱动器具升降部件的电机的控制开关以及额定电流不超过 2A 的便携式器具的开关，可以和软线配合使用。

25 电源连接和外部软线

GB 4706.1—2005 的该章除下述内容外均适用。

25.5 增加：

Z 型连接允许用于质量不超过 3 kg 的器具上。

25.7 增加：

不应使用含有橡胶护套或可能受紫外线影响的其他材料护套的电源软线。

注 101：发射器和反射器不被认为是在正常使用中电源软线可能触及到的部件。

26 外部导线用接线端子

GB 4706.1—2005 的该章适用。

27 接地措施

GB 4706.1—2005 的该章适用。

28 螺钉和连接

GB 4706.1—2005 的该章适用。

29 电气间隙、爬电距离和固体绝缘

GB 4706.1—2005 的该章除下述内容外均适用。

29.3 增加：

如果绝缘是由 UV 发射器的外壳或 IR 发射器的玻璃外壳提供的，则本要求不适用。

30 耐热和耐燃

GB 4706.1—2005 的该章除下述内容外均适用。

30.2.3 不适用。

31 防锈

GB 4706.1—2005 的该章适用。

32 辐射、毒性和类似危险

GB 4706.1—2005 的该章由下述内容代替。

32.101 器具不应产生毒性或类似危险。装有 UV 发射器的器具不应发出有害数量的辐射。

是否合格，通过下述试验检查。

先将 UV 发射器在额定电压下老化：

——5 h±5 min，对于荧光灯；

——1 h±5 min，对于高强度放射灯。

然后将经老化的 UV 发射器装到器具上。

注 1：高强度放射灯是一种放电灯，这种灯利用泡壳温度来稳定产生辐射的电弧，并且电弧的泡壳负载超过3 W/cm^2。

给器具供以额定电压并让其工作到定时器所允许的最大照射时间的约一半。然后在最短的推荐照射距离处测量辐射度，测量仪器的放置位置应保证能记录到最高的辐射。但是，在 100 mm±2 mm 距离处测量面部射枪的辐射度，并用于计算推荐的照射距离处的辐射度。

置于人上方的 UV 发射器的照射距离等于发射器和支撑表面之间的距离减去 0.3 m。

注 2：使用测量仪器测量直径不超过 20 mm 的圆面积上的平均辐射度。仪器的响应与辐射的入射线和圆面的法线之间的夹角的余弦成正比。利用带宽不超过 2.5 nm 的频谱仪，每间隔 1 nm 测量频谱分布。

注 3：对于具有上、下辐射表面的器具，单独测量每一部分，但测量一部分时要遮掩或拆除另一部分。如果两个辐射表面之间的距离小于 0.3 m，则只对上面板的表面进行测量。

利用图 101 的非黑色素皮肤癌作用光谱计算每个波长的有效辐射度。

用作家用的器具，其总体有效辐射度不应超过：

——0.35 W/m^2，波长小于或等于 320 nm；

——0.15 W/m^2，波长在 320 nm 和 400 nm 之间。

按照图 101 的非黑色素皮肤癌作用光谱加权。

仅作商用的器具，其总体有效辐射度不应超过 1 W/m²，按照图 101 的非黑色素皮肤癌作用光谱加权。

注 4：由下式计算总体有效辐射度值：

$$E = \sum_{250\ \mathrm{nm}}^{400\ \mathrm{nm}} S_{\lambda} E_{\lambda} \Delta_{\lambda}$$

式中：

E——总体有效辐射度；

S_{λ}——根据图 101 确定的相对频谱有效因数(加权系数)；

E_{λ}——频谱辐射度，单位：W/(m² · nm)；

Δ_{λ}——带宽，单位：nm。

32.102 应给 UV 器具配备至少两对护目镜，确保对眼睛有足够保护同时提供足够的透光度。

是否合格，通过下述对每对护目镜的试验检查。

利用带宽不超过 2.5 nm 的频谱计测量每个目镜中心的透射度。使用直径约为 5 mm 的一束光。在 240 nm 和 550 nm 之间每间隔 5 nm 测量透射度。

透射度不应超过表 101 规定的数值，且透光度不应小于于 1%。

表 101 护目镜的最大透射度

波长 λ/mm	最大透射度/%
250<λ≤320	0.1
320<λ≤400	1
400<λ≤550	5

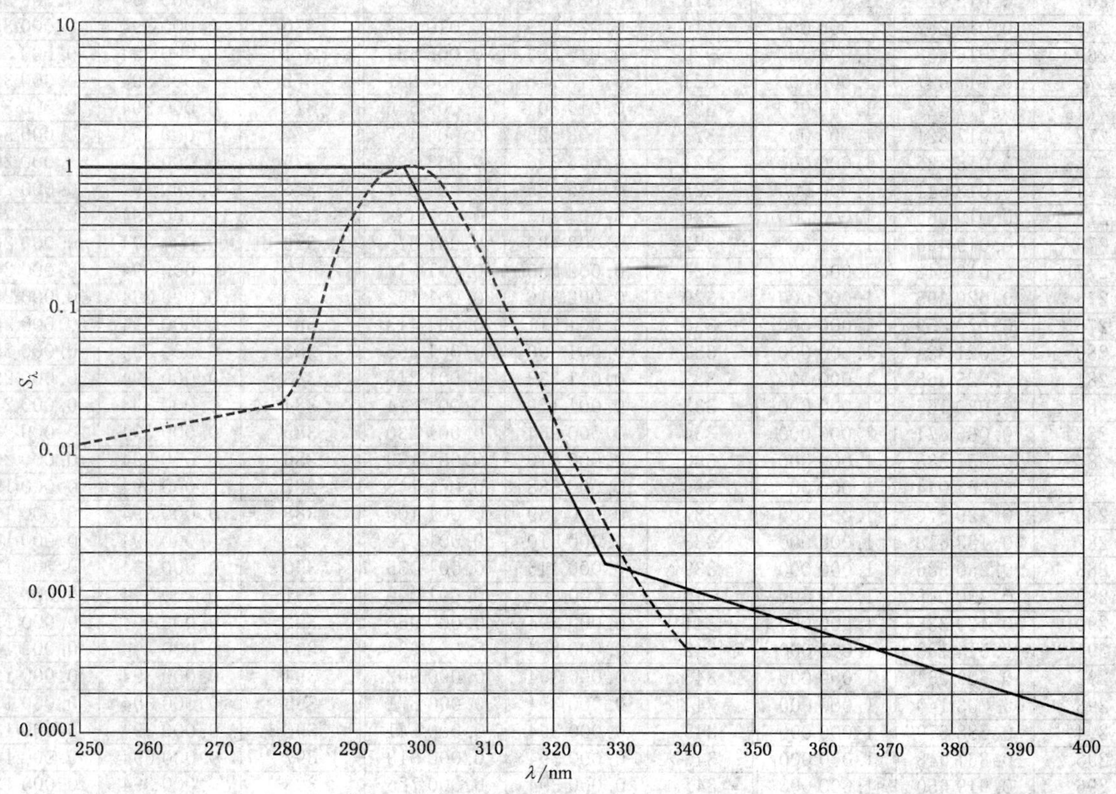

说明：

----非黑色素皮肤癌作用光谱；

——红斑作用光谱。

图 101 UV 作用光谱

注1：红斑作用光谱根据下述参数来定义：

波长(λ)	加权系数(S_λ)
λ≤298	1
298<λ≤328	$10^{0.094(298-\lambda)}$
328<λ≤3 400	$10^{0.015(140-\lambda)}$

注2：非黑色素皮肤癌作用光谱和红斑作用光谱的每个波长的加权系数如下：

波长 λ/nm	加权系数 S_λ		波长 λ/nm	加权系数 S_λ		波长 λ/nm	加权系数 S_λ	
	非黑色素皮肤癌	红斑		非黑色素皮肤癌	红斑		非黑色素皮肤癌	红斑
250	0.010 900	1.000 000	301	0.967 660	0.522 396	352	0.000 394	0.000 661
251	0.011 139	1.000 000	302	0.929 095	0.420 727	353	0.000 394	0.000 638
252	0.011 383	1.000 000	303	0.798 410	0.338 844	354	0.000 394	0.000 617
253	0.011 633	1.000 000	304	0.677 339	0.272 898	355	0.000 394	0.000 596
254	0.011 888	1.000 000	305	0.567 466	0.219 786	356	0.000 394	0.000 575
255	0.012 158	1.000 000	306	0.470 257	0.177 011	357	0.000 394	0.000 556
256	0.012 435	1.000 000	307	0.385 911	0.142 561	358	0.000 394	0.000 537
257	0.012 718	1.000 000	308	0.313 889	0.114 815	359	0.000 394	0.000 519
258	0.013 007	1.000 000	309	0.253 391	0.092 469	360	0.000 394	0.000 501
259	0.013 303	1.000 000	310	0.203 182	0.074 473	361	0.000 394	0.000 484
260	0.013 605	1.000 000	311	0.162 032	0.059 979	362	0.000 394	0.000 468
261	0.013 915	1.000 000	312	0.128 671	0.048 306	363	0.000 394	0.000 452
262	0.014 231	1.000 000	313	0.101 794	0.038 905	364	0.000 394	0.000 437
263	0.014 555	1.000 000	314	0.079 247	0.031 333	365	0.000 394	0.000 422
264	0.014 886	1.000 000	315	0.061 659	0.025 235	366	0.000 394	0.000 407
265	0.015 225	1.000 000	316	0.047 902	0.020 324	367	0.000 394	0.000 394
266	0.015 571	1.000 000	317	0.037 223	0.016 368	368	0.000 394	0.000 380
267	0.015 925	1.000 000	318	0.028 934	0.013 183	369	0.000 394	0.000 367
268	0.016 287	1.000 000	319	0.022 529	0.010 617	370	0.000 394	0.000 355
269	0.016 658	1.000 000	320	0.017 584	0.008 551	371	0.000 394	0.000 343
270	0.017 037	1.000 000	321	0.013 758	0.006 887	372	0.000 394	0.000 331
271	0.017 424	1.000 000	322	0.010 804	0.005 546	373	0.000 394	0.000 320
272	0.017 821	1.000 000	323	0.008 525	0.004 467	374	0.000 394	0.000 309
273	0.018 226	1.000 000	324	0.006 756	0.003 597	375	0.000 394	0.000 299
274	0.018 641	1.000 000	325	0.005 385	0.002 897	376	0.000 394	0.000 288
275	0.019 065	1.000 000	326	0.004 316	0.002 333	377	0.000 394	0.000 279
276	0.019 498	1.000 000	327	0.003 483	0.001 879	378	0.000 394	0.000 269
277	0.019 942	1.000 000	328	0.002 830	0.001 514	379	0.000 394	0.000 260
278	0.020 395	1.000 000	329	0.002 316	0.001 462	380	0.000 394	0.000 251
279	0.020 859	1.000 000	330	0.001 911	0.001 413	381	0.000 394	0.000 243
280	0.021 334	1.000 000	331	0.001 590	0.001 365	382	0.000 394	0.000 234
281	0.025 368	1.000 000	332	0.001 333	0.001 318	383	0.000 394	0.000 226
282	0.030 166	1.000 000	333	0.001 129	0.001 274	384	0.000 394	0.000 219
283	0.035 871	1.000 000	334	0.000 964	0.001 230	385	0.000 394	0.000 211
284	0.057 388	1.000 000	335	0.000 810	0.001 189	386	0.000 394	0.000 204
285	0.088 044	1.000 000	336	0.000 688	0.001 148	387	0.000 394	0.000 197
286	0.129 670	1.000 000	337	0.000 589	0.001 109	388	0.000 394	0.000 191
287	0.183 618	1.000 000	338	0.000 510	0.001 072	389	0.000 394	0.000 184
288	0.250 586	1.000 000	339	0.000 446	0.001 035	390	0.000 394	0.000 178
289	0.330 048	1.000 000	340	0.000 394	0.001 000	391	0.000 394	0.000 172
290	0.420 338	1.000 000	341	0.000 394	0.000 966	392	0.000 394	0.000 166
291	0.514 138	1.000 000	342	0.000 394	0.000 933	393	0.000 394	0.000 160
292	0.609 954	1.000 000	343	0.000 394	0.000 902	394	0.000 394	0.000 155
293	0.703 140	1.000 000	344	0.000 394	0.000 871	395	0.000 394	0.000 150
294	0.788 659	1.000 000	345	0.000 394	0.000 841	396	0.000 394	0.000 145
295	0.861 948	1.000 000	346	0.000 394	0.000 813	397	0.000 394	0.000 140
296	0.919 650	1.000 000	347	0.000 394	0.000 785	398	0.000 394	0.000 135
297	0.958 965	1.000 000	348	0.000 394	0.000 759	399	0.000 394	0.000 130
298	0.988 917	1.000 000	349	0.000 394	0.000 733	400	0.000 394	0.000 126
299	1.000 000	0.805 378	350	0.000 394	0.000 708			
300	0.991 996	0.648 634	351	0.000 394	0.000 684			

图101(续)

附　　录

GB 4706.1—2005 的附录除下述内容外均适用。

附　录　AA
（规范性附录）
光度的测量

利用准直透镜测量光度。在距离光源可能的最短距离但不少于 0.2 m 处进行测量。在测量点上透镜应将通过入口的所有光聚集在接收空间角内，对应的平面角度为 1°。

测量过程中器具在额定电压下工作。

附　录　BB
（资料性附录）
UV 器具的详细分类

本附录提供了按照辐射量对 UV 器具进行分类的详细情况，辐射范围为 250 nm～320 nm 和 320 nm～400 nm。

BB.1　定义

在本附录中下述定义适用。

BB.1.1

紫外线 1 类器具　UV type 1 appliance

是装有紫外线发射器的器具，其设计保证生物效应是由大于 320 nm 波长的辐射引起的，其特征是在 320 nm 到 400 nm 范围内具有相对高的辐射度。

BB.1.2

紫外线 2 类器具　UV type 2 appliance

是装有紫外线发射器的器具，其设计保证生物效应是由小于和大于 320 nm 波长的辐射引起的，其特征是在 320 nm 到 400 nm 范围内具有相对高的辐射度。

BB.1.3

紫外线 3 类器具　UV type 3 appliance

是装有紫外线发射器的器具，其设计保证生物效应是由小于和大于 320 nm 波长的辐射引起的，其特征是在整个 UV 辐射波段上具有有限的辐射度。

BB.1.4

紫外线 4 类器具　UV type 4 appliance

是装有紫外线发射器的器具，其设计保证生物效应主要是由小于 320 nm 波长的辐射引起的。

BB.1.5

紫外线 5 类器具　UV type 5 appliance

是装有紫外线发射器的器具，其设计保证生物效应是由小于和大于 320 nm 波长的辐射引起的，其特征是在整个 UV 辐射波段上具有相对高的辐射度。

BB.2　分类

UV 器具可分类为如下一种类别：

——紫外线 1 类器具；

——紫外线 2 类器具；

——紫外线 3 类器具；

——紫外线 4 类器具；

——紫外线 5 类器具。

注 101：紫外线 1 类器具、紫外线 2 类器具、紫外线 4 类器具和紫外线 5 类器具是打算在皮肤晒黑店、美容店和类似场所，在经过适当培训的人员的监督下使用的。它们不打算用于家用。

紫外线 3 类器具适合用于家用，可由不熟练的人使用。

BB.3 有效辐射度

表 BB.1 中给出了每类 UV 器具的有效辐射度，按照图 101 的非黑色素皮肤癌作用光谱加权。

表 BB.1 有效辐射度限值

器具的 UV 类型	有效辐射度/(W/m^2)		最大总体有效辐射度/(W/m^2)
	$250\ nm < \lambda \leqslant 320\ nm$	$320\ nm < \lambda \leqslant 400\ nm$	
1	<0.001	≥0.15	1.0
2	0.001～0.35	≥0.15	1.0
3	<0.35	<0.15	—
4	≥0.35	<0.15	1.0
5	≥0.35	≥0.15	1.0
λ 是辐射的波长。			

参考文献

GB 4706.1—2005 的参考文献除下述内容外均适用。

增加：

ISO 3864　安全颜色和安全标志

ICS 13.120
K 09

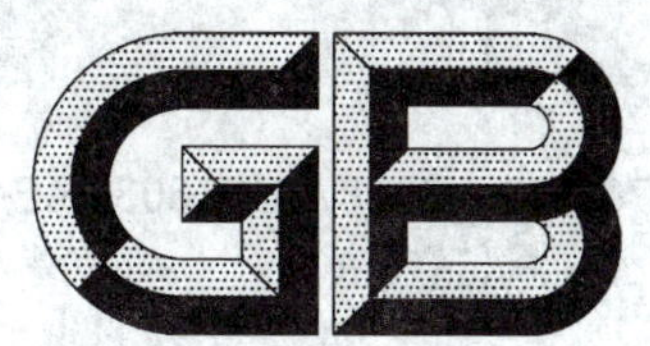

中华人民共和国国家标准

GB 4706.86—2008/IEC 60335-2-67:1997

家用和类似用途电器的安全 工业和商用地板处理机与地面清洗机的特殊要求

Household and similar electrical appliances—Safety—Particular requirements for floor treatment and floor cleaning machines, for industrial and commercial use

(IEC 60335-2-67:1997, IDT)

2008-06-13 发布 2009-07-01 实施

中华人民共和国国家质量监督检验检疫总局
中国国家标准化管理委员会 发布

前言

GB 4706 本部分的全部技术内容为强制性。

本部分等同采用 IEC 60335-2-67:1997《家用和类似用途电器的安全　第 2 部分:工业和商用地板处理机与地面清洗机的特殊要求》(第二版)及其修改件第 1 号(2000)。

本部分应与 GB 4706.1—1998《家用和类似用途电器的安全　第一部分:通用要求》配合使用。

本部分中写明“适用”的部分,表示 GB 4706.1—1998 中的相应条文适用;本部分中写明“代替”的部分,则应以本部分中的条文为准;本部分中写明“修改”的部分,表示 GB 4706.1—1998 相应条文中的相关内容应以本部分修改后的内容为准,而该条文中的其他内容仍适用;本部分中写明“增加”的部分,表示除符合 GB 4706.1—1998 的相应条文外,还应符合本部分中增加的条文。

本部分正文中非标题的黑体字在第 2 章中定义。

本部分的附录属性按 GB 4706.1—1998 中的附录属性的规定。

本部分增加的条文、注释和图表自 101 起编号。

本部分由中国轻工业联合会提出。

本部分由全国家用电器标准化技术委员会商用电气饮食加工服务设备分委员会归口。

本部分起草单位:浙江工商大学、北京市服务机械研究所。

本部分主要起草人:傅玉颖、洪詠平、李继萍、何阳春、王玉波、刘旭、尚卫东。

IEC 前言

1） 国际电工委员会(IEC)是由各会员国电工委员会(IEC 各国家委员会)组成的全球性标准化组织。IEC 的任务是促进电工和电子领域内与标准化有关的一切议题的国际合作。为此目的,IEC 除了开展其他活动外,还颁布国际标准。其制定工作委托给各技术委员会。任何对所涉及问题感兴趣的 IEC 国家委员会均可参与这项工作。与 IEC 有联系的国际组织、政府机构和民间团体也可以参加。IEC 与国际标准化组织(ISO)根据这两个组织间的协议所规定的条件密切合作。

2） 由所有对此关切的国家委员会参加的技术委员会制定的 IEC 有关技术问题的正式决议或协议,尽可能接近地表达了对所涉及的问题在国际上的一致意见。

3） 它们提出的标准、技术报告或手册以推荐的形式供国际上使用,并在此意义上为各国家委员会所接受。

4） 为了促进国际上的统一,IEC 各国家委员会同意尽可能地把 IEC 国际标准明白无误地应用到国家和地区的标准中去。IEC 标准与相应国家和地区标准之间的任何不一致,应在国家和地区标准中明确阐明。

5） IEC 不提供认可标记,也不对任何声称符合其标准之一的设备承担责任。

6） 要尽可能注意到本标准的一些条款可能涉及到专利权。IEC 不对识别任何或所有的专利权承担责任。

IEC 60335 系列标准的本部分是由 IEC 第 61“家用和类似用途电器的安全”技术委员会所属第 61J“商用电动清洗器具”分委员会制定。

IEC 60335-2-67 的第二版取消和替代 1992 年出版的第一版。

本标准的文本以下列文件为依据:

FDIS	表决报告
61J/55/FDIS	61J/71/RVD

关于表决批准本标准的详细情况,可在上表中指出的表决报告中查明。

本第二部分是准备与 IEC 60335-1 的最新版本及其修改件结合使用,它是建立在该标准第三版(1991)的基础上制定的。

本第二部分补充或修改 IEC 60335-1 的对应条款,以便转化为 IEC 标准:工业和商用地面处理和地面清洗器具的安全要求。

如第一部分的个别条款在本第二部分未提到时,如果合理,该条款仍然适用。在本标准中说明“增加”、“修改”或“代替”时,第一部分中有关正文应作相应修改。

注:

1） 使用以下印刷字体:

——要求本身:罗马体;

——试验规范:斜体;

——说明事项:小罗马体。

正文中的**黑体**字在第 2 章中定义。当第一部分的一个定义涉及一个形容词时,在第二部分中这个形容词和所相关的名词也要用**黑体**。

2） 对 IEC 60335-1 增加的条款、注释和图表应自 101 起开始编号,增加的附录标明字母 AA、BB 等。

下述的附加差异存在于一些国家：

——25.7：PVC软线可能不适用温度低的户外工作(芬兰、瑞士)；

——25.14：不进行弯曲试验(美国)；

——32章：除IEC 335-2-69的附录AA外，负责劳动保护的国家健康部门可以提出专门要求。

家用和类似用途电器的安全 工业和商用地板处理机与地面清洗机的特殊要求

1 范围

GB 4706.1—1998 中的该章除下述内容外，均适用：

1.1 该条增加下述内容：

本部分适用于主要为工业和商用设计且用电动机驱动的地面抛光(包括上蜡和打磨)、擦洗和磨洗、翻松和地毯香波清洗的器具。这些器具，包括有湿吸和(或)干吸泵的器具，可带或不带附件。装有湿吸和(或)干吸泵的器具也应符合工业真空清洗机的要求。

注 101：商用是指例如在旅馆、学校、医院、工厂、商店及办公室使用，而不是供一般的料理家务之用。

本部分也适用于收集有害灰尘，如石棉，或有附加要求的液体的器具。

本部分也适用于原动机采用其他能源形式的器具，但必须考虑其效应。

修改：

用下述内容替代注 3 的最初两段：

——供家用的器具(见 GB 4706.57—2002)；

——喷射提取物的器具(见 IEC 60335-2-68)；

——打算使用在经常发生腐蚀性或爆炸性气体(如蒸汽或可燃气等)特殊环境场所的器具。

2 定义

GB 4706.1—1998 中的该章除下述内容外，均适用。

2.2.9 该条用下述内容代替：

正常工作 normal operation

根据制造厂说明，负载，除了抽吸泵，或在所有各种功能中可达到的最高负载应能同时作用。

工作的功能如下：

擦洗、翻松、磨洗 scrubbing，scarifying，grinding

器具使用适当的刷子在模制的混凝土板表面工作(见附录 AA)。

注 101：水泥地的擦洗被认为是最重的负载。

也可以是一种表面坚固且与模制的混凝土板一样的平滑水泥面。

干和湿收集 dry and wet pick-up

根据 IEC 60335-2-69。

抛光和干打磨 polishing and dry buffing

PVC 表面被认为适合于建立正常工作。在用化学物质处理表面的干过程期间出现的输入峰值不应作为正常工作，但应通过延长测量到至少 10 min 进行平均。

地毯喷液清洗 carpet shampooing

对于喷液清洗，试验表面须包含地毯，根据 GB/T 20291—2006，地毯应被固定在地板上。在清洗之前，须在干的水泥表面进行 15 min 的清洗操作，使喷液清洗机的刷子达到调整好状态。在水泥表面操作后，刷子必须在香波液中浸至少 30 min。

3 总体要求

GB 4706.1—1998 中的该章内容,均适用。

4 试验的一般条件

GB 4706.1—1998 中的该章内容,均适用。

5 空章

6 分类

GB 4706.1—1998 中的该章除下述内容外,均适用。

6.1 该条用下述内容代替:

关于电击防护类别,器具及附件应属Ⅰ类、Ⅱ类或Ⅲ类。

通过视检和有关试验来确定是否合格。

6.2 该条用下述内容代替:

器具应至少为 GB 4208—1993 规定的 IPX4。

由电源线供电的室内使用的器具,只用于干洗,应至少为 IPX0。

通过视检和有关试验来确定是否合格。

7 标志和说明

GB 4706.1—1998 中的该章除下述内容外,均适用。

7.9 该条增加下述内容:

真空泵电机的运行和控制真空泵电机的开关位置是一一对应的。

7.12 该条增加下述内容

使用说明的封面上应有下述内容或相应图形符号:

“警告! 没有阅读使用说明请不要使用该器具”。

当使用(如处理易燃液体,对身体有害的灰尘或可燃沙尘的)器具时,应采取特殊的预防措施。这些详细的说明都将在随器具所带的使用说明中给出。

所有器具都应附有使用说明并详细说明:在器具清洗或维修操作前应将电源线插头从输出插座拔出。

假如为更换刷子或其他附件而必须切断电源,则应给出适当的警告。

使用说明应指明:操作期间,开动着的器具压过电源线时可能会出现危害,如果电源线被损坏,则必须更换。

假如对一台器具提供或指定几个刷子,则使用说明应包括:刷子的描述和说明它们的用途。假如一种专用的大直径刷子用于干擦,则应明确地描述并应包括警告:不能用于一般抛光。

下述含义应在使用说明中给出:

“本器具也适用于商用,例如在旅馆、学校、医院、工厂、商店、办公室、租赁商行使用,而非一般的家用。

假如合适,下述警告也应包括在使用说明中:

“小心! 本器具仅在干燥环境中使用,不能在潮湿环境下使用或存放在室外”。

“警告! 本器具使用由制造商指定的专用刷子,装配其他刷子可能影响其安全性。”

对器具上的输出插座使用中的任何限制应在使用说明中清楚标明。

注:用于在器具出口标志的附加要求适用(美国)。

7.12.6 该条增加下述内容：

使用说明应包含出现在器具上的图形符号的说明。

7.101

器具出口应有如下标识：

“当连接附件时，阅读并遵守使用说明”。

可以用适当的图形符号来替代文字，图形符号的意思应在使用说明中解释。

8 对触及带电部件的防护

GB 4706.1—1998 中的该章除下述内容外，均适用。

8.1 该条增加下述内容：

注 101：将湿式抽吸器具收集的脏液看作是有导电性的。

8.1.4 该条最后一段增加下述内容：

由 18 至 24 节酸性或碱性电化学电池组成的独立电池系统，包括干电池，如满足下述条件应视为Ⅲ类：

——每节电池的最高充电电压不超过 2.7 V；

——没有接地部件(见第 27 章)；

——导电部件不能落在带电部件上，因而不会跨接极性相反的带电部件(见第 22 章)。

9 电动器具的启动

无要求。

10 输入功率和电流

GB 4706.1—1998 中的该章内容，均适用。

11 发热

GB 4706.1—1998 中的该章除下述内容外，均适用。

11.4 不适用。

11.6 不适用。

12 空章

13 工作温度下的泄漏电流和电气强度

GB 4706.1—1998 中的该章除下述内容外，均适用。

13.2 该条增加下述内容：

几个电机同时工作的Ⅰ类器具…………………………………………………… 3.5 mA

14 空章

15 耐潮湿

GB 4706.1—1998 中的该章除下述内容外，均适用。

15.1.2 该条增加下述内容：

除香波清洗机外，湿清洗器具应在一个固定在平底容器底部表面光滑的石板(根据附录 AA)铺砌的地面上以每分钟15个循环、距离为1 m以上来回工作10 min。在试验开始前，平底容器内充满如15.2所述的清洗液，液面水平应高出底部表面约5 mm。

15.2　该条用下述内容代替：

带有液体容器的器具在结构上应使其由于液体装的太满及器具不稳定和手持式器具的翻倒而造成的液体溢出都不会影响其电气绝缘。

通过下述试验来确定是否合格：

给有液体容器和装备了输入插口的器具配备一个合适的连接器和软电缆或软线；给有液体容器和X型连接的器具配备表11规定的最小截面积的软线，其他器具按交货状态试验。

将器具的液体容器用含约1% NaCl的水溶液注满，然后，再用等于容器容量的15%，或是0.25 L同浓度水溶液，两者中取量多者，在1 min时间内持续地注入容器。

手持式器具和不稳定器具的容器完全注满后，盖上盖子，使其从正常使用的最不利位置翻倒并在该位置停留5 min，除非器具自动返回正常使用位置。

注101：将器具放在一个与水平呈10°倾角的支承面并处于正常使用时最不利位置上，其液体容器注满至制造厂使用说明中规定液位高度的一半，如果在其顶部以最不利的水平方向施加一个180 N的力时器具就会翻倒，则认为这些器具是不稳定的。

器具接着经受下述试验：

容器被液体完全注满后，器具在正常工作状态下运行5 min。

在这些试验后，器具应立即经受16.3规定的电气强度试验，只是器具的试验电压为：

——基本绝缘：1 000 V；

——附加绝缘：2 750 V；

——加强绝缘：3 750 V。

视检应表明任何可能进入器具的液体都应该符合本部分的要求。特别是，绝缘体上没有能导致爬电距离和电气间隙降低到低于29.1规定限值的水迹。

注103：经受15.3试验的器具，在正常环境条件下放置24 h。

15.3　该条修改如下：

将(93±2)%改为(93±6)%。

16　泄漏电流和电气强度

GB 4706.1—1998的该章内容，均适用。

17　变压器和相关电路的过载保护

GB 4706.1—1998的该章内容，均适用。

18　耐久性

18.101　器具的结构应使其在正常使用时不会有足以削弱符合本部分要求的任何电气或机械故障。不能由于发热、振动等，导致绝缘损坏、接触和连接松动。

18.102　装有自复位热断路器的电动机应以等于额定电压1.1倍的电压供电，在锁定转子的情况下，几分钟内将使热断路器工作，直到热断路器完成200个工作循环。

18.103　在18.102的试验完成后，器具应能经受第16章的试验。

19　非正常工作

GB 4706.1—1998的该章除下述内容外，均适用。

19.2　该条增加下述内容：

“限制热散发”即“容器内没有液体”。

19.7　该条增加下述内容：

注101：刷子不能作为易阻部件。

19.9　不适用。

19.10　该条增加下述内容：

注101：对于这个试验，可能达到的最低负载是通过使刷子离开地面，或在器具装有离合传动机构的场合，通过松开离合器使传动和刷子脱离的方法获得。对于包含吸入设备的器具，应将进口关闭。

20　稳定性和机械危险

GB 4706.1—1998 的该章除下述内容外，均适用。

20.2　该条增加下述内容：

本要求不适用于旋转的刷子和类似装置，也不适用于在安装允许转换用途的附件时外露的运动部件。

20.101　应装有防止地板处理器具失控等危险性操作的装置。可采取以下形式之一：

a)　一个与手柄连锁的开关，当手柄回到不运转位置或无人照管时，将电动机电源切断；

b)　一个必须由操作人员保持在“通”位状态的开关；

c)　可以提供同等安全程度的任何其他方法。

应防止带有单独圆盘刷的器具在停止位置时，整个器具重量由刷子来支承的误操作。

通过下述试验来确定是否合格：

应检查器具并断定有适合提供一种相当或更好的安全程度的可能：

a)　一个必须由操作人员操作保持在“通”位的闸刀开关，而此开关只有在断开自复位联锁装置后才能启动。

b)　一个必须由操作人员操作保持在“通”位的开关。连同一个与手柄连锁的、使手柄回到垂直位置时电动机不能接通电源的开关，或者一个当手柄回到垂直位置时，能使刷子与传动机构脱离的开关。这些装置应工作 10 000 次。经试验后，应能继续使用。

21　机械强度

GB 4706.1—1998 的该章除下述内容外，均适用。

该章增作如下修改：

值(0.5 J±0.04 J)改为(1.0 J±0.04 J)。

21.101　在正常使用时遭受冲击的器具部件应进行下述试验：

如果易遭受冲击部件的失效会导致不能符合本规范要求，则在正常清洗工作时，器具上可能受到冲击或打击的任何位置，应经受一次具有冲击能量 6.75 Nm 的打击。自立式器具上的冲击力应通过一直径 50.8 mm 和质量 0.535 kg 的钢球从 1.3 m 高度处跌落，或由悬挂在一绳索上充当一个钟摆从 1.3 m 高度落下进行施加。

22　结构

GB 4706.1—1998 的该章除下述内容外，均适用。

22.1　该条增加下述内容：

器具的结构应能防止水、清洗液、地面处理化合物、泡沫等进入电动机、开关装置或控制器。

22.35 该条作下述修改：

删除注。

增加下述内容：

这些部件经受第21章的冲击试验。如果此绝缘不符合29.2的要求，则经受下述冲击试验。

将遮盖物的一个样品在温度为(70±2)℃的环境中调节7 d(168 h)。经调节后，让样品接近室温。

检查应表明遮盖物不能皱缩到影响其所需的绝缘性能，或者遮盖物不能有可作纵向移动的剥落。

随后，样品在(−10±2)℃温度下保持4 h。

仍在此温度下，样品应按图101所示的装置经受冲击试验。重物“A”，质量为300 g，从350 mm高度跌落在淬硬钢凿子“B”上，凿子的锐口放在样品上。

每次冲击施加于每个在正常使用时绝缘可能被削弱或损坏的地方，冲击点之间的距离至少为10 mm。

在此试验后，应表明绝缘材料并未剥落，并且要在金属部件与在要求绝缘的范围内包裹绝缘体的金属箔之间，进行16.3规定的电气强度试验。

22.101 器具的结构应防止地面上物体的穿透而削弱其安全性。

若地面有一个液体可能进入的孔洞，则湿用的器具在离地面低于30 mm内不应有带电部件。

通过视检和测量来确定是否合格。

22.102 增加电源外接插口不应削弱器具的安全性。

通过本部分的试验并考虑制造商的说明来确定是否合格。

23 内部布线

GB 4706.1—1998的该章内容，均适用。

24 元件

GB 4706.1—1998的该章除下述内容外，均适用。

24.1 该条增加下述内容：

正常工作期间经常使用的开关，应是用于频繁工作的开关。

24.3 该条增加下述内容：

只要任何故障不影响遵守本部分的要求，射频干扰抑制器、电源指示灯、相位器等组件可以和隔离开关的带电侧连接。

通过视检来确定是否合格。

24.101 Ⅰ类和Ⅱ类结构的器具应使用电源隔离开关或全极断开的开关。

通过视检来确定是否合格。

25 电源连接和外部软线

GB 4706.1—1998的该章除下述内容外，均适用。

25.1 该条增加下述内容：

IPX7(GB 4208—1993)器具不应装有器具输入插口。IPX4、IPX5或IPX6的器具不应装有器具输入插口，除非当连接或分离时输入插口与连接器两者都与器具有相同的等级，或除非输入插口与连结器只能通过使用工具才能分离，且连接时与器具有相同的等级。

带有器具输入插口的器具还应装有连接器和软线。在级别与IPX4相应或更高的器具上，连接器和软线应接入输入插口，并应经受25.15的“拉伸和扭转”试验。

通过视检、测量和一次安装试验来确定是否合格。

25.5 该条增加下述内容：

普通硬橡胶护套软线由于通常使用的化学剂的腐蚀而不适用于这类器具。因此，氯丁橡胶护套软线如(GB 5013.4—1997的57号线)或更高牌号是合格的。

如果是聚氯乙烯绝缘，则普通的聚氯乙烯护套软线(GB 5023.5—1997的53号线)是合格的。

25.14 该条增加下述内容：

对于X和Y型连接，弯曲次数为20 000次。

25.15 该条作下述修改：

表10修改如下：

表10 拉力和扭矩

器具质量/kg	拉力/N	扭矩/Nm
≤1	30	0.1
>1～≤4	60	0.25
>4	125	0.40

26 外部导线用接线端子

GB 4706.1—1998的该章内容，均适用。

27 接地措施

GB 4706.1—1998的该章内容，均适用。

28 螺钉和连接

GB 4706.1—1998的该章内容，均适用。

29 爬电距离、电气间隙和穿通绝缘距离

GB 4706.1—1998的该章内容，均适用。

30 耐热、耐燃和耐漏电起痕

GB 4706.1—1998的该章内容，均适用。

31 防锈

GB 4706.1—1998的该章内容，均适用。

32 辐射、毒性和类似危险

GB 4706.1—1998的该章除下述内容外，均适用。

增加下述内容：

注：对指明收集有害粉尘用的附件，在IEC 60335-2-69的附录AA中规定了附加要求。

增加下述图101：

单位为毫米

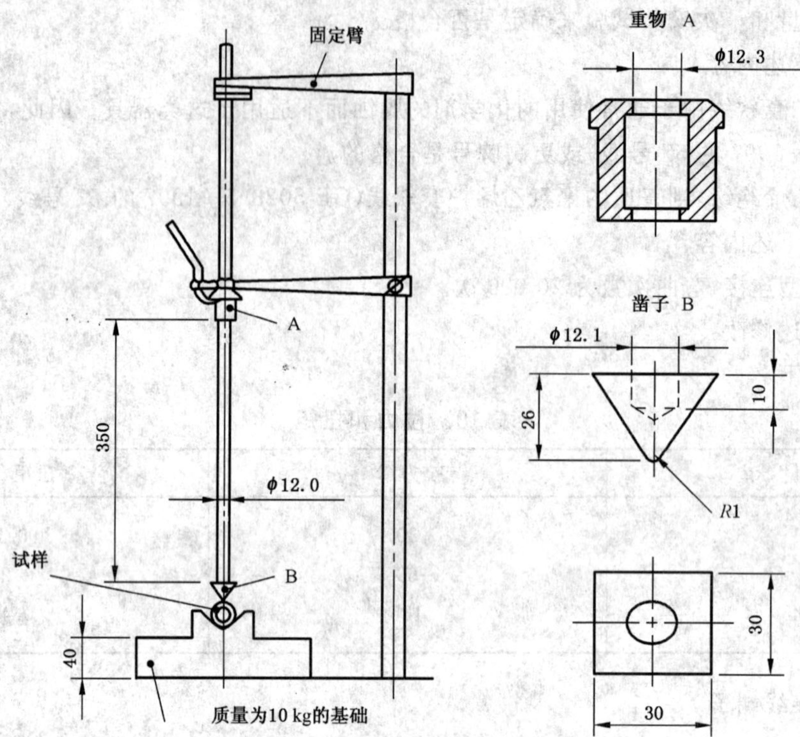

图 101 冲击试验装置

附录

GB 4706.1—1998 的附录除下述内容外，均适用。

附 录 A
（规范性附录）
引用的规范性标准

增加下述内容：

GB/T 20291:2006 家用真空吸尘器性能测试方法(IEC 60312:2004,IDT)；

GB 4706.88—2008 家用和类似用途电器的安全 工业和商用带动力刷的湿和干吸尘器的特殊要求(IEC 60335-2-69:1997,IDT)

GB 4208—1993 外壳防护等级(IP 代码)(eqv IEC 60529:1989)。

增加：

增加下述附录 AA。

附 录 AA
（规范性附录）
预制混凝土板

制作这些铺砌的石板使用的水泥应是或类似下述两种之一：

——普通水泥(一般或快速硬结)；

——矿渣硅酸盐水泥。

细的和粗的骨料应是粉碎的或未粉碎的天然材料，或另一种用粗骨料构成的材料，以满足下述要求：

——10%细料试验：不少于 10 t；

——薄度指数：不超过 35%。

骨料正常的最大尺寸应不超过 14 mm。

混凝土混合物总的硫酸盐含量例如 SO_3 应不超过水泥质量的 4.0%。水泥的硫酸盐含量应根据由试验确定的水泥、骨料(在可适用的场合)和粉灰的已知硫酸盐含量推测。

混凝土板可通过任何加工过程制作。在加工制作期间应尽可能防止砂浆细粒的流失。一种被称作“压制”的石板，应只通过在整个表面施加一个不小于 7 MN/m² 压力来制作。

脱模后，混凝土板应贮存以防水分的过多散失，特别是在养护初期。

石板应制成如下尺寸：750 mm×600 mm×65 mm。

放置在磨损表面任何位置的一 750 mm 直边的最大偏差应不超过 2 mm。

对试验表面不需特别进行光滑处理。作为商用，混凝土板可在一般生产条件下制作。

ICS 13.120
K 09

中华人民共和国国家标准

GB 4706.87—2008/IEC 60335-2-68:1997

家用和类似用途电器的安全 工业和商用喷雾抽吸器具的特殊要求

Household and similar electrical appliances—Safety—Particular requirements for spray extraction appliances, for industrial and commercial use

(IEC 60335-2-68:1997,IDT)

2008-06-13 发布　　2009-07-01 实施

中华人民共和国国家质量监督检验检疫总局
中国国家标准化管理委员会　发布

前　言

GB 4706 本部分的全部技术内容为强制性。

本部分等同采用 IEC 60335-2-68《家用和类似用途电器的安全　第二部分:工业和商用喷雾抽吸器具的特殊要求》(1997)第二版及其修改件第一号(2000)。

本部分应与 GB 4706.1—1998《家用和类似用途电器的安全　第一部分:通用要求》配合使用。

本部分中写明"适用"的部分,表示 GB 4706.1 中的相应条文适用;本部分中写明"代替"的部分,则应以本部分的条文为准;本部分中写明"修改"的部分,表示 GB 4706.1—1998 相应条文中的相关内容应以本部分修改后的内容为准,而该条文中的其他内容仍适用;本部分中写明"增加"的部分,表示除符合 GB 4706.1—1998 的相应条文外,还应符合本部分中增加的条文。

为了与国际电工委员会(IEC)的规定保持一致,本部分中关于压力单位,在采用国际单位制(Pa)的同时,保留了原版文件中的压力单位(bar)并用括号括起,放在国际单位制(Pa)之后。考虑到在单位换算上 1 bar=10^5 Pa,因此,在本部分 1.1 内"内部压力(单位:bar)与清洗剂流量(单位:L/min)的乘积不超过 1 000"变为"内部压力(单位:Pa)与清洗剂流量(单位:L/min)的乘积不超过 10^8"。

本部分将引用的 IEC 60312:1981 标准改为相应的国家标准 GB/T 20291—2006《家用真空吸尘器性能测试方法》(IEC 60312:2004,IDT)。

本部分正文中非标题的黑体字在第 2 章中定义。

本部分的附录属性按 GB 4706.1—1998 中的附录属性的规定。

本部分增加的条文、注释和图表自 101 起编号。

本部分由中国轻工业联合会提出。

本部分由全国家用电器标准化技术委员会商用电气饮食加工服务设备分技术委员会归口。

本部分起草单位:北京市服务机械研究所、浙江工商大学。

本部分主要起草人:刘洪伟、张诚彬、王玉波、吴林书、李继萍、刘旭、洪咏平、尚卫东。

IEC 前言

1）国际电工委员会(IEC)是由各会员国电工委员会(IEC 各国家委员会)组成的全球性标准化组织。IEC 的任务是促进电工和电子领域内与标准化有关的一切议题的国际合作。为此目的，除了开展其他活动外，IEC 还颁布国际标准。其制定工作委托给各技术委员会。任何对所涉及问题感兴趣的 IEC 国家委员会，均可参与此项工作。与 IEC 有联系的国际组织、政府机构和民间团体，也可以参加。IEC 与国际标准化组织(ISO)根据两个组织间的协议所规定的条件密切合作。

2）由所有对此关切的国家委员会的代表参加的技术委员会制定的 IEC 有关技术问题的正式决议或协议，尽可能接近地表达了对所涉及的问题在国际上的一致意见。

3）所发布的标准、技术报告或导则以推荐的形式供国际上使用，并在此意义上为各国家委员会所接受。

4）为了促进国际上的统一，IEC 各国家委员会同意尽可能地将 IEC 国际标准明白无误地应用到国家和地区标准中去。IEC 标准与相应国家或地区标准之间的任何不一致，均应在国家或地区标准中明确指出。

5）IEC 不提供认可标记，也不对任何声称同其标准之一相符合的设备承担责任。

6）注意到本国际标准中某些组成部分有成为专利权主题的可能，IEC 对任何一项或所有这种专利权的鉴定不负责任。

IEC 60335 系列标准的本部分是由 IEC 第 61“家用和类似用途电器的安全”技术委员会所属第 61J“商用电动清洁器具”分委员会制定。

本 IEC 60335-2-68 的第二版取消和代替 1992 年颁布的第一版。

本标准的文本以下述文件为依据：

FDIS	表决报告
61J/56/FDIS	61J/70/RVD

关于表决本标准的全部材料，可在上表所示的表决报告中查明。

本第二部分要与 IEC 60335-1 的最新版本及其修改件结合使用，它是在该标准第三版(1991 年)的基础上制定的。

本第二部分补充或修改 IEC 60335-1 的对应条款，以便转换为 IEC 标准：工业和商用喷雾抽吸器具的安全要求。

如第一部分的个别条款在本第二部分中未提到时，如果合理，该条款仍然适用。在本标准说明“增加”、“修改”或“代替”时，第一部分中的有关正文应作相应修改。

注：

1）采用下列印刷字体：

——要求本身：罗马体；

——试验规范：斜体；

——说明事项：小号罗马体。

正文中的黑体字在第二章中定义。当第一部分的一条定义涉及一个形容词时，在本第二部分中这个形容词及其相关的名词也要用黑体。

2）对第一部分增加的条款、注释和图表应自 101 起开始编号，增加的附录用字母 AA、BB 等标明。

某些国家存在下述另外的不同之处：

——2.2.9:详细说明不同类型的地毯(美国)。

——7.1:需要不同的标记(美国)。

——25.7:PVC 软线不适用于室外低温下工作(芬兰、瑞典)

——25.14:不进行这项试验(美国)。

——第 32 章:负责劳动保护的国家卫生当局可规定 IEC 60335-2-69 附录 AA 以外的技术要求。

家用和类似用途电器的安全 工业和商用喷雾抽吸器具的特殊要求

1 范围

GB 4706.1—1998 的该章除下述内容外，均适用：

1.1 该条增加下述内容：

本部分适用于专供工业和商用的便携式电动喷雾抽吸器具及其电气附件，使用适合于清洗墙面屋顶、椅套椅衬、地毯、地板覆盖物或硬质面层的水基清洗剂。

商用是指例如供大型旅馆、学校、医院、工厂、商店及办公室等除平常家务料理以外的用途，也可供出租的营业场所之用。

机器，有无电热元件及有无附件，均属本部分范围之内。

本部分涉及的器具，其内部清洗剂的压力为正压且不大于 25×10^5 Pa，或其内部压力（单位：Pa）与清洗剂流量（单位：L/min）的乘积不超过 10^8，而其内部喷嘴出口处清洗剂的温度不超过 85 ℃。

本部分还适用于处理有害粉尘（如石棉）的、或处理有附加要求的液体的机器。

本部分也适用于采用其他能源形式代替电动机的器具，但必须考虑其效应。

修改：

用下述内容替代注 3 的最初两段：

——专门用于处理有害溶剂如可燃性或爆炸性液体的器具；

——仅供家用的器具；

——打算使用在经常发生腐蚀性或爆炸性气体（如蒸汽或可燃气等）特殊环境场所的器具。

2 定义

GB 4706.1—1998 中的该章除下述内容外，均适用。

2.2.9 该条用下述内容代替：

正常工作 normal operation

器具同喷雾抽吸泵一起工作，喷嘴表示出最高荷载，真空电动机、地毯绒毛搅动装置（如有）、清洗剂加热器（如有）及污水排泄泵（如有）都在工作。应注意观察这些泵短时间间歇状态运行的任何迹象。

真空电动机正常工作的输入功率 P_m 由下式计算：

$$P_m = 0.5(P_f + P_i)$$

式中：

P_f——器具装上制造厂提供的喷嘴和软管工作 3 min 时测得的最大输入功率，单位：W。

P_i——紧随打开了喷嘴工作 3 min 之后器具在喷嘴堵塞情况下工作 20 s 时的输入功率，单位：W。使用来确保主进气口堵塞时冷却电动机用的气流的任何一个阀门或类似部件都变得不起作用。

P_f 和 P_i 在如下情况测得：电源电压调到额定电压；若额定电压范围的限差不超过其电压范围平均值的 10%，以额定电压范围的平均值供电；若额定电压范围的限差超过其电压范围平均值的 10%，则试验在供电电压调到额定电压范围上限的情况下进行。

软管展开伸直。如果器具上装了一个作为任选附件的软管，则不装该软管工作。

如有用来搅动地毯的电动装置，则投入运行，但不与地板或任何其他表面相接触，也不可与用于封堵进气口的东西相接触。如果规定不考虑试验中规定的供电电压，器具以正常负载工作时，进气口的调整值不变。当随同喷雾抽吸器具提供了任选的过滤系统时，则装上产生最低空气阻力(最大流量)的过滤系统。

正常负载等于按下述步骤确定的诸如电动刷子之类电动搅动装置的平均负载 P_r：

——搅动装置在符合 GB/T 20291—2006 中 5.1.1.2 规定的地毯上工作；

——按下述方法使用搅动装置时确定平均负载 P_r；

在根据制造厂说明书装好搅动装置后，将搅动装置按产生最高负载的方向在地毯上移动 5 m 距离两次；

——在与求 P_f 相同(即气流不受阻碍)的条件下，开动与空气流动有关的电动机，测量在 3 min 后进行；

——按制造厂的推荐值将搅动装置调到地毯绒面的高度；

——搅动装置必须按通常方式在地毯上缓慢移动，以免地毯损伤。

污水排放泵，如有，正常工作如下：

除了永久性地固定在机器上的污水排放软管之外，没有任何污水排放软管同机器的污水排放出口相连接，泵在此情况下提供一股持续的出水量。在此试验过程中，真空电动机应该工作，除非装备了一个防止两台电动机同时工作的开关。

2.101

清洗剂预热器　cleaning agent pre-heater

一种电热单元，它只能在器具的喷雾抽吸作用关掉时才使用，是为了在清洁作业之前将清洗剂加热到工作温度而准备的。

注：如果此单元或其部件能在器具喷雾抽吸作用运转着时以较低功率运行，只要能这样运行，便把它看作清洗剂加热器。

2.102

清洗剂加热器　cleaning agent heater

一种电加热器，它只能在器具的喷雾抽吸作用运转着时才使用，是为了将清洗剂保持在正确温度以便有效工作而准备的。

2.103

清洗剂　cleaning agent

添加或不加可溶性化学品的水。

2.104

喷雾抽吸器具　spray extraction appliance

一种清洗用的器具，带有或不带发热元件，带有或不带附件，它将压力下的清洗剂喷射到待清洗物表面内或表面上，产生的污液由同一作业中的吸力除去。

2.105

污水排放泵　soiled water discharge pump

一种用于将污水从器具排出的泵。

2.106

最大额定工作压力　maximums rated operating pressure

在任何一个减压安全阀或传感器恰好要工作之前，泵以额定电压工作所产生的最大压力，或减压传感器件正在工作时(泵以额定电压工作)所产生的压力；两者中取其较大者。

2.107

充分散热的条件　conditions of adequate heat dissipation

a)　对于清洗剂预热器：开动发热元件来加热低温清洗剂时适用的条件。

b)　对于清洗剂加热器：喷雾抽吸器具正常使用期间开动发热元件时适用的条件。

3 总体要求

GB 4706.1—1998 的该章内容，均适用。

4 试验的一般条件

GB 4706.1—1998 的该章内容，均适用。

5 空章

6 分类

GB 4706.1—1998 的该章除下述内容外，均适用。

6.1 该条用下述内容代替：

根据其抗电击的保护水平，喷雾抽吸器具及其附件应属Ⅰ类、Ⅱ类或Ⅲ类。

通过视检和有关试验来确定是否合格。

6.2 该条用下述内容代替。

器具应至少为 GB 4208—1993 规定的 IPX4。

通过视检和有关试验来确定是否合格。

7 标志和说明

GB 4706.1—1998 中的该章除下述内容外，均适用。

7.1 该条增加下述内容：

——最大额定工作压力，单位为：帕(Pa)[或巴(bar)]；

——喷洒液最大出口温度，单位为：℃，如果超过 50 ℃；

——电控附件应标上："不可浸水"，除非它们是 IPX7。

7.9 该条增加下述内容：

将真空电动机的运转方式认为是专门控制真空电动机的开关位置的一种适当的标示方式。

7.12 该条增加下述内容：

使用本器具时采取特别的预防措施是必要的，其各种细节应在器具随带的说明书中给出。

所有器具应附说明书，包括一项说明，规定在清洗器具或进行维修操作之前，应将电源软线插头从输出插座拔出。

如果更换刷子或其他附件需用电源，应提出恰当的预先警报。

说明书应包括一条警告，大意是由于其温度、压力或化学成分，喷出的液体可能是危险的。

说明书应包括一条声明，大意是：

"如果出现泡沫/液体，立即关闭"。

说明书应声明，操作过程中器具辗过电源软线时可能出现危险，电源软线如果破损则必须更换。

安装说明书中应给出下述措词的要点：

"本设备也适合于商用，例如可用于大型旅馆、学校、医院、工厂、商店、办公室、出租的营业场所及除平常家务料理以外的用途。

任何对设备上输出插座的使用限制，都应清楚地规定在说明书中。

8 对触及带电部件的防护

GB 4706.1—1998 的该章内容除下述内容外，均适用。

8.1 该条增加下述内容：

注 101：清洗剂及本器具收集的脏液作为导体处理。

8.1.4 该条最后一段增加下述内容：

由 18 至 24 节酸性或碱性电化学电池组成的独立电池系统，包括干电池，如满足下述条件应视为Ⅲ类：

——每节电池的最高充电电压不超过 2.7 V；

——没有接地部件(见第 27 章)；

——导电部件不能落在带电部件上，因而不会跨接极性相反的带电部件(见第 22 章)。

9 电动器具的启动

无要求。

10 输入功率和电流

GB 4706.1—1998 的该章内容，均适用。

11 发热

GB 4706.1—1998 的该章除下述内容外，均适用。

11.3 该条增加下述内容：

如果安装热电偶或其他布线必须拆开器具，则应以尽可能最低的荷载，例如带着关闭了的吸入孔，在装配之前及之后测量输入功率，以确定装配是否正确。

11.4 该条增加下述内容：

如果使用说明书规定加注温水或连续供应温水，则加注或供水的温度不应超过温度额定值或 80 ℃的最高温度。

12 空章

13 工作温度下的泄漏电流和电气强度

GB 4706.1—1998 的该章除下述内容外，均适用。

13.2 该条增加下述内容：

——有几台电动机同时工作的Ⅰ类器具： 3.5 mA；

14 空章

15 耐潮湿

GB 4706.1—1998 的该章除下述内容外，均适用。

15.1.2 该条增加下述内容：

湿式抽吸器具应在 15.2 规定的清洗液弄湿的平面上工作 10 min。

注 101：实际上，吸进的大部分是空气，因此抽吸泵电动机不会过载；应注视输入荷载，以免过载。

15.2 该条用下述内容代替：

器具在结构上应使由于液体过满以及，就不稳固器具及手持式器具而言，翻倒所造成的液体溢出，不会影响其电气绝缘。

通过下述试验来确定是否合格：

配有器具输入插口的器具装有适当的插塞和塞孔及软电缆或软线；X 型连接的器具装有表 11 规定的最小横截面的软线；其他器具按交货状态进行试验。将器具的液体容器用含约 1% NaCl 的水溶液注满，然后，再用等于容器容量的15%，或是0.25 L同浓度水溶液，两者中取量多者，在1 min时间内持续地注入容器。

将手持式器具和不稳定器具的容器装满水并盖好盖子，从其最不利的正常使用位置翻倒，并留置在该位置5 min，除非器具自动返回其正常使用位置。

注101：器具以正常使用最不利的位置放在一个与水平面呈10°倾角的支承面上；其液体容器中注入制造厂说明书规定水位的一半。如果在其顶部按最不利的水平方向施加一个180 N的力时会翻倒，则认为器具是不稳定的。

器具随后作下述试验：

器具的喷嘴放入槽内，槽的底部与支撑器具的表面齐平。槽内注入含洗涤剂的水，水位高于底面5 mm，该水位在试验过程中保持不变。

清洗液由每8 L水中放入20 g的NaCl和1 mL的质量浓度为28%的十二烷基硫酸钠的水溶液所组成。

注102：在吸水清洗器具上做泄漏试验使用的溶液宜贮存在冷空气中且宜在制备后7 d内用完。

十二烷硫酸钠的化学式是$C_{12}H_{25}NaSO_4$。

器具随后在液体容器完全装满后，在正常工作状态下工作5 min。

注103：如果由于器具的结构不可能使脏液溢出容器，则应认为19.101规定的试验是合适的。

经此处理后，器具应立即经受16.3规定的电气强度试验，只是器具的试验电压值为：

——基本绝缘：1 000 V；

——附加绝缘：2 750 V；

——加强绝缘：3 750 V。

视检应证明，任何可能进入器具的液体不会影响同本部分的符合程度。特别是，绝缘体上不应有可能导致爬电距离和电气间隙减少到低于29.1规定值的液迹。

注104：器具在经受15.3的试验之前，允许保持在正常试验室空气中24 h。

15.3 该条修改如下：

将(93±2)%改为(93±6)%。

16 泄漏电流和电气强度

GB 4706.1—1998的该章内容，均适用。

17 变压器和相关电路的过载保护

GB 4706.1—1998的该章内容，均适用。

18 耐久性

18.101 器具的结构应使其在正常使用时不会有影响与本部分符合程度的电气或机械故障。不应由于发热、振动等的结果而导致绝缘体破损和接头与接线松动。

18.102 配备自复位热断路器的电动机以1.1倍的额定电压供电。在转子锁定的工况下，会在几分钟内使热断路器工作直到完成200个工作循环为止。试验过程中，清洗剂不能被加热，并且使发热元件(如有发热元件)，脱离开电路。

注：当试验供喷洗介质用或污染介质用的泵时，输出的水可送回到容器内，但务必注意水温不得超过40 ℃。

18.103 在18.102的试验完成后，器具应能经受第16章的试验。

19 非正常工作

GB 4706.1—1998的该章除下述内容外，均适用。

19.2 该条增加下述内容：

“要限制其热散发”意味着“容器中没有液体”。

19.7 该条增加下述内容：

注 101：搅动装置不认为是易被卡住的部件。

吸水系统的风机叶片不认为是易被卡住的部件。

装有过滤器的压力泵不认为是易被卡住的部件。

污水排出泵易被卡住。

电动刷装置在刷子锁定的情况下进行试验。

19.9 不适用。

19.10 该条增加下述内容：

注 101：做本试验时，将进气口堵住可获得尽可能低的负载。在搅动装置驱动一个刷子或搅拌器的情况下，皮带应被拆除。

19.101 器具含有装了切断装置或阀门的容器时，还要经受 15.2 的试验。

应当使截止阀或其他截流装置不工作，如果装有二台或二台以上独立的截断装置，则一次只使其中一台不工作，假如他们已经满意地通过了操作 3 000 次的试验。否则应使所有失灵的截断装置不工作。

注 101：务必吸出气液混合物以防抽吸单元的电动机过载，应监视输入功率以防过载。

19.102 如果压力泵的压力操纵开关或卸载装置未能通过 20.101 的试验，且故障可能使产生的压力超过最大额定工作压力的 1.5 倍，则应使该开关或卸载装置不工作。

作完这些试验后，器具应经受 16.3 的电气强度试验。视检应表明，没有水进入器具达到危险程度，特别是在电绝缘体上应当没有可能导致爬电距离和电气间隙降低到 29.1 规定极限值以下的水迹。

20 稳定性和机械危险

GB 4706.1—1998 的该章除下述内容外，均适用。

20.101 清洗剂泵，管路与软管、软管接头与连接器、阀门及喷雾抽吸器具的其他部件应能经得住正常使用时可能出现的任何机械的、化学的或热的应力。

通过以下试验来确定是否合格：

管路与软管、软管接头与连接器、阀门和受到清洗剂工作压力作用的其他部件都应注满制造厂推荐的额定稀释度的清洗剂并自由悬挂在有自然环流的加热箱内时效处理 10 d(240 h)。

温度应保持在以下值：

——(70±2)℃，如果在正常工作条件过程中清洗剂溶液的温度不超过 50 ℃，或

——(90±2)℃，如果在正常工作条件过程中清洗剂温度超过 50 ℃。

以后立即将这些部件或这些部件的总成投入具有如下温度的水槽中：

——(50±3)℃，如果在正常工作条件过程中清洗剂温度不超过 50 ℃，或

——(85±3)℃，如果在正常工作条件过程中清洗剂温度超过 50 ℃。当这些部件处在水槽中时，他们应以器具最大额定工作压力的 1.5 倍作压力试验 30 min。清洗剂应被用作试验液。试验期间不应在任何部件上出现可能削弱安全性的损坏。用于控制洗涤液泵的压力操纵开关应经受 19.1 的试验。压力操纵开关还应检查避免在清洗剂接触绝缘体方面的有效性，应在使用时发生弯曲的任何一个聚合物膜片上打一个针孔、以确保此孔不会通过清洗剂从而导致爬电距离和电气间隙降低到 29.1 规定的极限值以下。

保持在工作状态的开关或卸载装置应作进一步试验，让压力积累直到开始动作。这样形成的压力就被认为是系统该部件的正常压力。

随后在承受此压力的系统的该部件上，以此(升高了的)正常压力的 1.5 倍作进一步试验，不应有本部分含意内的损坏。

21 机械强度

GB 4706.1—1998 的该章除下述内容外，均适用。

该章作以下修改：

值“0.5 J±0.04 J”改为“1.0 J±0.04 J”。

21.101 在正常使用时易受冲击的器具部件应进行下述试验：

如果易遭受冲击部件的失效会导致不能符合本规范要求，则在正常清洗工作时，机器上可能受到冲击或打击的任何位置，应经受一次具有冲击能量 6.75 Nm 的打击。自立式机器上的冲击力应通过一直径 50.8 mm 和质量 0.535 kg 的钢球从 1.3 m 高度处跌落，或由悬挂在一绳索上充当一个钟摆从 1.3 m 高度落下进行施加。

22 结构

GB 4706.1—1998 的该章除下述内容外，均适用。

22.1 该条增加下述内容：

器具在结构上应能防止水、清洗液或洗涤剂泡沫进入电动机、开关装置或控制器。

通过视检来确定是否合格。

22.35 该条作下述修改。

删除注释。

增加下述内容：

这些部件要经受第 21 章的冲击试验。如果此绝缘不符合 29.2 的要求，则经受下述冲击试验。

将包覆零件的样品在(70±2)℃的温度条件下放置 7 d(168 h)。之后，让样品达到近似室温。

视检应显示：包覆材料并未皱缩到不再具有所要求绝缘性能的程度，或绝缘层并未剥落以致能作纵向移动。

此后，样品在(−10±2)℃的温度中保持 4 h。

随后样品仍在此温度用图 101 所示装置经受冲击。质量为 0.3 kg 的重物 A 从 350 mm 的高度跌落到淬硬钢的凿子 B 上，凿子的刃口放置在样品上。

在正常使用中绝缘材料可能易破或损伤的每个位置上各施加一次冲击，冲击点之间的距离至少 10 mm。

经此试验后，应显示绝缘材料并未剥落，又在金属部件与需要范围内环绕包住绝缘材料的金属箔之间，做一次 16.3 规定的电气强度试验。

22.101 地面有液流孔时，在离地面不足 30 mm 范围内喷雾抽吸器具不应有带电部件。通过视检和测量来确定是否合格。

22.102 增加电源插座不应影响器具的安全。

通过本部分的试验结合制造厂的说明书来检验是否合格。

23 内部布线

GB 4706.1—1998 的该章内容，均适用。

24 元件

GB 4706.1—1998 的该章除下述内容外，均适用。

24.1 该条增加下述内容：

认为正常工作期间频繁使用的开关应是用于频繁工作的开关。

24.3 该条增加下述内容：

组件，如射频干扰(RFI)抑制器、电源指示灯、反相指示器，都可连接隔离开关的带电侧，只要任何故障不构成不遵守本部分要求的事故。

24.101 Ⅰ类和Ⅱ类结构的器具应使用电源隔离开关或全极断开开关。这些开关应适合于频繁动作。

25 电源连接和外部软线

GB 4706.1—1998 的该章除下述内容外，均适用。

25.1 该条增加下述内容：

与 IPX7(GB 4208—1993)相应的器具不应配备器具输入插口。与 IPX4、IPX5、IPX6 相应的器具也不应配备器具输入插口，除非输入插口与连接器在连接或分离时与该器具属于同一类别；或者除非输入插口与连接器只能用工具分开且他们在连接时与该器具属于同一类别。

装备器具输入插口的器具还应装备连接器与软线。对于与 IPX4 相应或更高级别的器具，连接器与软线应安装到输入插口上，并应经受 25.15 的“拉力和扭矩”试验。

通过视检，通过测量及通过安装试验来检验是否合格。

25.7 该条用下述内容代替：

电源软线不应轻于以下规格：

——如果是橡胶绝缘的，普通韧性橡胶护套软线(指定牌号 GB 5013.4—1997 的 53 号线)；

——如果是聚氯乙烯绝缘的，普通聚氯乙烯护套软线(指定牌号 GB 5023.5—1997 的 53 号线)。

25.14 该条增加下述内容：

对于 X 型和 Y 型连接而言，弯曲次数为 20 000 次。

25.15 该条作下述修改

由下表代替表 10。

器具质量/kg	拉力/N	扭矩/Nm
≤1	30	0.1
>1～≤4	60	0.25
>4	125	0.40

26 外部导线用接线端子

GB 4706.1—1998 的该章内容，均适用。

27 接地措施

GB 4706.1—1998 的该章内容，均适用。

28 螺钉和连接

GB 4706.1—1998 的该章内容，均适用。

29 爬电距离、电气间隙和穿通绝缘距离

GB 4706.1—1998 的该章内容，均适用。

30 耐热、耐燃和耐漏电起痕

GB 4706.1—1998 的该章内容，均适用。

31 防锈

GB 4706.1—1998 的该章内容,均适用。

32 辐射、毒性和类似危险

GB 4706.1—1998 的该章除下述内容外,均适用。

增加下述内容:

注 101:对于为探测有害粉尘的附件,在 IEC 60335-2-69 的附录 AA 中规定了附加要求。

增加下图 101:

单位为毫米

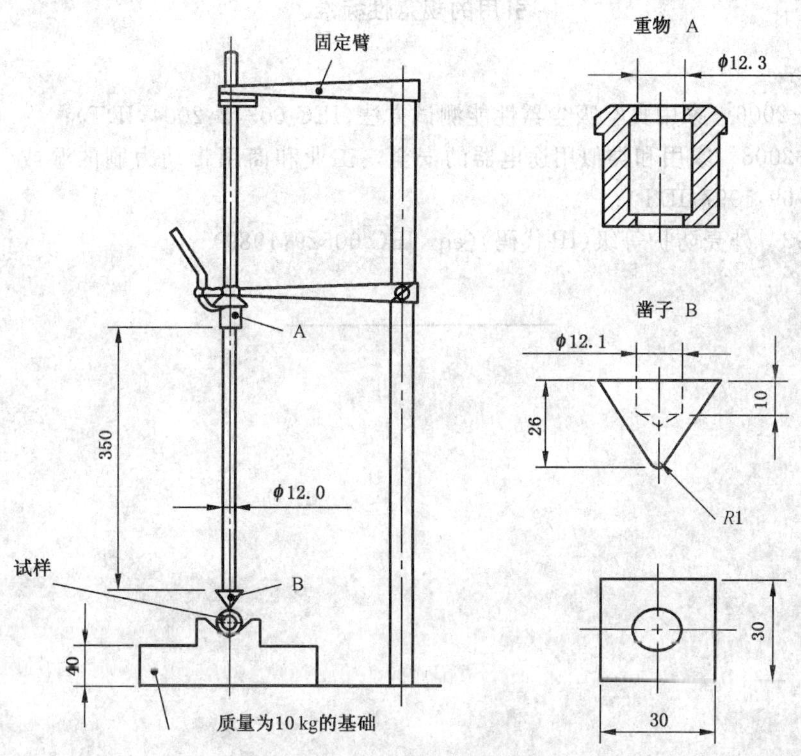

图 101 冲击试验装置

附　录

GB 4706.1—1998 中的附录内容，均适用。

附　录　A
（规范性附录）
引用的规范性标准

增加下述内容：

GB/T 20291—2006　家用真空吸尘器性能测试方法(IEC 60312:2004,IDT)；

GB 4706.88—2008　家用和类似用途电器的安全　工业和商用带动力刷的湿或干吸尘器的特殊要求(IEC 60335-2-69:1997,IDT)；

GB 4208—1993　外壳防护等级(IP 代码)(eqv IEC 60529:1989)

ICS 13.120
K 09

中华人民共和国国家标准

GB 4706.88—2008/IEC 60335-2-69:1997

家用和类似用途电器的安全 工业和商用带动力刷的湿或干吸尘器的特殊要求

Household and similar electrical appliances—Safety—Particular requirements for wet and dry vacuum cleaners, including power brush, for industrial and commercial use

(IEC 60335-2-69:1997, IDT)

2008-06-13 发布　　2009-07-01 实施

中华人民共和国国家质量监督检验检疫总局
中国国家标准化管理委员会　发布

前　言

GB 4706 本部分全部技术内容为强制性。

本部分等同采用 IEC 60335-2-69《家用和类似用途电器的安全　第 2 部分：工业和商用带动力刷的湿或干吸尘器的特殊要求》(1997)第二版。

本部分应与 GB 4706.1—1998《家用和类似用途电器的安全　第一部分：通用要求》配合使用。

家用和类似用途电器的安全部分由两部分组成，第一部分为通用要求，第二部分为产品的安全特殊要求。

本部分中写明“适用”的部分，表示 GB 4706.1—1998 中的相应条文适用于本部分；本部分中写明“代替”的部分，则应以本部分中的条文为准；本部分中写明“修改”的部分，表示 GB 4706.1—1998 相应条文中的相关内容应以本部分中修改后的内容为准，而该条文中的其他内容仍适用本部分；本部分中写明“增加”的部分，表示除符合 GB 4706.1—1998 的相应条文外，还应符合本部分中所增加的条文。

本部分将引用的 IEC 312:1981 标准改为相应的国家标准 GB/T 20291—2006《家用真空吸尘器性能测试方法》(IEC 60312:2004,IDT)。

本部分的附录属性按 GB 4706.1—1998 中的附录属性规定。

本部分增加的条款、注释和图表应自 101 起开始编号。

本部分由中国轻工业联合会提出。

本部分由全国家用电器标准化技术委员会商用电气饮食加工服务器具分委员会归口。

本部分起草单位：浙江工商大学、北京市服务机械研究所。

本部分主要起草人：洪詠平、傅玉颖、李继萍、何阳春、王玉波、刘旭、尚卫东。

IEC 前言

1） 国际电工委员会(IEC)是由各会员国电工委员会(IEC各国家委员会)组成的全球性标准化组织。IEC的任务是促进电工和电子领域内与标准化有关的一切议题的国际合作。为此目的，IEC除了开展其他活动外，还颁布国际标准。其制定工作委托给各技术委员会。任何对所涉及问题感兴趣的IEC国家委员会均可参与这项工作。与IEC有联系的国际组织、政府机构和民间团体也可以参加。IEC与国际标准化组织(ISO)根据这两个组织间的协议所规定的条件密切合作。

2） 由所有对此关切的国家委员会参加的技术委员会制定的IEC有关技术问题的正式决议或协议，尽可能接近地表达了对所涉及的问题在国际上的一致意见。

3） 所提出的文献以推荐的形式供国际上使用，并以标准、技术报告或导则的形式发布，且在此意义上为各国家委员会所接受。

4） 为了促进国际上的统一，IEC各国家委员会同意尽可能地把IEC国际标准明白无误地应用到国家和地区的标准中去。IEC标准与相应国家和地区标准之间的任何不一致，应在国家和地区标准中明确阐述。

5） IEC不提供认可标记，也不对任何声称符合其某一标准的设备承担责任。

6） 注意到本标准中某些组成部分有成为专利主题的可能，IEC不对识别任何或所有的专利权承担责任。

IEC 60335系列标准的本部分是由IEC第61“家用和类似用途电器的安全”技术委员会所属第61J“工业用电动清洗器具”分委员会制定。

IEC 60335-2-69的第二版取消和替代1992年出版的第一版。

本标准的文本以下列文件为依据：

FDIS	表决报告
61J/57/FDIS	61J/72/RVD

关于表决批准本标准的详细情况，可在上表中指出的表决报告中查明。

本第二部分是准备与IEC 60335-1的最新版本及其修改件结合使用，它是建立在该标准第三版(1991)的基础上制定的。

本第二部分补充或修改IEC 60335-1的对应条款，以便转化为IEC标准：工业和商用带动力刷的湿或干吸尘器的特殊要求。

附录AA是本标准整体的一部分。

附录BB仅提供信息。

附录AA不包括要考虑的过滤试验的详细内容。

由SC 61J考虑的试验是：

1） 凝结核(CN)；

2） 分散的油微粒(DOP)；

3） 氯化钠(NaCl)；

4） 石灰石粉尘。

如第一部分的个别条款在本第二部分未提到时，如果合理，该条款仍然适用。在本标准中说明“增加”、“修改”或“代替”时，第一部分中有关正文应作相应修改。

注：

1） 使用以下印刷字体：

——要求本身：罗马体；

——试验规范:斜体;

——说明事项:小罗马体。

正文中的**黑体**字在第2章中定义。当第一部分的一个定义涉及一个形容词时,在第二部分中这个形容词和所相关的名词也要用**黑体**。

2) 对IEC 60335-1增加的条款、注释和图表应自101起开始编号,增加的附录标明字母AA、BB等。

下述的附加差异存在于一些国家:

——2.2.9:在IEC 60312的A1.1.2中规定了不同类型的地毯(美国)。

——6.1:在一些国家,允许是0类和0Ⅰ类的吸尘器(日本);

使用时随身携带的器具可以是Ⅰ类、Ⅱ类或Ⅲ类(美国)。

——7.1:要求有其他标志(美国)。

——7.9:如果电极驱动电刷则应有指示器(美国)。

——7.12:要求有附加说明(美国)。

——15.2:试验被不同地进行(美国)。

——22.2:在水抽吸清洁器具的电源电路中不需要全极断开的开关。

——25.5:Y型连接仅适用于安装在吸尘器中的自动线圈。

——25.7:PVC软线不适用。

——25.14:不进行试验(美国)。

——26.1:吸尘器应是Ⅰ类、Ⅱ类或Ⅲ类;在一些国家,允许是0类和0Ⅰ类的吸尘器。

——32章::除IEC 60335-2-69的附录AA外,负责劳动保护的国家健康部门可以提出专门要求(英国、德国)。

——AA.22.101:对木材,粉尘等级M或H是合适的(德国)。

——AA.22.110:在粉尘等级M(根据使用说明,适用于木材)和H的器具中,基本过滤器应低于大气压强(德国)。

家用和类似用途电器的安全 工业和商用带动力刷的 湿或干吸尘器的特殊要求

1 范围

GB 4706.1—1998 的该章除下述内容外，均适用：

增加下述内容：

本部分适用于电动吸尘器并包括专门指定作工业用和商用的带有或不带附件的湿吸、干吸或湿干兼吸的器具和驻立式设备，例如供从工作台和生产器具上去除粉尘之类用的抽吸器件。

注：商用是供旅馆、学校、医院、工厂、商店及办公室内使用，而不是供一般的料理家务之用。

本部分也适用于收集有害灰尘，如石棉，或有附加要求的液体的器具。

本部分也适用于原动机采用其他能源形式的器具，但必须考虑其效应。

修改：

用下述内容代替注 3 的最初两行：

——GB 4706.7 适用供家用的器具；

——集中设置的驻立式吸尘系统；

——打算使用在经常产生腐蚀性或爆炸性气体（蒸气或可燃气体）特殊环境场所的器具。

增加下述内容：

注 101：对蓄电池驱动的器具，应参考 IEC 60335-2-72。

2 定义

GB 4706.1—1998 的该章除下述内容外，均适用。

2.2.9 该条用下述内容代替：

正常工作 normal operation

真空电动机的正常工作，其输入功率 P_m 的计算如下：

$$P_m = 0.5(P_f + P_i)$$

式中：

P_f——器具装上制造厂提供的喷嘴和软管工作 3 min 时测得的最大输入功率，单位为瓦特（W）；

P_i——紧随打开了喷嘴工作 3 min 之后器具在喷嘴堵塞情况下工作 20 s 时的输入功率，单位为瓦特（W）。

在进气总管堵塞时，使用来确保提供气流以冷却电动机的任何一个阀门或类似装置不起作用。

P_f 和 P_i 在如下情况测得：电源电压调到**额定电压**；若**额定电压范围**的限差不超过其电压范围平均值的 10%，以**额定电压范围**的平均值供电；若**额定电压范围**的限差超过其电压范围平均值的 10%，则试验在供电电压调到额定电压范围上限的情况下进行。

器具测试时装有干净的滤尘器和集尘袋，如果还带有收集液体的容器，则应空着。如果器具只带一根软管使用，则拆下可卸的吸嘴并将软管伸直展开。如果器具带有备用的软管，则工作时不使用该软管。

电驱动装置处于工作状态，但不能同地面或任何其他表面接触，或者同用来封闭吸气管的装置相接触。

正常负载等于电搅动装置（如电动刷子）的平均负载 P_r，测定如下：

——搅动装置在符合 GB/T 20291—2006 中 5.1.1.2 规定的地毯上工作；

——装置以下述方式使用时，测定平均负载 P_r；

装置按制造厂说明设定后，宜按产生最高负载的方向，以超过 5 m 的距离移动两次。

——与气流有关的电动机在与测定 P_f 同样的条件下工作，即：气流不加限制，测量在 3 min 后进行；

——按照制造厂的建议，将装置调到适应地毯绒毛的高度；

——必须以通常的方式缓慢移动搅动装置越过地毯，以免地毯损坏。

2.101

污水排放泵 soiled water discharge pump

用于从器具排放污水的泵。

如果有**污水排放泵**，通常操作如下：

在器具的污水出口处不接装任何污水排放管，泵排放污水，除非排放管永久性地接装在器具上。真空电动机应在试验期间运转，除非装了阻止两台电动联合操作的联锁装置。

3 总体要求

GB 4706.1—1998 的该章内容，均适用。

4 试验的一般条件

GB 4706.1—1998 的该章内容，均适用。

5 空章

6 分类

GB 4706.1—1998 的该章除下述内容外，均适用。

6.1 该条用下述内容代替：

在电击防护方面，吸尘器及其附属装置应属Ⅰ类、Ⅱ类或Ⅲ类。

携带在身体上使用的器具应属Ⅱ类或Ⅲ类。

通过视检和有关试验来确定是否合格。

6.2 该条增加下述内容：

带有吸水功能的器具的结构应使清洗液和泡沫都不能渗入电动机或与带电部件相接触。

器具应至少为 GB 4208—1993 规定的 IPX4。

通过视检和 19.101 的试验来确定是否合格。

7 标志和说明

GB 4706.1—1998 的该章除下述内容外，均适用。

7.1 该条增加下述内容：

——电驱动吸嘴的**最大额定输入功率**应标示在器具电源插座附近。

——用于吸尘器湿用的电驱动吸嘴应标示：“不要浸没”。

7.9 该条增加下述内容：

真空泵电机的运行和控制真空泵电机的开关位置是一一对应的。

7.12 该条增加下述内容：

下述内容的要义应在使用说明中提出：

“该器具也适于商用，例如在旅馆、学校、医院、工厂、商店、办公室、租赁商行中使用，而不适于一般的家用。”

假如合适，下述警告也应包括在使用说明中：

"警告！本器具不适合于收集危险粉尘。"

"警告！本器具仅供干态使用，不应使用或存放在室外潮湿环境中"。

对器具上插座使用的任何限制应在使用说明中清楚规定。

对湿式抽吸器具，使用说明应清楚规定：

"警告！如果泡沫/液体溢出，立即切断电源。"

器具的使用说明应包括对水位限制装置定期清洗和对损坏迹象做检查的说明。

8 对触及带电部件的防护

GB 4706.1—1998 的该章除下述内容外，均适用。

8.1 该条增加下述内容：

注 101：将湿式抽吸器具收集的脏液看作是有导电性的。

9 电动器具的启动

无要求。

10 输入功率和电流

GB 4706.1—1998 的该章内容，均适用。

11 发热

GB 4706.1—1998 的该章除下述内容外，均适用。

11.3 该条增加下述内容：

如果安装热电偶或其他布线必须拆卸器具，则安装前后在可能的最低负载下(例如：封闭吸气口、刷子不与地面接触、脱开离合器等)测量输入功率，以检查装配是否已正确完成。

11.4 不适用。

11.5 该条增加下述内容：

对于发热试验，驱动动力刷的电机的正常负载 P_r 可以用一个制动装置或其他方式加以模拟。

11.6 不适用。

12 空章

13 工作温度下的泄漏电流和电气强度

GB 4706.1—1998 的该章除下述内容外，均适用。

13.2 该条增加下述内容：

——几台电动机同时工作的Ⅰ类器具…………………………3.5 mA

14 空章

15 耐潮湿

GB 4706.1—1998 的该章除下述内容外，均适用。

15.1.2 该条增加下述内容：

湿吸的器具应在 15.2 规定的清洗液打湿的水平面上工作 10 min。

在实际操作中，吸出物含有大量空气使抽吸电机不会过载；但仍需查看输入负载以免过载。

15.2 该条用下述内容代替：

带有液体容器的器具，在结构上应使液体过满、及器具不稳定和**手持式器具**的翻倒所造成的液体溢出，都不会影响其电气绝缘。

通过下述试验来确定是否合格：

给有液体容器和装备了输入插口的器具配备一个合适的连接器和软电缆或软线；给有液体容器和**X型连接**的器具配备表11规定的最小截面积的软线，其他器具按交货状态试验。

将器具的液体容器用含约1% NaCl的水溶液注满，然后，再用等于容器容量的15%，或是0.25 L同浓度水溶液，两者中取量多者，在1 min时间内持续地注入容器。

手持式器具和不稳定器具的容器完全注满后，盖上盖子，使其从正常使用的最不利位置翻倒并留在该位置5 min，除非器具自动返回正常使用位置。

注101：将器具放在一个与水平呈10°倾角的支承面并处于正常使用时最不利位置上，其液体容器注至制造厂使用说明中规定液位高度的一半，如果在其顶部以最不利的水平方向施加一个180 N的力时，器具就会翻倒，则认为这些器具是不稳定的。

器具接着经受下述试验：

器具的吸嘴放置在一个水槽里，水槽底面与支承器具的表面持平。水槽里注入高于槽底5 mm的清洁剂，此液位在试验全过程中保持不变。

清洗液由每8 L水中放入20 g的NaCl和1 mL的质量浓度为28%的十二烷基硫酸钠的水溶液所组成。

注102：用于吸水式清洗器具溢水试验的溶液应存储在低温环境中，而且应在配制好7 d内使用。

十二烷基硫酸钠的化学名称是$C_{12}H_{25}NaSO_4$。

容器被液体完全注满后，器具接着在**正常工作**状态下运行5 min。

这些试验后，器具应立即经受16.3规定的电气强度试验，只是器具的试验电压为：

——**基本绝缘**：1 000 V；

——**附加绝缘**：2 750 V；

——**加强绝缘**：3 750 V。

视检应表明任何可能进入器具的液体都应该符合本部分的要求。特别是，绝缘体上没有能导致**爬电距离**和**电气间隙**降低到低于29.1规定限值的水迹。

注103：经受15.3试验的器具，在正常环境条件下放置24 h。

由于器具结构使得污液不能溢出容器，则认为19.101规定的试验是适当的。

15.3 该条修改如下：

将(93±2)% 改为(93±6)%。

16 泄漏电流和电气强度

GB 4706.1—1998的该章内容，均适用。

17 变压器和相关电路的过载保护

GB 4706.1—1998的该章内容，均适用。

18 耐久性

18.101 器具的结构应使其在正常使用时不会有足以削弱符合本部分要求的任何电气或机械失效。不能由于发热、振动等，导致绝缘损坏、触点和接头松动。

18.102 装有**自复位热断路器**的电动机应以等于**额定电压**1.1倍的电压供电，在锁定转子的情况下，几分钟内将使**热断路器**动作，直到**热断路器**完成200个工作周期。

18.103 在18.102的试验完成后，器具应能经受第16章的试验。

19 非正常工作

GB 4706.1—1998 的该章除下述内容外，均适用。

19.2 该条增加下述内容：

"限制热散发"即"容器内没有液体"。

19.7 该条增加下述内容：

注 101：风机叶片不能作为易咬住的零件。

带动力刷的吸尘器要锁定刷子进行试验。

19.9 不适用。

19.10 该条增加下述内容：

注 101：对于本试验，径向涡轮可能的最低负载可以通过封闭空气入口得到。其他涡轮型式可以有不同特征。在吸尘器驱动一个刷子或搅动器的情况下，应拆除传动带。

19.101 具有配备了关闭装置或阀门容器的器具，要再次经受 15.2 的试验。

使断流阀或其他流体关闭装置不起作用。如果有两个或更多独立的关闭装置，只要它们已顺利通过运行 3 000 次的试验，每一次只使其中的一个不起作用。否则使所有未通过试验的装置都不起作用。

注 101：抽吸气液混合物时务必小心以防抽吸泵单元的电动机过载。应观察输入功率以避免过载。

20 稳定性和机械危险

GB 4706.1—1998 的该章除下述内容外，均适用。

20.2 该条增加下述内容：

本要求不适用于旋转的刷子和类似装置，也不适用于在安装允许改变用途的附件时外露的运动部件。

21 机械强度

GB 4706.1—1998 的该章除下述内容外，均适用。

该章作如下修改：

值 0.5 J±0.04 J 改为 1.0 J±0.04 J。

21.101 在正常使用时易受冲击的器具部件应进行下述试验：

如果易遭受冲击部件的失效会导致不能符合本规范要求，则在正常清洗工作时，机器上可能受到冲击或打击的任何位置，应经受一次具有冲击能量 6.75 Nm 的打击。自立式机器上的冲击力应通过一直径 50.8 mm 和质量 0.535 kg 的钢球从 1.3 m 高度处跌落，或由悬挂在一绳索上充当一个钟摆从 1.3 m 高度落下进行施加。

22 结构

GB 4706.1—1998 的该章除下述内容外，均适用。

22.35 该条作下述修改：

删除注释。

增加下述内容：

这些部件要经受第 21 章的冲击试验。如果此绝缘不符合 29.2 的要求，则经受下述冲击试验。

将包覆零件的样品在(70±2)℃的温度条件下放置 7 d(168 h)。之后，让样品达到近似室温。

视检应显示：包覆材料并未皱缩到不再具有所要求绝缘性能的程度，或绝缘层并未剥落以致能做纵向移动。

此后，样品在(−10±2)℃的温度中保持 4 h。

随后样品仍在此温度用图 101 所示装置经受冲击。质量为 0.3 kg 的重物 A 从 350 mm 的高度跌落到淬硬钢的凿子 B 上，凿子的刃口放置在样品上。

在正常使用中绝缘材料可能易破或损伤的每个位置上各施加一次冲击，冲击点之间的距离至少 10 mm。

经此试验后,应显示绝缘材料并未剥落,又在金属部件与需要范围内环绕包住绝缘材料的金属箔之间,做一次 16.3 规定的电气强度试验。

22.101 器具的结构应防止地面上物体的穿透而削弱其安全性。

地面有液流孔时,在离地面不足 30 mm 范围内湿用的器具不应有**带电部件**。

通过视检和测量来确定是否合格。

22.102 增加电源插座不应影响器具的安全。

通过本部分的试验结合制造厂的说明书来检验是否合格。

23 内部布线

GB 4706.1—1998 的该章内容,均适用。

24 元件

GB 4706.1—1998 的该章除下述内容外,均适用。

24.1 该条增加下述内容:

吸尘器包含的主开关应是频繁工作用的开关。

24.3 该条增加下述内容:

只要任何故障不构成违反本部分要求,射频干扰抑制器、电源指示灯、相位器等组件可以和隔离开关的带电侧连接。

通过视检来确定是否合格。

24.101 **Ⅰ类和Ⅱ类结构的器具**应使用电源隔离开关或可全极断开和具有 3 mm 接触距离的开关。

25 电源连接和外部软线

GB 4706.1—1998 的该章除下述内容外,均适用。

25.1 该条增加下述内容:

IPX7(GB 4208—1993)器具不应装有器具输入插口。IPX4、IPX5 或 IPX6 的器具不应装有器具输入插口,除非当连接或分离时输入插口与连接器两者都与器具有相同的等级,或除非输入插口与连结器只能通过使用工具被分离和连接时与器具有相同的等级。

带有器具输入插口的器具还应装有连接器和软线。在级别与 IPX4 相应或更高的器具上,连接器和软线应接入输入插口,并应经受 25.15 的"拉伸和扭转"试验。

通过视检、测量和一次安装试验来确定是否合格。

25.7 该条增加下述内容:

电源软线应不轻于:

——如果用橡胶绝缘,普通硬橡胶护套软线(牌号 GB 5013.4—1997 的 53 号线);

——如果用聚氯乙烯绝缘,普通聚氯乙烯护套软线(牌号 GB 5023.5—1997 的 53 号线)。

25.14 该条增加下述内容:

对于 **X 和 Y 型连接**,弯曲次数为 20 000 次。

25.15 表 10 用下表代替:

表 10 拉力和扭矩

器具质量/kg	拉力/N	扭矩/Nm
≤1	30	0.1
>1~≤4	60	0.25
>4	125	0.40

26 外部导线用接线端子

GB 4706.1—1998 的该章内容,均适用。

27 接地措施

GB 4706.1—1998 的该章内容,均适用。

28 螺钉和连接

GB 4706.1—1998 的该章内容,均适用。

29 爬电距离、电气间隙和穿通绝缘距离

GB 4706.1—1998 的该章内容,均适用。

30 耐热、耐燃和耐漏电起痕

GB 4706.1—1998 的该章内容,均适用。

31 防锈

GB 4706.1—1998 的该章内容,均适用。

32 辐射、毒性和类似危险

GB 4706.1—1998 的该章除下述内容外,均适用。

增加下述内容:

注 101:对指明收集危险粉尘的器具,在本部分的附录 AA 中规定了附加要求。

增加下述图 101:

单位为毫米

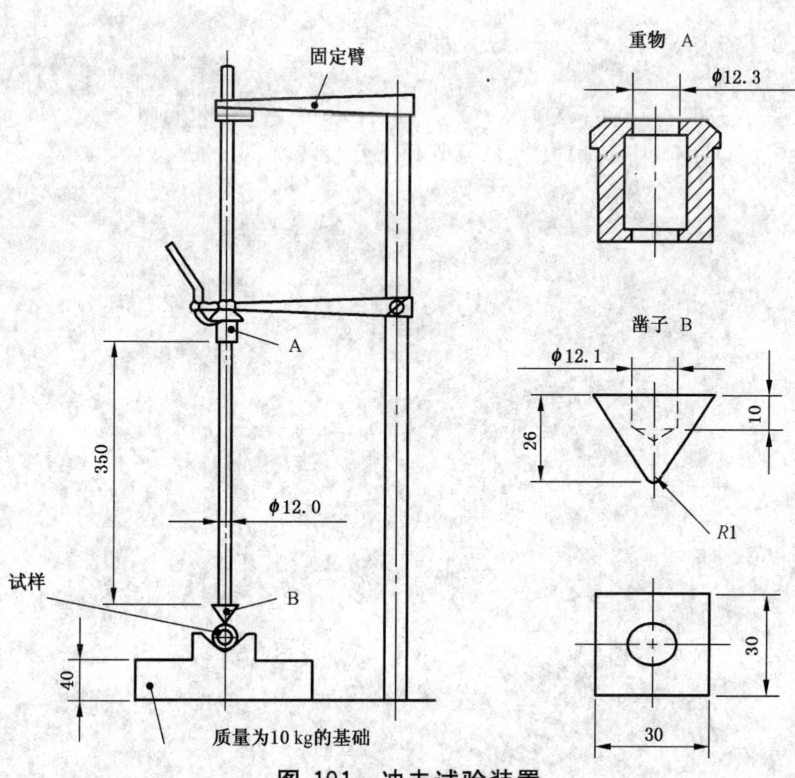

图 101 冲击试验装置

附　　录

GB 4706.1—1998 中的附录除下述内容外，均适用。

附　录　A
（规范性附录）
规范性引用文件

增加下述内容：

GB/T 20291—2006　家用真空吸尘器性能测试方法(IEC 60312:2004,IDT)；

GB 4706.7—2004　家用和类似用途电器的安全真空吸尘器和吸水式清洁器具的特殊要求(IEC 60335-2-2:2002,IDT)；

IEC 60335-2-72:1995　家用和类似用途电器的安全商用和工业用自动地面处理机的特殊要求；

GB 4208—1993　外壳防护等级(IP 代码)(eqv IEC 529:1989)；

67/548/EEC:1967　与有害物质分类、包装和标签相关的近似法律、规则和管理规定的委员会指令；

79/831/EEC:1979　第 6 次指令修订 67/548/EEC 关于与有害物质分类、包装和标签相关的近似法律、规则和管理规定的委员会指令。

增加：

增加下述附录 AA 和附录 BB。

附 录 AA*
（规范性附录）
收集危害健康粉尘用的吸尘器、垃圾清扫机和集尘器的特殊要求

AA.1 范围

相关第二部分的该章除下述内容外，均适用。

AA.1.1 该条增加下述内容：

本部分适用于专供湿和/或干吸的工业用和商用吸尘器、垃圾清扫机和集尘器，并为收集非爆炸性危害健康粉尘规定了要求。

注：当原动力为非电能（如压缩空气、内燃机等）或使用了负压装置时，本部分中引用的用于粉尘过滤的要求仍能适用。

AA.2 定义

相关第二部分的该章除下述内容外，均适用。

AA.2.201

爆炸性空气（粉尘） explosive atmosphere (dust)

一种空气，在那里当同时受下述先决条件支配时粉尘要爆炸：

a） 粉尘是可燃的；

b） 粉尘在含有足够助燃氧气的空气中处于悬浮状态；

c） 粉尘有能蔓延火焰的粒度分布状态；

d） 悬浮体内的粉尘浓度处于可发生爆炸的有效范围之内；

e） 粉尘悬浮体与拥有足够能量的火源相接触。

注：必要时，可参考附录 BB。

AA.2.202

危险粉尘 hazardous dust

无论何时被吸入、咽下或与皮肤相接触就对健康产生危险的非放射性的和非爆炸性的粉尘。

例如：

a） 任何在 ECD 79/831/EEC 中标列的粉尘。ECD 79/831/EEC 修正了对毒性、有害性、腐蚀性或刺激性总的危害性质进行明确规定的 67/548/EEC。

b） 使用的国家已制定了暴露极限的粉尘；

c） 对任何人的健康会产生危险的一种微生物；

d） 如果器具用于收集放射性粉尘，则宜在本部分范围以外根据适合的规范和规程对处理和最后处置采取追加的预防措施。

AA.2.203

渗透力 penetration

渗透程度 degree of penetration

D

为过滤器的渗透力程度，是过滤后新鲜空气中平均质量粉尘浓度与过滤前含尘空气中平均质量粉尘浓度之间的比率，在试验时间范围内取平均值。

AA.2.204

平均速率 mean velocity

$\overline{V}$

* 进一步的工作在考虑中，见 IEC 前言。

计算如下：

$$\overline{V}=\frac{V_2}{F}$$

式中：

V_2——空气流量，单位为立方米每小时(m^3/h)；

F——**基本过滤器**平面面积，单位为平方米(m^2)。

AA.2.205

空气变化率　air change rate

L

每小时新鲜空气变化量，计算如下：

$$L=\frac{V_2}{V_1}$$

式中：

V_1——空间空气容量，单位为立方米(m^3)。

AA.2.206

安全更换过滤器　safe change filter

一种可以在不对空气或操作者造成污染的情况下进行更换的过滤器。通过从一密封膜的外面操作过滤器的方式，以及采用一种在进行分离、回收和更换时不暴露过滤器内部的双层密封法。

AA.2.207

集尘器　dust extractor

一个带过滤的抽吸器具，能够装在一台工作母机上或放在一道产生粉尘工序的邻近处。

AA.2.208

基本过滤器　essential filter

在一个使用多个过滤器的系统中的主要过滤器，又是一个确保满足表1渗透限值的过滤器。

AA.2.209

集尘用具　dust collection means

一种容器，在按制造厂的说明使用时，有安全处理粉尘的手段。

AA.2.210

负压装置　negative pressure unit

一个用来确保工作空间内的压力低于大气压力的排气装置。

AA.6　分类

相关第二部分的该章除下述内容外，均适用。

AA.6.201　器具按照下述粉尘等级进行分类：

——L(轻度危害)适用于职业暴露限值[1)]大于1 mg/m³的可分离粉尘；

——M(中度危害)适用于职业暴露限值大于0.1 mg/m³的可分离粉尘；

——H(高度危害)适用于职业引起的所有粉尘，包括致癌和致病的粉尘。

AA.7　标志和说明

相关第二部分的该章除下述内容外，均适用。

AA.7.1　该条增加下述内容：

标在器具上的制造厂的等级或型号标记应包括粉尘等级字母。供货时，应将零件号码标在涉及安全的构件上，像过滤器、**集尘用具**和处理装置(如：刚性容器或塑袋)上。

---

1)　关于阻止粉尘的散落，可以参考国家有关规定。

AA.7.12 该条增加下述内容：

使用说明应包括下述资料：

——关于器具最重要的操作数据资料，如相关第二部分的 2.2.9 中所规定的，其粉尘等级，其打算的用途和（如适用）任何使用限制；

——涉及安全的构件，如过滤器和**集尘用具**的准确牌号，以及它们能在哪里买到的信息；

——说明还应建议用户查阅有关所处理物料相应的安全规则，并应包括下述信息的要点。

a) 使用前，应向操作者提供器具的使用和器具要处理的物料的有关知识、说明和培训，包括收集到的物料转移和处置的安全方法。

b) 在用户保养方面，应尽可能合理可行地拆卸、清洗和维修器具，而不对保养维修人员和其他人造成危险。适当的预防措施包括拆卸前清除污染，在器具被拆卸的地方配备过滤式排气通风装置，维修区的清扫和适当的个人防护。

c) 在 H 和 M 等级器具的使用场合，在被带离危害区前，器具的表面宜通过真空清洁方法清除污染并擦洗干净或用密封层处理。离开危害区时，所有的器具部件都应看作是受到污染的并应采取适当行动以防粉尘散布。

当进行维护或修理作业时，必须处理所有不能被清洁的污染零件。按照目前任何处置这类废弃物的规定，这些零件应在密闭袋中进行处理。为了清洗而将非防尘隔间外罩去除的方法也应包含在使用说明中。

d) 制造商或受委派的人员，至少每年应进行一次技术检查，内容包括如对过滤器损坏的检查，器具的气密性和控制机构的正确作用。

注：此外，关于 H 等级的器具，至少每年宜进行过滤效率试验。

e) 对**集尘器**应包括下述要点：如果排出的空气返回室内，则必须规定一个适当的室内**空气变化率** L。必须参考国家法规。

AA.7.14 该条增加下述内容：

L、M 和 H 等级的器具应装有周围边界宽为 30 mm±0.5 mm 的标签。该标签应在白色背景上标有宽度为 10 mm±0.5 mm、间距为 20 mm±0.5 mm 的红色斜条纹，还应包括一个字母 L、M 或 H（见图 AA.1）。

标签和操作说明中应给出下述警告：

“**警告！**本器具含有危害健康的粉尘。排空和维修操作，包括**集尘用具**的拆除，必须只由穿戴合适个人防护服的得到允许的人员进行。没有配装完备的过滤系统时不要操作。”

拆除无须使用工具的盖和防护装置应有措词为“**清洁时拆除**”的额外标签。

AA.7.15 该条增加下述内容：

器具上警告语中的字母应有 3 mm 的最小高度。

当接通或断开器具电源时，器具上的警告标志应处于操作者容易看到的位置。

AA.19 非正常工作

相关第二部分的该章除下述内容外，均适用。

AA.19.201 当**基本过滤器**被堵塞或易发生脉冲气流时，**基本过滤器**应有足够的强度以经受得住抽吸系统产生的最严酷工况。

通过视检和下述试验来确定是否合格。

当按 2.2.9 测量 P_i 时，使用堵塞介质（如滑石粉）以引发最大压力差的 90%，并通过盖住器具入口 5 s 随即放开 1 s 来获得脉冲效果。

注：任何部件，除基本过滤器本身外，可能要进行干燥使堵塞介质容易流动。脉冲试验应在 3 min 时间内重复 30 次。

不应出现**基本过滤器**系统的破裂或停顿。如果装有保护电动机和过滤器系统的安全开关，则使其不工作。

AA.22 结构

相关第二部分的该章除下述内容外，均适用。

AA.22.201 集尘器具应按照 AA.6.201 给出的粉尘等级制造并达到表 AA.1 给出的值。

表 AA.1 器具渗透限值

粉尘等级	以职业暴露极限值表示的**危害粉尘**的适应性 mg/m³	渗透程度 D (%)	透过过滤器平面的**平均速率** $\overline{V}$，以器具的最大空气流量或在本部分 P_i 状况下测得，取两者中较大者 m/h*
L(轻度危害)	＞1	＜5	≤500
M(中度危害)	＞0.1	＜0.5	≤200
H(高度危害)	所有含有致癌和致病细微粒子的粉尘	＜0.005	≤200

注1：过滤效率的保持可以通过检查维修记录，或者通过按 AA.22.203 规定的试验周期来证明。

注2：作为类型鉴定，可采用与**基本过滤器**装置同样结构并具有相同气流速度的器具通过对范围内的一台样机进行试验来验收。

* 按制造厂说明，能在 50 个清洁周期后出示过滤效率保持的证据，则进行型式试验时，通过协议，可以超过穿过过滤器平面的**平均速率** $\overline{V}$。

作为粉尘等级 L 和 M 的器具的一个最低要求，应测定过滤物质的**渗透**程度。

是否合格的试验方法和 D 值正在考虑之中。

AA.22.202 所有除尘器具应能充分清除粉尘，并做如下指示：

a) 粉尘等级 M 和 H 的吸尘器应装有一个指示器，该指示器在经由制造厂提供的最大软管(管子)的空气流速降到低于 20 m/s 之前工作，查阅软管最大截面或吸尘器进口面积，取其最大者。

b) 对于吸式扫路器具，指示器应在扫刷区的抽吸范围内的压力低于 50 N/m² 前工作。这也适用于边刷区。

c) 对于**集尘器**(不包括负压设备)，指示器应在用软管(或管子)最大截面表示的抽吸速率低于制造厂的规定值或 20 m/s，取其较大的，或尘源被集尘器中的机械装置切断之前工作。如果尘源不能切断(如某一生产过程有皮带输送机时)，应随即发出警告信号。

d) 若使用音响警告信号，其工作音频应在 500 Hz 与 3 000 Hz 之间而脉冲时间在 0.5 s 与 5 s 之间。A 加权声压级应比器具的 1 m 表面声压级高 15 dB 到 30 dB。

e) 若使用视觉警告信号，则其工作脉冲时间在 0.5 s 和 5 s 之间，发射黄色光，警告光灯泡的最小输入功率应为 45 W。警告光应从器具的各方面都能看到。

f) 一对无电压接触和其作为警告信号开关装置的安装说明。

g) 如果气流指示器需要调节，应能不用**工具**进行。

通过视检和下述试验来确定是否合格：

开动机械装置，必要时将实际值与规定值作比较。不能发生粉尘泄漏。

AA.22.203 如果不能保证过滤器无尘更换，则 M 和 H 级的器具可装备一个**安全更换过滤器**。H 级的器具应安装一个一次性的**基本过滤器**。如果 M 和 H 级的器具装了用作基本过滤器的嵌入式过滤清洁机构，则该机构不应降低过滤效率。

在进行 50 个清洁周期后通过 AA.22.202 或 AA.22.207 的过滤试验来确定是否合格。

每一个清洁周期应包含收集相应的粉尘以使气流速度降到 20 m/s 以下，并随即按制造厂说明予以清洁。随后将器具排空，试验重复进行。

如果器具装有嵌入式清洁机构，则应恢复所要求的抽吸性能。

在按制造厂的说明开动清洁装置后，通过将抽吸气流与所期望的值作比较，来确定是否合格。

清洁操作应在达到最小抽吸气流时完成。

清洁处理后，清洁机构应符合下列要求：

——对垃圾清扫机，刷扫区的降压为 50 N/m^2；

——对其他器具，抽吸气流比 AA.22.202 中规定的最小气流流量大 20%。

AA.22.204 H 级器具的结构应使外部清除污染的工作尽可能简单，并应装有能承受运输恶劣条件的牢固密封容器。

对 M 级器具，应尽可能按制造厂说明以粉尘飞扬最少的方式拆下收集袋。

通过视检来确定是否合格。

AA.22.205 M(除垃圾清扫机外)和 H 级器具的结构应装有一可任意处置的收集装置。

通过视检来确定是否合格。

AA.22.206 M 和 H 级器具的结构应在收集可能吸起的碎玻璃或钉子之类锋利尖锐物品时，**基本过滤器**不会损坏。

通过当正规操作器具以收集 1 kg/kW(输入功率)(最多 1 kg)长 13 mm 的室内装潢用平头钉时，应没有钉子损坏**基本过滤器**来确定其合格性。本试验宜在 AA.22.201 或 AA.22.207 试验之前进行。

AA.22.207 新的 H 级器具中，组装好器具的过滤渗透应低于 0.005%。

M 级器具中，如果按使用说明该器具适用于木材，则组装好器具的过滤渗透应低于 0.5%。

渗透限值是否合格的试验方法正在考虑中。

AA.22.208 在粉尘等级 H 器具中，**基本过滤器**应只通过使用工具才能拆下。

通过视检来确定是否合格。

AA.22.209 在 M 和 H 级器具中，空气排放应不过度扰动落在地面上的粉尘。

通过下述试验来确定是否合格。

将工作软管接到进口端并使出风口在高于地面至少 2 m 的地方向上放置。在高于地面 50 mm 处的排气速度应不超过 1 m/s。器具距离任何墙面或垂直表面至少为 2 m。试验区空气湿度应不大于 60%，试验应在静止空气状态下进行。

AA.22.210 在粉尘等级 H 器具中，**基本过滤器**应处于小于大气压力的状态。

通过视检来确定是否合格。

对于 M 和 H 级器具，如**基本过滤器**处于正压侧，则进行 AA.22.201 的渗透试验以确保符合表 AA.1 的要求。

AA.22.211 在粉尘等级 H 器具中，更新的**基本过滤器**要是影响 AA.22.204 规定的要求，应具有坚牢的整体密封。

注：将**基本过滤器**做成供在密封件有一侧朝向大气压力的场合使用，并由制造厂在该状态下进行试验并不影响 AA.22.204 所规定的要求。但尽管推荐了整体密封的预防措施，也不要求整体密封。适用的材料在表 AA.2 中列举。

表 AA.2 对老化有低敏感度的材料

缩写	化学名称	通用名称
NBR	丙烯腈-丁二烯橡胶	丁腈橡胶
NBR/PVC	混合丙烯腈-丁二烯橡胶和聚氯乙烯	
CO	弹性聚(氯甲基)环氧乙烷	表氯醇
ACM	丙烯酸乙脂(或其他丙烯酸脂)和少量促进硫化的单体的共聚物	聚丙烯酸酯
CR	氯丁二烯橡胶	氯丁橡胶
IRR	异丁烯异戊二烯橡胶	丁基橡胶
XNBR	羧基丙烯腈(1,3)丁二烯橡胶	羧基腈
BIIR	溴代异丁烯-异戊二烯橡胶	溴丁基橡胶

表 AA.2（续）

缩写	化学名称	通用名称
CIIR	氯代异丁烯-异戊二烯橡胶	氯丁基橡胶
PDM	聚二甲基硅氧烷橡胶	聚硅酮橡胶

AA.22.212 粉尘等级 H 的器具应装有在储存或装填期间对过滤介质损坏的可能性最小的那种类型的**基本过滤器**。

注：提供保护性网筛作为供过滤介质用的护套，被认为是可接受的。

通过视检来确定是否合格。

AA.22.213 粉尘等级 H 的器具不应装有限定货架期不足五年的过滤器。

通过视检来确定是否合格。

AA.22.214 M 和 H 级器具应做成在不使用时能防止意外进入和防止**危险粉尘**从器具的任何部分排放。

通过视检和使用 GB 4208—1993 规定的标准试验指来确定是否合格。

AA.22.215 不符合 IP6X 要求的 H 级器具，和不符合 IP5X 要求的 M 级器具应符合下述要求：

a) 不与 IP65 一致和不能防护机械和电气危害的盖和防护装置，其拆除应不需要**工具**。

b) 不与 IP6X 一致但能防护机械和电气危害的盖和防护装置，应有拆除时能与电源断开的电气联锁，或拆除时需要使用**工具**。

装有电气联锁装置的盖和防护装置，其拆除应不需要**工具**。若防护电气危险，联锁装置应是双极的；若防护机械危险，则联锁装置是双极或单极的。

c) 如果一**基本过滤器**用于确保粉尘不进入隔间，则其拆除需使用**工具**。

通过视检来确定是否合格。

AA.32 辐射、毒性和类似危险

相关第二部分的该章除下述内容外，均适用。

AA.32.201

注1：本部分所涉及的等级中，没有一个适用于放射性粉尘的收集，除非有关于操作者防护的专家建议和器具获得的相关授权。

注2：有关某些粉尘爆炸危险的信息在附录 BB 中提供。

AA.32.202 一定等级器具的毒性危险列于本附录 AA.22 章中。

增加下述图 AA.1。

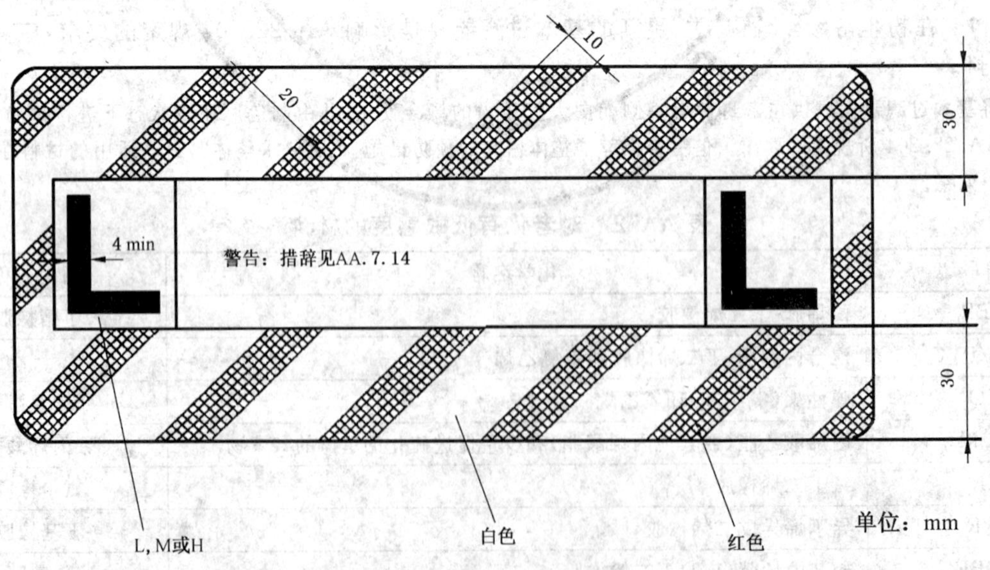

图 AA.1 警告标签

附 录 BB
（资料性附录）
遭遇起爆条件时有爆炸危险的粉尘表

表中包括了爆炸参数值，作为供粉尘处理器具的设计和操作参与者使用的指南。表列粉尘样品不一定是生产中可能出现的最危险形态。此外，当估量爆炸危险时，应将器具的设计、原材料的质量和处理的方法全部考虑进去。

表 BB.1 爆炸参数

粉 尘	最低着火温度 ℃	最小爆炸浓度 kg/m³	最小引燃能量 mJ
乙酰胺	560	—	—
乙酰对氨基苯乙醚	—	—	11.5
乙酰对硝基邻甲苯胺	450	—	—
乙酰水杨酸(阿斯匹林)	550	0.015	16
丙烯腈丁二烯苯乙烯共聚物	400	—	—
氯化丙烯腈亚乙烯基共聚物	—	0.05	70
醇酸树脂粉末涂层	360	0.028	22
铝，6 μm	—	0.03	13
铝，<1 400 μm	420	—	—
铝，切屑和胶屑	480	—	—
铝，纤维	610	—	—
铝，整理剂	600	—	—
铝，磨料	460	—	—
铝，金属屑	590	—	—
辛酸铝	460	—	—
牲畜饲料	450	—	—
蒽	—	—	7
蒽醌	670	—	—
石棉，经树脂处理	480	—	—
偶氮二酰胺	—	0.6	130
大麦，经粉碎	370	—	—
电池容器粉尘	400	—	—
安息香酸	600	0.011	12
过氧化苯甲酰	—	—	31
过氧化苯甲酰 44%，石膏 56%	—	—	12
漂白粉，60～100 μm	580	—	—
骨粉，蒸煮	540	—	—
碳化硼	640	—	—
面包	450	—	—
青铜	440	—	—
布伦兹维克绿	360	—	—
硫化镉	700	—	—

表 BB.1（续）

粉　尘	最低着火温度	最小爆炸浓度	最小引燃能量
	℃	kg/m³	mJ
镉硫代硒醚	710	—	—
镉黄	390	—	—
锌镉硫化物	660	—	—
柠檬酸镉	470	—	—
葡(萄)糖酸镉	550	—	—
泛酸镉	430	—	—
丙酸镉	530	—	—
硅化镉	—	—	<4.6
硬脂酸镉	450	—	24
己内酰胺	430	0.07	60
碳,13%挥发物	590	—	45
干酪素	460	—	—
干酪素粗粉,经蒸制	460	—	—
纤维素,经漂白	410	—	—
醋酸纤维素	340	—	—
醋酸纤维素,纤维	430	—	—
乙酸丁酸纤维素	380	—	—
三乙酸纤维素	390	—	—
木炭	470	—	—
鸡粪	680	—	—
氯代氨基甲苯磺酸	650	—	—
对氯邻甲苯胺盐酸	650	—	—
煤,30%挥发物	530	—	—
煤,36%挥发物	490	—	—
煤,无烟煤<63 μm	530	—	—
煤,匹兹堡<74 μm	530	0.03	—
煤,研磨成粉<150 μm	550	—	—
煤,煤石	490	—	—
可可,豆壳	400	—	—
椰子壳	490	—	—
咖啡	360	—	—
咖啡 55%,菊苣 45%	370	0.1	140
软木	400	—	—
玉米粉	390	—	—
玉米淀粉	380	0.15	—
过氧化环已酮	—	—	21
清洗剂,高非离子物质	410	—	—
清洗剂,低非离子物质	560	—	—
清洗剂,标准 ABS	520	—	—
糊精	440	—	—

表 BB.1（续）

粉　尘	最低着火温度 ℃	最小爆炸浓度 kg/m³	最小引燃能量 mJ
葡萄糖水合物	350	—	—
二氨基-1,2 二苯乙烯-二硫酸	450	—	—
顺丁烯二酸二丁基锡	600	—	—
氧化二丁基锡	530	0.012	7
硫酸双氢链霉素	670	—	—
二甲基吖啶满	540	—	—
二甲基二苯基脲	490	—	—
二硝基苯胺	470	—	—
氯代二硝基苯甲酰	380	—	—
二硝基-1,2 二苯乙烯-二硫酸	450	—	—
二苯胍+1.5%除尘粉	540	—	28
二苯丙烷	—	0.012	11
环氧化树脂	—	—	9
环氧粉末，亚光涂层	—	0.013	—
环氧树脂	490	0.012	12
细茎针草	—	—	—
扑面粉	440	—	—
谷类淀粉，20%水	—	—	—
铁铬合金	600	—	—
鱼粉	520	—	—
面粉，英国 13%水	—	—	—
面粉，小麦	390	—	100
谷物，蒸馏干燥可溶物	420	0.06	128
谷物，干燥酒糟	440	0.009	—
草	380	—	—
阿拉伯树胶，250～1 400μm	550	—	—
蹄和角粉，经过水解	460	—	—
蛇麻草	340	—	—
羟乙基纤维素	420	—	—
羟乙基甲基纤维素	410	—	—
爱尔兰苔藓	540	—	—
明胶	520	—	—
毛果芸香叶	470	—	—
月桂基过氧化氢	—	—	12
硬脂酸铅，二盐基的	—	—	12
皮革，<420μm	520	—	—
甘草根	—	0.2	—
镁屑	610	—	—
玉米麸粗粉	430	—	—
玉米皮	430	—	—

表 BB.1（续）

粉　尘	最低着火温度 ℃	最小爆炸浓度 kg/m³	最小引燃能量 mJ
绵马，经过粉碎	510	—	—
麦芽，粗粒	390	—	—
锰乙烯双二硫代氨基甲酸酯	270	0.07	35
树薯粉	430	—	—
肉粉	500	—	—
肉和骨粉	440	—	—
三聚氰胺甲醛树脂	410	0.02	68
甲基纤维素	480	—	—
2,2 亚甲基双 4 乙基 6 叔丁苯酚	310	—	—
甲基丙烯酸甲酯	—	—	13
奶粉	440	—	—
奶粉，经过脱脂	—	—	—
一氯乙酸	620	—	—
三氯乙基磷酸钠	540	—	—
β萘酚	670	—	—
尼格洛辛盐酸盐	630	—	—
对硝基邻茴香胺	400	—	—
硝化纤维	—	—	30
硝基二甲胺	480	—	—
硝基糠醛半缩二胺基脲	240	—	—
间硝基对甲苯胺	470	—	—
对硝基邻甲苯胺	470	—	—
尼龙，基绒	450	—	—
尼龙 11	—	0.005	32
纸	400	0.03	—
棉纸，<1 400 μm	—	—	39
泥煤	450	—	—
泥煤，经过干燥	—	0.1	—
胶质，粉末状	390	—	—
青霉素，N 乙烷哌啶盐	310	—	—
苯酚甲醛	520	—	—
苯酚甲醛树脂	450	0.015	—
吩噻嗪	590	—	—
聚脂树脂，<1 400 μm	400	—	—
聚乙烯	390	0.02	38
聚乙烯，商用	—	—	57
聚乙烯，地面用	400	—	—
聚乙二醇	320	—	—
聚乙烯高密度<90 μm	—	—	17
聚丙烯	380	—	43

表 BB.1（续）

粉　尘	最低着火温度 ℃	最小爆炸浓度 kg/m³	最小引燃能量 mJ
聚亚安酯	460	—	—
多乙酸乙烯酯	450	—	—
多乙酸乙烯酯，珠状	—	—	70
聚氯乙烯	510	—	—
聚氯乙烯，分散性树脂	550	—	—
聚偏二氯乙烯	670	—	—
罂粟粉	410	0.4	600
马铃薯，经过干燥，<200 μm	450	—	—
丁基碘	470	—	—
蛋白质	480	—	—
蛋白质，花生	460	—	—
蛋白质浓缩粉	390	—	—
饲料	370	—	—
皂树皮	450	—	—
碎屑，<1 400 μm	470	—	—
人造纤维，纤维胶	420	—	—
人造纤维毛屑	—	0.03	—
人造纤维，8 丹尼尔，1.5 mm	425	0.15	—
树脂，橡胶	400	—	—
树脂，合成的	400	—	—
橡胶	380	—	—
橡胶，乳化	450	—	—
橡胶，合成的	410	—	—
橡胶催速剂	310	—	—
橡胶碎屑	440	—	—
锯屑	430	—	—
晒干的番泻叶	440	0.01	105
硅	900	—	—
肥皂	570	0.02	25
乙酸钠	560	0.15	—
羧甲基纤维素钠盐	320	1.1	440
2,2 二氯丙酸钠盐	520	—	—
2,2 二羟萘二磺酸钠盐	510	—	—
葡糖化钠酶	600	—	—
葡庚糖酸钠，经过干燥	600	—	—
一氯代乙酸钠	550	—	—
丙酸钠	470	—	—
甲苯硫酸钠	530	—	—
二甲苯磺酸钠	490	—	—
山梨酸	440	—	—

表 BB.1（续）

粉　　尘	最低着火温度	最小爆炸浓度	最小引燃能量
	℃	kg/m³	mJ
大豆	390	0.23	370
大豆粗粉	410	0.18	330
淀粉	470	—	—
淀粉，冷水	490	—	—
淀粉，玉米10%水	—	0.15	—
硬脂酸	330	—	—
钢	450	—	—
链霉素硫酸盐	700	—	—
糖	330	0.015	48
硫磺	220	0.02	—
动物脂，经过氢化	620	—	—
酒石酸	350	—	—
茶叶	500	—	—
烟草，经过干燥	320	—	—
尿素	900	—	—
尿素甲醛滑模粉	450	0.04	—
尿素甲醛滑模粉，填充纸的	430	0.07	49
尿素甲醛，滑模粉，填充木的	430	0.025	40
尿素甲醛树脂	430	0.02	34
维生素B12	370	—	—
蜡，阿克拉	260	—	—
蜡，巴西棕榈	340	—	—
蜡，石蜡	340	—	—
乳清[浆]粉	480	—	—
木	360	—	—
木，粉状	380	0.06	100
木，粉状，<1 400 μm	410	—	100
木，地面起毛的	450	—	—
木，刨花	400	0.1	—
木质纸浆，经过脱水	450	—	—
木质纸浆，毛屑	470	—	—
硬脂酸锌	420	—	14